计算机

科学与技术丛书·新形态教材

甲骨文信息处理导论

高　峰　刘永革 ◎ 编著

清华大学出版社

北京

内容简介

本书融合多学科内容，尤其将现代的计算机技术和古老的文字学知识进行深度融合。全书共分为三篇。第一篇，初识甲骨（第1～5章），帮助读者初步理解甲骨文的基础知识；运用GIS对甲骨文出土地、分布现状等进行可视化分析；了解学者为甲骨文研究的发展所做的贡献，从而对近年来国内外从事甲骨学研究的院校有所认知；初步掌握甲骨文辨伪思路与方法；熟悉甲骨文部首，认识常见甲骨文字。第二篇，数字甲骨（第6～10章），帮助读者熟悉甲骨文字库与编码；熟悉甲骨文输入法的原理与应用；掌握文献数字化技术的构成，熟悉经典的文档分析技术与字符识别技术；掌握最新甲骨碎片图像拼接方法；掌握甲骨三维建模方法。第三篇，智能甲骨（第11～15章），帮助读者掌握神经网络算法原理，熟悉利用神经网络算法进行甲骨字检测与识别的方法；熟悉自然语言处理中简单的主题模型；熟悉甲骨文复杂网络，理解未释甲骨字语义预测方法；初步掌握甲骨文知识图谱构建方法，理解甲骨文知识图谱融合及可视化实现方法；了解汉字的发展、掌握汉字演变规律，理解甲骨文考释研究方法。

为便于读者高效学习，本书作者精心制作了完整的教学课件、配套的教学实验示例和甲骨文数据平台——殷契文渊供读者使用。

本书是河南省"十四五"普通高等教育规划教材，主要面向计算机类专业学生，同时也可供其他学科和专业的学生参考使用。

图书在版编目(CIP)数据

甲骨文信息处理导论/高峰，刘永革编著．—北京：清华大学出版社，2022.4(2022.11重印)
(计算机科学与技术丛书·新形态教材)
ISBN 978-7-302-60019-0

Ⅰ．①甲…　Ⅱ．①高…②刘…　Ⅲ．①甲骨文－汉字信息处理　Ⅳ．①TP391.12

中国版本图书馆CIP数据核字(2022)第020310号

责任编辑：曾　珊
封面设计：吴　刚
责任校对：韩天竹
责任印制：丛怀宇

出版发行：清华大学出版社
网　　址：http://www.tup.com.cn，http://www.wqbook.com
地　　址：北京清华大学学研大厦A座　　**邮　　编**：100084
社 总 机：010-83470000　　**邮　　购**：010-62786544
投稿与读者服务：010-62776969，c-service@tup.tsinghua.edu.cn
质量反馈：010-62772015，zhiliang@tup.tsinghua.edu.cn
课件下载：http://www.tup.com.cn，010-83470236
印 装 者：三河市铭诚印务有限公司
经　　销：全国新华书店
开　　本：185mm×260mm　　**印　　张**：16.75　　**字　　数**：409千字
版　　次：2022年5月第1版　　**印　　次**：2022年11月第2次印刷
印　　数：1001～1500
定　　价：79.00元

产品编号：091664-01

前言

PREFACE

甲骨文信息处理是一门融合了计算机科学与技术、文字学、考古学、中国史等多学科知识和研究方法而形成的新兴交叉学科，其目标是通过多学科的协同攻关，推进甲骨文与甲骨学研究实现新突破，培养跨学科的复合型研究人才。

本书是河南省“十四五”普通高等教育规划教材，以“初识甲骨—数字甲骨—智能甲骨”为主线，从不同学科、不同角度解析甲骨文知识，更将信息技术合理、科学地应用到甲骨文研究中，将古老的文字学和现代的计算机技术深度融合，有助于人们了解甲骨文并利用信息技术体验中国优秀传统文化魅力。

本书分为三篇，共15章，同时结合了7个实验。

篇	章	实验
第一篇 初识甲骨	第1章　走进甲骨文 第2章　甲骨文分布 第3章　甲骨江湖 第4章　甲骨文辨伪 第5章　认识甲骨文字	实验1：甲骨钻凿（虚拟仿真实验） 实验2：甲骨占卜（虚拟仿真实验） 实验3：甲骨缀合（虚拟仿真实验） 实验4：甲骨文分布
第二篇 数字甲骨	第6章　甲骨文字库与编码 第7章　甲骨文输入法 第8章　甲骨文文献数字化 第9章　甲骨碎片自动缀合方法 第10章　甲骨三维建模	实验5：甲骨文文献数字化
第三篇 智能甲骨	第11章　甲骨文字检测与识别 第12章　甲骨文语言模型 第13章　甲骨文复杂网络 第14章　甲骨文知识图谱 第15章　甲骨文破译	实验6：甲骨文检测与识别 实验7：甲骨文知识图谱

注：实验内容请参考清华大学出版社官网本书页面的配套资源包。

第一篇初识甲骨（第1～5章），介绍甲骨文及其相关的基本知识，是读者进一步学习后面各章节以及甲骨文研究的基础。第1章初步讲解甲骨文的内容与甲骨文形体特征，介绍甲骨文的命名、发现时间、出土地及发现者等基本知识，对甲骨的材料、形态和整治以及甲骨的钻凿和占卜与甲骨文例进行解读；第2章讲解甲骨文发掘地与分布现状的GIS可视化分析方法及GIS在考古学中的应用，介绍甲骨文出土地、分布现状的可视化分析方法；第3章主要讲解甲骨文发现及研究的重要学者，介绍这些学者对甲骨文研究的贡献及近年来国内外从事甲骨学研究的院校及科研机构；第4章系统而详尽地讲解甲骨文辨伪的思路和方法；第5章讲解甲骨文字对文字研究的意义，分析甲骨文特征，介绍甲骨文部首和常见甲骨文字。

第二篇数字甲骨(第6～10章)，是甲骨文信息处理研究的基础部分，讲解在信息技术下如何进行甲骨文的数字化研究，以及如何进行甲骨碎片的拼接及三维建模技术研究。通过本篇的学习，读者可明确甲骨文数字化研究的基本技术与方法，理解如何更好地进行甲骨文的保护，为智能甲骨研究提供知识铺垫。第6章初步讲解中文字库及字符编码的定义与作用，介绍字库与编码的关系，详细探讨甲骨文的字库与编码问题；第7章介绍汉字输入法原理与现状，详细讲解甲骨文输入法的原理及应用；第8章主要介绍甲骨文文献的现状，重点讲解文献数字化技术的构成，以及经典的文档分析技术与字符识别技术，并对甲骨文文献数字化技术研究展开讨论；第9章介绍甲骨碎片缀合的意义，系统分析传统甲骨缀合方法，重点介绍当前最新甲骨碎片图像缀合方法；第10章讲解甲骨三维建模的意义，介绍甲骨三维建模的方法。

第三篇智能甲骨(第11～15章)，讨论甲骨文信息处理研究的热点问题，介绍在信息技术(尤其是人工智能技术)的驱动下，甲骨文研究的创新应用。第11章介绍甲骨文字检测与识别现状，分析神经网络算法原理，重点讲解甲骨文字检测与识别方法；第12章介绍甲骨字表示方法和常用的自然语言处理中的主题模型，讨论适用于甲骨文自身特点的语言模型构建方法；第13章从复杂网络的基本概念讲解，讨论如何构建甲骨文复杂网络和未释甲骨字语义预测方法问题；第14章讲解知识及知识关联的含义，介绍知识图谱研究现状和知识图谱构建方法，详细讲解甲骨文知识图谱的构建，并讨论甲骨文知识图谱融合及可视化实现问题；第15章从信息技术的角度讨论如何进行甲骨文考释研究。

本书具有如下特色：

- 河南省"十四五"普通高等教育规划教材；
- 甲骨文信息处理教育部创新团队倾心之作；
- 国家一流本科专业(计算机科学与技术)特色课程配套教材；
- 提供与教材配套的数字课程服务，包含电子教案、甲骨文数据服务平台(殷契文渊：jgw.aynu.edu.cn)，以及与课程配套的实验教学项目等内容。

本书内容全面丰富，教师可以针对不同专业和不同类别的学生挑选不同章节进行讲解。

本书作者均为安阳师范学院甲骨文信息处理教育部重点实验室成员，该团队也属于甲骨文信息处理教育部科技创新团队；刘永革教授负责统筹安排和校对。各章节创作安排具体如下：第1章由韩胜伟老师编写，第2、3、7、12、14、15章由高峰老师编写，第4章由刘玉双老师编写，第5章由乔雁群老师编写，第6、11章由刘梦婷老师编写，第8章由李邦老师编写，第9章由张展老师编写，第10章由郭安老师编写，第13章由焦清局老师编写。此外，安阳师范学院的刘国英教授、熊晶教授、张瑞红教授、马园园副教授、庞宇副教授、葛彦强副教授、吴琴霞副教授等协助修改了部分内容，安阳师范学院的李强、黄永康、朱伟业、刘卓林、张浩男等同学参与了部分资料和文献数据整理，在此向他们表示衷心的感谢。

在本书的编写过程中也得到了甲骨文信息处理教育部重点实验室学术委员会成员的悉心指点，同时来自安阳师范学院的校领导纪多辙教授、黑建敏教授等给予了大力支持，在此对他们的付出致以诚挚的谢意。

本书的出版得到了河南省教育厅高等学校“十四五”规划教材项目资助，也得到了安阳师范学院甲骨文信息处理教育部重点实验室、河南省重点实验室、教育部创新团队、河南省甲骨文信息处理特色骨干学科群等项目的资助，在此表示特别感谢。

在本书的出版过程中得到了清华大学出版社盛东亮、曾珊老师的鼎力支持，非常感谢两位老师对该书出版所给予的莫大帮助。

由于作者水平有限，书中难免有不足之处，恳请广大专家和读者批评指正，以使该书得以不断完善。

作　者

2021 年 5 月

目录

CONTENTS

第一篇 初识甲骨

第二篇　数字甲骨

第三篇 智能甲骨

第一篇　初识甲骨

本篇主要介绍甲骨文及其相关基本知识，是读者进一步学习后面各章节及甲骨文研究的基础。

初识甲骨篇包括5章。

第1章：走进甲骨文，初步讲解甲骨文的内容与甲骨文形体特征，介绍甲骨文的命名、发现时间、出土地及发现者等基本知识，对甲骨的材料、形态和整治以及甲骨的钻凿和占卜与甲骨文例进行解读。

第2章：甲骨文分布，讲解甲骨文发掘地与分布现状的GIS可视化分析方法，以及GIS在考古学中的应用，介绍甲骨文出土地、分布现状的可视化分析方法。

第3章：甲骨江湖，主要讲解甲骨文发现及研究的重要学者，介绍这些学者对甲骨文研究的贡献及近年来国内外从事甲骨学研究的院校及科研机构。

第4章：甲骨文辨伪，系统而详尽地讲解甲骨文辨伪的思路和方法。

第5章：认识甲骨文字，讲解甲骨文字对于文字研究的意义，分析甲骨文特征，介绍甲骨文部首和常见甲骨文字。

第1章

CHAPTER 1

走进甲骨文

甲骨文是我国目前发现的最早的成系统的文字，是中华民族的瑰宝。想要研究甲骨文，首先需要了解甲骨文。本章将介绍一些甲骨文的基础知识，为以后的深入研究做铺垫。

1.1 甲骨文的命名

甲骨文，指刻写在龟甲、兽骨上的文字，包括商代甲骨文和西周甲骨文。一般所说的“甲骨文”主要指商代甲骨文。甲骨文主要发现于河南安阳小屯村一带的殷墟，是商代后期商王室和贵族占卜和记事的记录，又称殷墟(虚)[①]文字、殷契、契文、甲骨刻辞、卜辞、龟甲文字、龟版文、龟甲兽骨文字、商代贞卜文字等。这些名称其实是从不同的角度对甲骨文的称谓：

书写材料——甲(龟甲)、骨(兽骨)、龟版、龟；

书写方法——契(栔)、刻；

出土地点——殷墟(虚)；

文字内容性质——卜辞、贞卜文字；

文字时代——殷、商。

图1-1是早期出版的一些甲骨文书目、书影，从中可以看到甲骨文不同的名称。

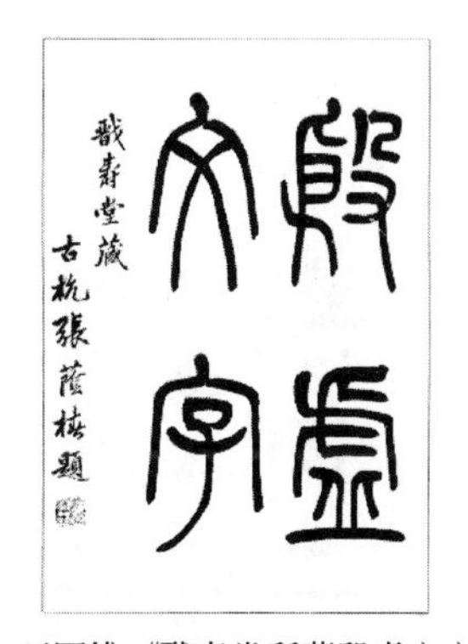

(a) 王国维《戬寿堂所藏殷虚文字》

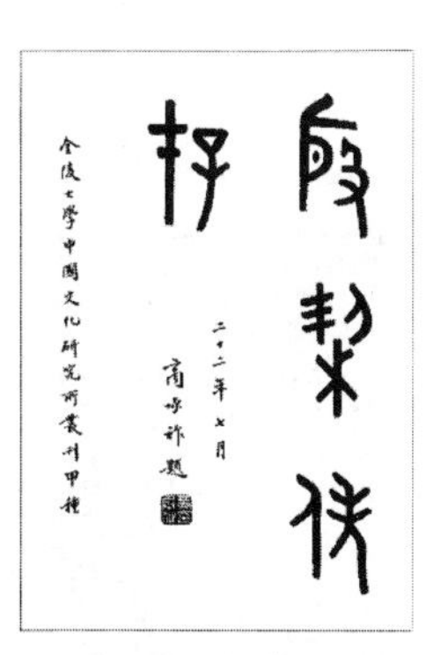

(b) 商承祚《殷契佚存》

图1-1 部分早期甲骨研究书目、书影

① 殷墟，也写作殷虚，是中国商朝后期都城遗址。

(c) 郭沫若《卜辞通纂》

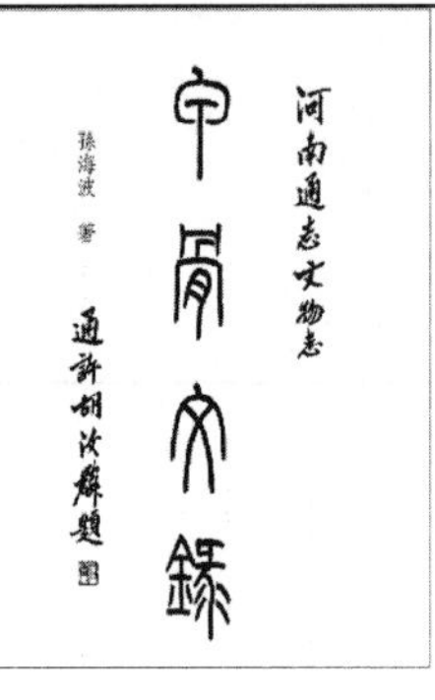

(d) 孙海波《甲骨文录》

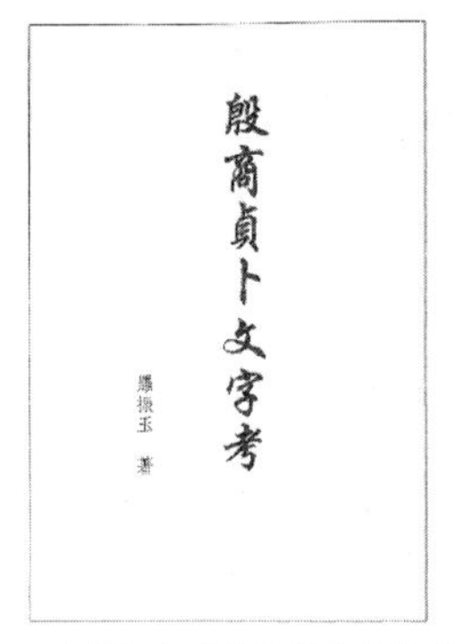

(e) 罗振玉《殷商贞卜文字考》

(f) 罗振玉《殷虚书契考释》

(g) 林泰辅《龟甲兽骨文字》

(h) 李达良《龟版文例研究》

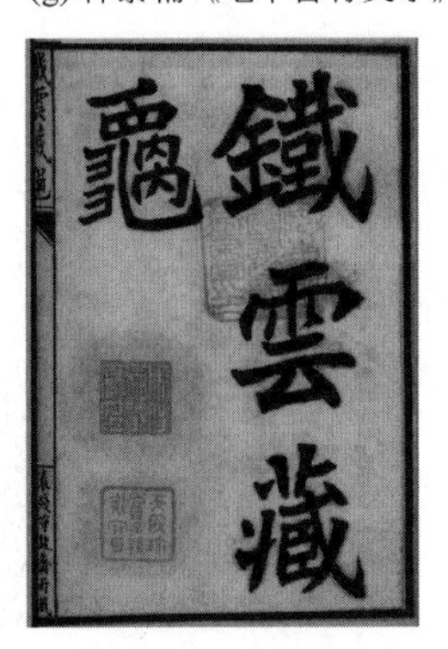

(i) 刘鹗《铁云藏龟》

(j) 孙诒让《契文举例》

图 1-1 （续）

1.2　甲骨文的发现时间和发现者

甲骨文的“发现”不是指一般意义的被挖到了或者被看到了，发现甲骨文是指“亲自鉴定甲骨实物，因目睹文字而认识它的价值，并把它作为珍贵文物有目的地进行搜集和研究”。[①]

关于甲骨文的发现一直有一个传说，那就是王懿荣在吃中药的时候，从一味叫“龙骨”的药材上发现了文字，并且认出是商代的文字，从此发现了甲骨文。这只是传说，很多情节是虚构的，并不可靠。因为龙骨作为中药都是碾碎了出售的，“零售粉骨为细面”，并且“有字者多被刮去”。[②] 所以从药店买回来带字的整版甲骨是不可能的。但是王懿荣确实是发现甲骨文的第一人，这一点是可信的。

甲骨片最初是在田间地头发现的，那么最先看到甲骨片的应该是在地里耕作的村民们。他们算是甲骨文的发现者吗？不是。因为村民们虽然看到了或挖到了甲骨片，但是他们要么扔到枯井里去，要么卖给药材商和古董商，并没有认识到甲骨片的价值。那些花钱收购甲骨的商人算是甲骨文发现者吗？也不算。因为药材商只是把甲骨当成药材买卖，并没有认识到甲骨片是珍贵的文物。古董商只是猜测甲骨片是一种古物，并没有认识到这些甲骨的性质，更不用说认识上面的文字。不过古董商们对于甲骨文发现也有一个大的“贡献”，那就是他们作为中介，将甲骨片卖给了像王懿荣这样的学者，之后王懿荣才能认出上面的甲骨文。

如图 1-2 所示为王懿荣的肖像。此时的王懿荣是国子监祭酒，学识丰富。他本身是一个富有的金石学家，那么他能认识、收藏甲骨文也就不难理解了。1899 年（光绪己亥年），古董商将甲骨片带到北京给王懿荣看，王懿荣“细为考订，始知为商代卜骨，至其文字，则确在篆籀之间”，[④]也就是说，王懿荣认识了甲骨片是商代占卜用的材料，也知道了甲骨文和篆文、籀文的性质一样，是古文字。这才是真正认识了甲骨文的性质和价值，才算真正发现了甲骨文。发现甲骨文的第二年，也就是 1900 年，“八国联军”攻入北京城，王懿荣作为国子监祭酒兼团练大臣，身为文武重臣却不能保国御辱，遂投井自杀，以身殉国。

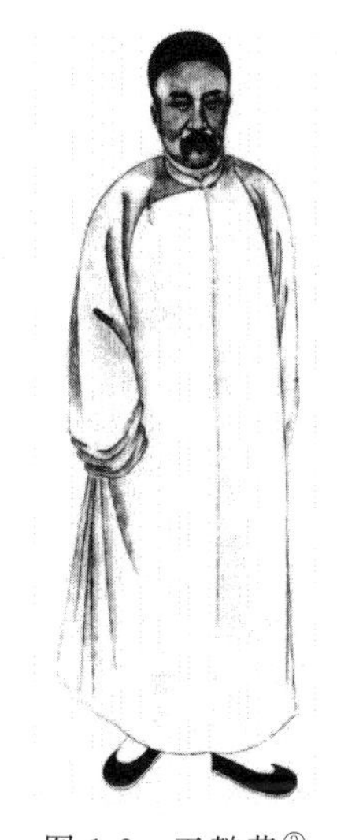

图 1-2　王懿荣[③]

关于甲骨文的发现，还有一种说法，那就是 1898 年王襄和孟定生发现了甲骨文。这个说法是不可靠的。1898 年的时候王襄和孟定生确实知道安阳出土了“骨版”，[⑤]但是他们并没有见到实

① 王宇信：《中国甲骨学》，上海人民出版社，2009 年，第 20 页。

② 董作宾：《甲骨年表》1 页，《董作宾先生全集 · 乙编》第 6 册，艺文印书馆，1977 年。

③ 叶衍兰，叶恭绰：《清代学者象传》，上海书店出版社，2014 年，第 535 页。

④ 王汉章：《古董录》，《河北第一博物馆画报》，1933 年第 50 期。

⑤ 王襄：《题易穞园殷契拓册》，《河北博物院半月刊》第八十五期，1935 年。

物，不知道“骨版”具体是什么，更不用说收藏鉴定、辨识文字了。古董商将甲骨片卖给王襄、孟定生也是在1899年。那这就有一个问题，王懿荣和王襄、孟定生到底谁先鉴定出甲骨文？目前，学界仍认为王懿荣最先鉴定出甲骨文。王襄在《〈錞于室契文余珠〉序》里曾提到，他见到古董商的时候，问古董商“殷契”是什么样的。[①] 由此推断，在王襄见到甲骨片之前已经有人将其定名为“殷契”，而那个人只能是王懿荣。但是不可否认，王襄和孟定生在1899年（与王懿荣几乎同时）也开始搜集、鉴定甲骨文，他们对于甲骨文的发现所作的贡献同样是不可磨灭的。

1.3 甲骨文的出土地

殷商甲骨文主要出土于河南安阳小屯村一带的殷墟。除此之外，郑州商城[②]、济南大辛庄商代遗址[③]也出土了少量商代甲骨文。

1899年甲骨文被发现以后，学者们并不知道它们出土于何地。像早期研究甲骨文的学者王懿荣、刘鹗、罗振玉等人都在北京，古董商从安阳带了甲骨到北京卖给他们。所以甲骨文的出土地多是听古董商所说。买的人多了，甲骨越来越贵。古董商为了囤积居奇，牟取暴利，谎称甲骨出土于河南汤阴、羑里、卫辉、朝歌等地。1908年罗振玉打听出了甲骨文的出土地是在河南安阳小屯村，《史记・项羽本纪》记载：“章邯使人见项羽，欲约。……项羽乃与期洹水南殷墟上。”罗振玉据此推断出了这里是殷商都城。到1911年，罗振玉还派其胞弟罗振常亲自去安阳小屯村走访、收购甲骨文，罗振常写了《洹洛访古游记》记录了整个过程，里面记载了很多关于收购甲骨的事情：

“小屯在彰德城西五里，乃出龟甲之地。土人不知龟甲为何物，呼为‘带字骨头’，省亦曰‘骨头’。

“午前，土人数辈持来龟骨三筐。筐各少许，购其二，遗其一，因论价未洽也。

“土人售此，绝少大宗，缘村人数十家，各售所掘，甚至一家之兄弟妇稚，亦不相通假。人持自有之骨，故来必数人，或十数人，筐筥相属，论价极喧扰。”

到了1915年，罗振玉还亲自前往小屯村进行实地考察。所以，可以说是罗振玉把甲骨文的出土地点考证出来的。罗振玉、罗振常如图1-3所示。

从1899年到1928年，甲骨文一直被村民和商人私掘、盗掘，这期间造成的损失是不可估量的。从1928年到1937年，民国政府的“中央”研究院历史语言研究所（简称“史语所”）对殷墟进行了15次科学挖掘，收获了大量的甲骨，并整理成了《殷虚文字甲编》《殷虚文字乙编》《殷虚文字丙编》《殷虚文字乙编补遗》等著作。1937年抗战爆发到1949年中华人民共

---

① 李先登：《孟广慧旧藏甲骨选介》，《古文字研究》第八辑，中华书局，1983年。

② 葛英会：《读郑州出土商代牛肋刻辞的几种原始材料与释文》，《中原文物》2007年第4期。常玉芝：《郑州出土商代牛肋骨刻辞与社祭遗址》，《中原文物》2007年第5期。马保春、朱光华：《郑州商城出土骨刻文与中国古代的“舞雩”祈雨之祀》，《中原文物》2012年第3期。

③ 山东大学东方考古研究中心、山东省文物考古研究所、济南市考古所：《济南市大辛庄遗址出土商代甲骨文》，《考古》2003年第6期。方辉：《济南大辛庄遗址出土商代甲骨文》，《中国历史文物》2003年第3期。

图 1-3　罗振玉携家人摄于旅顺,中排右三为罗振玉,中排右二为胞弟罗振常①

和国成立,期间又有许多甲骨被盗掘,被卖到国内外。中科院考古研究所于 1950 年成立,继续开展对殷墟的科学发掘,收获了小屯南地甲骨(1973 年)、花园庄东地甲骨(1991 年)、殷墟小屯村中村南甲骨(2002 年)等几批材料。

1.4　甲骨的材料、形制和整治

甲骨之"甲"指龟甲,主要是龟腹甲,也有少量的龟背甲;龟甲主要来源于南方邦国进贡。"骨"主要指牛肩胛骨,也有少量的牛头骨、鹿头骨、犀牛骨、虎骨、人头骨等,主要是安阳本地所产。

1.4.1　龟甲的形制

商代人将龟宰杀以后,将龟腹甲和背甲的连接处(即甲桥)锯开,分为腹甲和背甲两部分。锯的时候,一般将两侧部分甲桥留在腹甲上。然后经过刮磨、平整,造成龟腹甲和背甲的形制如下:

腹甲的正面,沿着中缝(千里路)对称,分为左右两部分,分别是左右首甲、左右前甲、左右后甲、左右尾甲,中间有一块菱形的"中甲"。腹甲的两侧是残留的甲桥部位。腹甲的反面经过刮磨之后用来钻凿。龟腹甲的正面如图 1-4 所示,龟腹甲的反面如图 1-5 所示。

背甲使用的数量相对较少。主要有以下两种形制:①将整个背甲从中间剖开,分成左右两部分,这种背甲叫扇形背甲,如图 1-6 所示;②将背甲剖开以后,将边缘锯掉,再制作成椭圆形,并且在中间穿个孔,这种椭圆形的背甲叫改制背甲,只出土于 YH127 坑,分别如

① 照片选自罗振玉著、罗福颐类次:《殷虚书契五种》,中华书局,2015 年。

图 1-7 和图 1-8 所示。除了这两种形制以外，还有用整块背甲而不加整治的，还有近似刀形的背甲等，它们的数量很少，在此不做介绍。

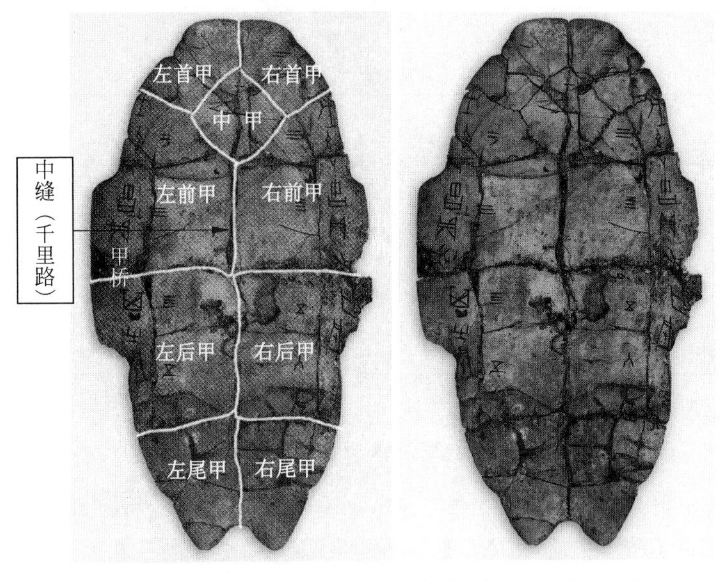

图 1-4 龟腹甲正面(左图为区块名称，右图为原照片)①

图 1-5 龟腹甲反面②

图 1-6 扇形背甲③

① 图片选自《中国国家博物馆馆藏文物研究丛书·甲骨文卷》062 号龟腹甲正面。

② 图片选自《中国国家博物馆馆藏文物研究丛书·甲骨文卷》062 号龟腹甲反面。

③ 左图选自《殷墟花园庄东地甲骨》262，是龟背甲的左半部分；右图选自《殷墟花园庄东地甲骨》297，是龟背甲的右半部分。

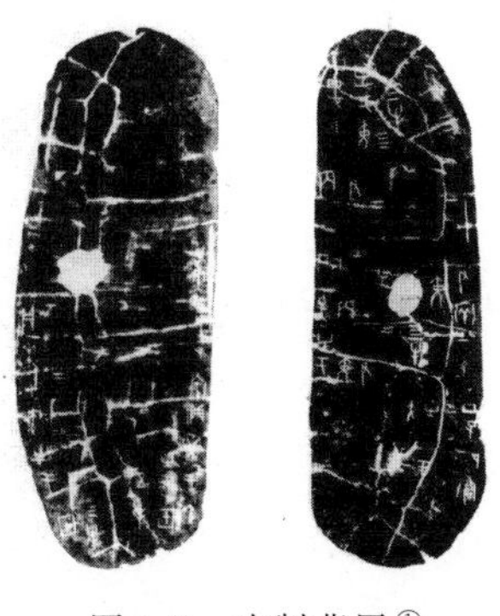

图 1-7　改制背甲①

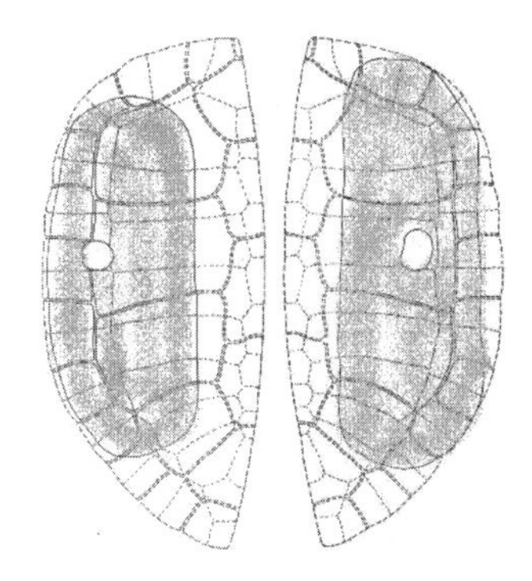

图 1-8　深色的部分即"改制背甲"②

1.4.2　牛肩胛骨的形制

牛肩胛骨是牛前肢上部的两块骨头，牛肩胛骨的位置如图 1-9 所示。整治牛肩胛骨时，一般要将骨臼（即关节窝）切去三分之一，臼角向下切成直角缺口，如图 1-10 所示。再将骨脊削平，刮磨平滑，如图 1-11 所示，其中左图是未刮去骨脊的肩胛骨，右图是已经刮去骨脊的肩胛骨，能看到刮去骨脊后露出的粗糙的骨面。

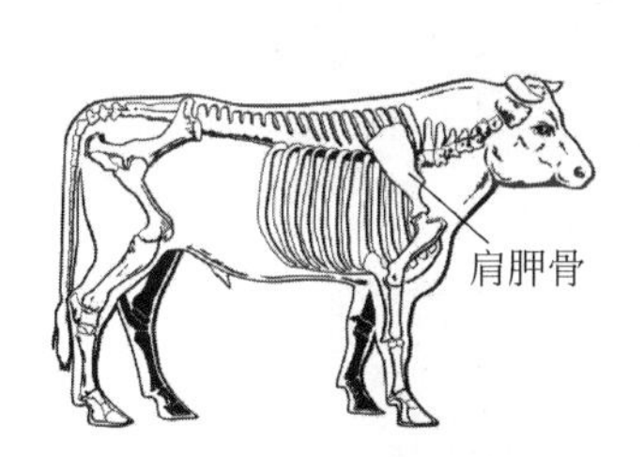

图 1-9　牛肩胛骨位置③

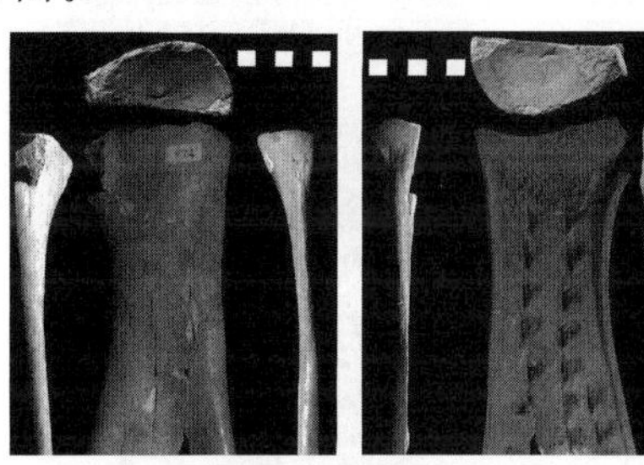

图 1-10　牛肩胛骨的骨臼部位④

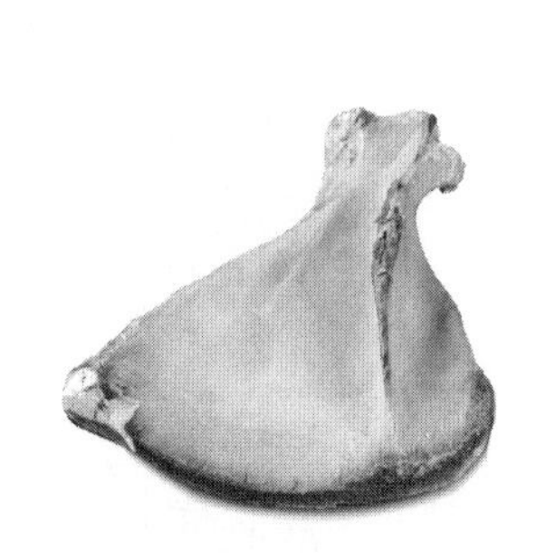

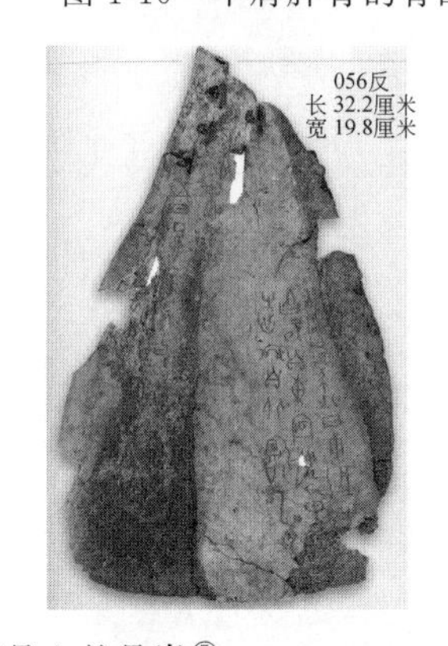

图 1-11　肩胛骨上的骨脊⑤

① 左图选自《甲骨文合集》1144，右图选自《甲骨文合集》3461。

② 图片选自宋雅萍《殷墟 YH127 坑背甲刻辞研究》，台湾"国立"政治大学硕士论文，2008 年，指导教师：蔡哲茂、林宏明。

③ 图片来源于网络 http://tushuo.jk51.com/tushuo/3244327.html。

④ 图片选自《卡内基博物馆所藏甲骨研究》54 正、反。

⑤ 左图来源于网络 http://kerchin.com/archives/2757，右图选自《中国国家博物馆馆藏文物研究丛书·甲骨文卷》056 反。

1.5 甲骨的钻凿和占卜

甲骨整治好了以后，就可以在背面（少数甲骨也在正面）进行钻凿、灼烧，在另一面形成裂纹，然后根据裂纹形态进行占卜。钻凿，是指用刀或者其他工具在甲骨片上挖出圆形、半圆形、椭圆形、长方形、枣核形的坑洞和凹槽，圆形和半圆形的坑洞叫“钻”，长方形、椭圆形、枣核形的坑洞叫“凿”，“钻”往往在“凿”的旁边。[①] 钻凿好以后就可以在这些“钻”“凿”部位用烧成炽炭的树枝进行灼烧。“钻”是为了烧灼时在甲骨正面裂出横纹（横纹叫兆枝），“凿”是为了裂出竖纹（竖纹叫兆干），一横一竖构成“卜”字形裂纹。[②] 然后根据裂纹的形态进行占卜。商人是怎样根据裂纹的形态占卜吉凶的，这个问题目前还有待研究。占卜以后，由专门的刻手将占卜之事刻写在裂纹旁边，就是卜辞。龟甲和牛肩胛骨的正面兆纹和反面钻凿分别如图 1-12 和图 1-13 所示。

图 1-12　龟甲正面的兆纹和反面的钻凿[③]

图 1-13　肩胛骨正面的兆纹和反面的钻凿[④]

---

① 甲骨钻凿有多种形态，相关论述可参看周忠兵：《甲骨钻凿形态研究》，《考古学报》2013 年第 2 期。

② 董作宾：《商代龟卜之推测》，《董作宾先生全集·甲编》第三册，艺文印书馆，第 849 页。

③ 图片选自《殷墟花园庄东地甲骨》1477，为了更清楚地显示兆纹，左图把一部分“卜”形兆纹用白色的笔画描绘了出来。

④ 图片选自《北京大学珍藏甲骨文字》182，为了更清楚地显示兆纹，左图把一部分“卜”形兆纹用白色的笔画描绘了出来。

1.6 甲骨文例

甲骨上的卜辞刻写、分布都是有规律的，这个规律就叫作“甲骨文例”。掌握了甲骨文例才能读通甲骨文。甲骨文例的内容很丰富，我们结合卜辞简单介绍几条常见规律。

第一条：龟甲上的卜辞多沿千里路对称分布，如图 1-14～图 1-16 所示。

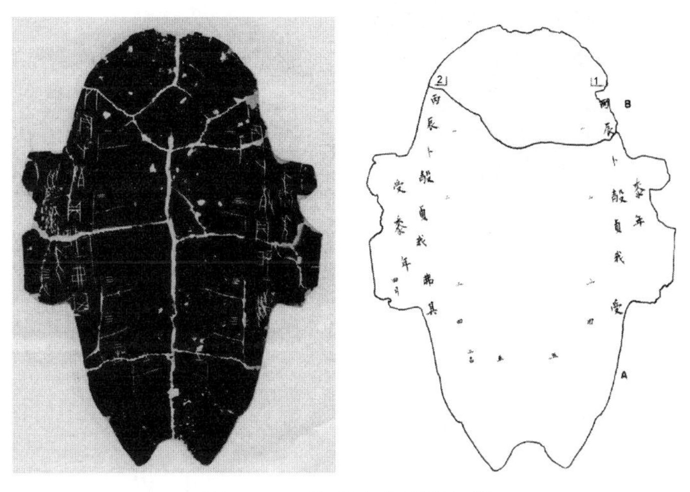

图 1-14 《殷虚文字丙编》8[①]

(1) 丙辰卜，㱿贞，我受黍年？

(2) 丙辰卜，㱿贞，我弗其受黍年？

这两条卜辞是贞问年成有没有收获，从“受”“不受”正反两方面贞问。正反两条卜辞对称分布于千里路两侧，刻写方向分别下行而朝向龟甲外边缘，如图 1-14 中的“1”“2”所示，是背向对称。

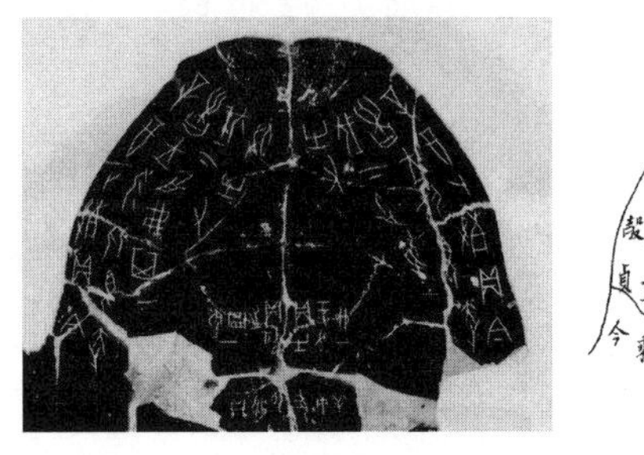
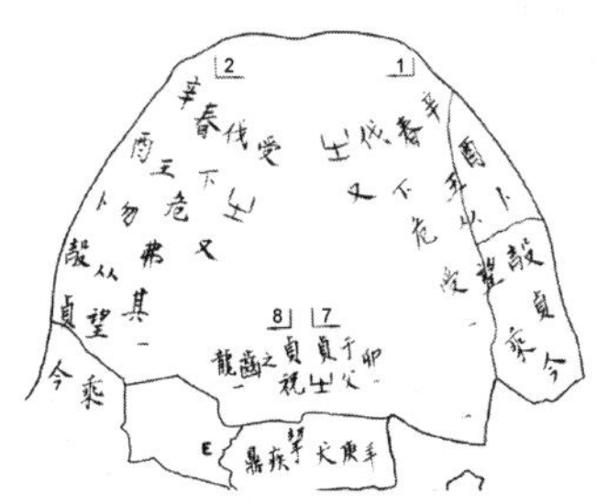

图 1-15 《殷虚文字丙编》12 局部

(1) 辛酉卜，㱿贞，今早王比望乘伐下危，受有佑？

(2) 辛酉卜，㱿贞，今早王比望乘伐下危，弗其受有佑？

这两条卜辞是贞问今天早上“王”联合“望乘”去征伐“下危”，会不会受到保佑。也是从“受”和“弗其受”(意思即“不受”)正反两个方面贞问的。正反两条卜辞对称分布于千里路两

---

① 书中对每片甲骨都有编号，此处数字“8”即为该片甲骨在此著录中的编号。全书其他各处也采用这种标注方式。

侧，刻写方向分别下行而朝向龟甲中间，如“1”“2”所示，是相向对称。

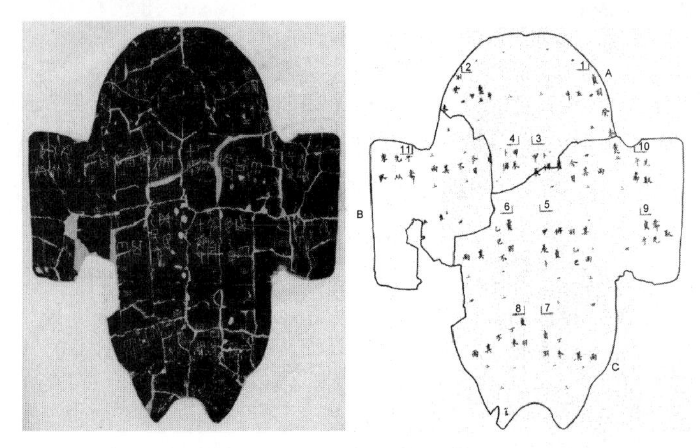

图 1-16 《殷虚文字丙编》63

(3) 甲辰卜，佣贞，今日其雨？

(4) 甲辰卜，佣贞，今日不其雨？

(5) 甲辰卜，佣贞，翌乙巳其雨？

(6) 甲辰卜，佣贞，翌乙巳不其雨？

(7) 贞，翌丁未其雨？

(8) 贞，翌丁未不其雨？

这几条卜辞是贞问今天(甲辰)、明天(乙巳)以及大后天(丁未)会不会下雨，都是从“雨”“不雨”正反两方面贞问的。每两条一组，正反两条卜辞对称分布于千里路两侧，刻写方向分别下行而朝向龟甲外边缘，如“3、4”“5、6”“7、8”所示，每一组都是背向对称。

第二条：肩胛骨上的卜辞如果靠近左边缘，则下行而左；如果靠近右边缘，则下行而右；在中间位置，则向左向右行都可以。有时候会用界划隔开，如图 1-17 所示。

(1) 癸酉卜，殻贞：“旬无𡆥(忧)？”王二曰：“匄(害)。”王占曰：“俞！有求(咎)有□。”五日丁丑，王宾中丁，卒险在𡨦𠂤。十月。

(2) 癸未卜，殻贞：“旬无𡆥(忧)？”王占曰：“逸。乃兹有求(咎)。”六日戊子，子发𥁕。一月。

(3) 癸巳卜，殻贞：“旬无𡆥(忧)？”王占曰：“乃兹亦有求(咎)。若再。”甲午王往逐兕，小臣堪车马硪㪔王车，子央亦颠。

图 1-17 中，左边的卜辞(即(1))下行而左，右边的卜辞(即(2))下行而右，中间的卜辞(即(3))也下行而左。

第三条：在胛骨边缘的骨边位置也会刻写卜辞，一般是分段落读，每一段的行款都是下行朝外边缘的走向，如图 1-18 所示。

(1) 癸丑卜，贞，王旬无𡆥(忧)？在八月。甲寅彡羌甲。

(2) 癸亥卜，贞，王旬无𡆥(忧)？在八月。

(3) 癸酉卜，贞，王旬无𡆥(忧)？在八月。

(4) 癸未卜，贞，王旬无𡆥(忧)？在九月。

(5) 癸巳卜，贞，王旬无𡆥(忧)？

(6) 癸卯卜，贞，王旬无𡆥(忧)？在九月。

(7) 癸丑卜，贞，王旬无𡆥(忧)？

图 1-17 《甲骨文合集》10405

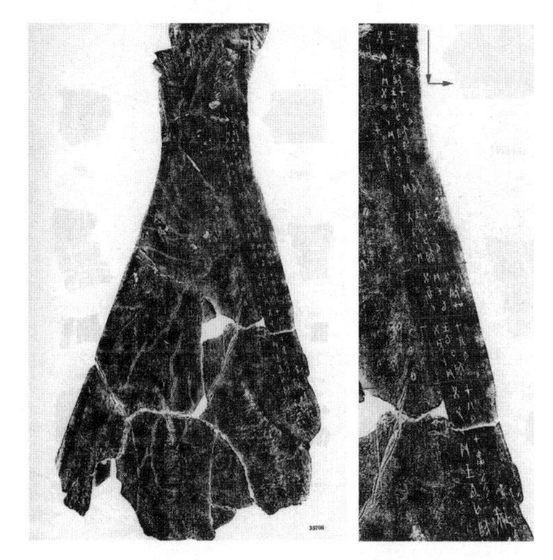

图 1-18 《甲骨文合集》35706，右图是局部

第四条：一条完整卜辞的主要内容可以分为前辞、命辞、占辞、验辞四部分。前辞记录占卜时间(干支名)、占卜者和地点，命辞记录所占卜的具体事情，占辞是根据兆纹所呈现的占卜结果进行判断，验辞记录占卜过后的应验情况。所以验辞和前面的前辞、命辞、占辞不是同时刻写上去的，而是等事情应验以后补刻上去的。

例如，《甲骨文合集》14002 的一条卜辞：

甲申卜𣪊贞 | 妇好娩嘉 | 王占曰其唯丁娩嘉其唯庚娩引吉 | 三旬又一日甲寅娩不嘉唯女。

前辞 | 命辞 | 占辞 | 验辞

“甲申”是占卜时间，“𣪊”是占卜者。这是前辞。

“妇好娩嘉”意思是“妇好要生孩子，好不好”(“好”的意思是指生男孩)。这是命辞。

“王占曰其唯丁娩嘉其唯庚娩引吉”，即王看了兆纹以后占断说：“如果在丁日那天生孩子就好，如果在庚日那天生孩子会更好。”这是占辞。

“三旬又一日甲寅娩不嘉唯女”意思是 31 天以后甲寅这一天，生了孩子，不“好”，意思是个女孩。这是验辞。这个结果可以看出商代人就重男轻女。

一条完整的卜辞会包括前辞、命辞、占辞、验辞，但是大部分的卜辞是不完整的，往往会省略其中的某些部分。

1.7 甲骨文的内容

甲骨文记录的是商王和贵族的事情，按照内容性质大概可以分为四类：一是卜辞，二是与占卜有关的记事刻辞，三是与占卜无关的记事刻辞，四是表谱刻辞。[①]

1.7.1 卜辞

甲骨文绝大多数是卜辞，也就是占卜的记录，商王或贵族贞问某件事吉凶，然后将事情的询问、预测、经过、结果记录下来，就是卜辞。他们贞问的事情包括战争、生育、官吏、刑罚、农业、田猎、天文、建筑、疾病、鬼神、祖先、商业、交通、奴隶、祭祀等社会生活、思想文化的各个方面，可以说商人生活的方方面面都可以用甲骨来占卜。

1. 祖先

如图 1-19 所示，中间有一条卜辞：

其告于高祖王亥三牛。

这句卜辞的意思是祭祀给高祖王亥三头牛。

“王亥”这个人是商人的祖先，在《山海经》里面都有记载，《山海经 · 大荒东经》说：

有困（“因”字之误）民国，句姓而食。有人曰王亥，两手操鸟，方食其头。王亥托于有易河伯仆牛。有易杀王亥，取仆牛。

这段话的大意就是：

有个因民国，姓“句”。有个人名叫王亥，两只手握着一只鸟，正要吃它的头。王亥把牛羊寄托给有易族的君主和河伯。有易族杀了王亥，占有了他的牛羊。

《山海经》里的“王亥”的形象如图 1-20 所示。

图 1-19 《甲骨文合集》30447

图 1-20 王亥[②]

① 王宇信、杨升南：《甲骨学一百年》，社会科学文献出版社，1999 年，第 239 页。《甲骨学一百年》还区分出一类“习刻”，但是习刻是练习刻写的甲骨文，既有卜辞也有非卜辞，所以从内容上把习刻划分为一类，不是很合理。

② 图片选自马昌仪：《古本山海经图说》，广西师范大学出版社，2007 年，第 962 页。

甲骨文里“王亥”的“亥”这样写：

字形上部正好是一只“鸟”。《山海经》流传了两千多年，是古代的神话传说，里面记载的东西有很多不是真实存在的。但是关于“王亥”的记载，《山海经》和甲骨文竟然互相征验，而且在文字形体上都有反映，这不得不说是一件神奇的事情。这说明中国古代的神话传说并非是虚构，有些是有事实依据的。《山海经》和甲骨文中的“王亥”都带有“鸟”形，可能跟商人的图腾崇拜有关。《史记·殷本纪》记载商人的始祖叫“契”，“契”的母亲叫“简狄”，她吃了一颗玄鸟蛋生下了“契”。《诗经》说：“天命玄鸟，降而生商。”意思是商人最初是从玄鸟而来。现在安阳市文昌大道和彰德路交叉口还有玄鸟雕塑，也是在纪念安阳作为殷商之源。

2. 疾病

如图 1-21 所示，这一版甲骨上有两条卜辞：

甲卜，子首疾，亡延。

丙卜，五日子目既疾。

第一条中的“子首疾”是说“子”这个人脑袋有病，可能是头疼。“亡延”的意思是这个病时间不会很久吧，希望它快点好。“首”字写成，字形像个脑袋。

第二条卜辞说“子”这个人的“目”(也就是眼睛)得了疾病。目字写成，像一只眼睛。

如图 1-22 所示，这一版上有一条卜辞：

贞，疾耳，唯有害。

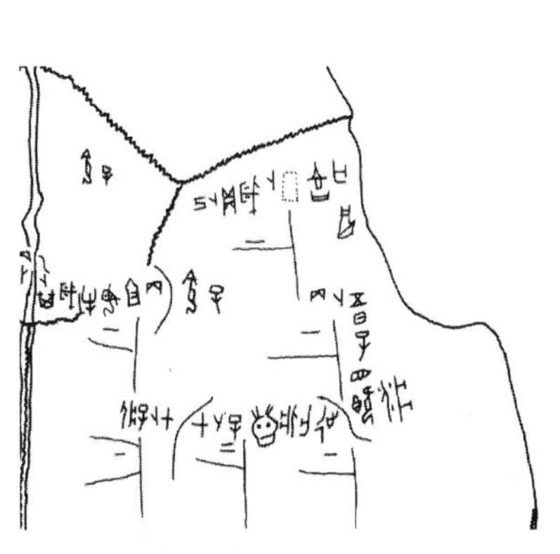

图 1-21　《花东》446 局部

图 1-22　《甲骨文合集》13630

“疾耳”就是耳朵得病了。“耳”字写成，像一只耳朵的形状。

如图 1-23 所示，这一版有一条卜辞：

丁卜，子耳鸣，亡害。

可见“耳鸣”这个病在商代就已经被诊断出来了。

如图 1-24 所示，这一版上有两条卜辞：

贞，有疾自，唯有害。

贞，有疾自，不唯有害。

图 1-23 《花东》501 局部

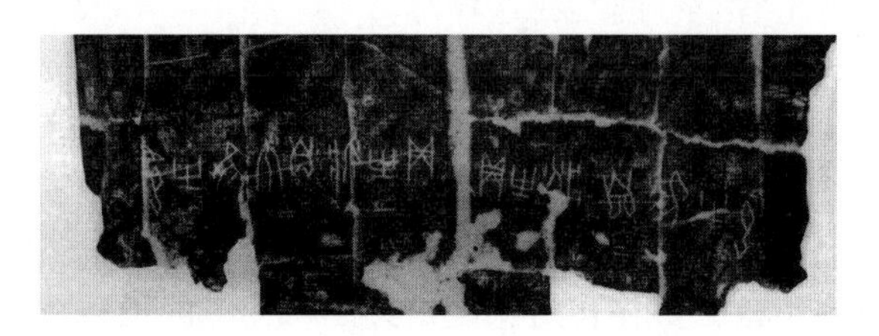
图 1-24 《甲骨文合集》11506 局部

“自”字写成𦣻，像一只鼻子，所以“自”的本意就是鼻子，这两条卜辞是说“鼻子有病，会不会有害”。“自”现在用作第一人称代词指“自己”，可能因为人指向自己的时候会指向鼻子。

甲骨文中记载的疾病还有口、舌、牙齿、心、胸、腹、肘、脚、脚趾、身体、骨等，说明商代的医学已经发展到一定的高度了。

3. 战争

“国之大事，在祀与戎”，战争卜辞是甲骨文里的一类重要内容。

如图 1-25 所示，这一版上有一条卜辞：

癸巳卜，㱿贞，旬无囚(忧)。王占曰：“有求(咎)，其有来艰。”乞至五日丁酉，允有来艰自西。沚䤈告曰：“土方围于我东鄙，翦二邑。工方亦侵我西鄙田。”

这段话的大意就是：

癸巳这天占卜，接下来十天会不会有灾咎。王占断说：“有灾咎，会有祸患。”到了五天以后的丁酉日，果然从西边发生祸患。沚䤈报告说：“土方包围了我们东边的城邑，消灭了两座城池。工方也侵犯我们西边城池的田地。”

这条卜辞记载了土方和工方两个部落对于商王朝的侵犯，语言生动，情节完整，完全可以当作文学作品来读。

商王朝也会征伐其他部落，如图 1-26 所示。

这一版上记载了一条卜辞：

丁酉卜，㱿贞，今早王収人五千征土方，受有佑。

大意是：今天早上王聚集了五千人去征伐土方，会不会受到保佑。

图 1-25 《甲骨文合集》6057

图 1-26 《甲骨文合集》6409

如图 1-27 所示，这一版上记载了一条卜辞：

辛巳卜，争贞，今早王収人，乎妇好伐土方，受有佑。五月。

大意就是王召集人马，命令妇好帅兵去征伐土方。妇好是商王的妻子，在甲骨文里记载着她生孩子(前文已经提到的《甲骨文合集》14002)、率兵打仗等事件，地位十分高贵。

商人在战争中会俘虏敌人，这些俘虏会被杀死用作祭牲献给祖先神灵，如图 1-28 所示。

图 1-27　《甲骨文合集》6412

图 1-28　《甲骨文合集》293

这一版上记载了一条卜辞：

戊子卜，宾贞，叀今夕用三白羌于丁。用。

大意就是今天晚上用三个白色的“羌人”献祭给武丁。商人很喜欢白色，所以选择祭牲时也是选择肤色比较白的俘虏。

4. 田猎

“田猎”就是打猎的意思，商王经常出去打猎，也经常为了打猎的事占卜。

如图 1-29 所示，这一版上记载了一条卜辞：

乙未卜，今日王狩，田率，禽？允获虎二、兕一、鹿十二、豕二、□百廿七、□二、兔廿三、雉七。

图 1-29　《甲骨文合集》10197

这条卜辞记载了商王去打猎，捕获了两只老虎、一头野水牛、十二只鹿、两头野猪、二十三只兔子、七只野鸡，另外还有两种辨认不出的两种动物，收获颇丰。虎、兕、鹿、豕、兔在甲骨文里的写法如下：

兔：

每一种动物都类似于图画，各有各的特征，如虎的花纹，野水牛的大角，鹿的树枝角，猪的大腹垂尾，兔子的大板牙小翘尾。

5. 天文

如图 1-30 所示，这一版正面都是贞问接下来十天会不会有灾祸发生，反面有一条卜辞：

旬壬申夕月有食。

意思就是十天以后的壬申日发生了月食。甲骨文里记载的月食是世界上最早的记录。

如图 1-31 所示，这一版上有一条卜辞：①

……有异，不吉。三日庚申夕……异于东，星率西。

“异”就是异乎寻常的事情，也就是不好的事情。“星率西”的意思就是星星都去了西边。这条卜辞记载的是一次流星雨的过程，古人认为流星是不吉利的天象，跟现代人的观念不一样。“星”字写成，像一堆星星聚集的形状。甲骨文里对流星雨的记录也是世界上最早的记录。

图 1-30 《甲骨文合集》11482 正反

图 1-31 《甲骨拼合三集》608

如图 1-32 所示，这一版上有一条卜辞：

王占曰：“有求(咎)。”八日庚戌，各云自东，母，昃有出虹自北，饮于河。

这段话的大意就是：

王占说：“会有灾祸。”八天以后的庚戌日，有云彩从东边过来，太阳西下的时候有彩虹从北边出来，伸进河中饮水。

这条卜辞记载了彩虹的出现，在商人看来，彩虹的出现似乎也是异乎寻常的事情，象征着会有灾祸发生。“虹”字写作。

像是一条两端长头的蛇，“虹”字左边是“虫(虫古代是指蛇)”，说明古人认为彩虹跟蛇是

① 王子杨：《武丁时期的流星雨记录》，《文物》2014 年第 8 期。

有关系的。《山海经·海外东经》记载："虹虹在其北，各有两首。"也就是说"虹"有两个头，这又是一个神话传说与甲骨文字形相印证的例子。中国的古书中很多记载"虹"能饮水的事情，这种传说从甲骨文时代就存在了。

如图1-33所示，这一版上有两条卜辞：

癸未卜，宾贞：兹雹不唯降忧。

癸未卜，宾贞：兹雹唯降忧。

图1-32 《甲骨文合集》10405反

图1-33 《甲骨文合集》11423

这两条卜辞大意就是问，这个雹子会不会带来灾祸。冰雹会砸坏庄稼，所以商人很重视冰雹。"雹"字写成：

像天上掉下来一颗一颗的冰雹。甲骨文里的"雨"写成：

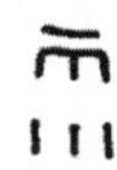

像天上掉下来一点一点的雨滴。"雹"和"雨"的构形可谓形象之极。

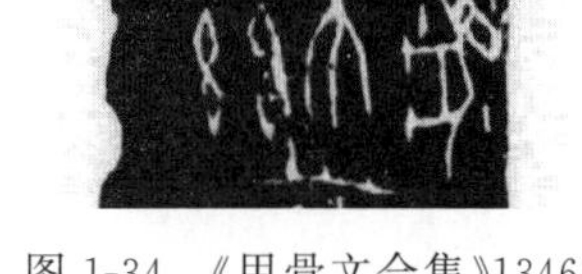

图1-34 《甲骨文合集》13467

如图1-34所示，这一版上有一条卜辞：

贞：兹雨，不唯霾。

意思就是，这个雨会不会有雾霾。商代的"雾霾"和现在说的"雾霾"不是一回事儿，现在说"雾霾"一般是说环境污染，商代的"雾霾"就是说空气中雾蒙蒙的，天色阴暗。

1.7.2 与占卜有关的记事刻辞

这类刻辞主要是记录甲骨的来源，例如某方国或者某人进贡而来，都会记录下来，如图1-35～图1-38所示。

以上几片甲骨上的刻辞为：

弜入二百二十五。(《甲骨文合集》9334)

小臣入二。(《甲骨文合集》1823)

壴示二。(《甲骨文合集补编》308)

图 1-35 《甲骨文合集》9334

图 1-36 《甲骨文合集》1823 局部

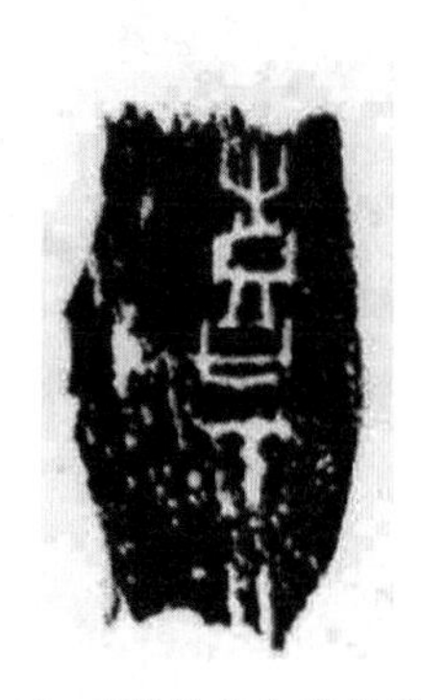

图 1-37 《甲骨文合集补编》308

图 1-38 《殷墟花园庄东地甲骨》184 局部

大示五。(《殷墟花园庄东地甲骨》184)

"弜""小臣""壴""大"都是来进贡的人,"入"和"示"都有进贡、给予的意思,整条刻辞的意思就是某人进贡了或者给予了多少甲骨。商王朝用来占卜的甲骨不都是自己生产的,尤其是龟甲,肯定有一些是从海边运过来的,这些记事刻辞就记录了谁带来了多少甲骨。

1.7.3 与占卜无关的记事刻辞

这类刻辞主要是为了纪念一些特殊的事件而刻写的甲骨文,甲骨文中比较特殊的人头骨刻辞、虎骨刻辞、兕骨刻辞、鹿头骨刻辞、牛距骨刻辞等都属于这类刻辞。

如图 1-39 所示,这是一根野水牛骨,一面刻着字,另一面雕刻着花纹,花纹里镶嵌着绿松石。它也是在安阳出土的,十分珍稀。上面的刻辞为:

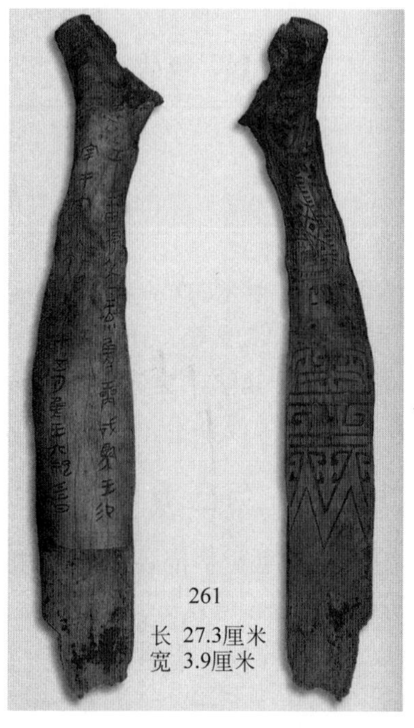

图 1-39 《中国国家博物馆馆藏文物丛书·甲骨卷》261

壬午，王田于麦录(麓)，获商戠兕。王赐宰丰寝小[illegible]兄，在五月。唯王六祀彡日。

这段话的主要意思就是王去麦麓这个山上打猎，收获一只红黄色的野水牛，王就把野水牛骨制作的这个物品赏给了宰丰。

想要捕获大型猎物是很不容易的，加之这只野水牛的颜色奇特，所以商王觉得这件事情值得纪念，就用野水牛骨做了这件器物，赏赐给了身边的近臣，还把这件事的前因后果刻在了上面，足见其珍贵。

1.7.4　表谱刻辞

表谱刻辞主要指干支表和家谱刻辞，很多表谱刻辞是“习刻”，也就是雕刻者(也称“刻手”)练习刻写的甲骨文。

如图 1-40 所示，这一版胛骨上刻着从“甲子”到“癸亥”一共完整的六十个干支，甲骨刻辞中很多的干支刻辞都是习刻，也就是年轻的刻手刚开始学刻甲骨文时，会先学习刻干支字，但是这一版的字体很成熟，字形优美，可能是一位老师刻写的范本，让学生学刻用的。

如图 1-41 所示，这是一版家谱刻辞，刻辞内容如下：

儿先祖曰吹。吹子曰䵹。䵹子曰[illegible]。[illegible]子曰雀。雀子曰壶。壶弟曰启。壶子曰丧。丧子曰养。养子曰洪。洪子曰御。御弟曰役。御子曰竸。竸子曰[illegible]。

这版甲骨记载了“儿”的世家一共 12 代的人物，其真伪还不确定。

图 1-40　《甲骨文合集》37986 局部

图 1-41　《英国所藏甲骨集》2674

1.8　本章小结

本章介绍了甲骨文的相关信息。甲骨文从不同的角度有多个名称，甲骨文的发现者是王懿荣，发现时间是 1899 年，甲骨文的出土地点主要是河南省安阳市小屯村一带的殷墟。龟甲和兽骨需要先整治才能用来占卜，本章还介绍了甲骨的整治方式。甲骨文在甲骨上刻写、分布是有规律的，这些规律就是甲骨文例，懂文例才能读卜辞，本章介绍了甲骨文的文例和甲骨刻辞的多种内容。目前的古文字研究包括甲骨文研究，同样离不开信息技术的支持，如何有效地将计算机技术应用于甲骨文研究,仍是一个需要探索的领域。

习题 1

(1) 简述甲骨文的特点。

(2) 讨论分析甲骨的整治方式,并进行简单的甲骨卜辞释读。

(3) 从信息技术的角度讨论甲骨文研究的对策。

第2章 甲骨文分布

CHAPTER 2

当古老的地图学与甲骨文在21世纪5G时代相遇，会产生怎样的火花呢？让我们开始甲骨文的寻宝征程。本章以整理的文献资料为基础，结合百度地图，以坐标系统进行定位，在此基础上利用地理信息系统(GIS)软件制作出甲骨文起源地分布图，以及1996年和2019年两个年份的甲骨文分布现状图，并结合图表分析甲骨文收藏地的动态变化情况。

2.1 甲骨文与GIS的应用

地理信息系统(GIS)又称为地学信息系统，是在计算机软、硬件系统的支持下对整个或部分地球表层(包括大气层)空间中的有关地理分布数据进行采集、存储、管理、运算、分析、显示和描述的技术系统。它的出现得益于信息技术的进步以及电子科技的发展，同时它又服务于社会诸多部门和行业，如农业生产、灾害防治、工矿用地建设、城市发展、交通以及资源开发等方面。

中国是世界上唯一一个拥有上千年不曾间断的文化的国家，一直以来讲究传承历史，注重对历史文化的弘扬和研究。随着近年来文化竞争力越来越成为衡量一个国家综合竞争力的重要指标，考古学作为一门"资深"学科在社会工作中发挥着越来越重要的作用。与此同时，随着科学技术的进步和信息时代的到来，历史研究的手段向多样化方向发展，研究领域也不断向广度和深度进军，尤其是3S(即遥感技术(Remote Sensing，RS)，地理信息系统(Geography Information Systems，GIS)和全球定位系统(Global Positioning Systems，GPS)统称)技术的广泛应用，极大地提高了研究效率和工作水平，人们不仅可以完成以往手段所不能完成的复杂任务，还能揭露隐藏在大量数据中的有用信息，从而取得更显著的研究成果。近年来，GIS在考古学中发挥着越来越重要的作用，使历史遗迹的研究越来越精确和透明。

为对甲骨文进行深层次研究，保护这一世界文化遗产，我们在搜集整理前人工作的基础上，运用GIS先进技术对甲骨的发掘地以及分布现状进行研究。本章参考孙亚冰《百年来甲骨文材料统计》(以下简称"一百年")和葛亮《一百二十年来甲骨文材料的初步统计》(以下简称"一百二十年")，以GIS相关分析技术、研究方法为依据，以甲骨文出土地及分布现状地的遗址资料和坐标定位为基础资料，研究甲骨文的出土地分布及现存分布状况，并对分布情况进行可视化展示，同时根据1996年、2019年两个年份分布地的不同，分析甲骨文分布现状的动态变化情况。运用GIS对甲骨文进行研究,不仅增强了数据表达的直观性,而且提高研究效率和工作水平,为更深层次地研究甲骨文的分布提供技术支持。

2.2 数据来源和分析方法

2.2.1 研究区域概况

本节对甲骨文的研究分为两大部分。对于甲骨文起源地的研究而言,研究区域为河南省、陕西省、山西省、北京市、河北省、山东省、湖北省、江西省。这8个地区共包括42处遗址,其中仅河南安阳殷墟一带就包括22个,并且此处出土甲骨文数目较多,远大于其他遗址所出土的甲骨数目,对于甲骨文起源地的研究具有重要的研究和考察价值。除河南安阳殷墟以外,陕西省也是甲骨文的一个重要出土地区,所以在起源地的研究中,本节对河南安阳殷墟一带和陕西省进行重点研究和讨论。

对于甲骨文分布现状地区的研究,研究区域为中国、日本、加拿大、英国、美国、德国、俄罗斯、瑞典、瑞士、法国、新加坡、荷兰、新西兰、比利时、德国。在这15个国家中,收藏甲骨文的地区有62个,收藏机构更是多达176个。中国作为甲骨文的出土地区,同时也是四大文明古国中唯一一个文明传承未曾中断的国家,有3个直辖市、24个省和2个特别行政区均收藏有甲骨文,收藏机构多达102个,收藏甲骨文数目占据甲骨文收藏总数的86%,远远高出其他国家的甲骨收藏数目。除中国以外,日本、加拿大、英国、美国的收藏甲骨数目也较多,所以对于甲骨分布现状的研究,本节将对这些国家进行重点讨论。

2.2.2 数据获取和处理

为了更精确地研究甲骨文的起源地及分布现状地,本章在参考孙亚冰的《百年来甲骨文材料统计》和葛亮的《一百二十年来甲骨文材料的统计》的基础上,查询发掘地相关的新闻报道及与此相关的资料,在确保材料真实性的基础上进行借鉴。然后借助互联网工具,利用百度地图和必应地图对甲骨文的每个起源地及现藏地区进行查询,并进行定位、标记和记录,之后利用百度地图拾取坐标系统(http://aqsc.shmh.gov.cn/gis/getpoint.htm)对每个地区的经纬度进行查询并记录,最后利用ArcGIS软件,将所记录的数字化文件导入,得到甲骨文的起源地分布及现有收藏地分布图。

本研究应用经过系统整理过的甲骨文出土地及分布现状地的经纬度采样数据,在ArcGIS软件基础上进行信息的导入,对甲骨文的分布情况进行可视化分析。具体的数据获取步骤是:

(1) 打开ArcCatalog,右击内容列表中的Folder Connections,选择Connect To Folder,连接到所选的数据库(中国地图和世界地图);

(2) 启动Arcmap,创建数据帧;

(3) 添加数据,把Excel文件中存储采样数据的sheet添加进来,添加成功后开始添加点,右击sheet选择“显示*XY*数据(*X*)”打开此数据框,对于*X*字段选择经度,对于*Y*字段选择纬度,对于*Z*字段选择“无”,对于坐标系选择GCS_WGS1984,之后单击“确定”按钮;

(4) 生成Shape文件,将数据导出。

2.2.3 分析方法

绘制甲骨文的空间分布图并研究其分布的动态变化情况对于研究甲骨文的分布尤为重要。本章通过对甲骨文出土地资料的调查研究和对1996年、2019年两个年份甲骨文的分布情况进行分析比较，从而清楚地反映甲骨文起源地的分布情况及其在世界范围内分布的动态变化情况。涉及的主要研究方法如下。

(1) 文献调查法，指通过收集、鉴别、整理相关文献，并通过对有关文献的研究形成对事实的科学认识，从而探索事物现象的研究方法。它是一种间接的非介入式的调查方法，超越了时间和空间的限制，省时、省力、高效，并且非常方便、自由和安全。本章在对可利用的相关文献进行真实性和可用性检查的基础上，对与甲骨文以及GIS有关的研究报告、学术论文和学术报告、国内有关报刊和杂志、有关学者的相关文献、国家统计局的统计公报、国内外各种博览会、交易会、展销订货会等营销性会议，以及专业性、学术性会议上所发放的文件和资料进行调研，并对相关文献进行结构式的定量分析与比较，从而得出结论。

(2) 数据分类法，指按照数据的特征或给定数据所引用项的特征，把数据分为若干类别或范畴。本章根据不同地区出土或收藏甲骨数目的不同，把数据分为若干等级字段，并将不同字段的数据用不同颜色、不同大小的圆形符号在地图上标注出来，随着甲骨数目由少到多，符号颜色逐渐变深，尺寸也越来越大。以数据分类法为基础进行图形的制作，使得数据的表示更加清晰和直观。

(3) 比较分析法。它是自然科学、社会以及日常生活中常用的分析方法之一，旨在通过对两者或两者以上事物的异同点进行比较，进而加深对各个事物的认识，对各事物进行更准确的把握。本章内容采用纵向比较分析法，通过对1996年和2019年两个年份的甲骨文分布进行分析比较，进而认识这两个年份甲骨文的分布情况及分布的变化趋势。

2.3 甲骨文出土地可视化分析

本节主要从甲骨文出土地的聚合特征出发，对各省份甲骨文出土的特征进行分析和描述。在对甲骨文的出土地进行坐标定位并运用GIS技术绘图的基础上，对所得图形进行进一步的分析和概括，得到甲骨文的出土地分布规律。

2.3.1 河南省出土特征分析

安阳是中国八大古都之首，也是中华文明的重要发源地，在历史上发挥着不可替代的作用。其早在公元前14世纪就被定为古都，后商王盘庚把商都自“奄”(今山东曲阜)迁往“殷”(今安阳小屯村)，所以河南安阳就成为了甲骨文的主要出土地区。甲骨文的出土地在安阳市分布比较集中，且数量较多，呈“团块状”分布，主要分布在位于安阳市西北郊的殷墟，它以小屯村为中心，东西长约6千米，南北长约5千米，总面积达30平方千米，据史料显示，这里曾经是商朝后期王朝的所在地。除殷墟以外，河南省的其他少数地区、陕西省、山西省、北京市、河北省、山东省、湖北省、江西省也曾出土过甲骨文，但出土甲骨数量较少，数目不一。具体出土情况见表2-1。

表 2-1 1949 年 10 月以后甲骨文发掘数量统计(据中国社会科学院考古研究所)

省　份	出土地点	时　间	数量/片
河南	四盘磨	1950	1
河南	大司空村	1953	2
河南	大司空村	1959	2
河南	大司空村	2004	2
河南	大司空村	2016	7
河南	大司空村东北地	2010	2
河南	小屯西地	1958	1
河南	小屯西地	1971	10
河南	小屯西地	1972	4
河南	小屯南地	1973	4800
河南	小屯南地	2002	205
河南	小屯南地	2004	1
河南	小屯北地	2005	10
河南	小屯村北	1985	2
河南	小屯村中	1986	8
河南	小屯村中	1989	283
河南	小屯村一带	1973	1
河南	小屯村一带	1975—1977	13
河南	小屯东南地	1955	1
河南	苗圃北地	1958—1961	2
河南	苗圃北地	1962—1964	2
河南	苗圃北地	1974	1
河南	苗圃北地	1985	1
河南	苗圃北地	2002	1
河南	殷墟西区	1969—1977	1
河南	后冈	1971	1
河南	花园庄东地	1991	531
河南	花园庄东地	2001	3
河南	花园庄南地	1991	5
河南	刘家庄北地	1995	1
河南	刘家庄北地	2011	3
河南	白家坟	1997	3
河南	白家坟	1999	3
河南	洹北花园庄	1999	1
河南	安阳钢铁公司	2005	1
河南	王裕口南地	2010	3
河南	绿化处	1994	1
河南	薛家庄南地	1957	1
河南	郑州二里岗遗址	1950	2
河南	郑州电校遗址	1950	2
河南	洛阳东关秦山庙遗址	1983	1
河南	舞阳贾湖遗址	1987	8

续表

省　份	出土地点	时　间	数量/片
陕西	岐山凤雏遗址 H11	1976	213
陕西	岐山凤雏遗址 H31	1976	6
陕西	岐山周公庙遗址	2003	99
陕西	扶风齐家遗址	1976	6
陕西	扶风齐家北地	1977	1
陕西	扶风强家遗址	1986	1
陕西	西安沣镐遗址	1956	4
山西	洪赵坊堆遗址	1984	1
北京	昌平白浮墓	1975	4
北京	房山琉璃河遗址	1972	3
北京	房山镇江营遗址	1950—1960	1
河北	邢台南小汪遗址	1991	1
山东	桓台史家遗址	1997	1
山东	济南大辛庄商代遗址	1955—1963	4
湖北	襄樊	1996	1
江西	湖口县石钟山遗址	1983	3

1. 安阳殷墟出土情况

位于河南省安阳市的殷墟一带是甲骨文的主要出土地区，而位于殷墟中心的小屯村，是殷墟一带出土甲骨文数量最多的地区。作为商朝都城的中心区，同时也是宫殿及王室王朝所在处，此地是甲骨文的主要出土地区，对于甲骨文的研究具有重要价值。从 1928 年到 1937 年，中央研究院历史语言研究所对殷墟进行了十五次科学发掘，出土了大量甲骨。1949 年 10 月以后，中国社科院考古研究所又多次在此地进行考古发掘，先后在小屯东南地、小屯西地、小屯南地、小屯村一带、小屯村北、小屯村中、小屯北地发掘出土甲骨文共计 5339 片，其中发掘片数较多的是在 1973 年，在小屯南地挖掘出土 4800 片，1989 年在小屯村中挖掘出土 283 片，2002 年在小屯南地挖掘出土 205 片，除此之外，在以上列举的小屯以外的地区也曾发现过甲骨文，但数量相对较少。据文史资料显示，随着甲骨文受到越来越多的关注，甲骨文的价值凸显出来，当地居民曾在此处以求富或收藏为目的私挖出土甲骨文共计十万余片，加上考古工作者在此考察挖掘所得的甲骨片数，自甲骨文发现以来，曾先后在小屯村出土甲骨约 15.5 万片，是出土甲骨文数量最多的地区。

2. 花园庄村出土情况

除小屯以外，花园庄也是甲骨文的一个重要出土地区。它位于安阳市西北郊区，在著名的殷墟小屯村的南部，与小屯村仅有一街之隔，西边是王裕口和小庄村，南邻安钢大道，东边是洹河。中国科学院考古研究所曾于 1991 年 10 月在花园庄东边的一片地里发现一批重要的商代史料，且数量较大，是继 1936 年 H127 坑、1973 年小屯南地之后甲骨文的第三次重大发现。在 1991 年，花园庄东地曾出土甲骨 531 片，在花园庄南地出土刻辞甲骨 5 片，后来经过考古发掘，又于 2001 年在花园庄东地挖掘出土甲骨 3 片，是出土甲骨文的一个重要地区。考虑到该地区在商代与都城中心区相距较近，有可能位于商朝宫殿区的范围之内，因此具有重要的研究和考古价值。

3. 大司空村的出土情况

除上述两个出土甲骨较多的地区之外，考古工作者也曾多次在大司空村进行考古挖掘，并多次挖掘出甲骨文，虽然数量不多，但此地也是殷墟考古史上一个重要的挖掘点。大司空村位于河南省安阳市北部郊区，著名的小屯村东北部，与小屯村隔洹水相望。自20世纪30年代以来，考古工作者就曾在此地开展文物的挖掘工作，并持续至今。曾于1953年、1959年和2004年各挖掘出土甲骨2片，2016年挖掘出土甲骨7片，是在此地的挖掘工作中出土有字甲骨数目最多的一次。除此之外，据最新的挖掘资料显示，考古学家在大司空村的挖掘中，挖掘出土了植物种子，其中谷物占据较大比例。由于此地临近洹河，有充足的水资源供应，并且豫北纱厂分布于此，内部功能分区明显，综上考虑，此地可能为商朝的手工业作坊区。

4. 殷墟苗圃出土情况

安阳殷墟苗圃，也是甲骨文的一个重要出土地。殷墟苗圃遗址位于河南省安阳市殷墟保护区的东南边缘，在小屯村东南部，距小屯村约1.2千米。中国社会科学院考古研究所安阳工作队最早于1959年在此地挖掘出土有字甲骨，后来又在六十年代到九十年代在此地陆续进行过多次挖掘。其中于1958—1961年挖掘出土有字甲骨2片，于1962—1964年挖掘出土有字甲骨2片，于1974年出土有字甲骨1片，于1985年出土有字甲骨1片，于2002年再次出土1片有字甲骨。除此之外，还挖掘出土了陶器、玉器、石器等，数量较大，种类繁多。种种遗迹表明，此处可能是商朝的一个集制陶器、石器、制骨于一体的重要居住地，对于研究商代文化及文物研究具有重要的意义和价值。

5. 殷墟其他地区出土情况

除上述地区以外，位于河南安阳殷墟范围内的四盘磨、大司空村东北地、薛家庄南地、殷墟西区、后冈、刘家庄北地、白家坟、洹北花园庄、安阳钢铁公司、王峪口南地、绿化处这些地区，都曾出土过甲骨，因数量较少，在此不作一一描述，但这些地区蕴含着丰富的甲骨文化，对于商代历史甚至是汉字的起源研究都具有重要的研究和参考价值。

6. 殷墟以外出土情况

上述出土地均位于殷墟，但是除殷墟以外，河南省其他四个地区也曾出土过甲骨文。1953年在郑州二里岗遗址挖掘出土2片甲骨；后来在郑州电校挖掘出土甲骨2片，并在附近发现商朝外城墙，据考古学家研究，郑州商代遗址是全国发现最早的商代城址，具有重要的科学和历史价值。洛阳在夏、商、周、汉和隋唐时期都是中国的政治、经济中心城市之一，在商朝更是享有“国家粮仓”的地位，洛阳东关秦山庙遗址曾出土甲骨1片。除此之外，1987年在河南省舞阳县北舞渡镇西南1.5千米的贾湖村出土甲骨8片，此处可能是商代的一个聚落遗址，后来被称为舞阳贾湖遗址。

2.3.2 陕西省出土特征分析

1. 岐山县的出土情况

除河南以外，陕西省也是甲骨的一个重要出土地区，人们曾在7处发现甲骨共计330片。出土数量最多的要数陕西省岐山县，其中在岐山凤雏遗址H11坑出土甲骨213片，是陕西省出土甲骨数目最多的地点，之后又在岐山凤雏遗址H31坑发掘出土甲骨6片。据史料显示，这批甲骨的发现确证了早周都城岐邑所在地，而出土甲骨的地点正是当时的宗庙所在处。除此之外，在陕西岐山县周公庙遗址发现甲骨 99 片。据考证，周公庙遗址是目前发现的西周时期最高级的墓葬群，此处是周公家族墓群。

2. 扶风县的出土情况

位于陕西省岐山县向东约 26.9 公里的扶风县也曾有 3 处发现甲骨，共出土甲骨 8 片，其中 1976 年在扶风齐家遗址发掘出土 6 片，次年在扶风齐家北地挖掘出土 1 片，1986 年在扶风强家遗址挖掘出土有字甲骨 1 片。据考证，扶风县在西周属于岐邑，是西周京畿，属于周原遗址范围，是灭商之前周人的聚居地，在周文王和周武王迁都沣镐之后，此处仍然是重要的政治、经济活动中心。周人不仅在此居住，而且经常在此地举行祭祀天地、神灵、祖先的活动，所以留下了丰富的文化遗产。此处不仅出土甲骨，而且还有“青铜器之乡”的美誉。

3. 沣镐遗址出土情况

位于今陕西省西安市长安区的沣镐遗址于 1956 年出土甲骨 4 片。据考证，周文王建立沣京，周武王建立镐京，两京合成“沣镐”，沣镐是西周的首都、京城，此处的甲骨文可能是当时遗留下来的。

2.3.3　其他地区出土特征分析

除上述两个省份出土过甲骨以外，山西、北京、河北、山东、湖北、江西也曾出土过甲骨，共计 21 片。其中山西省 1 片，北京市 8 片，河北省 1 片，山东省 5 片，湖北省 1 片，江西省 3 片，具体如下：山西洪赵坊堆遗址出土甲骨 1 片，北京昌平白浮墓遗址出土 4 片，北京房山琉璃河遗址出土 3 片，北京房山镇江营遗址出土 1 片，河北邢台南小汪遗址出土刻辞甲骨 1 片，山东桓台史家遗址出土 1 片，山东济南大辛庄商代遗址出土 4 片，湖北襄樊出土 1 片，江西湖口县石钟山遗址出土 3 片。具体统计数据详见表 2-1。

2.4　甲骨文分布现状可视化分析

为了更好地传承中华民族五千年文化，保护世界文化遗产，丰富人类的文化宝库，本节在参考《百年》和《一百二十年》的基础上，对 1996 年和 2019 年甲骨在各大机构的分布现状进行了进一步的分析、整合和研究。但对于少数私人收藏的甲骨，无法在地图上进行清晰定位，所以我们仅对各国各大机构收藏的约 150955 片甲骨从机构收藏、地区收藏、国家收藏（含地区）三个层次进行分析研究并定位，而对约 4763 片私人收藏甲骨，仅描述分布国家并进行数量描述，除此之外，还对于一些特殊情况进行备注和说明。

2.4.1　各收藏机构中的分布现状分析

为了准确地了解甲骨文的分布状况，本节通过 Excel 表格对甲骨的分布机构进行统计，具体情况见表 2-2。可以得知，收藏甲骨的机构数量较多，分布也比较集中，多分布在亚洲、北美洲以及欧洲，且各机构收藏的数目不一，收藏数目较多的机构多分布在中国内地。据统计资料显示，截至 2019 年，全球共 176 个机构收藏甲骨，收藏片数约 155928 片，其中分布于中国的 102 个机构就收藏甲骨约 134382 片，大陆居多，港澳台地区较少。而分布于国外 74

个机构中的约21186片甲骨，在日本、加拿大、英国、美国收藏居多，在其他国家机构中分布相对较少，具体分布特征如下。

表2-2 现存甲骨文数量统计结果（按收藏机构）（数量单位为片）

收藏国家	收藏机构	1996年机构	2019年机构	1996年私人	2019年私人
中国内地	中国国家图书馆	34512	35651	269	269
中国内地	中国社会科学院考古研究所	＞6650	＞5920		
中国内地	故宫博物院	＞4700	＞22463		
中国内地	北京大学	3001	2982		
中国内地	中国社会科学院历史所	1987	1961		
中国内地	清华大学	1691	1754		
中国内地	中国国家博物馆	862	307		
中国内地	北京市文物考古研究所	484	484		
中国内地	北京师范大学	430	430		
中国内地	北京市文管处	40	56		
中国内地	首都师范大学	20	20		
中国内地	韵古斋	4	4		
中国内地	上海博物馆	5275	4968	868	794
中国内地	复旦大学	335	317		
中国内地	华东师范大学	101	112		
中国内地	上海师范大学	5	5		
中国内地	上海自然博物馆	0	178		
中国内地	山东省博物馆	5468	8800	济南：8	8
中国内地	山东大学	3	3		
中国内地	山东师范大学	2	2		
中国内地	青岛市博物馆	43	43		
中国内地	济宁一中	3	3		
中国内地	南京博物馆	2921	2870	南京：196 徐州：25	221
中国内地	南京大学	575	575		
中国内地	南京市文管会	16	16		
中国内地	南京师范大学	13	13		
中国内地	镇江市博物馆	13	13		
中国内地	扬州市博物馆	4	4		
中国内地	徐州市博物馆	7	7		
中国内地	苏州市博物馆	33	33		
中国内地	辽宁省博物馆	394	394	数量未知	数量未知
中国内地	辽宁大学	48	48		
中国内地	旅顺博物馆	2925	2211		
中国内地	旅大市文物商店	85	85		
中国内地	天津博物馆	1847	1769	17	17
中国内地	天津市艺术博物馆	25			
中国内地	天津师范大学	23	23		
中国内地	南开大学	10	10		

续表

收藏国家	收藏机构	1996年机构	2019年机构	1996年私人	2019年私人
中国内地	河南省博物馆	872	872	开封：18	2503
中国内地	河南省社会科学院历史研究	31	31		
中国内地	郑州市博物馆	20	20		
中国内地	郑州大学	18	18		
中国内地	河南省文物考古研究所	2	2		
中国内地	开封市博物馆	65	65		
中国内地	河南大学	31	31		
中国内地	新乡市博物馆	231	232		
中国内地	安阳市博物馆	195	432		
中国内地	吉林大学	493	493	数量未知	数量未知
中国内地	吉林省博物馆	293	293		
中国内地	东北师范大学	69	69		
中国内地	浙江省博物馆	408	408	绍兴：10 杭州：1	21
中国内地	浙江省图书馆	13	13		
中国内地	浙江大学	6	6		
中国内地	台州文管会	20	20		
中国内地	西泠印社	0	18		
中国内地	武汉市文物商店	127	127	数量未知	数量未知
中国内地	湖北省博物馆	115	115		
中国内地	湖北大学	100	100		
中国内地	武汉大学	8	8		
中国内地	武汉市二十八中	3	3		
中国内地	广东省博物馆	128	128	广州：100	100
中国内地	中山大学	80	80		
中国内地	华南师范大学	39	39		
中国内地	广州大学	25	25		
中国内地	广州市博物馆	21	21		
中国内地	广州市文物商店	3	3		
中国内地	河北省博物馆	31	31	数量未知	数量未知
中国内地	河北师范大学	21	21		
中国内地	河北大学	174	174		
中国内地	避暑山庄博物馆	1	1		
中国内地	山西省博物馆	231	231	0	116
中国内地	晋祠文物保管所	1	1		
中国内地	福建省博物馆	5	5	数量未知	数量未知
中国内地	福建师范大学	3	3		
中国内地	厦门大学	199	199		
中国内地	重庆三峡博物馆	192	178		
中国内地	安徽省博物馆	145	145		
中国内地	陕西师范大学	72	65		
中国内地	西北大学	8	8		
中国内地	陕西市博物馆	4	4		

续表

收藏国家	收藏机构	1996 年机构	2019 年机构	1996 年私人	2019 年私人
中国内地	云南省博物馆	73	73	数量未知	数量未知
中国内地	四川省博物馆	47	47		
中国内地	四川大学博物馆	13	13		
中国内地	西南大学	10	9		
中国内地	江西省博物馆	37	37		
中国内地	内蒙古大学	21	21		
中国内地	内蒙古师范大学	10	10		
中国内地	甘肃省博物馆	13	13		
中国内地	西北师范大学	13	13		
中国内地	山丹县文化馆	4	4		
中国内地	哈尔滨师范大学	24	24		
中国内地	黑龙江省博物馆	3	3		
中国内地	贵州师范大学	17	17		
中国内地	贵州省博物馆	4	4		
中国内地	湖南省博物馆	9	9		
中国内地		0	0	桂林：8	8
中国台湾	台湾研究院历史语言研究所	＞25836	25958	17	17
中国台湾	台北历史博物馆	4378	4378		
中国香港	香港图书馆	22			
中国台湾	台湾博物馆	79	79		
中国台湾	台湾大学考古人类学系图书馆	11	11		
中国香港	香港中文大学联合书院图书馆	56	44	数量未知	数量未知
中国香港	香港中文大学中国文化研究所	26	27		
中国香港	香港大学冯平山博物馆	7	7		
中国香港	香港大会堂美术博物馆	1	1		
中国澳门	澳门地区	0	0	0	24
日本	京都大学人文科学研究所	3256	3256	数量未知	数量未知
日本	东京大学东洋文化研究所	1356	1356		
日本	天理大学天理参考馆	945	953		
日本	东洋文库	59	591		
日本	东京国立博物馆	223	223	约 580	约 538
日本	东京大学文学部考古学研究室	113	113		
日本	亚非图书馆	81	81	数量未知	数量未知
日本	京都大学考古学研究室	56	56		
日本	大原美术馆	39	39		
日本	富士短期大学	35	35		
日本	庆应义塾考古学研究室	22	69		
日本	关西大学考古学研究室	22	22		
日本	早稻田大学东方美术陈列室	21	21		
日本	藤井有邻馆	16	16		
日本	明治大学文学部考古学研究室	12	12		
日本	国学院大学文学部考古学资料室	11	11		

续表

<table>
<tr><th>收藏国家</th><th>收藏机构</th><th>1996年机构</th><th>2019年机构</th><th>1996年私人</th><th>2019年私人</th></tr>
<tr><td>日本</td><td>筑波大学历史人类学系</td><td>7</td><td>7</td><td rowspan="10">数量未知</td><td rowspan="10">数量未知</td></tr>
<tr><td>日本</td><td>早稻田大学高等学院</td><td>6</td><td>6</td></tr>
<tr><td>日本</td><td>武藏大学历史学研究室</td><td>5</td><td>5</td></tr>
<tr><td>日本</td><td>东京大学教养学部美术博物馆</td><td>1</td><td>1</td></tr>
<tr><td>日本</td><td>庆应义塾大学图书馆</td><td>1</td><td>1</td></tr>
<tr><td>日本</td><td>书道博物馆</td><td>约600</td><td>约600</td></tr>
<tr><td>日本</td><td>出光美术馆</td><td>3</td><td>3</td></tr>
<tr><td>日本</td><td>姬街道资料馆</td><td>0</td><td>1</td></tr>
<tr><td>加拿大</td><td>安大略博物馆</td><td>7402</td><td>7702</td></tr>
<tr><td>加拿大</td><td>维多利亚艺术博物馆</td><td>5</td><td>18</td></tr>
<tr><td>英国</td><td>皇家苏格兰博物馆(爱丁堡)</td><td>1777</td><td>1448</td><td rowspan="8">74</td><td rowspan="8">69</td></tr>
<tr><td>英国</td><td>剑桥大学图书馆</td><td>622</td><td>608</td></tr>
<tr><td>英国</td><td>不列颠图书馆(伦敦)</td><td>484</td><td>444</td></tr>
<tr><td>英国</td><td>不列颠博物馆(伦敦)</td><td>114</td><td>98</td></tr>
<tr><td>英国</td><td>牛津大学亚士摩兰博物馆(牛津)</td><td>37</td><td>35</td></tr>
<tr><td>英国</td><td>维多利亚与阿尔伯特博物馆</td><td>20</td><td>20</td></tr>
<tr><td>英国</td><td>伦敦大学亚非学院泊西沃·大卫中国艺术基金会(伦敦)</td><td>11</td><td>11</td></tr>
<tr><td>英国</td><td>剑桥大学考古与古人类学博物馆(剑桥)</td><td>2</td><td>2</td></tr>
<tr><td>美国</td><td>哈佛大学皮巴地博物馆</td><td>960</td><td rowspan="2">828</td><td rowspan="19">28</td><td rowspan="19">28</td></tr>
<tr><td>美国</td><td>哈佛大学福格博物馆</td><td>14</td></tr>
<tr><td>美国</td><td>卡内基博物馆</td><td>440</td><td>402</td></tr>
<tr><td>美国</td><td>普林斯顿大学博物馆</td><td>139</td><td>139</td></tr>
<tr><td>美国</td><td>哥伦比亚大学东亚图书馆</td><td>99</td><td>99</td></tr>
<tr><td>美国</td><td>芝加哥大学司马特画廊</td><td>39</td><td>39</td></tr>
<tr><td>美国</td><td>大都会美术博物馆</td><td>25</td><td>25</td></tr>
<tr><td>美国</td><td>自然历史博物馆(今称飞尔德博物馆)</td><td>24</td><td>3</td></tr>
<tr><td>美国</td><td>沙可乐美术馆</td><td>24</td><td>24</td></tr>
<tr><td>美国</td><td>纳尔逊美术陈列馆</td><td>12</td><td>12</td></tr>
<tr><td>美国</td><td>佛利亚美术陈列馆</td><td>11</td><td>11</td></tr>
<tr><td>美国</td><td>圣路易斯美术博物馆</td><td>7</td><td>7</td></tr>
<tr><td>美国</td><td>夏威夷东西中心图书馆</td><td>7</td><td>7</td></tr>
<tr><td>美国</td><td>旧金山亚洲艺术博物馆</td><td>5</td><td>5</td></tr>
<tr><td>美国</td><td>历史与工艺博物馆</td><td>5</td><td>5</td></tr>
<tr><td>美国</td><td>国会图书馆</td><td>4</td><td>4</td></tr>
<tr><td>美国</td><td>加州大学人类学博物馆</td><td>4</td><td>4</td></tr>
<tr><td>美国</td><td>普林斯顿大学艺术博物馆</td><td>3</td><td>3</td></tr>
<tr><td>美国</td><td>丹佛艺术博物馆</td><td>3</td><td>3</td></tr>
</table>

续表

<table>
<tr><th>收藏国家</th><th>收藏机构</th><th>1996年机构</th><th>2019年机构</th><th>1996年私人</th><th>2019年私人</th></tr>
<tr><td>美国</td><td>耶鲁大学美术陈列馆</td><td>2</td><td>2</td><td rowspan="9">数量未知</td><td rowspan="9">数量未知</td></tr>
<tr><td>美国</td><td>洛杉矶美术博物馆</td><td>2</td><td>2</td></tr>
<tr><td>美国</td><td>西雅图艺术博物馆</td><td>2</td><td>2</td></tr>
<tr><td>美国</td><td>加州大学东亚图书馆</td><td>1</td><td>1</td></tr>
<tr><td>德国</td><td>东亚艺术博物馆</td><td>140</td><td>140</td></tr>
<tr><td>德国</td><td>人种学博物馆</td><td>711</td><td>711</td></tr>
<tr><td>德国</td><td>斯图加特林登博物馆</td><td>0</td><td>3</td></tr>
<tr><td>俄罗斯</td><td>国立爱米塔什博物馆</td><td>199</td><td>201</td></tr>
<tr><td>瑞典</td><td>远东古物博物馆</td><td>111</td><td>111</td></tr>
<tr><td>瑞士</td><td>民族艺术博物馆(巴塞尔)</td><td>69</td><td>69</td><td>0</td><td>28</td></tr>
<tr><td>法国</td><td>中国学术研究院</td><td>13</td><td>13</td><td rowspan="4">2</td><td rowspan="4">2</td></tr>
<tr><td>法国</td><td>吉美亚洲艺术博物院</td><td>8</td><td>8</td></tr>
<tr><td>法国</td><td>池努奇博物院</td><td>10</td><td>10</td></tr>
<tr><td>法国</td><td>法国国立图书馆</td><td>26</td><td>26</td></tr>
<tr><td>新加坡</td><td>新加坡国立大学博物馆</td><td>28</td><td>24</td><td rowspan="8">数量未知</td><td rowspan="8">数量未知</td></tr>
<tr><td>荷兰</td><td>国立人种学博物院(来登)</td><td>10</td><td>10</td></tr>
<tr><td>新西兰</td><td>仅定位至惠灵顿</td><td>10</td><td>10</td></tr>
<tr><td>比利时</td><td>皇家艺术暨历史博物院(布鲁塞尔)</td><td>2</td><td>2</td></tr>
<tr><td>比利时</td><td>玛丽蒙皇家博物馆(摩斯威森林)</td><td>5</td><td>5</td></tr>
<tr><td>韩国</td><td>汉城大学博物馆</td><td>1</td><td>1</td></tr>
<tr><td>韩国</td><td>淑明女子大学图书馆</td><td>6</td><td>7</td></tr>
<tr><td>韩国</td><td>韩国国立中央博物馆</td><td>0</td><td>40</td></tr>
</table>

1. 中国内地机构分布情况

在分布于中国内地的94个机构中，收藏甲骨数目较多的机构有：中国国家图书馆收藏甲骨35651片，山东省博物馆收藏8800片，中国社会科学院考古研究所收藏(多于)5920片，上海博物馆收藏4968片，北京大学收藏2982片，南京博物馆收藏2870片，辽宁旅顺博物馆收藏2211片，中国社会科学院历史所收藏1961片，天津博物馆收藏1769片，清华大学收藏1754片，其他83个机构收藏数目相对较少。与1996年相比，由于天津市艺术馆博物馆归并于天津博物馆，2019年大陆收藏甲骨机构数目减少1个，所收藏的甲骨也归属于天津博物馆；杭州西泠印社新发现甲骨18片。根据所收集数据发现，与1996年的统计数据相比，2019年部分机构收藏数量发生变动，具体变动数目见表2-2。

2. 港澳台机构分布情况

在中国内地以外，港澳台机构收藏甲骨数目也较多，且绝大多数分布在台湾地区。台湾研究院历史语言研究所收藏甲骨25958片，仅次于中国国家图书馆；同时台北历史博物馆收藏甲骨4378片。台湾研究院历史语言研究所于1928年成立于广州，安阳殷墟发掘和甲骨文的研究整理正是其重点工作之一，后来该馆及馆内资料全部迁至台湾，所以其收藏甲骨后来就保存至台湾，使得台湾收藏甲骨数目较多。与台湾相比，香港机构收藏甲骨数目较少，而澳门没有机构收藏甲骨。根据对比我们可以发现，部分收藏机构及收藏数目有所变化。

3. 国外机构分布情况

在国外的各大机构中，收藏甲骨数目最多的是加拿大安大略博物馆，该机构收藏甲骨数目 7702 片，是国外收藏甲骨数目最多的机构。日本的甲骨收藏机构分布较为密集，同时收藏甲骨数也相对较多，其中京都大学人文科学研究所收藏甲骨 3236 片，东京大学东洋文化研究所收藏 1356 片，天理大学天理参考馆收藏 953 片。美国的甲骨收藏机构比较多，但是各机构收藏数目相对较少。英国机构数目与上述国家相比相对较少，收藏甲骨片的数目不一。除此之外，甲骨在德国、俄罗斯、瑞典、韩国等多个国家的各大机构中也有分布，但数量较少，与 1996 相比，2019 年国外收藏情况有所变动，机构数目总体上增加 2 个，日本姬道街资料馆最新发现甲骨 1 片；美国哈佛大学福格博物馆收藏的 14 片甲骨由哈佛大学皮巴地博物馆收藏；德国斯图加特林登博物馆新发现甲骨 3 片；韩国博物馆新发现甲骨 40 片，除此之外，其他少数机构甲骨数目也发生变动。

2.4.2 各地区的分布现状分析

1. 大陆地区分布情况

在中国内地，北京、上海、天津、重庆 4 个直辖市和山东、江苏、辽宁、河南、吉林、浙江、湖北、广东、河北、山西、福建、安徽、陕西、云南、四川、江西、甘肃、黑龙江、贵州、湖南 20 个省份以及内蒙古自治区——共计 25 个地区都收藏有甲骨。北京作为中国首都，是收藏甲骨数量最多的地区，共计 72268 片，远大于其他省份所收藏的甲骨数量，由此可以看出我们国家对文物保护的重视程度。山东也是收藏甲骨数量比较大的省份，机构收藏甲骨 8851 片，私人收藏甲骨 8 片，是除北京以外收藏甲骨数目最多的省份；上海机构收藏甲骨数目 5580 片，私人收藏 794 片，仅次于北京和山东；河南作为甲骨文的主要出土地，收藏甲骨数目自然也较多，机构收藏 1703 片，私人收藏数目较多，大约 2503 片，共计 4206 片；另外，江苏收藏甲骨数目也较多，机构收藏甲骨 3531 片，私人收藏甲骨 221 片，共计 3752 片。除上述地区以外，收藏甲骨数目较多，片数超出 1000 的地区还有辽宁和天津市，其中辽宁公私机构收藏甲骨 2738 片，暂时未了解到有私人收藏；天津公私机构收藏甲骨 1802 片，私人收藏 17 片，共计 1809 片。除上述所描述的 7 个甲骨收藏数目较多的地区以外，中国内地范围内其他地区的各大公私机构中也都收藏有甲骨文，但收藏数目和上述地区相比相对较少；同时，广西也收藏有 8 片甲骨，但并非机构收藏，而是私人收藏，具体收藏情况见表 2-3。

2. 港澳台地区分布情况

除大陆以外，台湾地区、香港特别行政区的公私机构中也收藏有甲骨文，台湾收藏甲骨数目大于 30426 片，远大于大陆大多数地区收藏甲骨的数目，其中 25958 片收藏于台湾研究院历史语言研究所，私人收藏 17 片；香港公私机构中收藏甲骨 79 片；澳门无机构收藏，但有私人收藏甲骨 24 片。

3. 国外地区分布情况

国外收藏甲骨较多的地区有加拿大多伦多、日本京都、日本东京、英国爱丁堡，其中多伦多机构收藏甲骨 7720 片，是中国境外收藏甲骨文最多的城市；京都收藏甲骨 3363 片；东京收藏甲骨 3093 片；爱丁堡收藏甲骨 1448 片。据史料记载，加拿大传教士明义士于 18 世纪九十年代初在河南安阳传教期间，就对甲骨文产生了极大的兴趣，并在此地区广泛收集甲骨，他所收集的甲骨，除少数留在安阳以外，八千多片甲骨和研究资料被运往加拿大，后来由于二战的爆发，这些甲骨就滞留在了加拿大，归属于各大博物馆。除上述地区以外，日本奈良、英国剑桥郡、英国伦敦、美国米德尔塞克、德国柏林、俄罗斯圣彼得堡等国外的 32 个地区中也都收藏有甲骨，但数量均少于 1000 片，与上述五个地区相比相对较少，具体情况见表 2-3。

表 2-3 现存甲骨文数量统计结果(按地区)(数量单位为片)

<table>
<tr><th>收藏国家</th><th>收藏城市</th><th>1999 机构</th><th>2019 机构</th><th>1999 私人</th><th>2019 私人</th><th>去向不明</th><th>拍卖所见</th><th>总计</th></tr>
<tr><td>中国内地</td><td>北京</td><td>>54381</td><td>>72032</td><td>269</td><td>269</td><td rowspan="25">近 2 万</td><td rowspan="25">210</td><td>>72301</td></tr>
<tr><td>中国内地</td><td>上海</td><td>5716</td><td>5580</td><td>868</td><td>794</td><td>6374</td></tr>
<tr><td>中国内地</td><td>山东省</td><td>5519</td><td>8851</td><td>8</td><td>8</td><td>8859</td></tr>
<tr><td>中国内地</td><td>江苏省</td><td>3582</td><td>3531</td><td>221</td><td>221</td><td>3752</td></tr>
<tr><td>中国内地</td><td>辽宁省</td><td>3452</td><td>2738</td><td></td><td></td><td>2738</td></tr>
<tr><td>中国内地</td><td>天津</td><td>1905</td><td>1802</td><td>17</td><td>17</td><td>1819</td></tr>
<tr><td>中国内地</td><td>河南省</td><td>1465</td><td>1703</td><td>18</td><td>2503</td><td>4206</td></tr>
<tr><td>中国内地</td><td>吉林省</td><td>855</td><td>855</td><td></td><td></td><td>855</td></tr>
<tr><td>中国内地</td><td>浙江省</td><td>447</td><td>465</td><td>11</td><td>21</td><td>486</td></tr>
<tr><td>中国内地</td><td>湖北省</td><td>353</td><td>353</td><td></td><td></td><td>353</td></tr>
<tr><td>中国内地</td><td>广东省</td><td>296</td><td>296</td><td>100</td><td>100</td><td>396</td></tr>
<tr><td>中国内地</td><td>河北省</td><td>227</td><td>227</td><td></td><td></td><td>227</td></tr>
<tr><td>中国内地</td><td>山西省</td><td>232</td><td>232</td><td></td><td>116</td><td>348</td></tr>
<tr><td>中国内地</td><td>福建省</td><td>207</td><td>207</td><td></td><td></td><td>207</td></tr>
<tr><td>中国内地</td><td>重庆</td><td>192</td><td>178</td><td></td><td></td><td>178</td></tr>
<tr><td>中国内地</td><td>安徽省</td><td>145</td><td>145</td><td></td><td></td><td>145</td></tr>
<tr><td>中国内地</td><td>陕西市</td><td>84</td><td>77</td><td></td><td></td><td>77</td></tr>
<tr><td>中国内地</td><td>云南省</td><td>73</td><td>73</td><td></td><td></td><td>73</td></tr>
<tr><td>中国内地</td><td>四川省</td><td>70</td><td>69</td><td></td><td></td><td>69</td></tr>
<tr><td>中国内地</td><td>江西省</td><td>37</td><td>37</td><td></td><td></td><td>37</td></tr>
<tr><td>中国内地</td><td>内蒙古</td><td>31</td><td>31</td><td></td><td></td><td>31</td></tr>
<tr><td>中国内地</td><td>甘肃省</td><td>30</td><td>30</td><td></td><td></td><td>30</td></tr>
<tr><td>中国内地</td><td>黑龙江省</td><td>27</td><td>27</td><td></td><td></td><td>27</td></tr>
<tr><td>中国内地</td><td>贵州省</td><td>21</td><td>21</td><td></td><td></td><td>21</td></tr>
<tr><td>中国内地</td><td>湖南省</td><td>9</td><td>9</td><td></td><td></td><td>9</td></tr>
<tr><td>中国内地</td><td>广西壮族自治区</td><td>0</td><td>0</td><td>8</td><td>8</td><td></td><td></td><td>8</td></tr>
<tr><td>中国台湾</td><td>台湾地区</td><td>>30326</td><td>>30426</td><td>17</td><td>17</td><td>30</td><td></td><td>>30443</td></tr>
<tr><td>中国香港</td><td>香港</td><td>90</td><td>79</td><td></td><td></td><td></td><td></td><td>79</td></tr>
<tr><td>中国澳门</td><td>澳门</td><td>0</td><td>0</td><td></td><td>24</td><td></td><td></td><td>24</td></tr>
<tr><td>日本</td><td>京都</td><td>3363</td><td>3363</td><td></td><td></td><td></td><td></td><td></td></tr>
<tr><td>日本</td><td>东京</td><td>约 2514</td><td>约 3093</td><td></td><td></td><td></td><td></td><td></td></tr>
<tr><td>日本</td><td>奈良</td><td>945</td><td>953</td><td>约 580</td><td>约 538</td><td>近 4000</td><td></td><td></td></tr>
<tr><td>日本</td><td>冈山</td><td>61</td><td>61</td><td></td><td></td><td></td><td></td><td></td></tr>
</table>

续表

收藏国家	收藏城市	1999 机构	2019 机构	1999 私人	2019 私人	去向不明	拍卖所见	总计
日本	茨城	7	7					
加拿大	多伦多	7407	7720					
英国	爱丁堡	1777	1448	74	69			
英国	剑桥郡	624	610					
英国	伦敦	629	573					
英国	牛津郡	37	35					
美国	米德尔塞克斯县	974	828					
美国	匹兹堡	440	402					
美国	普林斯顿	142	142					
美国	纽约	124	124					
美国	芝加哥	63	42					
美国	华盛顿	32	32					
美国	洛杉矶	14	14	28	28			
美国	堪萨斯城	12	12					
美国	圣刘易斯	7	7					
美国	瓦胡岛	7	7					
美国	西雅图	7	7					
美国	旧金山	5	5					
美国	丹佛	3	3					
美国	纽黑文	2	2					
德国	柏林	711	711					
德国	科隆	140	140					
德国	斯图加特	0	3					
俄罗斯	圣彼得堡	199	201					
瑞典	斯德哥尔摩	111	111					
瑞士	日内瓦	69	69		28			
法国	巴黎	57	57	2	2			
新加坡	新加坡	28	24					
荷兰	南荷兰	10	10					
新西兰	惠灵顿	10	10					
比利时	布鲁塞尔	7	7					
韩国	首尔	7	48					

2.4.3 各国家(含地区)收藏状况分析

自从甲骨文的价值被人发现,以收藏或者求富为目的的甲骨文私挖和贩卖活动就开始了,从此甲骨文开始在世界范围内流动。另外,在当时的背景下,大批外国传教士来中国传教,以及后来的一系列战争,都是导致甲骨文外流的原因。现在甲骨文在世界多个国家都有分布,具体分布状况见表 2-4。

表 2-4　现存甲骨文数量统计结果(按国家和地区)(数量单位为片)

收藏地区或国家	1996 机构	2019 机构	1996 私人	2019 私人	去向不明	拍卖所见	总计
中国内地	>79356	>99569	1520	4057	近 2 万	210	>103836
中国台湾	>30326	>30426	17	17	30		>30443
中国香港	90	79					79
中国澳门				24			24
日本	约 6890	约 7477	约 580	约 538	近 4000		约 8015
加拿大	7407	7720					7720
英国	3067	2666	74	69			2375
美国	1832	1627	28	28			1655
德国	851	854					854
俄罗斯	199	201					201
瑞典	111	111					111
瑞士	69	69		28			97
法国	57	57	2	2			59
新加坡	28	24					24
荷兰	10	10					10
新西兰	10	10					10
比利时	7	7					7
韩国	7	48					48
总计	>130317	>150955	约 2221	约 4763	约 2 万	210	>155928(其中国内：>134382，国外：约 21186)

1. 中国分布情况

中国作为甲骨文的起源地，即使因为多种原因导致大量甲骨外流，但中国仍然是收藏甲骨数目最多的国家，尤其是中国内地收藏甲骨数目尤其之多，台湾次之，香港和澳门较少。大陆机构收藏、私人收藏和拍卖所的甲骨数目总计大于 103836 片，其中不包括去向不明的近 2 万片甲骨，港澳台机构收藏和私人收藏数目总计较少，大约为 30546 片，其中不包括去向不明的 30 片。自王懿荣先生发现甲骨文所具有的独特的历史和文化价值以来，我们国家就多次对甲骨进行考古挖掘，并设立文物保护区，对甲骨进行保护和研究，传承甲骨文化，探究中华历史。由此可见我们国家对甲骨文这一文化遗产保护的重视程度。

2. 日本分布情况

就甲骨收藏数目而言，位于中国东南部，与中国隔海相望的日本也是一个值得探讨的国家，其收藏甲骨数目约 8015 片，其中机构收藏约 7477 片，私人收藏约 538 片，除此之外，还有近 4000 片甲骨去向不明。据史料显示，最早在中国收购甲骨的就是日本人，西村博曾专门派人到安阳收购甲骨，日本传教士在中国传教期间也收藏部分甲骨。但是这些都只是一小部分而已，绝大部分是日本依靠抢夺而来的，据说日本在投降之前还试图从中国运走 1219 片甲骨，后以失败告终。

3. 加拿大分布情况

除日本外，加拿大收藏甲骨数目也较多，机构收藏 7720 片，目前没有了解到有私人收藏。为什么加拿大收藏甲骨如此之多？究其原因，要追溯到加拿大传教士明义士，他在中国传教十余年间收藏有字甲骨多达五万余片，在其回国后，部分加拿大人私自将其收藏甲骨运往多伦多，被加拿大各大公私机构收藏，后来归还给中国的部分甲骨资料归属于山东大学。

4. 英、美分布情况

除此之外，收藏甲骨数目较多，片数超出 1000 的国家还有英国和美国。英国收藏甲骨总计 2375 片，美国收藏甲骨总计 1655 片，在 18 世纪 90 年代初，英国传教士库寿龄和美国传教士方法敛在山东传教，而此时的山东潍县正是中国最著名的甲骨交易集散地，二人怀着对甲骨文浓厚的兴趣在此地收藏甲骨，从而使甲骨在英、美两国的机构中分布也较多。

5. 其他国家分布情况

除上述国家之外，收藏甲骨文的国家还有德国、俄罗斯、瑞典、瑞士、法国、韩国、新加坡、荷兰、新西兰和比利时，和日、加、英、美相比，这些国家收藏甲骨数目较少，有些国家所藏数量不足十片，如表 2-5 所示。

表 2-5　甲骨文现藏数量

收藏地	收藏数目	排序	收藏地	收藏数目	排序	收藏地	收藏数目	排序
中国内地	＞103836	1	德国	854	7	韩国	48	13
中国台湾	＞30443	2	俄罗斯	201	8	新加坡	24	14
日本	约 8015	3	瑞典	111	9	中国澳门	24	15
加拿大	7720	4	瑞士	97	10	荷兰	10	16
英国	2375	5	中国香港	79	11	新西兰	10	17
美国	1655	6	法国	59	12	比利时	7	18

2.5　本章小结

本章以孙亚冰《百年来甲骨文材料统计》和葛亮《一百二十年来甲骨文材料的初步统计》的数据为基础，结合百度地图，拾取坐标系统对各地点进行定位，并利用 ArcGIS 软件制作出甲骨文起源地分布图和 1996 年、2019 年两个年份的分布现状图，并比较了两个年份的分布变化情况。

由甲骨的出土地分布图可以得出：①甲骨主要出土于河南安阳殷墟一带，在西郊小屯村出土数量最多，此处为商朝都城的中心区；②除河南省以外，陕西省出土甲骨数目也较多，分布地较集中，此处为周朝贵族墓葬群，结合查阅资料显示，甲骨上的文字多用于占卜，可见刻有文字的甲骨在当时主要被王公贵族使用，用于求神问卜；③除上述两个地区以外，其他出土地区均围绕这两个地区周围分布，但出土数目较少，可见，商周时期人们的主要活动范围是河南、陕西一带。

由甲骨文的分布现状图可以得出：①收藏甲骨文的地区多位于北半球，集中于亚洲、欧洲和北美洲；②中国作为甲骨文的故乡，虽然由于某些政治、军事及其他原因导致甲骨文外流，但是中国仍然是收藏甲骨数目最多的国家，远大于其他国家收藏数目；③除中国以外，收藏甲骨数目较多的国家有日本、加拿大、英国、美国；④与1996年相比，2019年甲骨分布地区变化不大，只是个别机构发生合并，但数量总计上增加了两万余片。

总之，本章首先介绍了GIS在考古学中的应用。然后介绍了数据来源和主要分析方法。接着对甲骨文的出土地和分布现状进行GIS可视化分析。

甲骨文作为目前所知中国最为系统的文字，同时也是比较古老和成熟的文字，记录和反映了商朝的政治和经济情况。研究甲骨文不仅能够更好地传承和发扬中华文明，而且对于文物保护也具有重要意义。而GIS技术的出现为甲骨文分布的研究提供了极大的便利，不仅能够对地区进行定位，而且还能存储各类位置信息，提高研究效率和水平。本章正是在这样的背景下对甲骨文的起源地及现状分布地进行分析研究。

由于人力、时间及现实情况的限制，本章只对甲骨文的各起源地以及在各国各地区公私机构中的甲骨文进行定位分析，而对于约4073片私人收藏甲骨未进行精确定位，对于去向不明的约2万片甲骨也没有进行追踪讨论，使得本章内容的研究还存在一些不完善的地方，这就需要我们不断地探究和发现。而随着科学技术的不断发展，传统的考古工作正在向技术考古的方向迈进，对于甲骨文的挖掘和管理也会越来越高效，希望在今后的学习和工作中对甲骨文的研究能够得到进一步的优化。

习题 2

(1) 简述甲骨文发掘地的分布特点。

(2) 简述当前全世界甲骨文的馆藏情况。

(3) 地图慧(www.dituhui.com)是集地理大数据服务、在线制图、看图、地图交流、企业应用服务及地理商业智能服务于一体的互联网云服务门户。地图慧面向大众及企业用户提供多种地图模板及地图服务，用户无须编程经验，无须安装部署，即可快速通过地图来可视化地展示个人数据及管理企业业务，实现在线试用及商用。地图慧包含大众制图、小微服务、企业服务及商业分析四个产品板块。

① 制作甲骨文发掘地地图。操作步骤如下：

- 登录地图慧。
- 选择网点图层。
- 导入甲骨文发掘地的Excel文件。
- 单击网点图层界面的右上角的第二个图标，调整图片样式。
- 导出图片并保存。

② 制作甲骨文世界分布地图。操作步骤如下：

- 登录地图慧。
- 选择网点图层。
- 导入1999年甲骨文世界分布数量的Excel文件。

- 单击网点图层界面的右上角的第二个图标，调整图片样式。
- 导出图片，命名为“1999 年甲骨文世界分布数量”。
- 新建地图，并导入 2019 年甲骨文世界分布数量的 Excel 文件。
- 单击网点图层界面的右上角的第二个图标，调整图片样式。
- 导出图片，命名为“2019 年甲骨文世界分布数量”。

第3章 甲骨江湖

CHAPTER 3

在“古文字学”江湖中有一批侠客，他们身怀绝技，以“为往圣继绝学”为己任；他们淡泊宁静，有“板凳坐得十年冷”的毅力；他们求真求实，以“文章不写半句空”自勉。在古文字学江湖中有一个学派——甲骨学派，虽然不大，但是足够让人肃然起敬。从1899年王懿荣辨识出商代晚期龟甲兽骨上的文字开始，到早期研究甲骨文的刘鹗、孙诒让，再到甲骨四堂（罗振玉、王国维、董作宾、郭沫若），再到甲骨四少（唐兰、容庚、柯昌济、商承祚），以及王襄、胡厚宣、于省吾等，一代代甲骨学人，在古文字江湖中开宗立派，尊承前贤、开慈后学，学术传承薪火不断，为中国甲骨学研究作出了卓越贡献，推动着甲骨学不断地登峰造极。本章我们就来认识一下甲骨江湖中的绝顶高手，学习他们板凳坐得十年冷，淡泊宁静，求真求实，刻苦钻研的精神；了解甲骨江湖中的知名门派，学习他们苦修技艺，钻研最古老秘籍，代代薪火相传的良好门风。同时，为了清楚地了解甲骨江湖中的学术传承，根据目前获得的师承关系信息，构建甲骨学人师承知识图谱，直观生动地呈现甲骨江湖中的师承谱系。

3.1 甲骨之父

19世纪末，古董商将一些有字的甲骨运至京津等地贩卖，这引起了金石学家王懿荣、王襄等人的注意，1899年王懿荣开始大量购藏和研究甲骨。同年，王襄与孟定生在天津也开始购藏甲骨文。

王懿荣是发现、收集和研究甲骨文第一人，国际上把他发现“龙骨”刻辞的1899年作为甲骨文研究的起始年。王懿荣首先发现甲骨文，并第一个断定甲骨上的文字是商代古文字，被后人称为“甲骨学之父”，“甲骨学”也由此逐渐形成了一门国际性学科。1900年秋王懿荣殉难，未能对甲骨文展开系统的研究，这是甲骨文研究领域的一大憾事。

3.2 甲骨的购藏和拓荒者

刘鹗是最早购藏甲骨的学者之一，共收藏甲骨5000多片，其中包含1900年秋王懿荣殉难后，在1902年购得王懿荣所藏约1500片甲骨的大部分。1903年刘鹗认定甲骨文属于商代遗物，是“殷人刀笔文字”，并从搜集到的甲骨片中精选墨拓了1058片，出版了我国甲骨学史上第一部著录书——《铁云藏龟》，使甲骨文由只供少数学者在书斋里观赏的古董，变为可以研究的珍贵史料，由此扩大了甲骨文的流传范围，推动了甲骨学研究的不断深入。

王襄是最早购藏甲骨的学者之一，对于甲骨文不仅有鉴定、购买之功，还有多部著述传世。他于1920年出版的《簠室殷契类纂》是甲骨学史上的第一部字汇，于1925年出版的《簠室殷契征文》公布了其收藏的五千多片甲骨中的精品。此外，还著有《簠室殷契征文考释》《殷代贞史待征录》等多部甲骨文研究专著。王襄是甲骨文研究的先驱，有开创之功。

孙诒让是最早考释甲骨文的学者之一，他于1904年出版的《契文举例》是甲骨学史上第一部研究著作。孙诒让考释的字共有185个，既释文字又考制度，开了古字考释与古史考证相结合的先例。1905年出版的《名原》综贯音、形、义，从商周文字辗转变易之轨迹，探明古文字的源流，并开启了用甲骨文考证古文字的先河，被誉为"划时代的作品"。孙诒让也是甲骨文研究领域里的一位开山大师。

3.3 甲骨四堂

著名学者陈子展教授在评价早期甲骨学家的时候写下"甲骨四堂，郭董罗王"的名句。因为中国近代四位研究甲骨文的著名学者字号中均含有"堂"而得名。罗振玉号雪堂、王国维号观堂、董作宾字彦堂、郭沫若字鼎堂。唐兰曾评价他们的殷墟卜辞研究"自雪堂导夫先路，观堂继以考史，彦堂区其时代，鼎堂发其辞例，固已极一时之盛"。

3.3.1 罗王之学

罗振玉和王国维亦师亦友，还是儿女亲家，后期虽因儿女问题产生了一些矛盾，但是他们及他们培养的一批弟子对于甲骨购藏、公布和研究成果，代表了殷墟科学发掘以前甲骨学研究的最高水平，因此早期的甲骨学研究被后人称为"罗王之学"。

罗王还培养了一批在甲骨学界颇具影响的弟子。罗振玉培养了商承祚、柯昌济、关葆谦；王国维在北京大学国学门培养了容庚、商承祚、董作宾、丁山，在清华国学院培养了徐中舒、姜亮夫、戴家祥、朱芳圃等。唐兰虽然没有直接在罗王门下受教，但是也曾得到他们的指点。郭沫若步入甲骨学堂也是因罗振玉的《殷墟书契考释》指引。其中，容庚（字希白）、商承祚（字锡永）、柯昌济（字纯卿）、唐兰（字立庵）在甲骨文方面的造诣很高，1923年王国维为商承祚《殷墟文字类编》作序时称："今世弱冠治古文字学者，余所见得四人焉：曰嘉兴唐立庵友兰，曰东莞容希白庚，曰胶州柯纯卿昌济，曰番禺商锡永承祚。"给予四人很高赞誉，当时四人均20多岁，被人们称为"甲骨四少"。罗王传人如图3-1所示。

1. 罗振玉

1894年罗振玉曾在刘鹗家中当过家庭教师，其长女罗孝则嫁给弟子刘大绅为妻，1902年在刘鹗家中初见甲骨墨本，劝刘鹗编印《铁云藏龟》，且代为撰写序文，从此与甲骨文结缘。从1906年开始购藏甲骨，以一人之力购藏甲骨三万片以上，并亲自访求，判明甲骨的真实出土地——小屯。先后编印《殷虚书契前编》《殷虚书契菁华》《铁云藏龟之余》《殷虚书契后编》《殷虚古器物图录》《殷虚书契续编》等重要书籍；考释出大量单字，出版的《殷商贞卜文字考》释出单字近三百个，《殷虚书契考释》中释出单字近五百个，其中大多得到学界认可；未释别的卜辞中的千余字编成《殷虚书契待问编》，供大家探讨；首创了对卜辞进行分类研究的方法，《殷虚书契考释》将卜辞分为卜祭、卜告、卜出入、卜田渔、卜征伐、卜禾、卜风雨等类

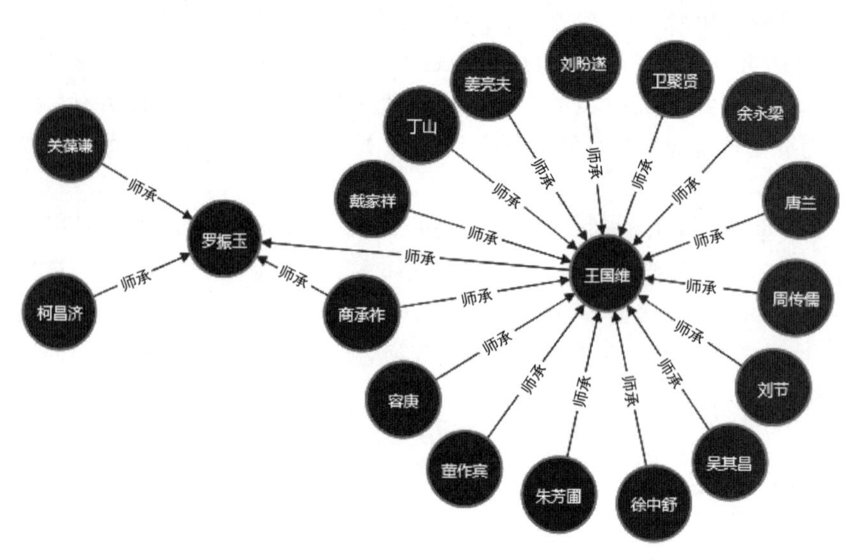

图 3-1　罗王传人

别,为后世的甲骨分类研究开创了先例。罗振玉为甲骨文的搜集、保藏、拓印、流传和考释作出了巨大贡献,为甲骨文研究提供了无数真实史料。

2. 王国维

1911 年王国维携全家随罗振玉东渡日本,侨居四年有余,在这期间开始研究甲骨文字,成为将甲骨学由文字学演进到史学的第一人。王国维编撰、姬佛陀具名的甲骨著录《戬寿堂所藏殷虚文字》公布了刘鹗旧藏甲骨,为学术界提供了不少重要资料。王国维在甲骨文字考释方面多有发明,具有参考价值的论著不少,《戬寿堂所藏殷虚文字考释》《殷卜辞中所见先公先王考》《殷卜辞中所见先公先王续考》等代表了甲骨学研究早期的最高水平。王国维用甲骨文材料研究商代历史和典章制度,极大地提高了甲骨文的学术价值,如《殷卜辞中所见先公先王考》《殷卜辞中所见先公先王续考》《殷周制度论》《殷虚卜辞中所见地名考》《殷礼征文》等。1925 年出版的《古史新证》提出了著名的"二重证据法",标志着从"文字时期"进入了"史料时期",将地下的材料甲骨文同中国历史古籍对比,用卜辞补正了书本记载的错误,而且进一步对殷周的政治制度作了探讨,得出崭新的结论。他的考证方法极为缜密,因而论断堪称精审,成为公认的学术主流。郭沫若在《古代研究的自我批判》中说:"我们要说殷墟的发现是新史学的开端,王国维的业绩是新史学的开山,那是丝毫也不过的。"王国维还是最早进行甲骨断片缀合工作的学者之一,缀合工作是甲骨学研究必须进行的基础工作,不少学者在其启发下,缀合甲骨取得了成绩,为甲骨学和商史研究提供了一批完整的资料。

3.3.2 董作宾

董作宾于 1917 年经著名教育家张嘉谋引荐考入开封育才馆读书,初步接触到甲骨文,从此与甲骨文结缘;1922 年考入北京大学研究所国学门,师从王国维。董作宾在 1928—1934 年间,八次主持或参加殷墟的发掘工作,整理了大批甲骨文,为甲骨学和殷商史研究提供了大量科学发掘资料,是我国甲骨学和考古学的主要奠基人之一。他于

1933 年发表的《甲骨文断代研究例》创立了甲骨断代学，是中国甲骨文史上划时代的名著，将甲骨学研究推向了一个新阶段。1945 年出版的《殷历谱》形成了对殷商时期的历法、礼制等的独到见解，大大推进了甲骨文研究。1948 年，任当时的"中央研究院历史语言研究所"研究员，并在同年当选为"中央研究院"第一届院士。同年年底董作宾随研究院和大批文物迁往台湾。他将殷墟科学发掘所得甲骨文整理编著为《殷虚文字甲编》《殷虚文字乙编》，开创了著录科学出土甲骨的新体例。到台湾后董作宾仍然关心着国内外甲骨学研究的状况和未来发展，他在《殷虚文字甲编》自序及其他的著作中提出的一些甲骨学研究设想，如今有些已经完成或者正在开展。董作宾建立了甲骨学的科学研究体系，是甲骨学史上划时代的一代宗师。

董作宾到台湾后培养了知名弟子金祥恒；严一萍从大陆入台后得到董作宾赏识并出入台湾大学董作宾研究室，获得了研究甲骨文的极佳的条件，成为一位甲骨文大家；朱歧祥、蔡哲茂是董作宾的再传弟子，他们和他们的弟子(如林宏明等)活跃在甲骨文研究的舞台上，与大陆甲骨文学者开展着广泛交流与合作。董作宾先生传人见 3.6 节。

3.3.3　郭沫若

"洹水安阳名不虚，三千年前是帝都"，这是著名历史学家和考古学家郭沫若于 1959 年考察殷墟时留下的著名诗句。郭沫若才华横溢，知识渊博，不仅是我国著名的诗人、作家、剧作家，还是享誉海内外的马克思主义历史学家、考古学家和古文字学家，在甲骨文、金文和古文字学等领域取得辉煌成就。

郭沫若 1928 年东渡日本，于 1929 年开始甲骨文等古文字研究，1937 年 7 月回国，在这期间完成了一系列在学术史上有重大影响的著作，包括《甲骨文字研究》《中国古代社会研究》《两周金文辞大系图录考释》《殷周青铜器铭文研究》《卜辞通纂》《殷契粹编》等。其中《卜辞通纂》《殷契粹编》直到今天对甲骨学和商史研究仍具有重要参考价值。新中国成立后，他主编的《甲骨文合集》是传世甲骨的集大成著录，为甲骨学发展奠定了基础，为甲骨文资料的搜集和公布作出了极大贡献。郭沫若以马克思辩证唯物主义的观点和方法研究甲骨文，在文字考释中屡创新说，体现在蜚声中外的《卜辞通纂考释》《殷契粹编考释》和《甲骨文字研究》等书中，在甲骨文字考释方面成就卓然。在分期断代、断片缀合、残辞互补、卜辞文例等方面的研究也作出了不少发凡起例的贡献。《中国古代社会研究》《十批判书》《奴隶制时代》等书是其利用甲骨文资料研究商代社会历史的成果，以历史唯物主义为指导，把古文字学和古史研究结合起来，开辟了史学研究的新天地，奠定了马克思主义历史科学的基础。人们评价他是"继鲁迅以后，我国无产阶级文化战士和文化战线上的又一面旗帜"。

3.4　甲骨五老

"甲骨五老"指继"甲骨四堂"之后为甲骨学研究作出重要贡献的五位学者——唐兰、于省吾、商承祚、胡厚宣、陈梦家。他们在"甲骨四堂"研究的基础上，把甲骨学研究推向了一个新的高峰。

3.4.1 唐兰

唐兰是深得王国维称许的“甲骨四少”之一，于 1920 年入无锡国学专修馆深造，师从学贯中西的学者唐文治。在无锡求学期间，初识甲骨文，之后研究罗振玉的考释，依《说文》体例编次，并有所订正，获得罗振玉称许，罗将其引荐给王国维，从 1922 年始，得到王国维的多次悉心指导和帮助，他们虽无师生关系，但唐兰对罗、王以师视之。

唐兰治学严谨，在古文字学、青铜器学、古代史、音韵学和文字改革等领域颇有建树，对甲骨学的发展也作出了杰出贡献。《殷虚文字记》是唐兰早期甲骨文字研究成果的汇集，共考释甲骨文字一百多个，在文字的释读和研究方法上成就非凡。《古文字学导论》是现代中国文字学理论的开山之作，提出用自然分类法和偏旁分析法研究古文字，唐兰著有《甲骨文自然分类法简编》等。唐兰还将王懿荣后人甲骨拓本两册及辅仁大学图书馆旧藏甲骨拓本一册，这三册资料去其重复，整理出当时未见著录的甲骨 108 片，编成《天壤阁甲骨文存》，为甲骨学研究提供了一批新鲜资料。甲骨文字的考释，以唐兰的贡献为最大，古文字学所用的两种方法——自然分类法和偏旁分析法，均由唐兰发现，前者打破了许慎《说文解字》所用的分类方法，后者对于文字的认识是一个很大的进步，对古文字学(包括甲骨文)的发展和提高有深远的影响。

唐兰学识渊博，才华横溢，桃李满天下，他的大半生都是在大学讲坛上度过的。我国文字、语言、文学、历史、考古各个领域的著名学者，如胡厚宣、陈梦家、李埏、汪曾祺、朱德熙、张政烺、邓广铭、杨向奎、殷焕先、王玉哲、李孝定、李荣、高明、裘锡圭、郝本性等，有的出其门下，有的与他有过密切学术交往，都曾受过他的教益，其学术活动影响了数代学者。唐兰传人如图 3-2 所示。

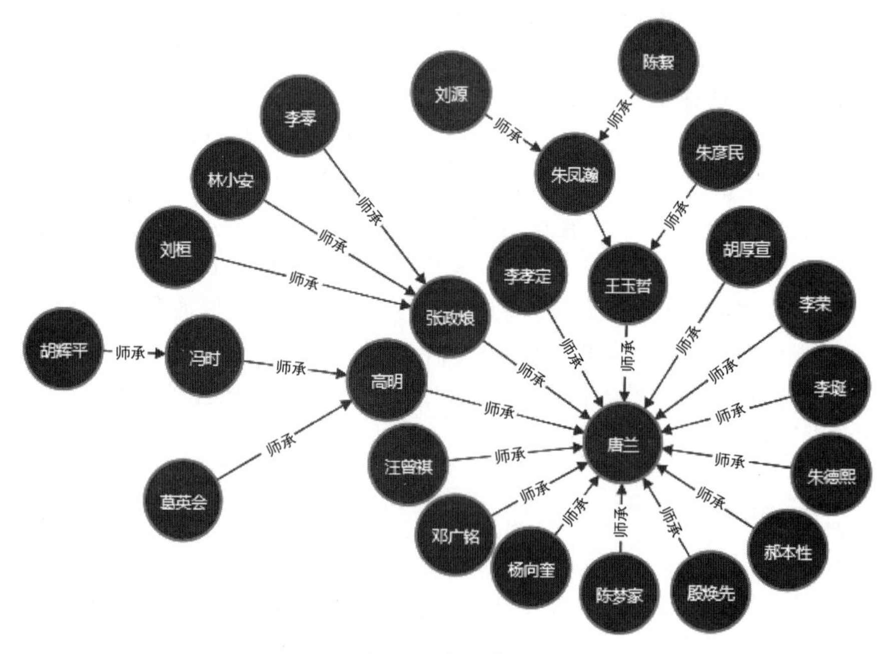

图 3-2 唐兰传人

3.4.2 于省吾

于省吾治学严谨，堪称“醇儒”。1931 年“九·一八”事变前，迁居北京，开始搜集商代甲骨文、商周时代的古器物，近 40 岁才开始研究古文字。于省吾凭着深厚的古典文献功底及古文字学基础在 1940—1943 年间连续出版的考释甲骨文的专著《双剑誃殷契骈枝》共计三版，在前人研究的基础上考释出或纠正补充过去不识及误释的一百余字，是继孙诒让、罗振玉、王国维以来释读甲骨文字最多的著作，以释字精审为人称道，在同行中崭露头角。1979 年，他总结 40 多年的甲骨文研究经验著有《甲骨文字释林》，用“分析偏旁以定形，声韵通假以定音，援据典籍以训诂贯通形与音”(陈梦家《殷虚卜辞综述》)等科学方法，新释或纠正前人误释及前人已释而不知其造字本义者三百字左右，论证简洁严谨，是中华人民共和国成立后释读甲骨文字最多的学者。此外，其善用古文字校订典籍，与王国维都是“新证派”代表，在古籍校订、先秦诸历史问题研究方面的成就也非常卓著。

于省吾门下弟子的水平都很高，如姚孝遂、陈世辉、张亚初、林沄、汤余惠、黄锡全、何琳仪、曹锦炎、吴振武。再传弟子们众多，如姚孝遂的再传弟子刘钊、王蕴智、董莲池、黄德宽、李守奎、周宝宏等，林沄的再传弟子李天虹、白于蓝、张世超、蒋玉斌、周忠兵等，吴振武的再传弟子徐在国、冯胜君、吴良宝、何景成、单育辰等。于省吾传人如图 3-3 所示。

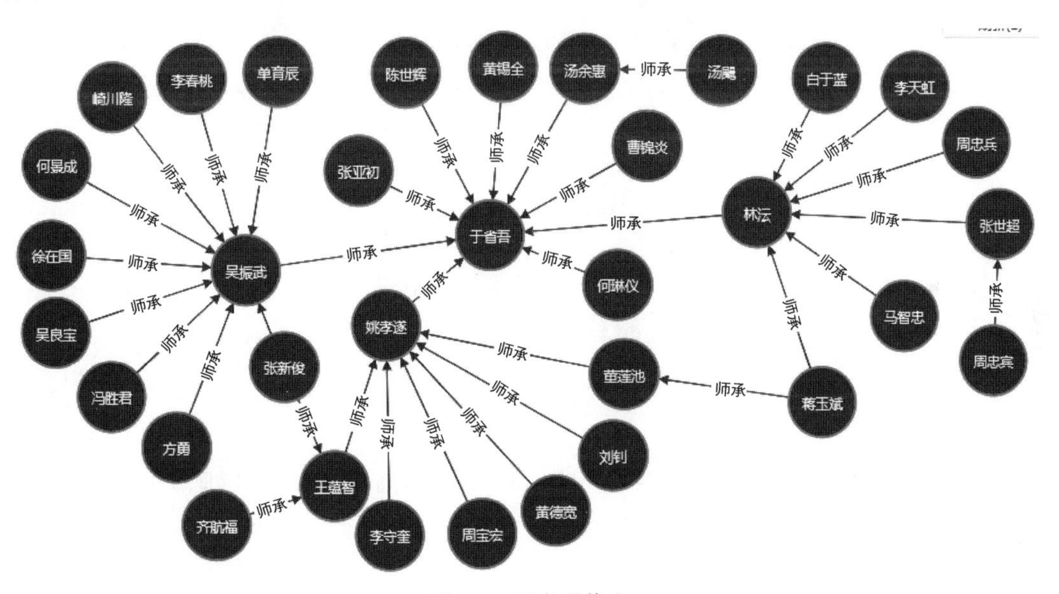

图 3-3 于省吾传人

3.4.3 商承祚

商承祚是深得王国维称许的“甲骨四少”之一，是“罗王之学”的正印传人。1921 年秋，其父将他从南京家中送往天津，拜著名学者、甲骨文和金文专家罗振玉为师，在罗师的指导下，钻研甲骨文、金文，编撰一部甲骨文字典《殷虚文字类编》(14 卷)。王国维为之作序，称该部书“精密矜读，不作穿凿附会之说”，并赞曰：“锡永此书，可以传世矣!”1923 年其父花重金将该书木刻问世，销路甚好，21 岁的商承祚因此书成名。《殷虚文字类编》问世后，他经北京大学马衡教授介绍入北京大学研究所国学门为研究生，师从王国维，与容庚同学，但他尚未毕业就出来工作了。1948 年秋商承祚到中山大学任教,与容庚一起创立了中山大学古文字研究室,是中国高等学校第一所古文字研究室。商承祚 21 岁成名,在治学和学术研究方面不仅继承罗振玉的治学精神,还接受王国维的治学方法,在古文字研究方面作出了卓越的贡献,其专著和论文向为海内外学者所重,素负盛名。除了《殷虚文字类编》,还有《福氏所藏甲骨文及考释》《殷契佚存及考释》(上、下)都是研究甲骨文的代表作。此外,商承祚在金文、楚竹简、书法等方面也造诣颇深,是楚文化、楚帛书、楚简研究的重要奠基人。

商承祚从 1956 年开始指导研究生,1981 年成为国务院首批博士生导师。与容庚在中山大学相继招收了曾宪通、夏渌、张振林、孙稚雏、陈炜湛、刘雨、陈抗、张桂光、陈初生、唐钰明等人为徒。黄文杰、陈伟武、刘昭瑞、谭步云、杨泽生等人为容、商二老的再传弟子。现在的中山大学古文字学研究室,以陈伟武先生为核心,还有陈斯鹏等青年才俊。商承祚传人如图 3-4 所示。

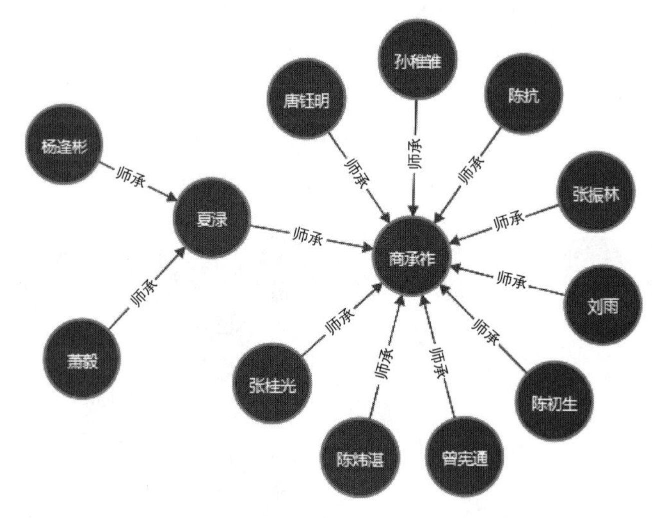

图 3-4 商承祚传人

3.4.4 胡厚宣

“堂堂堂堂,郭董罗王,君不见,胡君崛起四君后,丹甲青文弥复光。”(陈子展《战后南北所见甲骨录·序》)继甲骨学“四堂”之后,胡厚宣为甲骨学作出了卓越的贡献,所以在研究甲骨文的领域有“四堂一宣”之说。

1934 年胡厚宣从北京大学史学系毕业后,被选入当时的“中央研究院历史语言研究所”考古组,参加了第 10 次和第 11 次殷墟科学发掘工作之后,转而整理 1~9 次发掘所得甲骨,并步入了甲骨学和史学研究的殿堂,为《殷虚文字甲编》作释文。之后胡厚宣参加约 15 次发掘所得甲骨的整理工作,包括有名的 127 号坑甲骨,创造分期分类的甲骨著录体例,擅长结合遗址、遗物和殷商史进行甲骨文研究,著有《甲骨学商史论丛》《战后京津新获甲骨集》《战后宁沪新获甲骨集》《战后南北所见甲骨录》《甲骨续存》《苏德美日所见甲骨集》《五十年甲骨学论著目》《五十年甲骨文发现的总结》《殷墟发掘》及《古代研究的史料问题》等,在搜集、整理和刊布甲骨文资料方面成绩斐然,可以说是世界上最熟悉甲骨文资料的人。胡厚宣总编的《甲骨文合集》是甲骨学史上一部里程碑式的巨著,使他成为现代“中国甲骨文研究的第一人者”。甲骨学研究的发展史中的近60年是与胡厚宣所作出的贡献分不开的，胡先生被国内外学术界誉为继四堂等前辈学者之后的甲骨学一代宗师。

胡厚宣不负郭沫若生前要他“大力培养接班人”的嘱托，身体力行，培养了一批甲骨文研究的弟子，如裘锡圭、齐文心、范毓周、宋镇豪、王宇信等，成为中华人民共和国成立后新一代甲骨学研究领域的领军人物，其中王宇信为中国社科院的荣誉学部委员，宋镇豪是中国社科院学部委员（注：“学部委员”相当于中国科学院和中国工程院的“院士”）。再传弟子喻遂生、黄天树、张玉金、陈剑、沈培、李宗焜、李家浩、胡平生、李均明等，都是活跃于甲骨江湖的高手。胡厚宣传人如图3-5所示。

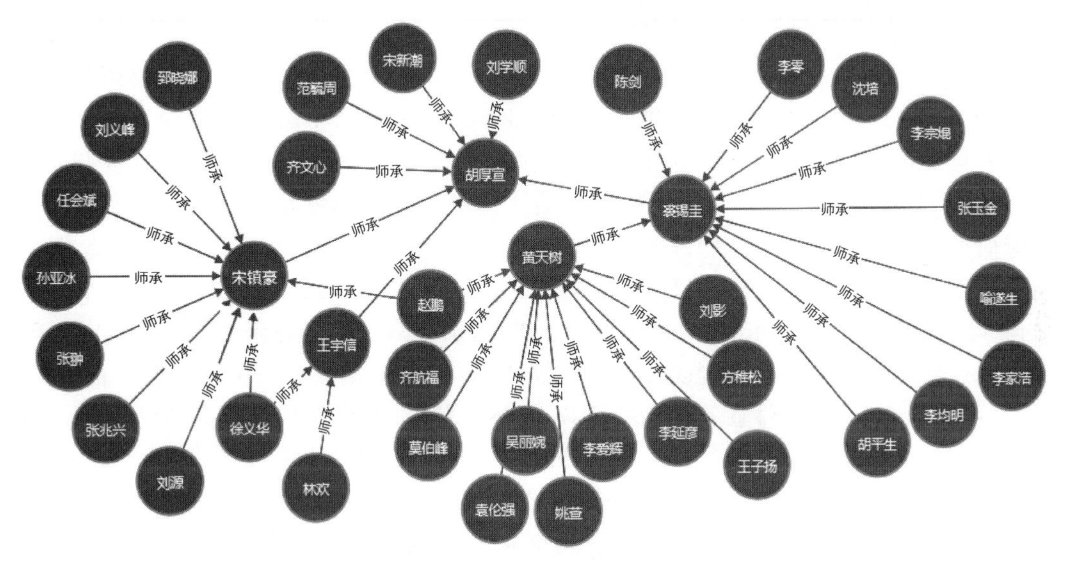

图3-5 胡厚宣传人

3.4.5 陈梦家

陈梦家16岁师从徐志摩和闻一多学习写诗，不到20岁出版《梦家诗集》后成名，在20世纪30年代名气很大，曾与闻一多、徐志摩、朱湘一起被称为“新月诗派的四大诗人”。1932年起从事甲骨文的研究，1934—1936年在燕京大学研究所师从容庚读古文字研究生，以分析文字和卜辞中的礼俗为切入点，到1940年的短短几年间便写了《古文字中之商周祭记》《史字新释》《史字新释补记》《释冎》《释底渔》《述方法敛所摹甲骨卜辞》《述方法敛所摹甲骨卜辞补》等文，在文学考释和古代礼制的研究方面颇有建树，这些文章直到今天仍很有价值。之后从断代着手，全面研究卜辞，先后写了《祀周与农业》《甲骨断代与坑位》《殷代卜人篇》《商王庙号考》等4篇有关甲骨断代的文章，将甲骨文分期断代研究引向深入。于1954年完成、1956年出版的《殷虚卜辞综述》全面总结了甲骨学研究60多年来的研究成果，他根据自己所掌握的甲骨文资料，对前人和今人的各种成说进行了补充和修正。他结合自己的研究，对与甲骨学有关的整治占卜、卜法文例、分期断代、文字文法、历法天象、方国地理、先王先妣、农业、宗教等进行了全方位的论述，这部70万字的巨著被誉为甲骨学百科全书式的著作，“把我国甲骨文研究水平提高到一个新高度”，对研究古代史地、语言文字和考古学都有重要的参考价值，在国内外都有较大的影响。陈梦家补充并纠正了董作宾的甲骨断代观点，提出“三个标准”和“九期分法”的主张，对断代研究具有重大贡献，基本上解开了文武丁时代卜辞的迷。凭着开阔的眼界和新颖的方法，陈梦家不仅在甲骨研究方面，在青铜器、汉简等方面的研究同样取得超过前人的卓越成果。

陈梦家的《殷虚卜辞综述》是初学者的入门教科书，不少人就是从此书获得甲骨学基础知识，逐步步入甲骨学堂奥的；它为新中国甲骨学研究队伍的发展，起着重要的作用。

3.5 国内主要研究机构

3.5.1 中国社会科学院

1977 年中国社会科学院从中国科学院独立出来，成为中国文科的最高科研机构，郭沫若任中国科学院的首任院长。独立前，掌门郭沫若手下高手云集，“甲骨五老”中的陈梦家来自中国科学院考古研究所(即现在中国社科院考古研究所)，可惜在 1966 年，时年 55 岁的陈梦家离世。在陈氏离世 20 多年后，考古所的“武林秘籍”《殷周金文集成》共十八册面世。现在中国社科院考古研究所设有夏商周考古研究室，中国社会科学院考古研究所自 1950 年迄今仍在继续着殷墟考古发掘，在安阳设有考古工作站，梁思永、郭宝钧、夏鼐、苏秉琦、安志敏、张长寿、王世民、张亚初、刘雨、郑振香、杨锡璋、刘一曼、王巍、曹定云、林沄、何毓灵、徐良高 、严志斌、唐际根、冯时等众多知名学者仍在或曾在考古所工作过。“甲骨五老”中的胡厚宣是中国科学院历史研究所(即现在中国社科院历史研究所)的擎天柱，主编的武林秘籍《甲骨文合集》共十三册，是甲骨学史上一部里程碑式的巨著；历史研究所在 1954 年成立先秦史组，1978 年改组为先秦研究室，尹达、胡厚宣、顾颉刚、李学勤、刘起釪、周自强、杨升南、宋镇豪等知名学者及一批甲骨学殷商史和先秦典籍专家在此工作。1992 年 11 月中国社会科学院甲骨文殷商史研究中心成立，在宋镇豪的带领下，王震中、刘源、徐义华、王泽文、孙亚冰、张翀、马季凡、刘义峰等学者不断整理出版殷周甲骨文材料，《甲骨文与殷商史》已成为海内外甲骨学与殷商史研究的高水平学术出版物。此外，孟蓬生、王志平、肖晓晖等坐镇中国社科院的语言研究所，主要从语言学的角度研究古文字和出土文献。

3.5.2 清华大学

2009 年 11 月 1 日清华大学国学研究院恢复成立，其前身是 1926 年清华学堂(清华大学前身)开办的国学研究院，当时请来王国维、梁启超、陈寅恪、赵元任四位大师。王国维在此培养了徐中舒、姜亮夫、容庚、戴家祥等，不过当时的清华学堂国学研究院仅历时四年，1929 夏遂告结束。2004 年李学勤从中国社会科学历史研究所退休后，回到母校清华大学，2008 年 9 月成立了出土文献研究与保护中心，各路高手从四面八方奔赴掌门李学勤麾下，于是清华大学有了黄德宽、赵平安、李均明、廖名春、彭林、赵桂芳、李守奎、沈建华、刘国忠等多位有影响的专家，并培养了一批新时代的学者，他们长期从事甲骨、金文、简帛等出土文献的整理、研究与保护工作，积累了丰富的经验。清华大学出土文献研究与保护中心不定期发行《出土文献》与《清华简研究》。清华大学甲骨文研究团队如图 3-6 所示。

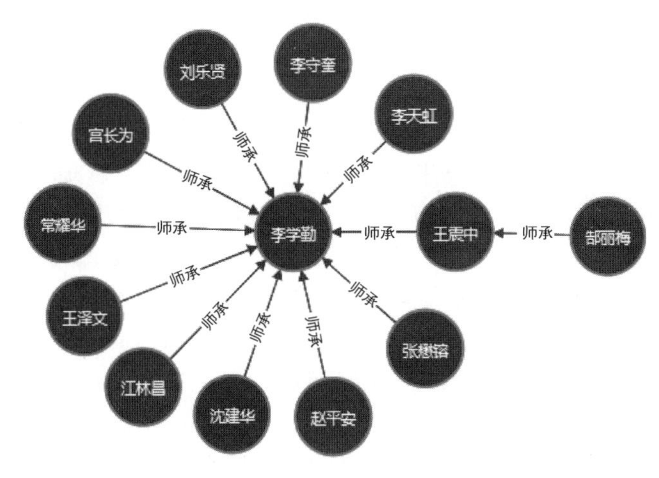

图 3-6　清华大学甲骨文研究团队

3.5.3　复旦大学

复旦大学在1949年前后有一代宗师“甲骨五老”中的胡厚宣坐镇，1956年胡厚宣调入中国科学院历史研究所先秦史研究室。复旦大学古文字学有吴浩坤、朱顺龙等延续了胡先生的学统。裘锡圭当年考上了胡先生的研究生，亦随师进京，毕业后任教于北京大学，让北京大学成为国内古文字学的重镇。2005年裘锡圭带着沈培、陈剑一众弟子回到母校(注：裘锡圭于1956年毕业于复旦大学历史系)组建了复旦大学出土文献与古文字研究中心。当时流传着一句话：“裘先生一个人带走了北大的一个专业。”“甲骨五老”中于省吾的再传弟子刘钊出任复旦大学出土文献与古文字研究中心主任。复旦大学出土文献与古文字研究中心设“先秦秦汉出土文献”“敦煌文献”两个研究室，分别侧重先秦秦汉时期和敦煌出土文献的研究，且研究内容都包含对当时使用的文字的研究，施谢捷、汪少华、陈剑、蒋玉斌等学者在该中心开展研究，不定期发行《出土文献与古文字研究》。复旦大学甲骨文研究团队如图3-7所示。

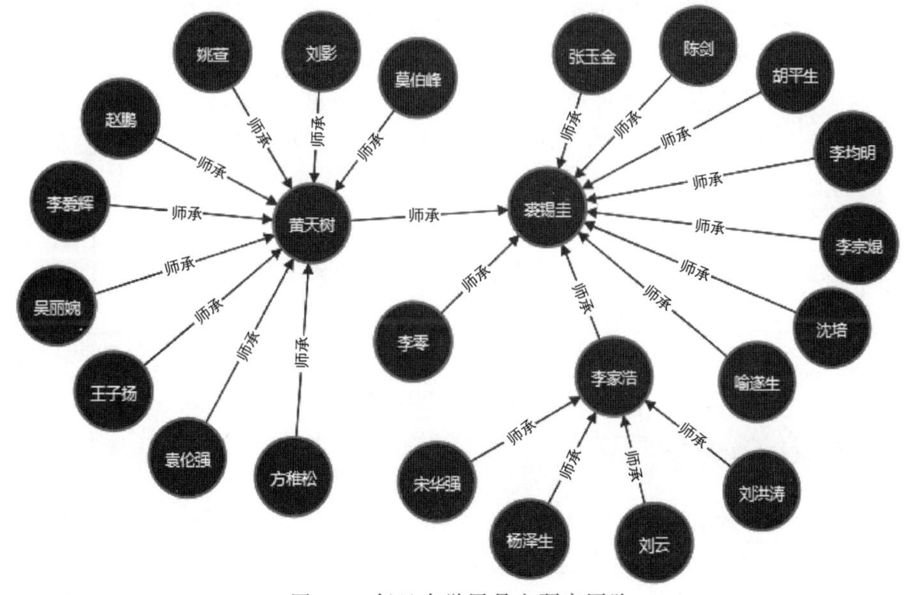

图 3-7　复旦大学甲骨文研究团队

3.5.4 北京大学

1921年底北京大学研究所国学门成立，1922年王国维受聘北京大学国学门通讯导师，培养了容庚、商承祚、董作宾、丁山等弟子。"甲骨五老"中的唐兰曾是北京大学教授，代理中文系主任，新中国成立后进入故宫博物院工作。唐兰的学生朱德熙、高明，胡厚宣的学生裘锡圭，以及后来的李零、李家浩、朱凤瀚等引领着北京大学开展着古文字学研究。以裘锡圭为代表，培养了沈培、黄天树、张玉金、喻遂生等高徒，分别到香港中文大学、首都师范大学、西南大学、华南师范大学等学校开宗立派，开展古文字和出土文献研究。如今北京大学考古文博学院延续着古文字学的传统，董珊、韩巍、陈侃理等后起之秀也有所成就。

3.5.5 首都师范大学

首都师范大学的黄天树是裘锡圭的弟子，他于1985年在北京大学师从裘锡圭开始甲骨文研究之路，出版了《殷墟王卜辞的分类与断代》《甲骨金文论集》《黄天树古文字论集》《甲骨拼合集》(主编)等一系列学术专著，是当今国内甲骨学领域影响重大的著名学者。2012年8月，在首都师范大学甲骨文研究中心，黄天树带领着他的弟子李爱辉、刘影、莫伯峰、李延彦、何会、吴丽婉、王子杨等，"玩"着"拼图猜谜"游戏，让首都师范大学成为国内研究甲骨缀合的主要机构，从2010年至今，团队的成果——《甲骨拼合集》已出版五集，共拼缀甲骨达1206则，让甲骨学研究不断有新材料出现。2011年起，黄教授带领学生开始编纂《甲骨文大系》，这是继《合集》之后的又一次大型编纂工程，全书8开大册，预计共73册，由"图版(拓本和摹本)""释文""索引"三部分组成。这套书出版后将是迄今为止所收甲骨拓本和摹本数量最多、字形最清晰、拓影最完整的甲骨著录书，更是最新科研成果的集纳，将代表目前甲骨文研究的新高度。

3.5.6 吉林大学

"甲骨五老"之一的于省吾"坐镇"于吉林大学。1983年8月吉林大学古籍研究所在于省吾、金景芳两位著名学者及当时历史系主任张忠培教授的努力下，创建了古文字研究室，于省吾在这里培养了姚孝遂、陈世辉、张亚初、林沄、汤余惠、黄锡全、何琳仪、曹锦炎、吴振武等弟子，他们个个都身怀绝技，曾担任或仍担任重要职务。再传弟子中，姚孝遂的弟子刘钊、王蕴智、董莲池、黄德宽、李守奎、周宝宏等在复旦大学、郑州大学、华东师范大学等知名高校开宗立派，颇有影响；林沄的弟子有李天虹、白于蓝、张世超、蒋玉斌、周忠兵等，其中，蒋玉斌是首个破译单个甲骨字获得10万元奖励的学者；吴振武的弟子有徐在国、冯胜君、吴良宝、何景成、单育辰等，其中，冯胜君是现在吉林大学古籍研究所的掌门人。吉林大学古籍研究所对古文字学的研究水平居于全国的前列，它是全国具有重大学术影响的古籍研究所之一。

3.5.7 中山大学

甲骨四少中的容庚、商承祚是罗王的弟子，除了一同在北京大学国学门求学外，两人长期共事于中山大学，1963年共同成立了中山大学古文字研究室，是中国高等学校第一所古文字研究室。容庚、商承祚共同坐镇于中山大学，容庚精于青铜器与金文研究，商承祚则以甲骨文研究出道，此后则成为楚文化、楚帛书、楚简研究的重要奠基人。容庚、商承祚在中山大学相继招收了曾宪通、夏渌、张振林、孙稚雏、陈炜湛、刘雨、陈抗、张桂光、陈初生、唐钰明等人为徒，夏渌去武汉大学开宗立派；黄文杰、陈伟武、刘昭瑞、谭步云、杨泽生等人为容、商二老的再传弟子。弟子和再传弟子大多留在了中山大学，让中山大学成为古文字研究的重镇。现在的再传弟子陈伟武是中山大学古文字学研究室的掌门人。师从曾宪通、陈伟武的陈斯鹏以及其他青年才俊正在成长，一代代薪火相传，传承着容、商二老的衣钵。

3.5.8　安阳师范学院

安阳师范学院坐落于甲骨文的故乡安阳，浸润在殷商文化之中，1985 年成立了殷商文化研究班，邀请当时国内甲骨学研究的著名专家胡厚宣、李学勤、田昌五、李民、赵诚、王宇信等来校任教，在甲骨学界多年的悉心指导下，培养出以郭青萍、聂玉海、郭旭东、李雪山、韩江苏、刘永革等为骨干的研究队伍，取得一系列研究成果。郭旭东、韩江苏等在历史与文博学院，带领着一个团队主要从事商史、甲骨文考释和考古等研究和工作，其负责的《殷都学刊》发行到近二十个国家和地区，在国内外学术界享有一定的声誉，吸引着国内外一批著名的甲骨文与殷商史研究的学者；并且为殷墟申报世界文化遗产、中国文字博物馆的建设和布展方案、殷墟博物馆筹建等做了大量工作，与中国文字博物馆、殷墟博物苑共同成立“汉字文化传承创新联盟”，建立了“汉字文化体验与研究中心”，形成了汉字文化“参观—考察—体验”一站式服务。刘永革在计算机学院带领团队在甲骨文研究方法上大胆创新，将云计算和大数据技术应用到甲骨学研究中，具备了在甲骨学研究方面的独特优势。如今该团队——甲骨文信息处实验室已成为教育部重点实验室，现在在中国社会科学院学部委员、甲骨学殷商史研究中心主任宋镇豪的指导下，在甲骨文研究信息化方面取得了飞速发展。“甲骨文发现 120 周年国际学术研讨会”上面向全球公开发布的甲骨文大数据平台——“殷契文渊”，为甲骨学者和全世界爱好者提供了一个免费获取甲骨文资料的互联网窗口。

甲骨四堂、甲骨五老的弟子和再传弟子们遍布全国多所高校，不断培养着甲骨文等古文字的接班人，让冷门学科得以不断传承。除了上述八所院校外，还有四川大学、武汉大学、安徽大学、华南师范大学、东北师范大学、陕西师范大学、华东师范大学等在开展甲骨文研究工作。

3.6　中国台湾的甲骨学高手

1948 年国民党开始撤退到台湾，当时的“中央研究院”寻址于台湾南港，将 1928 年派董作宾调查殷墟以来所发掘的甲骨总计 24906 片(包括 YH127 坑出土甲骨 17096 片)全部运到了台湾保存，因此台湾甲骨文研究有丰富的资料。1948 年年底董作宾、石璋如迁往台湾，1949 年屈万里、李孝定迁去台湾，1950 年严一萍到达台湾。

董作宾到台湾后培养了知名弟子金祥恒。金祥恒一生致力于甲骨文研究，增补修订孙海波的《甲骨文编》，完成《续甲骨文编》；发表了与甲骨文有关的上百篇论文，有很多论点至今仍有参考价值；编辑出版了《中国文字》52 期，汇集的论文与殷商甲骨文有关，许多台湾学者的文章都曾在该刊刊载，对国际甲骨学研究产生了重要影响。金祥恒培养出朱岐祥、蔡哲茂等知名甲骨学者。

屈万里一生致力于教学及中国古代经典文献和甲骨学研究，著有40余万字的甲骨学研究代表性著作《殷虚甲骨文甲编考释》，书中辨字义，译文辞，精博详密地进行考释，新认及订正旧说70余字，还收录了比较罕见的鹿头骨刻辞、人头骨刻辞的拓片，还注意到甲骨文的行文惯例等，成为甲骨学的必备书籍之一。

严一萍入台后，第一时间带着自己研究甲骨文的成果《殷虚医征》一书求见董作宾，得到董作宾赏识，并出入台湾大学董作宾研究室，为其研究甲骨文创造了极佳的条件；严一萍在台北创建成立艺文印书馆，董作宾担任发行人，该书馆出版了多部甲骨学著作。严一萍关于甲骨文的著作较多，影响较大的《铁云藏龟新编》收录了清晰的拓片，并且缀合了不少可缀之版，让这部最早的甲骨学专著更适合读者阅读；其次，《甲骨缀合新编》与《甲骨缀合新编补》在甲骨缀合方面贡献颇大，具有重要的参考价值；《甲骨学》是一部谈论如何研究甲骨的书籍，告诉读者如何研究甲骨文，为初学者提供了一条窥探甲骨学奥秘的途径。

台湾研究甲骨学的学者还有李孝定、张秉权等，张秉权缀合《殷虚文字乙编》而成《殷虚文字丙编》，李孝定著有《甲骨文字集释》，石璋如著有《甲骨坑层之一》《甲骨坑层之二》等。现在包括台湾大学、台湾政治大学、台湾东海大学等多所机构都有研究甲骨文的学者，并培养甲骨文硕士、博士研究生(如知名的甲骨学和古文字学者朱歧祥、李宗焜、蔡哲茂、林宏明、魏慈德、张惟捷等)。台湾专门研究甲骨的学者虽不多但各有建树，两岸甲骨文研究领域的交流也从未中断。台湾的甲骨研究团队如图3-8所示。

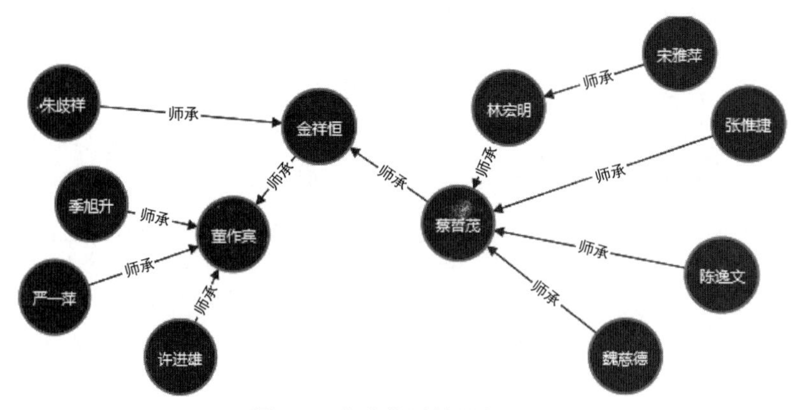

图3-8 台湾的甲骨研究团队

3.7 林立海外的甲骨学高手

如今甲骨学已成为一门举世瞩目的国际性显学，这与海外学者的探索也是密不可分的。据董作宾、胡厚宣的《甲骨学年表》记载，英国的库寿龄和美国的方法敛是最早接触和收购甲骨文的外国人，他们收购的甲骨大都转售给英美国家的博物馆和一些教会学校。

在收购甲骨的外国人士中，加拿大传教士明义士收购约5万片甲骨，收购数量最多，他也是欧美学者中研究甲骨文最著名的。他所藏的甲骨在他返回加拿大时被带走了一部分，大部分都留在了中国，这些甲骨收藏在故宫博物院、山东博物馆和南京博物院。他逝世后，其夫人和儿子把这些甲骨捐赠给安大略皇家博物馆，后由台湾学者许进雄先生把相关信息整理出版。明义士与我国著名甲骨学家容庚、商承祚、于省吾等人更是保持着长期的密切联系，经常交流交换甲骨文资料，探讨学术方面的问题。他在甲骨文字研究、辨伪、校重、缀合方面颇有成就，《殷虚卜辞》《殷虚卜辞后编》《柏根氏收藏甲骨文字》《中国商代之卜骨》《商代的文化与宗教思想》《中国古代之上帝》等是其重要研究论著。曾毅公在他的影响指导下，致力于甲骨学研究，在甲骨缀合方面取得卓越成就，出版了《甲骨缀存》《甲骨缀合编》等著作。加拿大华裔学者许进雄有《殷虚卜辞后编》《皇家安大略博物馆藏明义士旧藏甲骨文字》《怀特氏等收藏甲骨文集》等著作。

林泰辅在文求堂见到甲骨实物和有关书籍，是最早接触甲骨文的日本学者。1909 年起著有《清国河南汤阴发现之龟甲兽骨》、《龟甲兽骨文字》二卷、《殷虚遗物研究》等。日本侵华期间收集甲骨和研究的人日益增多，如弥三郎的《书道》、原田淑人的《周汉遗宝》、梅原末治的《河南安阳遗宝》、贝冢茂树的《京都大学人文科学研究所藏甲骨文字》、贝冢茂树和伊藤道治合著《甲骨文断代研究之再检讨》、白川静的《甲骨文的世界》，以及岛邦男的《殷墟卜辞研究》《殷墟卜辞综类》《甲骨文同义举例》等。同时还出现了伊藤武敏、林巳奈夫、松丸道雄、高岛谦一等学者。1952 年成立的甲骨学会，有会员 200 多人。

美国传教士方法敛在华期间大量搜求甲骨，而且倾力摹写、研究，1906 年发表的《中国早期书写》中介绍了殷墟出土的甲骨文，还著有《甲骨卜辞》《甲骨卜辞七集》《金璋所藏甲骨卜辞》等。20 世纪 60 年代开始，美国学者们开始认识到中国出土文物与文献的重要性，并开始研究甲骨文，加州大学的基德炜发挥了开拓者的作用，著有《商代史料》，是美国研究甲骨学的先锋。华裔学者周鸿翔也著有《商殷帝王本纪》《美国所藏甲骨录》等。

此外，英国的库寿龄 1900 年首次收购甲骨，是最早收藏甲骨的外国人，藏品收录于《库方二氏藏甲骨卜辞》；英国人金璋、吉卜生等也收购并收藏甲骨。法国雷焕章长期从事甲骨学研究，著有《法国所藏甲骨录》《德瑞荷比所藏一些甲骨录》《甲骨文集书林》等，韩国尹乃铉著有《商王朝研究——甲骨文的应用》《商周史》等。在 1999 年甲骨文发现 100 周年的时候，宋镇豪、常耀华统计，分布于加拿大、日本、美国、韩国、英国、法国、德国、俄国、瑞典、澳大利亚等 14 个国家的 502 名海外学者在研究甲骨学。国外学者对甲骨文的研究，让甲骨学成为一门国际性显学，推动了甲骨学的国际交流和深入研究。

3.8 本章小结

从 1899 年清末学者王懿荣发现甲骨文至今已逾两个甲子，一代代甲骨学人以“为往圣继绝学”为己任，尊承前贤、开慈后学，学术薪火不断，世代相传，一代代学人承继前贤、青出于蓝。哈佛大学的著名华裔学者杜维明教授指出：“中国学术的大发展离不开学术谱系的建构，学术大师的出现更离不开学术的薪火相连。”本章在认识国内外甲骨学领域知名学者、重要研究机构的同时，从师承关系构建了一些知名学者的学术传承图谱，直观、生动地呈现甲骨江湖中的学术传承。

习题 3

(1) 后人称__________为“甲骨学之父”。

(2) 1904 年出版的______________是甲骨学史上第一部研究著作。

(3) 甲骨四堂分别是________、________、________和________。

(4) 甲骨四少分别是________、________、________和________。

(5) 甲骨五老分别是________、________、________、________和________。

(6) 四堂一宣中的“宣”指____________。

(7) 将甲骨学由文字学演进到史学的第一人是____________。

(8) ________建立了甲骨学的科学研究体系,是甲骨学史上划时代的一代宗师。

(9) 胡厚宣总编的____________是甲骨学史上一部里程碑式的巨著,使他成了现代“中国甲骨文研究的第一人者”。

(10) 加拿大传教士____________收购约 5 万片甲骨,是收购最多的,也是欧美学者中研究甲骨文最著名的人。

(11) 谈谈刘鹗对甲骨文研究的主要贡献是什么?

(12) 甲骨四堂的主要贡献有哪些?

(13) 什么是罗王之学?

(14) 在甲骨缀合方面有突出贡献的有哪些学者?

(15) 根据提供的甲骨学人师承数据,在 Neo4j 图数据库中搭建甲骨学人师承关系知识图谱,借助该图谱了解图数据库的基本功能和简单操作,操作步骤如下:

① 搭建环境。

- 安装 Java JRE,并配置 Java 开发环境;
- 安装 Neo4j-community-3.5.6-chs;
- 安装 The Smart Importer for Neo4j。

② 在 Excel 表中建立甲骨学人节点,以及学人与学人之间师承关系。

③ 应用 The Smart Importer for Neo4j 将 Excel 表导入 Neo4j,生成甲骨学人师承关系知识图谱。

④ 在 Neo4j 图数据库中可以进行增、删、改、查等操作。

⑤ 提交作业报告。

第4章 甲骨文辨伪

CHAPTER 4

甲骨文的真伪直接影响到商史研究的可靠性，辨伪工作是从事甲骨学研究的基础工作。本章重点了解甲骨文辨伪的几个研究阶段；学习甲骨文辨伪的方法与技能等，为更准确地用计算机科学处理甲骨文信息、考辨甲骨文真伪、考释甲骨文字、缀合甲骨图片等奠定基础。

4.1 概述

甲骨文辨伪是一门被动与甲骨学相伴而生的分支学科。甲骨文是我国迄今发现最早的古典文献，学术价值极高。作为记录商代史的第一手资料，它的发现不仅引起了学术界和收藏家的重视，同时也刺激了古董商人大肆买卖，其售价也日益昂贵。利益驱使下有人开始作伪，导致许多甲骨著录上都有伪片出现。无论是早期出版的甲骨文著录《铁云藏龟》《龟甲兽骨文字》《库方二氏藏甲骨卜辞》，还是中国现代甲骨学方面的集成性资料汇编《甲骨文合集》等都有收录。伪片的出现有其社会背景和历史原因。甲骨文不同于其他文物，一般文物都是考古墓葬发掘的量占多数，甲骨文则是浅层地表和浅穴灰坑发现居多，目前发现的约十六万片甲骨文中，科学发掘的甲骨总量约占三分之一，其他近三分之二均通过非正规发掘。甲骨文科学的考古发掘时间开始于1928年，在这之前，这个田间地头随处可见的地表文物已被不少人捡走，或进行交易或收藏。我国故宫博物院、国家图书馆、山东博物馆、北京大学等单位的甲骨文藏品大多是民间捐赠或从私人及市场收购而来。《竹书纪年》载："自盘庚迁殷，至纣之灭，二百七十三年，更不徙都"，商王室的行政和日常事务，大多要探询神灵的意旨、积年累月频频占卜，而至今的发现只是一部分，随着时间的推移，会有更多甲骨文涌现在研究者面前。甲骨文不断呈现，伪片也将继续接踵而来。伪片的出现，混淆史料的真实性，模糊甲骨的真正价值，致使研究商史的基础材料出现不确定因素，因此考辨甲骨文的真伪，是从事甲骨学研究的首要任务和基础工作。

4.2 甲骨文辨伪的几个研究阶段

自发现甲骨文一百二十余年来，作伪现象经久不衰，辨伪论述接连不断，甲骨文作伪与甲骨文辨伪的不同阶段相生相成。甲骨文的作伪已由初期的单字拼凑、刻功粗糙、信手刻划演变为"克隆"真甲骨文，取半段或整段卜辞摘抄仿刻；甲骨文的辨伪也由最初的观察字体、内容能否连成词句的传统辨伪模式，发展到以钻凿、划痕、位置、行文走向等客观形态为基础，运用显微镜等仪器设备加以辅助研究的科学鉴真形式。甲骨文辨伪学已逐步成为一门系统化的分支学科。

4.2.1 甲骨文辨伪初期研究阶段

甲骨文辨伪是在作伪的基础上进行的一项工作，而甲骨文作伪则是甲骨文发现之初就存在了。1899 年甲骨文被发现，1903 年甲骨文第一部著录——刘鹗的《铁云藏龟》中即有伪刻出现，仅四年时间，伪片就被拓印出版。据说刘氏及古董商人会出高价收购这些骨片，当时便掀起了一股收藏热，甲骨文很快从每斤数枚铜板的药材“龙骨”，一跃飙升为每字数两白银的古董。清末就有“一两黄金一片骨”之说，市场一度火爆。当时只要一有收购甲骨文的人出现，不知道有多少人会马上制作伪片应市，伪片数量之大无法估算。明义士“初得大胛骨，乃新牛骨仿制者”不久便腐烂发臭，从此悉心考究，终成鉴别真伪高手就是一个例证。后续出版的几部甲骨著录又误收若干伪片，直到 1910 年罗振玉编著的《殷墟书契》，以及 1917 年明义士《殷墟卜辞》等系列书出版之后，这种伪刻泛滥的情形才大幅缓减，这些书在著录前已经对骨片进行筛选，基本剔除了伪刻。

1935 年之前，国内虽有不少学者对甲骨文辨伪进行研究，但并未见甲骨文辨伪的文章公开发表，直到《库方二氏藏甲骨卜辞》刊印之后，有关甲骨伪刻的文章才首次出现。当时此书编纂者白瑞华请郭沫若对其中甲骨刻辞的真伪进行辨别，后者所作伪刻表后来作为《库方二氏藏甲骨卜辞》一书的附录和更正而公之于众。同年，胡光炜作《书库方二氏藏甲骨卜辞印本》，是国内第一篇正式的有关甲骨刻辞辨伪的文章，该篇文章将这部书中所收录的伪刻，以编号的形式一一罗列(见图 4-1)。

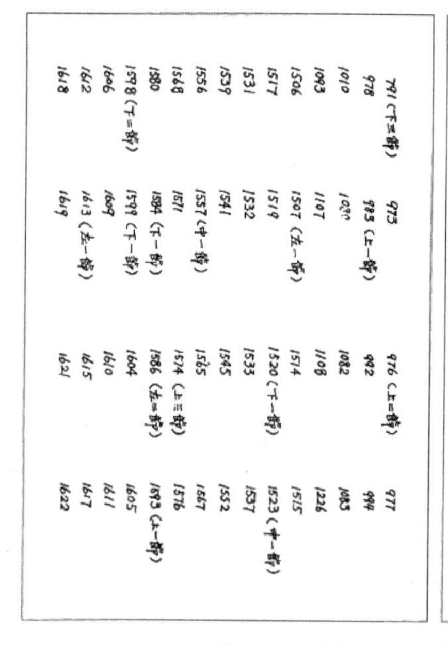

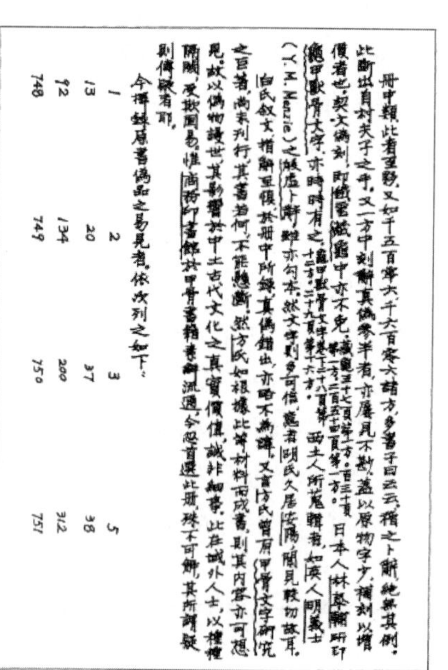

图 4-1 《书库方二氏藏甲骨卜辞印本》选页

国内甲骨辨伪研究的文章出现后，1940 年董作宾发表《方法敛博士对于甲骨文字之贡献》，文中不仅指出伪片编号，而且在第四部分归纳总结了伪刻甲骨文字的问题，董作宾认为："方氏所摹，前后不过十年之间(指 1903—1912 年)的搜集，这十年内赝刻已有显著的进步"，因而按照造伪水平，将其分为 6 个阶段。

(1) 杂凑单字而正倒不分者。最初作伪者不辨倒正，倒看甲骨就把字形倒抄下来，正看正抄，然后拼凑起来。

(2) 杂凑单字而无倒书者。这较以前已进步，赝刻多在大块卜骨上(且多用旧料)喜作大字。龟甲小块骨小字均少见。

(3) 杂凑成句成行卜辞者。此时已有意照原片仿刻，但又不能完全摹写出原样。

(4) 伪刻全段而排列整齐者。

(5) 伪刻全段而依原款式者。

(6) 改编为新奇文辞者。

从这 6 个阶段可以看出，董作宾认为十年间作伪者的水平是在逐步提高。周忠兵认为"其中后三个阶段是否存在是有问题的，我们在判断早期甲骨刻辞是否伪刻时，不能忽略当时作伪水平不能超出当时的甲骨研究水平"。[①] 而笔者认为，第 6 阶段改编为新奇文辞者，是有待商榷的。关于第 4、5 阶段的例证，如《库方二氏藏甲骨卜辞》(以下简称《库》)1795、《七集》1～31 皆是。关于第 6 阶段的例证虽然白玉峥认为："改编为新奇文辞者，如《库》1506 及 1989 鹿角上的刻辞，作伪者已初通甲骨文意"。[②] 但《库》1506 及 1989 鹿角上的儿氏家谱刻辞是否为伪存在争议。据不完全统计，甲骨文发现以来，对《库》1506 家谱刻辞的相关论述至少已有 54 篇(包括论文和专著的相关章节)[③]，正反双方都能持之有故，言之成理，至今未有定论。下面讲到甲骨文辨伪形态研究阶段知识点时，会把学界对《库》1506 家谱刻辞的辩证观点进行大致概述，所以《库》1506 及 1989 作为第 6 阶段的例证不充分。目前已出版的甲骨文著录及古玩市场上均未见到董作宾所述的改编为完整内容的新奇文辞甲骨文例。

伪片的大批涌现不仅扰乱了古玩市场，也使当时学界对甲骨文的态度出现了两个派系。一派是像明义士、董作宾等有远见卓识并钻研确定甲骨文是真而非伪造的学者，为了探求甲骨文辨伪的标准而更发奋工作；另一批保守派学者尊崇许慎《说文》，以这些伪刻为确凿证据说明甲骨文都是伪造的古文字，是一批冒牌的学者为欺骗大众而杜撰的。如国学大师章太炎就曾竭力抵制甲骨文，还在他的《国故论衡》第 10 章"理惑论"中，彻底否定了甲骨文的存在。网上也曾流传一篇文章《甲骨文，中国学术界的一次集体造假盛宴》[④]，文中称甲骨文是突然冒出来的古物、已考证的甲骨文字毫无古义、甲骨是后世人有意各地收集集中预埋等，从根本上质疑甲骨文的真实性。幸亏后来周原甲骨的陆续发现可以证明殷周之际确实有甲骨文的存在。但是在此之前，之所以有如此多重量级的学者质疑甲骨文的真实性，主要原因并不是甲骨文本身的问题，而确实是甲骨伪片太多，部分专家或多年未见到一个真片。

在甲骨文辨伪研究的初期阶段，虽然学界有过争议，但也是促进甲骨文辨伪发展进步的重要一环，不仅活跃了辨伪的学术气氛，也使得辨伪的意识越来越强，辨伪的工作越来越严

---

① 周忠兵：《从卡内基博物馆甲骨实物看早期甲骨的作伪问题》，《中国国家博物馆馆刊》第三期(总第 92 期)，第 104 页。

② 白玉峥：《甲骨契辞之辨识与分类》，《中国文字》新 19 期，1994 年。

③ 郅晓娜：《甲骨文家谱刻辞的重新审视》，《第二届古文字学青年论坛》，2016 年 1 月，第 28～29 页。

④ http://blog.sina.com.cn/s/blog_17236d5560102xk3j.html。

谨细致。在这一阶段,作伪的材料大部分是采用商代古骨,少部分选用经过打磨作旧处理过的新骨,量虽大,伪刻却很粗糙,甲骨学者辨别时看法较为一致,主要以字体是否倒写刻错、内容是否拼凑、行款是否自然等作为标准进行甄别判定。直到1956年以后,学界掀起了对《库方二氏藏甲骨卜辞》一书编号为1506(见图4-2)刻辞真伪问题的争论,这种旨在指出伪片编号的辨伪文章模式随之发生变化。

图4-2 《英国所藏甲骨集》2674正(《库方二氏藏甲骨卜辞》1506)

4.2.2 甲骨文辨伪形态研究阶段

《库方二氏藏甲骨卜辞》于1935年由上海商务印书馆出版,由白瑞华编校,是早期甲骨著录中被认为收录伪刻最多的书。此书收录了库寿龄和方法敛在1904—1908年间从古董商人手中购买的龟甲刻辞1016片,兽骨刻辞670片,鹿角刻辞1片,共1687片刻辞。胡光炜先生云:"惟其中真伪杂糅,赝品之多,骇人观听"。这是因为《库》书是用方法敛所作摹本发表的,由于摹本有些失真,故哪些是伪片也就不易判断。《库》书中有一片非常有名的家谱刻辞,编号1506(见图4-2)即《英国所藏甲骨集》2674正,现藏大英博物馆。

家谱刻辞最早是由英国人金璋提出,他于1912年4月发表《中国古代之皇室遗物》,于1912年10月发表《骨上所刻之哀文与家谱》,这两篇文章分别对大英博物馆所藏鹿角家谱刻辞(《库》1989)和金璋所藏一片插骨针的牛肩胛骨家谱刻辞进行了分析介绍。金璋对家谱刻辞的研究,引起了德国学者勃汉第女士的关注。她在1913年发表《中国古代之卜骨——威尔茨博士赠与柏林皇家民俗博物馆的甲骨刻辞》,文中对金璋的研究进行了总结和引用,并公布了另外两片家谱刻辞。一片是德国柏林皇家民俗博物馆所藏威尔茨博士收购的牛肩胛骨家谱刻辞,另一片是大英博物馆所藏牛肩胛骨家谱刻辞(《库》1506)。勃汉第以刻写技术不成熟,刻辞布局毫无意义、刀口显得比较绵软等理由认为《库》1506仿刻《库》1989。而金璋又于1913年10月发表《圭壁上的家谱刻辞》回应勃汉第的看法,认为《库》1506刻写很漂亮,布局也与金璋566相同,是真品。此后,1930年郭沫若在《中国古代社会研究》一书指出《库》1506完全是伪刻;1933年明义士《甲骨研究》的讲义中,评金璋《中国古代皇家遗物》文章,认为"器真,刻文疑伪"。1935年《库》书出版,白瑞华序中提到"大首骨片中,亦颇多令人怀疑者",次年白瑞华请郭沫若鉴定,郭氏罗列伪刻表,其中《库》1506骨真辞伪。同年,胡光炜发表《书库方二氏藏甲骨卜辞印本》，同样将其列为伪刻。此后董作宾、陈梦家、容庚等学者也一致认为其为伪刻。

但陈梦家在1956年发表的《殷墟卜辞综述》[①]中述及此片，改变了之前的看法，认为它并非赝品："《库》1506载有家谱的一片大骨，我们认为不是伪刻，最近得到此骨的拓本，更可以证明它不是伪作"。1957年唐兰先生在《中国语文》中认为："据说是殷朝一个叫作儿的人的家谱，是十分重要的史料，于是把拓本放到图版里，还要题上考古研究所藏。如果真是这样，收藏这块假卜辞的原骨的大英博物馆，真要喜出望外了。"提得相当尖锐。此后引起了学界对这片家谱刻辞真伪情况的论争。

1962年，周鸿翔发表《甲骨辨伪四事——这是一连串与甲骨辨伪有关的文章的第一篇》，提出甲骨的证真与辨伪应转换思路，在"文字刳改及复刻""笔画跨越裂纹或缀缝""缀合片之缀缝不吻合""缀合片各子片之颜色不同"四种真片会出现的现象上，由证真而辨伪，率先将辨伪方法的重心由考察刻辞内容为主转移到观察甲骨形态。

1967年《大陆杂志》第二辑第一册发表金祥恒《库方二氏甲骨卜辞第一五〇六片辨伪兼论陈氏儿家谱说》，根据原骨的照片，对《库》1506的刻辞从辞例、字体、有未见刻辞等方面提出可疑之处，是国内公开刊布的关于辨析单片甲骨刻辞真伪的文章。之后，白川静[②]、饶宗颐[③]等不少学者征引或发表以《库》1506片为真的文章来表达立场，1979年的中国古文字研究会第二届年会将这一争论推向了高潮。这届年会上，对于《库》1506刻辞的真伪问题，胡厚宣和于省吾两位学者各抒己见。在1980年《古文字研究》第四辑上分别刊登了文章，论述了各自的判断过程和结果。

胡厚宣发表《甲骨文"家谱刻辞"真伪问题再商榷》，认为此片胛骨亦真，而刻辞为伪。理由如下：

(1) 这一大骨没有钻凿灼兆痕迹，即为"家谱"，本非卜辞，即不能称"贞"。

(2) 甲骨文字，凡用界划，所以分隔两辞，避免相混。这一大骨只一"家谱"，别无他辞，顶上就不应该有一横划。

(3) "子"字是武乙文丁时的写法，冎为武丁子名，拼凑在一起，不伦不类。"儿"字臼内多一横笔。古文字中，从甲金至小篆，都没有这样的字体。

(4) 弟在甲骨文中无作兄弟之义。

(5) 家谱人名或抄袭成文，或出于杜撰。

(6) 家谱人名都不见与殷代世系之中，又皆无十干字样，则与卜辞全然不类。

(7) 英国剑桥大学图书馆所藏金璋旧藏的那批甲骨卜辞中，也有一片这样所谓的"家谱刻辞"。先在右方领先刻"贞曰"二字，然后自右而左，刻字13短行，除第一行为6个字外，其余12行，都是每行4字。略称某某祖曰某，某子曰某，某弟曰某。除一称祖者外，称子者十，称弟者二。只有一个叫养的人名，与《库方》大骨相同，其余人名，全不一样。因其上部还有另外的刻辞四行，每行三字，自右而左。完全是杜撰，毫无意义。以此例彼，《库方》大骨之为伪。

---

① 陈梦家：《殷墟卜辞综述》，中华书局，1988年，第499页。

② 白川静：《甲骨文集》《释文》19页74片，1963年。

③ 饶宗颐：《殷代贞卜人物通考》，1959年。

于省吾发表《甲骨文“家谱刻辞”真伪辨》，认为此片为真，并对胡氏的疑问逐一加以阐述。其内容如下：

（1）甲骨文著录最早的一部书为1903年的《铁云藏龟》，距离甲骨文的最初发现只有四年，而家谱刻辞的出现，也不过在四年之后的数年间而已。

（2）在甲骨卜辞中，儿字中间多一横乃是羡划，甲骨文字变动不居，这一类字较常见。

（3）家谱刻辞中的“先祖”二字，在卜辞中皆为罕见，1926年出版的《殷契佚存》860片，是作伪者不可能见到的。

（4）家谱刻辞中[illegible]和雀字见于《乙编》69和1548片，而《乙编》出版于1940年之际，作伪者怎能在此三十年前就杜撰出[illegible]和雀字恰好相符合呢？

（5）家谱刻辞中的弟为从己戈声，为前所未见的初文，应是作伪者不可知的。

（6）家谱刻辞中的养字，见后出的《京津》3006等卜辞，作伪者不可能有先见之明。

（7）虽然行款构形高低宽窄，参差不齐，但都向左方倾斜，皆伸缩自如，绝非作伪者能随意安排。

（8）商人以十干为名和基本名有别。

胡、于二氏从人名、字体、文例、内容等方面，对该片刻辞仔细剖析，同时相互辩驳，讨论极为热烈。两位学者的观点也代表了当时学界对《库》1506真伪问题的两种意见。这场辩论也使得学界对甲骨辨伪的方法由传统直观的字体、内容等丰富为钻凿、界划等形态方面的辨识，并且其后的辨伪文章也都以此为例，开始尽可能详细地说明其辨别依据、指出仿刻对象等。

4.2.3 甲骨文辨伪科学研究阶段

关于《库》1506刻辞真伪问题的讨论也使得甲骨刻辞的辨别发展出新的科学手段，这种新方式以甲骨刻辞客观形态为考虑对象，突破了以往辨伪研究的视角。1986年，艾兰发表《论甲骨文的契刻》一文，认为该片为真，首次运用显微镜对甲骨刻辞进行观察，并公布了90幅显微照片，即“以摄影机加于显微镜上拍摄的单字或其局部的照片”，从这些照片上主要观察甲骨片上刻辞刻道的形态、笔画的方向顺序，通过与真片对比，得出结论。这样，辨析“契刻质量”成为在“字形的错误”“意义的错误”“书体的不合”之外发展出的第4条辨伪的基本标准，在这三者无法确切判定真伪而出现分歧的情况下，科学观察则可作为一种突破手段。但是，这种方法仅仅作为一种新手段，其突破性的意义还需要与之相应的科学判别标准来实现。例如，曹定云[①]对艾兰提供的这一批显微镜照片就以新的角度观察刻辞刀口和墨渍形态，将墨渍从刀口渗透与否作为判断标准，认为《库》1506刻辞刀口不平整，上面墨渍顺字口外流成一条墨线，故是赝品，与艾兰判断相反。2011年陈光宇发表《儿氏家谱刻辞综述及其确为真品的证据》，利用三维显微镜重新观察对照《库》1506及相关甲骨，比对刻槽深度，深入分析骨面上细微裂痕的走向跟刻划槽口之间的关系，又得到该片刻辞为真的结论。可见运用科学仪器辨伪的方法，是一个亟待完善的新兴趋势。

2018年，笔者发表《浅谈民间收藏甲骨》[②]，文中对于甲骨文真伪的鉴定不仅站在专家学者的角度进行了分析，也首次站在民间藏家的视角提出两个新的观点。(1)运用痕迹学的原

---

① 曹定云：《〈英藏〉2674“家谱刻辞”辨伪》，《古文字研究》第28辑，北京：中华书局，2010年，第169～179页。

② 刘玉双：《浅谈民间收藏甲骨》，《甲骨文与殷商史》新八辑，上海古籍出版社，2018年，第554～569页。

理和技术进行辨别，主要通过商代人的刻写习惯、契刻工具、新骨的物理特性等与现代人伪刻的习惯、工具、特征及作伪所用泥土等细节进行对比，根据遗留痕迹推导出骨片表象产生的原因或过程。并指出，民间藏家分辨真伪时，会把痕迹放在第一位，专家学者大多会先看书体、辞例等，两者辨伪顺序截然不同。(2)通过对大量甲骨清洗时的经验分析得出殷商卜用甲骨存在香味，以此作为一种鉴识方法。文章分析古人在对甲骨进行整治的过程中，为了去除腥臭或防虫防蛀，便于占卜保存而添加香料。这种以理论和实践相结合，并且把甲骨学者和民间行家的优势互补、深度融合作为出发点进行考察辨别的方式，无疑是甲骨辨伪研究进步的体现。

需要明确的是，尽管伪刻本身并无任何学术价值，而辨伪研究成果的价值却不因此而降低。学界对于伪刻的辨别以及辨伪方法的研究始终在进步，这些随伪刻的出现而出现的一场场辨别分析和讨论，一篇篇辨伪内容及成果的刊登和发表，促使甲骨学的研究逐渐形成了一个新的分支学科——甲骨文辨伪学。

甲骨文辨伪学成为独立学科并不是一蹴而就的事情，而是一个漫长的过程。这一时期，正是甲骨文辨伪学的科学理论和科学方法的初步形成时期，这是一个专门的研究领域。甲骨辨伪是甲骨学研究中极其重要的一环，但应该明确，甲骨辨伪与甲骨文辨伪学是两个不同的概念。甲骨辨伪是指对甲骨文真伪进行鉴别。而甲骨文辨伪学则是对甲骨辨伪的研究，包括对甲骨辨伪方法、辨伪成果、辨伪历史等理论支撑，使其成为一门科学的、系统的、较为完整的学科体系。在方法上，由过去传统的肉眼观察逐渐加入现代的技术和设备(如高清仪器等)；在理论上，由过去较为零散的归纳总结逐渐形成较完整的系统；在学科上，由过去附于甲骨学、古文字学等其他学科而逐渐构成一门相对独立的学科。这对甲骨文辨伪学今后的发展具有十分重要的意义。

4.3　甲骨文辨伪的方法

甲骨文辨伪是甲骨学研究中一项很重要的工作，知识面广、技术性强。甲骨文伪片大致有三种情况：一是全伪，即用现今的龟甲、兽骨仿刻甲骨文字。二是字伪骨片不伪，即用殷墟十二平方公里内发现的无字骨片仿刻甲骨文字。三是部分伪字，即在字数较少的真甲骨上增刻甲骨文字。甲骨文辨伪时大概从材质、整治钻凿施灼、刻辞、痕迹韵味等方面入手。

4.3.1　材质的辨伪

甲骨文辨伪时首先要注意骨片的材质，伪刻时会选用以下3种骨头。

1. 古骨

商代占卜所用材质大多为当时的龟甲和兽骨，现代人仿刻大多也会采用商代的这种古骨(见图4-3)。这种古骨的特点是：经过三千多年的水土挤压、风化侵蚀，色泽和完整性差异较大，由于埋藏条件不同，颜色大多为米黄色，骨片表面有土壤矿物质附着物，骨质较脆，完整的较少，多为碎片。目前出土的甲骨文被虫蛀过的极少，据推测，在商代对卜骨进行脱脂除油的方法是高温水煮，到一定程度后油脂溢出，然后换水在容器中添加植物香料浸泡

图4-3　古骨

或加热，目的是除腥臭并防虫防蛀，利于存档保管。所以老骨片经过水清洗后会散发出淡淡的香味。一般人仿刻会随便找一块古骨尽可能多地仿刻甲骨文字，也有较讲究的仿刻者，会观察古骨的骨质，看其适合刻几期文字再下刀，如：花园庄南地的古骨有韧性，因为地质原因呈浅黄色，所以作伪者经常用来仿刻五期甲骨文字。

2. 新骨

有些作伪者找不到古骨就会用新骨（见图 4-4）代替。骨的成分包括有机物（蛋白质）和无机物（主要是水和无机盐），有机物越多，骨的柔韧性越强；无机物越多，骨的硬度越大。甲骨的成分含量随时间不断变化，韧性和硬度也不同。新骨的特点是既有一定硬度又有一定弹性，颜色较新且有异味。新骨因存放的时间短，在太阳下暴晒会有有机物和无机物渗透出来，附着于骨头表面，用物品擦拭容易被浸透；古骨因埋藏时代久远，油脂及骨髓早已与表面的泥土相互作用了数千年，与新骨表面截然不同。新骨的颜色，无论用什么办法做旧，都还是显得较新，基本上都是呈单一的淡黄色，且不均匀，土沁、矿物附着物都没有，断裂处也没有古骨的酥脆感，骨质的网状纹也非常完整清晰，如果用火烧的话，会有一种强烈的刺鼻异味。

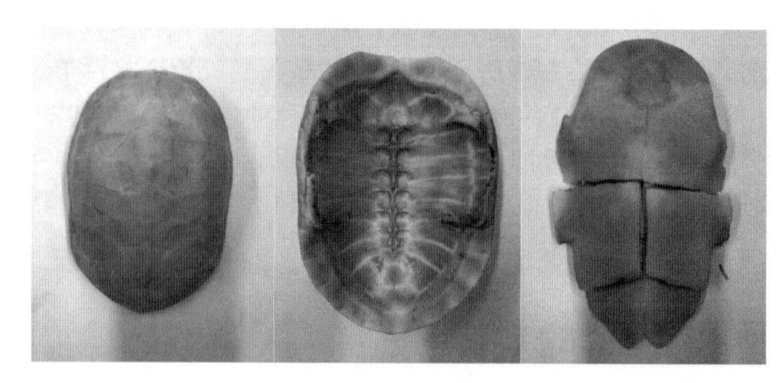

图 4-4 新龟骨

3. 树脂骨

树脂材料制作的仿骨多数会做成甲骨文文化衍生品（见图 4-5），但也有个别商人把它当真片卖给不懂甲骨文的人。这些树脂制作的骨头看起来品相很好，有一定迷惑性，但稍微有经验的人就会看出与真骨的区别。首先，骨头独有的骨纹，树脂骨是没有的；其次，年代久远的骨头吸水性好，如果将水滴在上面，用手抹开能很均匀地附在骨面上被吸收，而树脂仿制的骨头本身密度大，滴在表面的水珠不会渗入，用手抹水珠时，其水迹会留在表面；再次，树脂仿骨粗看非常像，虽然显得古旧，但真骨经岁月打磨自然形成的残破痕迹却仿不出来。总之，甲骨文在骨质上做旧，比较难，相对容易辨识。

图 4-5 树脂骨

4.3.2 整治、钻凿、施灼的辨伪

从已出土的甲骨文材料可知，商人在占卜前要对甲骨进行整治，专称攻治。其目的是使正面变得平滑光洁，反面高厚不平之处则变得轻薄而平整，避免钻凿施灼后纹路的杂乱无

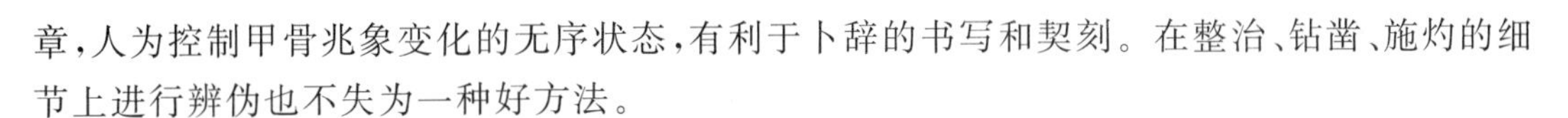

章，人为控制甲骨兆象变化的无序状态，有利于卜辞的书写和契刻。在整治、钻凿、施灼的细节上进行辨伪也不失为一种好方法。

1. 整治的辨伪

(1) 卜甲的整治。殷人占卜所用龟甲主要为龟腹甲，极少使用龟背甲。活龟被宰杀之后，挖空肠腹内脏，去其皮肉，之后将背甲与腹甲连接处(即甲桥部分)锯开，平分为腹甲与背甲两部分。甲桥一般留在腹甲两旁。商人对腹甲的整治相对简单，切去腹甲边缘上下突出部分，磋磨使之成齐整的弧形，刮平，留有坼文。现代人对腹甲制作较粗糙，辨别时主要看甲桥及边缘是否平滑，很多边缘凸凹不平的较好辨认，一望而知其为仿制品。背甲(见图 4-6)整治时需从中间剖开，把边缘凹凸明显的部分削去，改制成为两个鞋底形，中间还有孔以方便穿绳子，然后同样要经过刮削、挫磨，才能使用，因为背甲整治程序繁琐且不易加工，需要反复试验，整治时容易出现不平整、扭曲变形的现象，所以作伪者一般不仿制加工背甲。目前在市场上未见到此类仿制背甲。

(2) 卜骨的整治。古人主要采用牛肩胛骨。牛肩胛骨有左右之别，一头牛可取左、右两块肩胛骨。牛肩胛骨位于前肢的最上部，把牛杀死后取出，再进行脱脂处理。牛肩胛骨有骨臼和骨扇两部分。骨臼即关节窝部位，俗称马蹄儿；骨扇指骨面的部位。牛肩胛骨背面不平整，占卜前需要将突起的部分去掉，使之成为一个平板状。椭圆形的骨臼下部切去一半或三分之一，切口多为直角或锐角，缺口处的竖边一般长于横边。背面突起的脊骨及肩胛冈要削去。实际上我们能看到的卜骨实物中，完整的不多，大部分卜骨的骨扇已经断裂，仅剩骨首、骨颈或者骨条。所以市场上大块或完整的卜骨价格也相对较高。作伪者为了得到更大的利益，会整治加工新牛肩胛骨充当古骨来卖。仿制的牛肩胛骨整治特点包括：臼角切口的位置大多在四分之一或五分之一处；做旧的颜色与骨面层次分明，难以融为一体；正面观察整体边缘过于光滑，背面看骨扇下部边缘处机器加工痕迹明显，如图 4-7 所示。

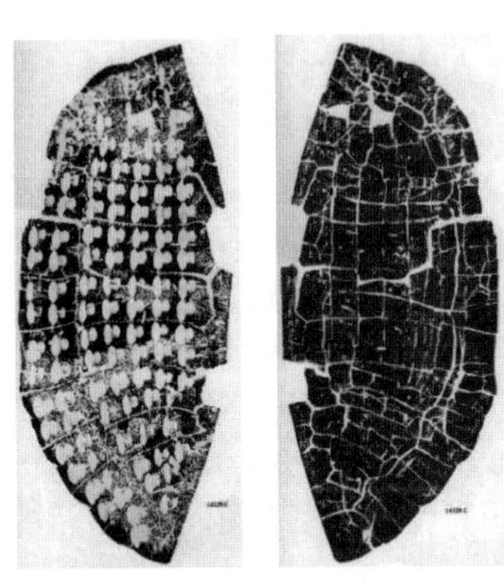

图 4-6 《合集》14129 反、正

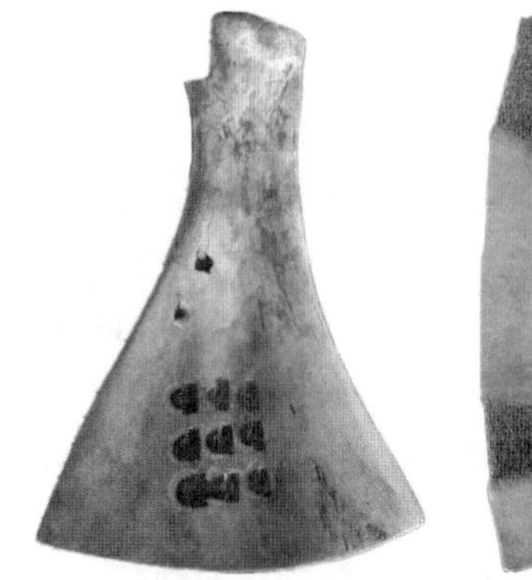

图 4-7 仿制牛肩胛骨的正面及反面扇形边缘放大部分

2. 钻凿的辨伪

甲骨背面的小坑，民间称之为“卜窑”，甲骨学家称之为“钻凿”。凿就是甲骨背面的枣核形的长槽，在凿的旁边挖的圆坑称为钻。凿之，使正面易于直裂；钻之，使正面易于横裂。各期的钻凿形状也都有所差异，这里根据殷墟甲骨实物资料，对殷墟甲骨钻凿(见图 4-8、

图 4-9)形态作一简述[①]。

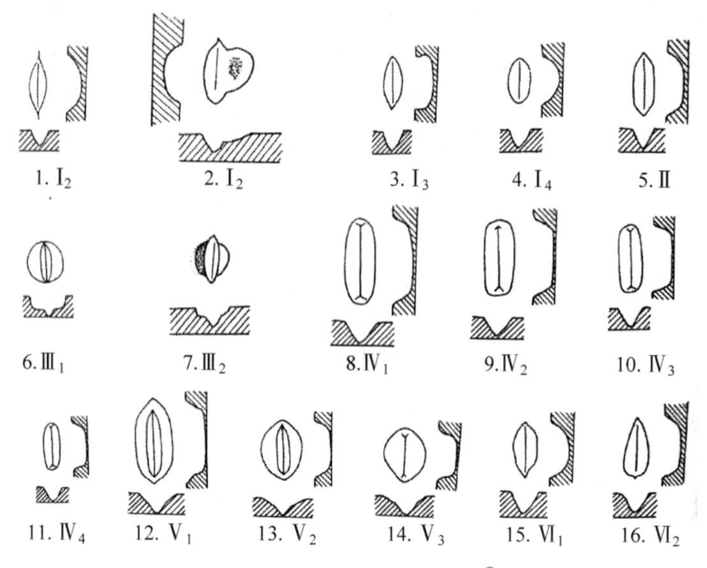

图 4-8 小屯甲骨凿的形态[②]

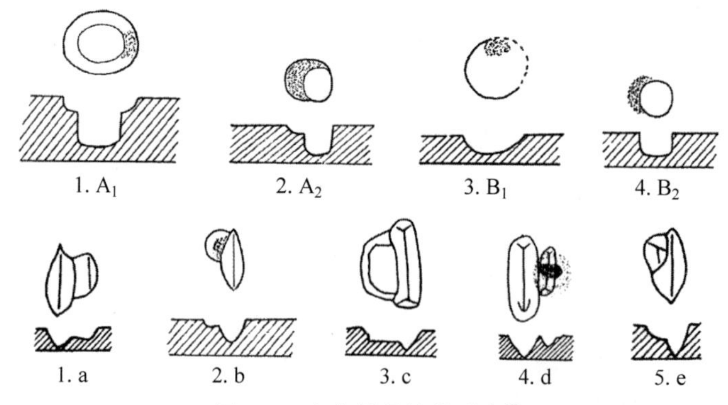

图 4-9 小屯甲骨钻的形态[③]

(1) Ⅰ 型：弧形凿。此型在殷墟甲骨中的数量较多。凿的腹部呈弧形，外形匀称、规整，一般上下左右对称，内壁光滑，凿之纵剖面大多为弧底，少数呈袋状。凿旁多有钻。

(2) Ⅱ 型：尖头直腹凿。此型凿腹部近直线，头、尾呈三角形，凿之纵剖面为平底或弧平底。Ⅱ型凿的制法是用刀挖刻而成的。

(3) Ⅲ 型：圆钻中的小凿，凿在圆钻的底部，故其形状在拓片上是看不出来的。

(4) Ⅳ 型：长方形凿。凿的腹部大多近直线或略带弧度，头、尾平圆，也有部分凿呈规则的长方形。凿为平底，纵剖面似倒梯形，多数凿旁无钻，少数有钻。

(5) Ⅴ 型：鼓腹凿。腹部呈弧形外鼓，比较肥大，头尾尖圆或平圆。凿的纵剖面似倒梯形，平底。凿旁大多无钻。

---

①② 刘一曼：《殷墟考古与甲骨学研究》，云南人民出版社，2019 年，第 105 页。

③ 图片来自刘一曼：《殷墟考古与甲骨学研究》，云南人民出版社，2019 年，第 108 页。

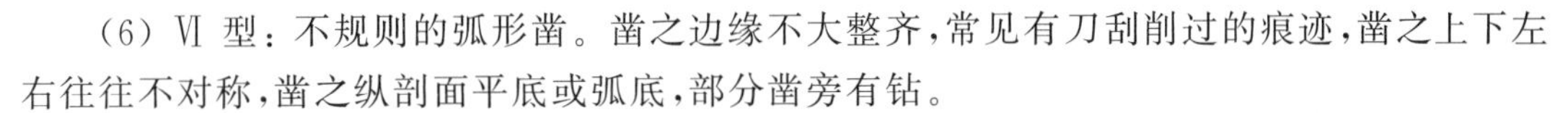

（6）Ⅵ型：不规则的弧形凿。凿之边缘不大整齐，常见有刀刮削过的痕迹，凿之上下左右往往不对称，凿之纵剖面平底或弧底，部分凿旁有钻。

Ⅰ、Ⅱ、Ⅲ型凿盛行于甲骨文第一期（相当于殷墟文化第一期晚段及第二期早段），在第二期以后仍有发现，但数量少。Ⅳ型凿在第二期出现，第三、四期（相当于殷墟文化第三期）盛行，至第五期（相当于殷墟文化第四期）还有部分存在。Ⅴ型凿，偶见于第二期，从第三期开始有较多发现，其中 V_1 与 V_2 式凿流行于第三期（即殷墟文化三期早段），而 V_3 式凿流行于第五期。Ⅵ型凿多见于第四期（尤其是文丁时期），到第五期仍有少量发现。

小屯甲骨的钻包括单独的钻与凿旁之钻两类。

单独的钻又分两型：A 型为双圆钻，即大圆钻内含小圆钻；B 型为单圆钻。

凿旁之钻分五种类型：

（1）a 型：凿旁之钻的外侧近似弧形凿形。

（2）b 型：钻为规整的半圆或大半圆形。

（3）c 型：钻为不规则的半圆形。

（4）d 型：钻为小长凿形。

（5）e 型：钻为不规则的三角形。

单独的钻中，A 型、B_1 型流行于甲骨文的第一期。B_2 型钻在第一期已出现，一期以后仍有发现，在四期（文丁时期）较常见。凿旁之钻中的 a 型流行于甲骨文的第一期，e 型流行于第四期后半段，b、d 型见于第一、四期，但数量很少，c 型在各期均有发现。

如图 4-10 所示是在市场上见到的一片龟腹甲和一片牛肩胛骨的仿制钻凿，可以发现，仿制的龟腹甲凿的腹部呈弧形，外形却不匀称，虽然是中线排列，但上下左右不对称，凿旁的钻有的似三角形，有的似不规则的半圆形，较为混乱。弧形凿盛行于甲骨文第一期，而不规则的三角形钻却流行于第四期后半段，显然不对。再看牛肩胛骨的仿制钻凿图，凿呈规则的长方形、平底，纵剖面似倒梯形，此凿属于Ⅳ型，在第二期出现，但多数凿旁无钻，极少数有钻。此片的钻明显为规则的半圆形，此类钻型见于第一、四期，数量也极少。钻凿形状、大小期数错乱，排列参差错落，显然是伪造的钻凿。

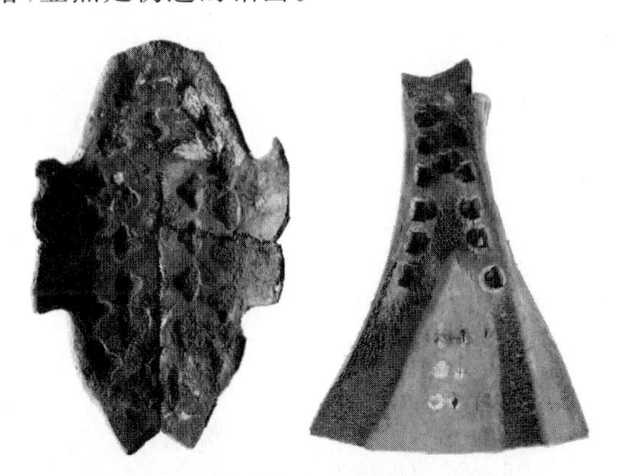

图 4-10　龟腹甲和牛肩胛骨的仿制钻凿

人们在辨伪时如掌握了钻凿形态，再加上书体、内容等其他鉴别因素，准确率更高。

3. 施灼的辨伪

背面钻凿处凹槽以火(烧炽的硬木)烧灼,即"灼兆"。由于钻凿(见图 4-11)处的骨面已很薄,再经高温烧灼,致使正面对应处出现"卜"形的裂纹,这个裂纹会呈现出"卜"字形,因此被称为"卜兆"或"兆纹"(见图 4-12)。卜兆里纵向裂纹像树干,称为"兆干";从兆干边上斜出的裂纹像树枝,故称为"兆枝"。纵向兆干对应背面的凿、横向兆枝对应背面的钻,所以兆干兆枝方向是以龟的中缝为中轴线左右对称的。而仿制施灼后出现的兆干及兆枝的方向,因为技术的原因比较凌乱。同一骨片中,各施灼处的火力大小和时间长短不一,导致部分施灼略欠火候、部分又施灼过头;施灼后的正面卜兆有些不似自然裂开,人为迹象明显;背面施灼后的部位颜色深浅差异较大,见图 4-13 和图 4-14。

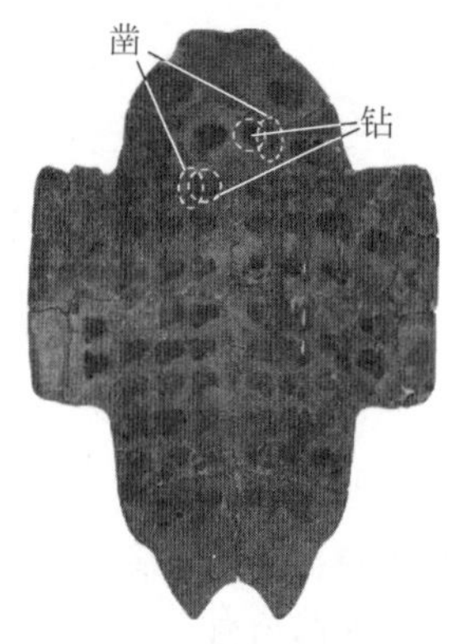

图 4-11 《殷墟花园庄东地甲骨》62①

图 4-12 《殷墟花园庄东地甲骨》61②

图 4-13 仿制施灼的卜甲正面

图 4-14 仿制施灼的卜甲背面

4.3.3 刻辞的辨伪

甲骨刻辞的辨伪主要包括书体、内容及文例等。

1. 书体

甲骨文书体的演变有一个过程,可以通过分析不同风格的甲骨文字形作为一个判断真伪的参考标准。在此以董作宾《甲骨文断代研究例》的五期法作为基本观点,进行分析。董

①② 图片来自李运富主编的《甲骨春秋——纪念甲骨文发现一百二十周年》,商务印书馆出版,2019 年,第 9 页。

氏将殷墟出土的甲骨文分为五期：

一期：盘庚、小辛、小乙、武丁；

二期：祖庚、祖甲；

三期：廪辛、康丁；

四期：武乙、文丁；

五期：帝乙、帝辛。

就书体而言，一期雄健宏伟，二期拘谨整齐，三期颓靡柔弱，四期劲峭简陋，五期纤细严整。每期的字形、书体都有不同特征。陈梦家在董氏五期的基础上依据贞人、坑位、文法、字形及占卜内容等又进一步整理细化，提出了𠂤组、宾组、出组、何组、历组、无名组、黄组等组类，对于无法附属于上述组类的甲骨，主张尽量推测出它的时代。每个组类都有自己的书体特征，由于时代的发展变化和刻写者的风格习惯等因素，很多字在构形和笔画上多有不同，下面简要介绍各组类卜辞文字特点。

(1) 𠂤组类：是目前发现的殷墟时代最早的卜辞，大致在武丁执政前期。行款布局严谨、整齐；字形较大、笔画流畅圆润；字的象形性较强，一些字由于象形化明显，字体结构较为复杂。如《合集》20088(见图 4-15)等。

(2) 宾组类：是武丁时期的经典范本。书风雄健大气，用笔宽阔舒朗，结体匀称洒脱，布局严整有度，骨板所契字形稍大、直笔较多，龟板字形略小，多折曲之笔。如《合》10405 正(见图 4-18)等。

(3) 出组类：属于祖庚、祖甲时代之遗物。字体风格与宾组较为接近，行款布局比较整齐，文字结体左右对称，用笔工整、秀逸，整体架构矜持拘谨。如《合》23114(见图 4-16)等。

(4) 何组类：上承出组下接黄组，又与无名组的卜辞时代大致相当。少数接近于出组类字形，多折笔和圆笔；部分字形修长，笔画粗细均匀；也有一些字形潦草，布局不够规整，时有倒刻的现象，如《合》28466(见图 4-17)等。

图 4-15　《合集》20088

图 4-16　《合集》23114

图 4-17 《合集》28466

图 4-18 《合集》10405 正

(5) 历组类：目前学术界对于历组卜辞属于哪个时期存在争议，一种观点认为是第四期(武乙、文丁)，另一种则将其归为第一期，有待进一步科学论证。历组卜料多用牛的肩胛骨，字形简洁工整、挺劲有力，笔锋刚健锐利、粗细相当，整体章法讲究大小错落、疏密有致，书风率真自然，粗犷豪放，如《合》33066(见图 4-19)等。

(6) 无名组类：从钻凿形态、人物、事类和习语等内容看，它多数属康丁至武乙时的遗物。字形大小不一，字迹较为草率，章法有些凌乱，部分有习刻的味道，善用折笔，如《合》30113(见图 4-20)等。

(7) 黄组类：是目前发现的殷墟甲骨王卜辞的最后一种类型，归为第五期，即帝乙、帝辛时期。明显的特征是字形小巧，笔画纤细，结构严密，行款整齐，如《合》36484(见图 4-21)等。

商代甲骨除王卜辞外还有非王卜辞。非王卜辞有子组、午组、非王无名组、花东卜辞等。这些卜辞都带有自己的特点，有不同的占卜、刻辞习惯，行款疏密不均，刻写无定则，随意性较强，大多属于武丁时期。

图 4-19 《合集》33066

图 4-20 《合集》30113

图 4-21 《合集》36484

对于不同时期、不同组类的甲骨文字形，可以通过甲骨学工具书（孙海波《甲骨文编》、金祥恒《续甲骨文编》、李宗焜《甲骨文字编》、刘钊《新甲骨文编》、王蕴智《殷墟甲骨文书体分类萃编》等）查阅和了解。运用各期书体的特点辨别甲骨文真伪至关重要。

2. 内容

甲骨文占卜的内容有祭祀、战争、田猎、求雨、疾病等，祭祀会有受祭对象如上甲、大乙、祖乙、祖甲、父辛、父丁等；战争会有作战地点、人物、方国名称等。例如：宾组卜辞祭祀祖神时，具有代表性的称谓是"祖乙、父辛、父乙、母庚"等，"父乙、母庚"是时王武丁对先父小乙及已故母亲的尊称。该类战争卜辞中常见的方国部族有马方、基方、缶等，常见的贞人有㱿、宾、争等。出组类的卜辞祭祀对象有高祖、祖乙、祖辛、祖丁、妣庚、母辛等，战争卜辞中常见的方国有𢀛方和方，常见的贞人有出、大、即、旅等。何组卜旬、卜夕辞中有兆辞"告""二告""三告"，而黄组类卜辞未见"小告""二告"等。对于诸如此类的内容，大多数作伪者并不太懂，所以多数作伪是胡乱抄袭的文字，东拼西凑，甚至倒写刻错亦浑然不觉。

一条完整卜辞的主要内容由前辞、命辞（亦称问辞）、占辞、验辞四部分组成，不过许多卜辞都不完整，一般只有其中的几部分，以致对甲骨文有点研究的伪刻者们多数会掐头去尾，按书上临摹。甲骨文上的各条卜辞，或自下而上，或自上而下刻写，其间常有界划相隔，每事亦反复对贞。也有不同内容的卜辞上下相间布列的；有的卜辞于甲骨正面无处容纳，而转刻背面的；有反复卜问同一件事，而将基本相同的卜辞分刻于数版甲骨之上的。因此，在鉴别时要注意看刻辞内容是否连成文句，结构特征是否混乱，位置分布是否合理，年代是否保持一致等。举例如下：

朱歧祥《甲骨辨伪——读〈殷墟甲骨辑佚〉》[①]文中指出，《殷墟甲骨辑佚》328（见图4-22）为伪，仿自《屯南》2345（见图4-23）牛肩胛骨残版。

图4-22 《殷墟甲骨辑佚》328

图4-23 《屯南》2345局部

《殷墟甲骨辑佚》328内容如下：

于宗又丁止王受佑。

叀，鼎用祝又丁止王受佑。

① 朱歧祥：《甲骨辨伪——读〈殷墟甲骨辑佚〉》，《中国文字》新35期，2010年，第8页。原载《出土文献语言研究》第一辑，2006年，第40页。

首先，《辑佚》328 刻辞中一些字形较为罕见，如“叀”字作[illegible]形，而无名组中这个字通常的写法是[illegible]，下部作平底，而非尖底。

第二，刻辞内容不通。“又丁止”中“丁”的解释，依照辞例可能有两种：一是作人名，“丁”的脚趾（“止”）有疾，所以举行祭祀进行禳疾（“又”）；二是作祖先名，但无名组从未见过有单独称为“丁”的祖先，也没有“‘又’＋祖先名＋原因宾语”这样的语法结构，所以“丁”在这里并非作为祖先名，然而作为人名，祭祀动词多作“禦”，可疑。

《屯南》2345 局部刻辞内容如下：

叀鼎用祝，又正，王受又？

于宗，又正，王受又？

第三，对照《屯南》2345，《辑》328 是一块左胛骨，《屯南》2345 是一块右胛骨，行款上《辑》328 自右而左，《屯南》2345 自左而右，这样两块甲骨卜辞当属“同对卜辞”，其字形和书体应该一致，但观察《辑佚》328 其刻辞字形较《屯南》2345 显然有很多差别。《屯南》2345 有“又正”二字，为殷墟卜辞所常见，而《辑》328“丁止”二字，应是“正”字之误刻，刻手不熟识此文例，疏忽的将本为“正” 字分刻为“丁”“正”，并刻于前后两行，露出明显的作伪痕迹。其中“于宗”“鼎用”“王受又”诸字词书体两版完全相同。故推断《屯南》2345 是《辑》328 刻手模拟效仿的直接来源。

3. 文例

甲骨文例主要有记事刻辞文例和卜辞文例两类，由于前者地下出土遗存甚少，故甲骨文例通常也就主要指卜辞文例。卜辞文例，在甲骨学上的约定意义，为占卜文辞与占卜载体相结合关系之表象，专指书刻在卜用甲骨上的卜辞行文形式、位置、次序、分布规律、行款走向的常制与特例，包括字体写刻习惯等等，不同于一般语言学对“文例”一词的界定，是对特定用语规定其体例意义范围而言。[1] 对于甲骨文例的辨伪注意事项较多，下面重点讲一下卜辞的位置、分布规律及行文走向等。

甲骨上的卜辞、卜兆及背面的钻凿都是有相应关系的，在一块完整的骨板上，如右肩胛骨背面，右方钻凿灼兆一般较多，左方次之，中部为少。左肩胛骨则相反。而胛骨正面刻辞，大多数在左胛骨之右，右胛骨之左，这两部分刻辞占正版卜辞的 70％或 80％，这是左右肩胛骨最坚实细密之处，卜用次数也最多，刻辞最繁集。左胛骨之左，右胛骨之右，下半部骨质较疏松，刻辞则占 20％或 30％。中部一般不用，故刻辞不及 10％。而每一个卜兆的区域都是独立的，故刻辞限于固定范围[2]。如图 4-24 虚线表示的每一卜兆对应的刻辞区域。

刻辞与卜兆之间的走向有一定关系。例如“迎兆”而不“犯兆”，就是指卜辞的走向与兆枝恰好相对（当然也有极少数卜辞的行文走向“逆兆”的）。牛胛骨中左胛骨（见图 4-24 右图）卜兆向左，卜辞右行。右胛骨则卜兆向右，卜辞左行；上端近骨臼处的两条卜辞由中间读起，在左侧的左行，在右侧的右行。如卜辞字数少，可以纯粹向左或向右平行刻去，如以下行论，即等于一字一行（见图 4-24 左图）。有时字多，一行刻不完便下行而左，或下行而右。

① 宋镇豪：《甲骨文例研究序》，《殷都学刊》，2002 年 9 月，第 11 页。

② 董作宾：《骨文例》，历史语言研究所集刊第 7 本，1936 年。

龟版卜辞也具有同样复杂的体式。龟腹甲、背甲右侧卜兆向左，文字右行；左侧卜兆向右，文字左行；在甲首、甲尾及甲桥边部的卜辞则由外向内行。除此以外，龟版卜辞还有左右对称的关系。

而作伪者因不懂甲骨文例方面的知识，所刻卜辞往往较为凌乱，“比葫芦画瓢”临摹较多。因此，在位置分布及行文走向等甲骨文例的内容方面极容易出现错误。

例如：2009 年 5 月，周忠兵在中国社会科学院历史研究所先秦史研究室网站发表的《甲骨新缀两则》中指出，《北京大学珍藏甲骨文字》(以下简称北珍)2217＋464(见图 4-25)可以缀合，且是伪片。他认为从盾纹看，这片甲骨应属于右背甲的一部分，将其按照右背甲原生形态放置(见图 4-26)，发现上面的刻辞是倒置龟甲而刻的。

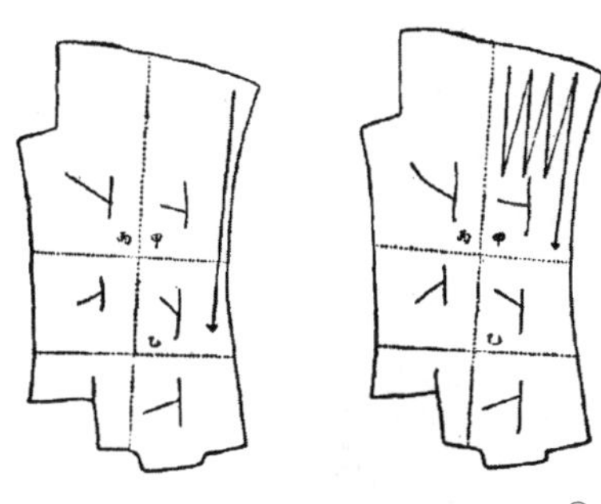

图 4-24　假定左肩胛骨之上半部①

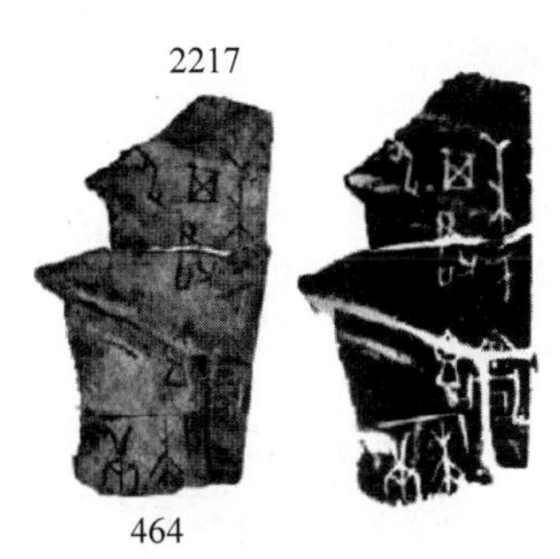

图 4-25　《北珍》2217＋464

另一方面，从字体上看，该片刻辞属于历组，而历组刻辞基本采用牛肩胛骨占卜。而《北珍》2217＋464 字体属历组却刻于龟甲之上，也是一个疑点。

从字形上看，《北珍》464 上“寻”字右下所从之“手”像断开，没有连接。通过对比，周忠兵认为《北珍》2217＋464 是仿照《甲骨文合集》33307(见图 4-27)所刻。

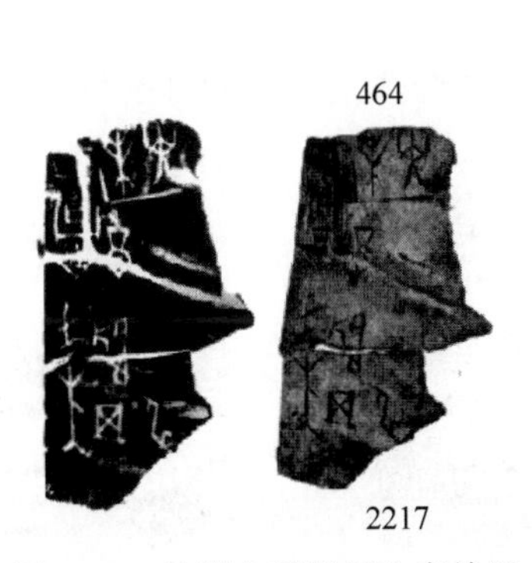

图 4-26　按照右背甲原生态放置

图 4-27　《甲骨文合集》33307＋33279

① 董作宾：《骨文例》，历史语言研究所集刊第 7 本，1936 年。

4.3.4 痕迹韵味

痕迹学是广泛用于考古和侦探等方面的一门学问，其主要目的在于通过事件发生后的内在或外在的痕迹表象，推导出这些痕迹产生的原因或过程。而甲骨文上古人留下的痕迹无疑有一种特殊的韵味，这种韵味与所处时代、生活环境及文化习俗等有紧密关系，有时用语言无法形容。如果非要细究这些韵味，那就从甲骨文字的刻刀工具、契刻习惯、字口特征等痕迹形态方面进行寻找，并加以识别。

1. 工具

现代研究甲骨文的专家学者对殷商时期甲骨文字的契刻工具存有争议。但从现有出土文物来看，刻写甲骨文字用青铜刀的可能性较大。如安阳大司空出土的铜刻刀（见图 4-28）、安阳苗圃北地墓葬出土的立鸟形铜刻刀（见图 4-29）等。有专家认为玉刻刀也可以刻甲骨，但据观察，玉刻刀硬度虽达标，但非常脆，锋刃易折断且不耐用，即便被使用，也不会作为主要的刻甲骨文工具，它可以用来刻陶范之类等，而青铜刀刻甲骨文字比玉刻刀更实用。

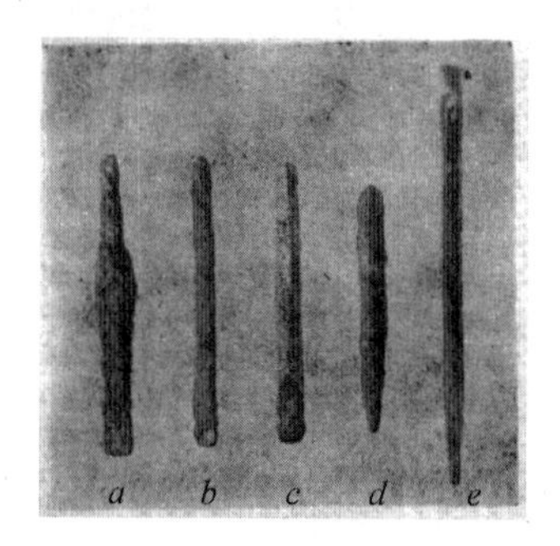

图 4-28 铜刻刀（安阳大司空出土）

图 4-29 立鸟形铜刻刀（安阳苗圃北地出土）

了解了古人刻甲骨文所用工具，我们来看看现代人仿刻所用的工具。

从清末发现甲骨后便有人开始仿刻，但因技术、设备的限制，大多仿刻一期、二期文字，当时用的工具是修脚刀、金属刀（见图 4-30）等。直到 20 世纪 90 年代末，一个姓张的仿刻者首次采取医用牙科打磨机（见图 4-31、图 4-32），才开始出现大面积仿刻五期的甲骨文字。随着社会的发展，伪刻工具也有所更换，现在部分伪刻者会选用进口的打磨机。

图 4-30 仿刻者所用刀具

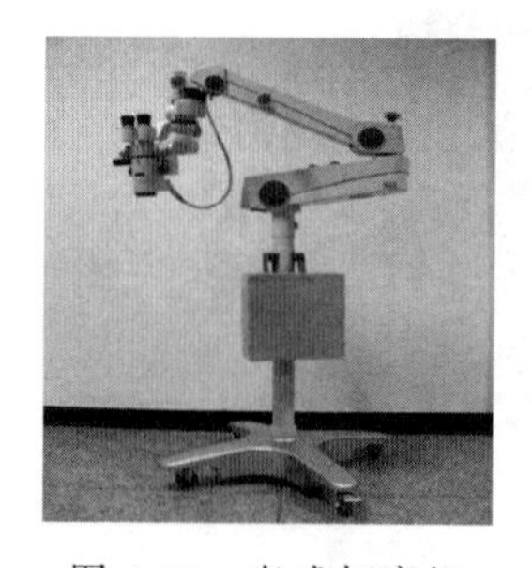

图 4-31 老式打磨机

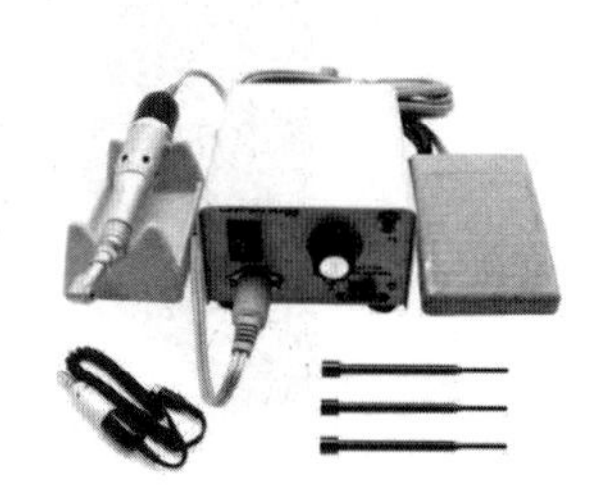

图 4-32 进口打磨机

2. 字口特征

真正的甲骨卜辞是专业契刻者用工具刻划出来的，因为当年都是在新骨上刻字，而新骨都有一定的柔韧性，所以甲骨文的字口特征都是新骨的字口特征：尖锐，可以弯曲，可以呈直角，且刀口都非常利落。而我们现代人在古骨上刻出来的字，其刀口一定是松脆紊乱的，甚至会有小的崩裂。甲骨埋入地下三千余年，能伪刻字迹的骨头虽然离“化石”还差得远，但相对来说也是比较坚硬的。为了防止崩裂，在伪刻之前会用白醋进行浸泡，直至骨皮发软。刻字后还会用稀硫酸把表面处理一下，使其字迹看起来圆润流畅。但无论怎样处理，仔细辨别还是会有新字的痕迹。

3. 刻写习惯

甲骨文的笔顺千变万化，有些是先刻一版的竖笔，再刻横笔和斜笔；也有竖笔和横笔以曲线相连，甚至有些甲骨在契刻过程中会转动方向，但无论怎样刻写，都不符合汉字的书写习惯。现代人书写对笔顺有严格惯例，毛笔、钢笔、铅笔写字时都会遵循，学习这种惯例是学习汉字的一部分，而且人人都学几乎一样的笔顺。一个现代人运用现代写字习惯及技术刻写出的甲骨文，跟一个商代受过专业训练的人刻出来的甲骨字，笔画和结构是不一样的，字形和布局也会有所区别。

4. 泥土

经过三千多年的风化，真正的甲骨文字间的泥土已深入刻痕，泥土与文字、文字与骨质都已完美地融为一体，是很难洗刷掉的。而作伪者在新刻的文字间也会填上泥土，他们一般会采用殷墟范围内的土壤。因为每个地方的土壤均有不同程度的区别，从卫星的影像色调及土壤的化学性质可以综合看出，殷墟所处的冲积扇土壤中水分含量较高，比较湿润，腐殖质较厚而且肥沃，其物理特性与周围的黄土存在一定的差异，层位结构与密度方面也都不同，故作伪者会选用此地的泥土。为了增加这些泥土的黏性，还会在水里添加黏性液体（如胶水等），目的是让土壤粘到刻痕内，不易清洗，但这种方法制作完成后用毛刷蘸清水擦拭浸泡，字壕内的土会被冲洗干净，重新露出白茬底部，即便泥土洗刷不下来，用高倍数的放大镜仔细观察颜色及土质也是可以看出端倪的。

图 4-33 和图 4-34 是在放大镜下拍摄的不同甲骨泥土形态。

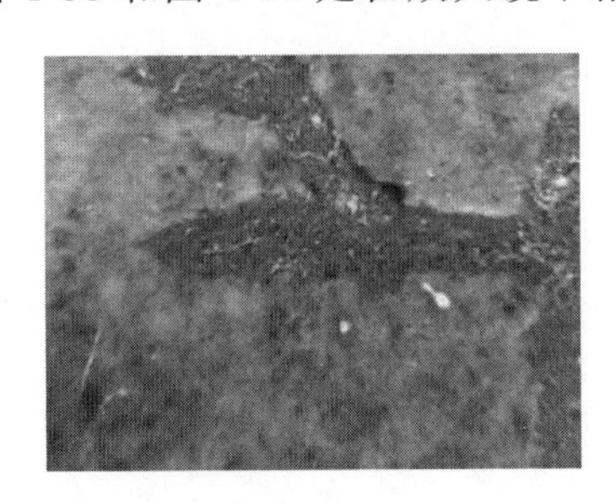

图 4-33　真

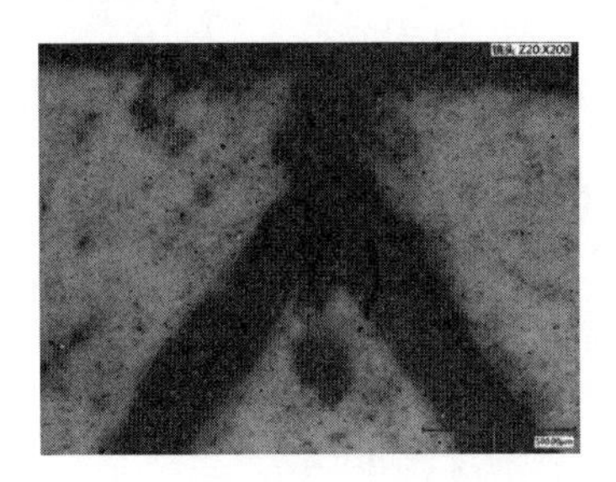

图 4-34　伪

据说很多大字不识几个的小屯村民，在甲骨文的真假辨识时的正确率相当高。为了查验这个说法，2018 年春，笔者和同事拿了一盒真假掺杂的甲骨文，先后请了五位在殷墟宫殿宗庙遗址附近买卖骨片的村民进行辨认，令人大吃一惊的是，他们将伪片全部挑选了出来。问及原因时，他们大都这样说：挑选这些真假骨片对我们来说非常重要，这门技术是维系家庭经济收入的一个重要来源，虽然不认识真正的甲骨文字，但我们熟悉仿刻者的手法，知道仿刻的工具、了解仿刻的习惯，然后再比对古人在骨片表面留下的刻痕大概能看出区别。这无疑是痕迹辨伪的一个典型例证。在笔者看来，古人刻字率性随意一些，更有时代的韵味。

而现代人刻出来的字要么过于规整，要么笔画做作，或多或少能从韵味上辨识出来。真伪甲骨对比见图 4-35。

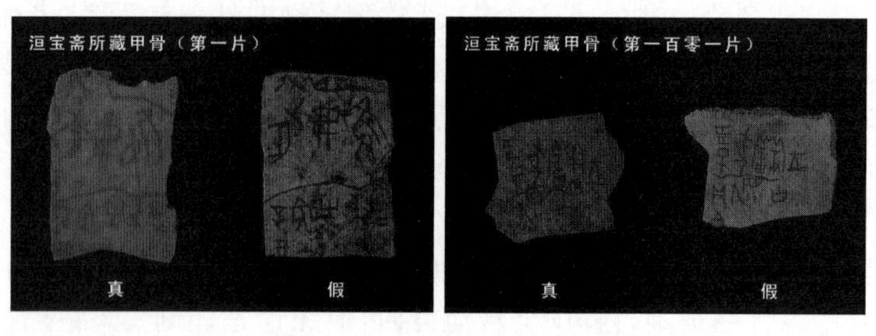

图 4-35 真伪甲骨对比图

《庄子·内篇·人间世》："美成在久，恶成不及改，可不慎欤"，寓意美好的事物需要经过很长的时间磨炼才能形成，且要付出长久的努力。顺应事物的发展规律，方能水到渠成。在数千年的历史与文化演绎中，甲骨文经过岁月长河的洗礼，字与骨头早已融合为一体，骨面的痕迹既参差错落又统一和谐，其自然天成之美，实令后人神往。仿刻终归达不到那种意境，刻不出那种韵味，如能悟出其中的古味，吸取前辈们辨伪的研究成果，再加上自己的经验积累，相信这门技能不难掌握。

4.4 本章小结

学习甲骨文辨伪方法可以使我们很快地辨别骨片之伪、契刻之伪、缀合之伪、拓本之伪等，这几种辨伪都属于甲骨文研究中的辨伪范畴，与计算机上更准确地处理甲骨文信息密切相关，更有利于用计算机开发甲骨文软件、考释甲骨文字、缀合甲骨图片等。希望通过当代学者努力，实现甲骨文研究从传统的"文献查阅-经验积累"的研究模式到"大数据分析-计算机学习和知识推理"的新的甲骨文研究模式，为全面快速复原商代历史与社会生活作出应有的贡献。

习题 4

请简述甲骨文辨伪的方法。

第5章 认识甲骨文字

CHAPTER 5

自1899年甲骨文发现以来，一百多年间，有关甲骨文的研究资料已经可以用“浩如烟海”来形容。近年来，随着计算机网络技术应用的日趋广泛，不少院校和科研机构都在尝试进行甲骨文资源平台建设，利用网络大数据对庞大的甲骨文资料进行汇集和整理，以便于学者检索和利用，甚至可以尝试利用计算机技术对甲骨文进行研究。而无论是甲骨文数字化、智能化的工作，或者利用计算机研究甲骨文，都需要兼通计算机技术与甲骨文字。本章希望帮助非古文字专业的学习者了解甲骨文字的特点，并认识一些常见甲骨文字。

5.1 了解甲骨文字

5.1.1 甲骨文的“身份”

1. 汉字起源的传说

语言是人类社会最重要的交流工具和文化传播载体，文字则是记录语言的符号。文字的产生，是人类进入文明时代的重要标志。中国的文字我们称为汉字。目前发现最早的、较为成熟的汉字就是殷商时期的甲骨文。而在甲骨文之前，汉字起源于何时？

关于汉字的起源，历史上曾有各种传说。一种是“神农结绳”说，认为汉字起源于结绳记事，如《易·系辞》云：“上古结绳而治，后世圣人易之以书契。”郑玄《周易注》中说：“结绳为约，事大，大结其绳；事小，小结其绳。”上古时候文字产生以前，人们采用结绳记事的方法帮助记录一些事情是完全可能的，据说至今仍有一些生产力较为落后的民族还在使用结绳记事的方法，但结绳毕竟无法取代记录语言的文字。另一种是“伏羲画卦”说，认为伏羲氏创造八卦，汉字即来源于八卦，例如八卦中的乾卦的卦爻是天字，坤卦的卦爻是地字等，但这显然是附会之说。历史上流传最广的是“仓颉造字”说，即认为汉字是由黄帝时候的史官仓颉所创，很多古代文献里均有相关记载，如《世本·作篇》称“史皇作图，仓颉作书”，《吕氏春秋·君守》谓“奚仲作车，仓颉作书，后稷作稼，皋陶作刑，昆吾作陶，夏鲧作城”，《淮南子·本经训》言“昔者仓颉作书，而天雨粟，鬼夜哭”，《说文解字·序》云“黄帝之史仓颉，见鸟兽蹄迒之迹，知分理之可相别异也，初造书契”。

以上传说都是将汉字的产生归功于某一个人，带有神话色彩。事实上，文字绝非一人一时所能创造，而是人们在长期生活实践中慢慢积累而逐渐形成的。而关于汉字起源的传说，尤其是“仓颉造字”说，则反映了人们对于文字的敬畏之深，以至于出现了“仓颉初作文字之后，竟出现天降粟雨、鬼神夜哭的异常景象”的描述，这也说明人们已经深刻意识到文字的产生对于人类之生存、发展是一件意义非凡之事，足以惊天地、泣鬼神。

2. 汉字的“前身”——陶符、陶文

汉字真正的源头，我们只能从考古实物中去寻找和证实。目前考古所见在甲骨文之前尚未有成系统的文字，甚至很难说有真正意义上的文字。最接近文字的是新石器时代一些陶器上的刻画符号。较早一些的如陕西西安半坡村仰韶文化时期的陶器刻符，一般称为“陶器刻符”或“陶符”，它们还只是一些简单的记号，很难看出“依类象形”的早期汉字特征。山东大汶口文化时期的一些陶器符号则有某些汉字雏形的意味了，如 形，一般认为是像日、云、火形象的组合，有学者甚至直接释为“炅”，这与甲骨文字的基本构件和构形方式都较为接近。但这些刻画符号毕竟还只是一些独立的记事符号，尚不能确定其具有文字所必须具备的可连属成文和具有读音的特征，不能完整记录语言。新石器时代的陶器刻符如图 5-1 所示。

(a) 西安半坡仰韶文化陶器符号

(b) 大汶口文化陶器符号

图 5-1　新石器时代的陶器刻符(6000 年前)

长江中下游一些地区所发现的陶器刻画则可以称为“陶文”，例如 1993 年江苏省高邮市一沟乡龙虬庄遗址发掘的一个陶片，系泥质黑陶盆口沿残片，面积只有约 4 平方厘米，陶片上刻有 8 个类似文字的符号，分左右两行，每行四字，结构有序，研究者认为 8 个符号应该是构成一个具有完整意义的文篇，故而可视为早于甲骨文的文字了。江苏吴县(含苏州市吴中区和相城区)澄湖古井堆遗址出土的良渚文化黑陶罐腹部有四字，其中“戌”“五”基本可辨识，不少学者肯定这四字就是原始文字，李学勤释为“巫戌五俞”，读为“巫钺五偶”[1]，饶宗颐释为“冓戌五个”[2]。这是距今五千年前的汉字雏形，说明至少在商代以前，汉字已经渐具其形了。长江中下游出土陶文如图 5-2 所示。

(a) 江苏吴县澄湖良渚陶文

(b) 江苏高邮龙虬庄陶文

图 5-2　长江中下游出土陶文(5000 年前)

---

① 李学勤：《良渚文化的多字陶文——吴文化历史背景的一项探索》，已收录于《吴地文化一万年》，吴县政协文史资料委员会编，中华书局，1994 年，第 7～9 页。

② 饶宗颐：《符号・初文与字母——汉字树》，上海书店，2000 年，第 45 页。

尽管如此，有关汉字的起源及其形成时间仍然是一个很难确切回答的问题，有待于更多考古材料的证实。文字是记录语言的载体，必须具备形、音、义三个要素，缺一不可，它的形成是一个渐进的过程。裘锡圭对汉字的形成过程作了精辟的总结："世界上独立形成的古老文字体系，如古埃及的圣书字、古美索不达米亚的楔形文字、中美洲的马亚文和我国的汉字，都是以图画式的表意符号（即所谓象形符号），以及少数表意的记号为基础而发展起来的。当某个图形或记号被比较固定地用作语言里某个词的符号的时候，它就初步具有了文字的性质。但是要做到使语言里的每一个成分都有记录它的符号，是需要一个很长的过程的。在这个过程里，那些已经出现的词的符号，还不能完整地把语言记录下来，因此也就不能完全排挤掉非文字的图画式表意手法，往往跟图形混在一起使用。为了跟后来成熟的文字相区别，我们把它们称为原始文字。原始文字出现以后，经过很长的时间，通过一系列大大小小的改进，才发展成为能够完整地记录语言的文字体系。"[①]王宁则将西安半坡、临潼姜寨等遗址的刻符称作"前文字现象"，并认为，"只有证明了一批符号已经具有了音和义，并且用来组成言语，才能确立为文字起源的下限。"[②]关于汉字起源时间的推断，有学者认为是距今 8000 年以前，有的认为是 4000 年以前，王宁认为，汉字"产生在黄河流域和长江流域，从酝酿到产生的时段距今 6000～8000 年"。[③]

3. 甲骨文在汉字"大家族"中的位置

汉字自产生以来，在很长时间里一直在不断演变，在这个漫长的演变过程中，形成了具有各自特点的字体。提到字体，通常我们会说"五体字"，即篆、隶、草、行、楷；或者说"七体字"，即甲骨文、金文、小篆、隶书、草书、行书、楷书，它们大体上是以这样的顺序先后形成的。其中甲骨文主要出现在商代；金文（即青铜器铭文）在商代已经出现，到西周为鼎盛时期；小篆在秦代趋于成熟；隶书、草书、行书在秦至汉代一段时期里互相间杂而生，大约在两汉之交，隶书和草书率先走向成熟，其后行书和楷书也随之演化而生；到魏晋时期，随着行书和楷书的成熟，各种字体的演变也基本告一段落。随着书籍的缮写、刻印和流传，楷书成为通行的主要字体，而之前的相对古老的各种字体则一般只用于艺术、装饰或其他特殊场合。汉字字体关系如图 5-3 所示。

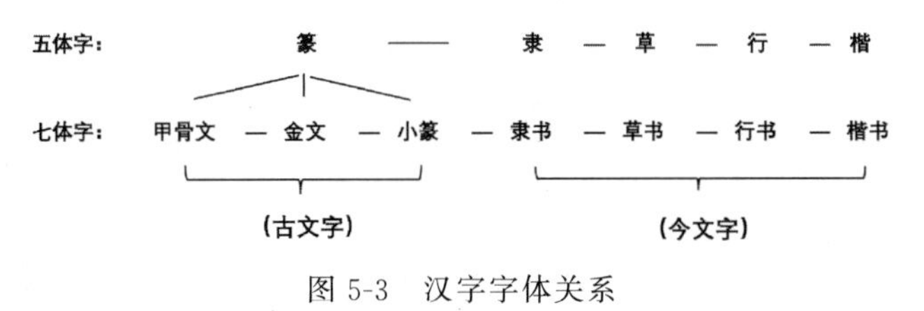

图 5-3 汉字字体关系

上述各种字体中，以小篆和隶书为分水岭，我们称甲骨文、金文、小篆为"古文字"，称隶、草、行、楷等字体为"今文字"。

在 1899 年甲骨文发现之前，最古老的字体是金文。自从甲骨文被发现并确认为殷商时期文字，一大批学者相继加入甲骨文的研究队伍中来。在最早的一批研究者中，有一些本身

① 裘锡圭：《汉字形成问题的初步探索》，《中国语言》，1978 年第 3 期，第 248～249 页。

②③ 王宁：《汉字构形学导论》，商务印书馆，2015 年，第 45～46 页。

就是学者兼书法家，如被称为“甲骨四堂”的罗振玉、董作宾、郭沫若、王国维等，他们在研究和考释甲骨文之余，同时也将甲骨文作为一种新的书体引入书法艺术中来。尤其是罗振玉，于1921年，在甲骨文才刚刚考释出不足五百字之时，便尝试“取殷契文字可识者，集为偶语，三日夕得百联，存之巾笥，用佐临池”，并将所作对联用甲骨文书写出来，出版为《集殷墟文字楹帖》，从此开辟了甲骨文书法这一新的艺术形式。

埋藏于地下三千余年的甲骨文，一经重现天日，不仅为汉字学和史学的研究提供了最可靠的第一手资料，也为书法艺术增添了一枚璀璨的明珠。甲骨文书法作品如图5-4所示。

图5-4　罗振玉、董作宾甲骨文书法作品

5.1.2　甲骨文字的特征

1. 甲骨文的成熟性、系统性

甲骨文是目前发现最古老的成系统的文字。这不仅是针对汉字的各个阶段、各种形态而言，即使在全世界范围来说，也是这样的。在已知的世界四大古典文字系统里，相比古埃及圣书文字、两河流域苏美尔人楔形文字和美洲玛雅文字，甲骨文是唯一保存和延续到今天的一份珍贵古典遗产。现在学界一致认为，殷墟出土的甲骨文已经是相当成熟的文字。为什么说甲骨文是比较成熟的文字呢？

首先，从单字构形看，甲骨文字基本符合“六书”构形原则，尤其是可释字大都可以用“六书”理论去分析其字形结构。黄天树曾以六书的观点对已释的1231个甲骨文逐字进行字形结构分析和归类，并得出一组统计数字和权重，其结果为象形字307字，占24.40%；指事字22字，占1.75%；会意字318字，占25.28%；形声字584字，占46.42%。这说明“在商代，形声字已是四种造字法（即象形、指事、会意、形声）中最主要的构形方式”，同时，“形声字约占半壁江山，说明甲骨文已经是成熟的文字体系”。[①]

---

① 黄天树：《殷墟甲骨文形声字所占比重的再统计——兼论甲骨文“无声符字”与“有声字符”的权重》，《古文字研究——黄天树学术论文集》，人民出版社，2018年，第57～166页。

第二，从字数看，迄今为止出土的约十六万片甲骨共计发现 4000 多单字，已考释出约 1300 字[1]，而汉字的常用字也只有 3000 字左右。出土的甲骨卜辞中，很多是较为简洁的文辞，但亦不乏较长的篇幅。胡厚宣曾总结，“卜辞中最长之文”为《殷虚书契菁华》第三片与第五片（即《合集》137 正、反），乃一牛胛骨之反正两面，其卜辞正反相衔接，“凡九十三字，自今日所能得见之材料言，乃卜辞中最长之文字也”。又据相关考古发现推测“《书·多士》称‘惟殷先人，有典有册’，谅为不虚，而其文长必有逾于数千百字者，又可知也。”[2]

第三，从表词、语法看，已形成一定规律，足以传达丰富的信息。目前发现的殷墟甲骨占卜的内容非常广泛，涉及当时的祭祀、宗教、礼制、天文、历法、气象、地理、方国、世系、家族、人物、职官、军事、刑罚、农业、畜牧、田猎、交通、疾病、生育等各方面，足够展现一部较为全面的商代历史。

2. 甲骨文字的构形特点

1）高度的象形性

费尔迪南·德·索绪尔（Ferdinand de Saussure）认为，世界上只有两种文字体系——表意体系和表音体系[3]。汉字属于表意体系，它不像西方的拼音文字，“字形”（即字母的组合）本身只对其读音有决定性意义，而“汉字的形体总是携带着可供分析的意义信息”，这源于汉字最初的象形性。汉字在漫长的演变过程中，象形程度逐渐降低，而作为目前发现最早的成体系的汉字形体——甲骨文，则保存着高度的象形性。这种象形体现在极善于抓住事物特征，所“描绘”的事物形象不是图画，而是对事物特征高度的概括与抽象，是符号化了的形象，充分体现了先民造字的智慧。甲骨文象形字举例如表 5-1 所示。

表 5-1　象形字举例

	日	像日形
	月	像月形
	山	像山峰之形
	火	像火苗之形
	水	∫像水流之形，其旁之点像水滴
	人	像侧立的人形
	大	像正面站立的人形
	卩	像跪坐的人形

① 关于目前甲骨文发现单字总数与可释字总数各家统计、估算结果不一，王蕴智在《甲骨文可释字形总表》序言中所作统计为“整个殷墟时期所能见到简单的单字目前已多达 4100 余个，可释字目在 1330 个。”参见王蕴智：《甲骨文可释字形总表》（上册），河南美术出版社，2017 年，第 2 页。

② 胡厚宣：《甲骨学殷商史论丛初集》，河北教育出版社，2002 年，第 922～924 页。

③ ［瑞士］费尔迪南·德·索绪尔著，屠友祥译：《索绪尔第三次普通语言学教程》，上海人民出版社，2007 年，第 47 页。

续表

	女	像跪坐的女子，双手交叉垂于胸前
	子	像小儿之形，突出头部
	自	像人的鼻子形，本义为鼻子
	耳	像人的耳朵形
	又	像手形
	止	像足趾之形
	犬	像犬之形
	豕	像豕（猪）之形
	马	像马之形
	象	像大象之形，突出其长而曲的鼻子
	木	像树木之形，上像枝，下像根，中竖为树干
	禾	像禾苗形，上部有禾穗垂下
	田	像有纵横交错小路的田地之形
	行	像四通八达的道路。本义是道路，引申为动词行走
	宀	（音 mián）像房屋外轮廓形
	皿	像有圈足的大口器皿
	鼎	像鼎形，古代烹食用的器物
	鬲	（音 lì）像鬲形，古代陶制或铜制的炊具
	壴	（音 zhù）像鼓形，为鼓的初文

2）正反无别

甲骨文字中有一个特殊的现象，就是左右的朝向正反无别。仔细观察表 5-2 中的独体字例与合体字例可知，如果是一个独体字形，例如“人”字，面向左还是向右均可，是没有区别的；如果是两个以上构件组成的合体字，只要构件之间的搭配关系正确，那么对该字形进行左右镜像翻转之后，也是没有区别的。这种现象大约是由于甲骨文的构字取象于物，物自有左右朝向无别之特点；另一方面可能也与甲骨占卜的材质与文例有关，因为龟腹甲是对称的，牛胛骨的左胛骨与右胛骨也是对称的，而卜辞又常有一正一反的对"贞"形式，对贞卜辞在龟腹甲上经常刻在左右对称的位置。例如《合集》32 正，整版龟腹甲的数条卜辞都是左右对贞，其中有许多字形即刻写为左右对称。无论哪种原因，正反无别这种现象也说明了甲骨文字属于汉字的早期不成熟阶段，其符号化尚不够彻底，规范性不足。在西周金文中，这种现象还偶有出现；到了小篆以后，文字的朝向就基本固定了，例如独体的"人""女"等字均取朝左之向，甚至有的同源字是通过左右朝向来区分的，如"永"字在甲骨文中正反无别，作或均可，到小篆则方向固定下来，"永"字只能书作朝左的方向，即，朝右的则分化为"𠂢"(派)。甲骨文正反无别如表 5-2 和图 5-5 所示。

表 5-2　甲骨文正反无别示例

独体字		合体字	
人		从	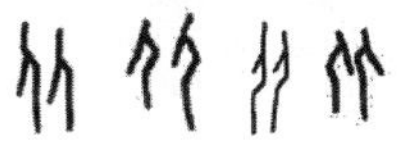
女	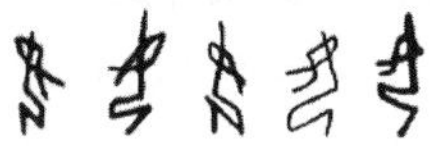	比	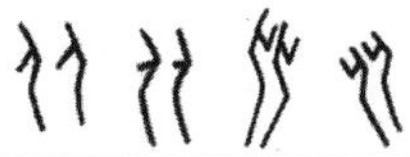
犬		休	
豕		好	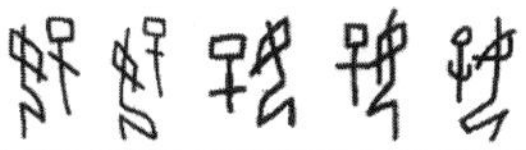
虎		取	
豹	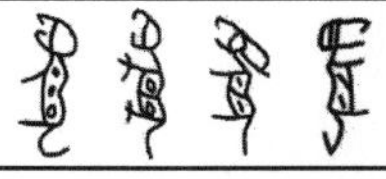	见	

注：人：甲骨文——金文——小篆；

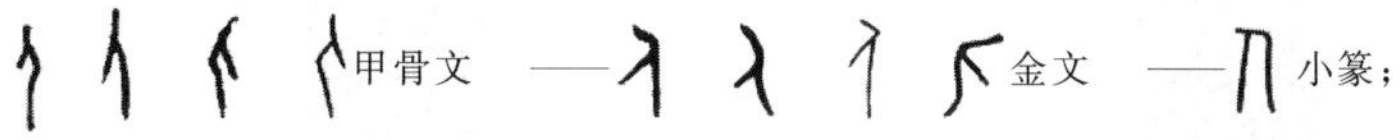

女：甲骨文——金文——小篆。

在卜辞中，一个字的左右朝向没有一定之规，一般较为随意。有时可以看到，在龟腹甲左右两侧正反对贞时，有些字的朝向是对称的，例如《合集》30757 中部两组对贞卜辞，恰好在龟腹甲千里路(即中缝)两侧，右边的、、、、等字，左边所刻均与之对称，作、、、、，呈相反的朝向。再如牛胛骨残片《合集》6668 正的几条卜辞，虽不在对称的位置，但其中、、、、、等字也是左右朝向对称的。但这样似乎有意作对称刻写的例子并不多，绝大多数时候没有规律，如上文提到的《合集》32 正，上半部左右两侧的、、、、、、、、、、、几个字朝向是对称的，而、则并不对称。看得出来，殷人刻写时是比较随意的，如图 5-6 和图 5-7 所示。

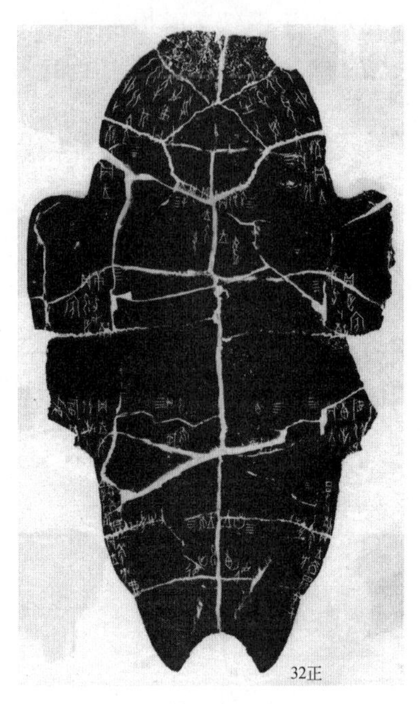

图 5-5 《合集》32 正

图 5-6 《合集》30757 局部

由于甲骨文字的正反无别，有时一张拓片不慎被反贴，竟很难被发现。例如上面所提到的《合集》6668 正，如图 5-7 和图 5-8 所示，如果我们将此拓片左右镜像翻转，其结果无论于每个单字还是在通篇文例上是均无不妥的。

图 5-7 《合集》6668 正

图 5-8 《合集》6668 正(左右翻转)

3）字无定形

甲骨文的一个突出特点是字无定形，异体繁多。这不但给甲骨文的识读造成困难，对于甲骨文字的信息化处理也带来困难。字无定形的原因有很多。

① 构件的异写。甲骨文的象形字一般是独体字，也就是一个单独的构件就构成一个字，两个以上构件组合则为合体字。构件本身的不同形态自然会造成合体字的不同形态。构件异写的情形有多种，包括繁简的不同、观察视角的不同和描摹事物手法的不同。繁简之异主要表现为增减笔画。例如“田”字，像有纵横交错小路的田地之形，框形内横竖笔画数量多寡不定，到金文时则基本定型为田，也就是后世楷书“田”字的由来。“水”字，中间的像水流，两旁的小点像飞溅的水滴，水流数量和小点数量都是多寡不定，但大体上字形结构是保持平衡的。观察视角之异，例如“陷麋”（挖掘陷阱以猎获动物，是商代狩猎的一种重要方式）之“陷”字，有从“井”者，作，有从“凵”者，作，实际上所谓从“井”是对陷阱俯视以取象，从“凵”则是对陷阱侧视以取象。描摹事物手法之异，体现在点线、虚廓与填实之不同。甲骨文象形字对事物的“描摹”是概括与简约的，往往以一点、一线代之，有时则略“具象”一些，如“兕”字作，腹部、两足、头部均勾勒出外轮廓。如“王”字，像刃部向下之斧形，通常是用线条勾勒其轮廓，有时则将斧形中部的空间填实了；二期出组时“王”字上面多加了一横，到五期黄组时中部则又简略为一竖了。再如“雷”字从申，申即电，电相击而有雷声，以⊕或小圆圈表示雷声，圆圈简化，则为圆点了。“齿”字亦然，口形内1～4颗牙齿不拘多寡，简化则以短竖代替牙齿了。构件的异写示例如下。

田：

水：

陷：

王：

丰（封）：

兕：

犬：

齿：

雷：

② 增减构件。甲骨文字是发展演变中的文字，很多字是由一个简单的“初文”增加了其他构件而繁化。如字即表示相遇，后来增加了“彳”旁作，或增“止”形作，或者同时增“彳”“止”形作。再如“登”，是双手捧“豆”（盛食之器）敬献神明，加了双足作

，多了“登阶”的动作；有的加上双足，又省略了双手，即；又有上部加“米”作，强调豆中盛米，即登米；或加“示”作，强调是祭祀的行为；还有的将“豆”换作“鬯”（即香酒），即，表示敬献的是香酒，为登鬯的专字。凡此种种，造成一字异体繁多的状况。构件的增减还体现在一个字中同一个构件的数量不定，如“春”字，由日、屯、木几个构件组成，其异形则有四木、三木、二木、一木不等。构件的增减示例如下。

冓（遘）：

登：

春：

③ 变换构件。甲骨文里有些字的不同写法是由于变换其中某个构件形成的，其中一种情况是某些意思相近的构件（形符）或声音相近的构件（声符）可以通用。如“木”与“屮”（表示草）都表示植物，“女”“人”“卩”等都表示人，“止”（表示足趾）与“彳”（表示道路）都与行走有关，故可通用。早在 20 世纪 30 年代唐兰就曾指出，“凡义相近的字，在偏旁里可以通转”[①]，杨树达也有“义近形旁任作”“音近声旁任作”[②]等论说，其后高明又在甲骨金文偏旁字原系统分析的基础上，归纳了 32 组“义近形旁通用例”[③]。还有一种情况是针对不同事物，而采用不同构件，如“逐”字，通常是从止从豖，会意追逐猎物，但也有时用追逐猎取的其他对象如兔、鹿等取代豖。构件的变换示例如下。

莫（暮）：

育：

鬼：

逆：

逐：

④ 改变构件位置、方向。甲骨文合体字中，构件的位置很不固定，除了前面讲的正反无别以外，有的字左右结构亦可作上下结构，上下结构又可作包围结构。例如“洹”字，有左右结构，有上下结构；“弘”字，有上下结构、左右结构和包围结构。

---

① 唐兰：《古文字学导论》，齐鲁书社，1981 年，第 241 页。

② 杨树达：《积微居金文说》，科学出版社，1959 年，第 1～16 页。

③ 高明：《中国古文字学通论》，北京大学出版社，2004 年，第 65～145 页。

构件的位置、方向改变示例如下。

⑤ 构字理据的变化。甲骨文有些异形字的产生是由于使用了象形、会意或形声等不同的构字方式。例如“灾”字，表示水灾的、是象形字，、是从水才声的形声字；表示火灾的是会意字；表示兵灾的是从戈才声的形声字。构件理据变化示例如下。

灾：

很多甲骨文异体字形的产生是多种因素造成的，例如上述的“莫(暮)”等形，其中既有增减构件、变换构件，也有构件异写的情形；再如“洹”字的异形既有构件位置和方向的改变，又有构件的异写——甲骨文的“水”旁可作、、形或几个小点的形态，到小篆时“水”旁则统一为。沈之瑜将甲骨文的这种字无定形的特征归纳为甲骨文的“变通性”，而其变通性之中又不失严谨性，即变通的前提是不失字理和不至于混淆。赵诚曾总结道：“根据汉字发展的大势看，愈古老的系统，形体差别愈丰富，分类愈多，特殊而例外的现象愈复杂。与此相应，规范性就要弱得多。”[①]可以说，甲骨文的字无定形，也说明了甲骨文字的不成熟性。

4）异字同形与异字混形

甲骨文中有的字是一个字形代表两个甚至多个不同的字，如是“女”字，胸部加两点作则是“母”字，两点代表乳房，但实际卜辞中有时“母”字省略两点，字形便与“女”字混同了。另外，同样是“女”字形，还可用作“毋”。这也是由于甲骨文有些字正处于分化、演变过程中，字形、用法尚不稳定的缘故。这种异字同形，在卜辞中需要结合上下文去辨别。还有一种情况，如“甲”和“七”，都是一横一竖相交作+，卜辞中究竟是甲还是七，也是需要从卜辞中的具体用法来判断。这两种“异字同形”，前者是同源字，后者则属于形体混同。

甲骨文中还有不少字，原本字形是有区分的，但由于字形相近，加之刻写不谨，卜辞中有时会出现混同。或者卜辞中虽未混同，但今天的学习者和研究者去辨识或书写时，如不小心，会误识或误书。例如田猎的“田”字作田，中间的+与外边的方框是相接的，而表示祖先“上甲”的合文⊞，中间的+则不与外边框相接，但有时刻写较随意，“上甲”就刻成田，与

① 赵诚：《古代文字音韵论文集》，中华书局，1991年，第30页。

“田”字混形了。这样的例子还有很多,可参见表 5-3 和表 5-4。

表 5-3 甲骨文异字同形示例

序号	简体中文	甲骨文	注释
1	矢		甲骨文“寅”是借“矢”之形为“寅”。寅字早期均作,偶尔作,后期写法多有繁化,作、形时,矢、寅同形
	寅		
2	子(表干支)		甲骨文表示贵族子侄的“子”作,像孺子之形,表示干支的“子”则作、等,二者不同形。干支“巳”借用形,故“巳”与子孙之“子”同形
	子(表子孙)		
	巳		
3	入		卜辞“内”用“入”形,入、内同形,入为内之初文
	内		
4	卜		卜辞“外”用“卜”形,卜、外同形,卜为外之初文
	外		
5	月		甲骨文早期“月”作,中无竖点,“夕”作,中有竖点;后期则相反,与后世字形一致。卜辞夕、月二字一般区分较明显,有时亦混用
	夕		
6	七		甲骨文“七”“甲”均为一横一竖交叉,或谓七字横长竖短,为“切”之初文,假借为数字七;甲则横竖长短相当。实际卜辞刻写中则混同无别 另外,甲骨文以“才”为“在”,偶尔省作时,容易误识为甲或七,需凭上下文判断
	甲		
	才(在)		
7	三		甲骨文“三”为三横等长,“气”则中间一横较上下两横短,但实际卜辞刻写中经常混同
	气		
8	田		甲骨文“田”字中间的与外框相接。表示祖先“上甲”的,中间的则不与外边框相接,但有时刻写随意,与外框相接,则与“田”混形了
	上甲		

续表

序号	简体中文	甲　骨　文	注　　释
9	十		甲骨文“十”作一竖。“午”作，有时两个圈环省作两点，或进一步省简，则如、，前一种还略可见两点，后一种则与“十”混形了
	午		
10	旬		“旬”字作或、形。“乇”作或、，在后几形上，二字容易混同，需靠文义辨别
	乇		
11	山		“山”字像山峰，下为平直的横，“火”字像火苗，下为圆弧，但实际刻写中无论是独体的山和火字，还是合体字中作为偏旁，都经常混同
	火		

表 5-4　甲骨文易混字形示例

序号	简体中文	甲　骨　文	注　　释
1	口		字像口形，两竖上面出头，“丁”则不出头作(或用作表示祭祀场所的“祊”)。书写如不谨则易混
	丁/祊		
2	祝		因为、有别，从或从的字也要注意区分，祝和邑两字的区别也正在于上部是还是，即两边竖出头与否
	邑		
3	乇		“乇”之一形，与“力”字字形相近，区别是乇字短横或斜画在上部，力字短画在下部
	力		
4	父		“父”“尹”“支”三字字形相近，区别是尹字的(表示手形)在的上侧，支字的在的下侧，父字的则在的中部位置，但偶尔亦有偏下者
	尹		
	支		
5	匕		甲骨文“人”字为侧立人形作、等，“匕”字作形时容易区分，作形时与人字相近，区别是“腿”部向后弯曲；“夷”(或释尸)与人字的区别是下部作波形弯曲，但有时也刻作、则与人同形；“刀”字像刀形，有时刻作则与人字容易混淆
	人		
	夷/尸		
	刀		
6	育		甲骨文“育”字从“女”与倒“子”之形，会意生育，有时从正向的“子”形，而女旁代以人旁，字形作、，这样就与“保”字形极近，不同是字子旁在下侧，保字的子旁则在中部或偏上
	保		

5）合文、倒书

甲骨文字中有一个特别的现象，就是“合文”。合文，又称合书，是指把两个甚至三个字合写在一起，成为一个汉字书写单位，占用一个字的位置。例如甲骨文中的先王即商王的祖先“大甲”“小乙”“祖乙”等通常就用合文分别写作、、，卜辞中的月份也常用合文，如、、、，分别是五月、六月、十月、十二月。后文中我们将介绍更多的合文。

前面所讲甲骨文中一个字的左右朝向正反无别，这是甲骨文的一种常见现象。另外甲骨卜辞中还有一种上下方向倒置的“倒书”，这种情况虽然不是很多，但也属于甲骨卜辞特有的现象，在后世的书体中很少出现，这可能是由于甲骨卜辞是用刀契刻而成，刻者一手执刀，一手执甲骨，为方便契刻，甲骨会在手中不断地变换方向所致。刘钊先生认为，“甲骨文的符号主要来源于客观事物的图像，许多形体还没有最后定型，因此常常可以正书，也可以倒书，这体现了甲骨文一定的原始性。但是一旦当一个形体习惯于按一个方向书写并逐渐固定下来的时候，与其方向倒置的写法，就应该视为‘特例’，这种特例一般就称作‘倒书’。”[①]下表中“自”“侯”“至”“帚”“祖”等字是出现倒书现象相对较多的例子。甲骨文中偶尔还会出现侧书的字例，如《合集》28385 为（麋，商王经常猎取的一种似鹿的动物）之侧书。甲骨文倒书如表 5-5 所示。

表 5-5 甲骨文倒书示例

	自	侯	至	帝	帚	在	典	寅	祖
常态	合 787	合 13890	合 226 正	合 386	合 20505	合 34406	合 35407	合 8085	合 1575
倒书	合 33746 正	合 33979	合 27346	合 21175	合 28238	合 21743	合 22675	合 31648	合 1777

5.1.3 甲骨文字的考释状况

1. 甲骨文的考释

研究甲骨文，必须以辨形释字为先。由于甲骨文字考释学者的观念、目的和学术优长各有差异，对文字考释方法也各异。经过几代学人 100 多年的努力，甲骨文的考释及其影响下的古文字学有了长足发展。目前为止，甲骨文字的考释大致可分为三个阶段：草创阶段、繁荣阶段、徘徊阶段。

草创阶段的代表性和标志性著作为孙怡让的《契文举例》与罗振玉的《殷墟书契考释》。

1899 年，王懿荣等人首先发现了甲骨上所刻文字为比钟鼎文字更古老的文字，并开始搜购甲骨。可惜他未能对甲骨文进行切实研究，即在次年八国联军入侵后以身殉国，所收集的 1000 余片甲骨为刘鹗（字铁云）收购。1901 年，罗振玉在刘鹗处见到其所购藏甲骨后惊为“奇宝”，鼓励刘鹗将甲骨进行墨拓，并于 1903 年出版了第一部甲骨著录《铁云藏龟》。实际上刘鹗可谓是第一位认识甲骨文字的人，他在《铁云藏龟》自序中已试释出了 40 多个字，

① 刘钊：《古文字构形学》，福建人民出版社，2006 年，第 10 页。

其中包括19个干支字和2个数字。

第一部关于甲骨文考释的书是晚清学者孙怡让所著《契文举例》。该书在《铁云藏龟》问世后的第二年即1904年初冬就已成稿，成为甲骨学史上第一部考释甲骨文字的开创性著作，所根据的正是1903年抱残守缺斋石印出版的第一部（也是当时唯一的一部）甲骨文著录书《铁云藏龟》。据陈梦家统计，孙氏释读正确的字有185字。该书出版后，罗振玉、王国维对其曾有“谬误居十之八九”“实无可取”[①]等较为负面之评语，实际也确有未能结合卜辞文义而误释之失，如以“王”为“立”、以“贞”为“贝”、以“止”为“正”等。至20世纪80年代，不少学者对其提出中肯评价，例如齐文心对孙氏《契文举例》学术贡献的评价是，“主要采用与金文比较的方法认出了一百八十多个字，而且多为基本的常用字，这样就为识读甲骨卜辞奠定了初步的基础。同时，他将《铁云藏龟》所著录的史料按事类分为十章：日月第一、贞卜第二、卜事第三、鬼神第四、卜人第五、官氏第六、方国第七、典礼第八、文字第九、杂例第十。这是甲骨文分类研究的雏形。……孙氏的《契文举例》处于甲骨文草创时期，由于所见到的材料有限，卜辞未能通读，不能在卜辞的语句中求通字义，因而他作出的一些结论就难以成立了。……虽然如此，孙氏的草创之功还是应该充分肯定的”[②]。事实上，在甲骨文字的考释方面，孙怡让毫无疑问是有开山之功的，“他是初步的较有系统地认识甲骨文字的第一人”[③]。姚孝遂更谓孙氏“提出的研究古文字的思路，如今还是人们普遍应用的科学途径”[④]。

有“甲骨四堂”之称的罗振玉，于甲骨学研究方面的贡献除了考定甲骨出土地点为殷墟小屯，判定甲骨为殷商王室遗迹，以及大量搜购甲骨并刊布流传等外，在甲骨文字的考释方面，如果说孙怡让有开创之绩，罗振玉则是奠基之功。罗振玉最早于1910年出版了《殷商贞卜文字考》石印本一卷，又于1914年底由王国维抄写出版了《殷虚书契考释》初印本，对甲骨文字作了初步试释，12年后（即1927年）又出版了《殷虚书契考释》增订本。据自述，此次补正计得人名227、地名228、可识之字537。罗振玉对一些关键字如“贞”“王”“隻（获）”等的正确考释，使得卜辞大体可以通读，因此具有重要意义。郭沫若曾说：“甲骨自出土后，其蒐集、保存、传播之功，罗氏当居第一，而考释之功也深赖罗氏。”[⑤]

在为罗振玉的《殷虚书契考释》抄写的过程中，王国维也开始投入甲骨文的研究，不久即作出《殷卜辞所见先公先王考》及《续考》等文章，并结合《史记·殷本纪》等文献系统考证了商代先公先王的名号，勾勒出一个大体可信的商代世系，也首次证明了《世本》《史记》等所记录的商代史大部分是可靠的，并非虚构。他根据卜辞论定年代的方法也为后来的甲骨文断代提供了思路，对《殷虚书契后编》上8.14与《戬寿堂所藏殷虚文字》1.10的缀合不但解决了商代世系的一些问题，对于后世甲骨缀合工作也影响深远，其所提出的“二重证据法”更对后来学者产生了极其重要的影响。经过罗、王二人的努力，甲骨文所属时代得到了确定，卜辞大体可以读懂，这是后来一切研究的基础。郭沫若对罗、王二人亦有如此评价：“谓中国之旧学自甲骨之出而另辟一新纪元，自有罗王二氏考释甲骨之业而另辟一新纪元，绝非过论。”[⑥]不过，在甲骨文字考释方面，罗振玉仍属草创阶段，正如陈梦家所指出：“罗氏在《殷虚

---

① 1916年12月20日、28日王国维致罗振玉两信札，见《王国维全集·书信》，中华书局，1984年，第164、167页。

② 齐文心：《殷商史史料》，收入《中国古代史史料学》，北京出版社，1983年，第10页。

③ 陈梦家：《殷虚卜辞综述》，中华书局，1988年，第56页。

④ 姚孝遂主编：《中国文字学史》，吉林教育出版社，1995年，第325页。

⑤⑥ 郭沫若：《中国古代社会研究》，上海群益出版社，1950年，第224～225页。

书契考释》以前的诸作，就文字审释而论，都还不甚成熟。《殷虚书契考释》的写定，才逐字地较为精密地审核每一个字"，"罗氏列于形声义皆可知之类的，在我们看来，只是就其形与声部分依偏旁分析可以如他所定的隶定为今字；只是就其象形或形符、声符的构造可以推知其最初意义（即朔义）；但它们在殷代的活用意义，因缺乏实例，无从推定。"①

罗、王之后，随着甲骨文的大量发现尤其是科学的发掘，以及甲骨学综合研究的推进，甲骨文的考释进入了繁荣阶段。甲骨文字的考释不但实践了王国维所主张的"纸上材料"与"地下材料"相结合，即古文字、古器物与文献资料的相征验，也不断推动着史学的研究，带动了对中国文字起源、构形演变规律等古文字学课题的探讨。其中甲骨文字考释方面最有成就的学者，除了前面所讲的孙、罗、王之外，当数郭沫若、唐兰、于省吾等人，他们不仅释字数量颇丰，且在甲骨文字考释的理论上有较高成就，代表性成果如《卜辞通纂》《甲骨文字释林》《甲骨文字诂林》等。在当代则有以裘锡圭等为代表的古文字学大家所引领的一大批老中青甲骨学者，在国家的重视、新材料的大量公布、新的学科机制等各方面因素推动下，甲骨学的研究日益精细化，甲骨文的考释不断有成果刊布于各种期刊、论集或个人研究的结集出版等。

总之，殷墟甲骨文的发现与考释研究，极大地冲击了传统的中国文字学。自东汉以来一直被奉为圭臬的文字学经典《说文解字》以及因之而产生的"说文学"，随之动摇。正如甲骨学大家胡厚宣在 20 世纪 50 年代已指出的："在今天，研究中国的文字，我们不再把东汉许慎所撰《说文解字》一书看成神圣不可侵犯的经典。有了甲骨文字，时代比它早了一千四五百年。由于甲骨文的发现和研究，使我们晓得，《说文解字》一书，至少有十分之二三应该加以订正……在今天，要想进行科学的中国文字学的研究，没问题，甲骨文应该是最基本而重要的资料。"②由于《说文解字》所根据的主要为东汉时所能见到的小篆和少量的"古文"，有很多已经发生讹变，是"流"，而非"源"，因此对汉字本原的解读难免有误。甲骨文的大量发现与释读使得《说文解字》中很多错误得以纠正，并与金文、简帛等其他早期文字相结合而共同推动了古文字学。传统"说文学"的禁锢被冲破，中国文字学的实质发生了巨大变化，随之进入了古文字学的新时代。同时也必须看到，在这个古文字研究异常繁荣的新时代，甲骨文字的考释也进入了瓶颈期。正如很多学者所指出，目前发现的甲骨文单字共计四千多，已释字却只有约三分之一，表面看起来还有大半未释，考释的工作还大有可为，但实际上，容易释出的都已经考释出来了，剩下都是"难啃的骨头"。而近年来的甲骨文字考释实则大多是针对疑难字的试释，和对旧有考释有争议者的重新审释，未来甲骨文字的大规模考释也是不太可能的。客观地说，甲骨文字的考释会在相当长的时间里处于徘徊状态，在徘徊中日积月累而有所突破。

2. 甲骨文字汇工具书的编撰

对甲骨文字形的总结与汇编，亦即字表字编字汇等工具书的编撰，是甲骨文研究必要的基础性工作，也是甲骨文研究尤其是释读方面成就的总结。

甲骨文发现至今已有 120 多年，随着甲骨文的不断出土、传播与著录，发现的甲骨文单字数量在不断增加，文字考释、字编、字汇等工具书的编撰也不断有成果推出。甲骨文发现后，最早由罗振玉所著《殷虚书契考释》和《殷虚书契待问编》两书，可以说是奠定了后来编纂甲骨文字汇工具书的基础。两书虽然旨在审释甲骨文字，但各有所重，前者专注于当时所能见到的甲骨文著录书中已释字，后者则汇编了未释字。《殷虚书契考释》初印本取《铁云藏

---

① 陈梦家：《殷虚卜辞综述》，中华书局，1988 年，第 59 页。

② 胡厚宣：《五十年甲骨文发现的总结》，见宋镇豪主编的《甲骨文献集成》第 34 册，四川大学出版社，2001 年 4 月，第 2 页。

龟》《殷虚书契》《殷虚书契后编》《殷虚书契菁华》《铁云藏龟之余》等五种甲骨著录书，共收入已释字 485 个，而《殷虚书契待问编》则收入未释字 1003 个，两者相加共计 1488 个，这大体上是罗氏当时所能见到的甲骨文字总数。

在过去的很长一段时间里，甲骨文字编、字汇类工具书中，影响最为广泛的是由中国社会科学院考古研究所据孙海波《甲骨文编》改订的《甲骨文编》(1965 年版)，采用著录 40 种。(1959 年台湾金祥恒编《续甲骨文编》，采用著录 38 种，由于当时海峡两岸隔绝，后出《甲骨文编》改订本却未能参考到比之早 6 年问世的《续甲骨文编》，可谓遗憾。)《甲骨文编》收字较全，字形归类整理均超越以往各书，且字形书写得原拓韵味，直到甲骨文发现后的 100 余年中，一直是研习甲骨文字者最主要的常用工具书。该书正编收录单字 1723 个(其中有 941 字见于《说文》)，附录收字 2949 个，共计 4672 个。虽然限于当时文字考释进展，且该书中有不少字在摹录、分合和释字等方面都有在今天看起来需要修正之处，但它仍不失为甲骨文字汇方面的优秀著作。1978 年，作为甲骨著录中集大成者的著作——《甲骨文合集》问世后，学者在查找或征引卜辞时，凡《合集》收录的甲骨文渐皆惯以《合集》编号为用，而《甲骨文编》所采用的著录都是早期旧著录，越来越显得不方便了。

进入 21 世纪后，甲骨文字编、字表等相继涌现一些新著，最具代表性的是李宗焜《甲骨文字编》、沈建华与曹锦炎《甲骨文字形表》、刘钊主编《新甲骨文编》、陈年福《甲骨文字新编》，并于初版之后又有增订版推出。近年来所出版的甲骨文字汇类工具书分别如表 5-6、图 5-9～图 5-12 所示。

表 5-6 近年所出版的甲骨文字工具书

作者	书　名	出版时间	分　类	所收字数
陈年福	《甲骨文字新编》	2017	单字 3783，祖先、数字、合文、卦画等 197	3980
李宗焜	《甲骨文字编》	2012	字头 4311，其他 67，残文 52，摹本 26，合文 328	4784
刘　钊	《新甲骨文编》(增订本)	2014	正编 2350，附录 1204	3554
沈建华 曹锦炎	《甲骨文字形表》(增订版)	2017	字头 4004，祖先、干支、数字 155	4159

图 5-9　李宗焜《甲骨文字编》

图 5-10　陈年福《甲骨文字新编》

图 5-11　刘钊主编《新甲骨文编》(增订本)

图 5-12　沈建华、曹锦炎《甲骨文字形表》(增订版)

上述各书的出版，是当代甲骨文字考释最新进展的总结与体现，也为甲骨文的学习研究者提供了极大方便。对比各书，无论所收总字数，还是单字的考释，某些字形的摹录，一些字形间的分合等，都存在不少差异。由于甲骨文自身很多难以确定的方面，如释字的争议、甲骨的碎断支离、拓片的品质不一、编者的理解因人而异等多方面因素，各书也都难免存在纰漏。由于研究的推进和新材料的增益，学界对此类工具书也要求不断推陈出新，其中包括以往错误的纠正、新字形的增收、编排的更加合理化等方面。

近些年来，随着计算机网络技术的高精化和日益普及，在纸质版工具书以外，不少高校和研究机构都在着手开发甲骨文的网络资源库——对于甲骨文字来说，也就是网络字库。相对于纸质工具书，网络字库有着超大容量、快速检索、随时更新以及与图片、文献等其他形式资源相互贯通的几大优势。

5.2　认识常见甲骨文字

5.2.1　甲骨文字构形理论——“六书”

“六书”是汉代学者(班固、郑众、许慎等人)根据当时所见的小篆分析、归纳出来的汉字构造理论，即认为古人造字有象形、指事、会意、形声、假借、转注六种方法。清代王筠《说文释例》则将六书分为两类，认为上述前四种是造字之法，后两种是用字之法，后来的学者基本认同此看法。从实例来看，目前能够释读的甲骨文字，还是非常符合六书理论的。反过来说，当代的古文字学，包括对于甲骨文、金文等字形的研究和考证，都离不开六书理论。

(1) 象形，是描摹事物形态的造字之法。象形字一般是独体字，是抽象、概括地“画成其物”。由于是按照实物的样子“画”出来，象形字最容易识别，如表 5-7 中的这些象形字，是不是很容易理解和记住？从这些字形你是否发现，先民造字不同于画画时的面面俱到，而是用了高度概括的手法，例如“人”字，两笔就勾勒出了垂手而立的人形，这种高度的“象形”特征也是汉字成为世界上唯一一种从诞生一直存活到现在的文字的重要原因(其他民族也曾有过古老的文字,后来都逐渐消亡了)。先民造字中的智慧,还体现在极善抓住事物特征,例如犬、豕是类似的动物,字形也比较接近,但我们仔细观察就会找到差别——犬身瘦,尾巴长而弯曲,豕(也就是猪)身肥,尾巴短而直;再如虎豹二字,之前连文字学家也曾混淆过,后来发现两个字的主要差别在于身上的花纹不同,虎字身上是横纹,而豹字身上则是圆圈,或者简化为点。抓住这些特征,相似的字形就很容易区分了。甲骨文象形字如表5-7所示。

表5-7　甲骨文象形字

甲　骨　文	简体字	说　　明
	日	像日之形,因契刻不易刻圆,往往用直线
	月	像弯月之形,早期甲骨文无点为"月",有点为"夕",后期则相反
	山	像山峦起伏之形
	雨	像雨自天而降,上面的横表示天
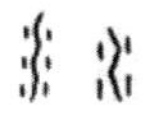	水	∫像水流之形,旁边小点像水滴,水滴多寡不一
	人	像人垂手侧立之形
	大	像人正面站立之形
	女	像跪坐的女子,双手交叉在胸前
	又	像右手之形,手指数简化为三。甲骨文往往左右无别,唯此字,如反方向则为"左"
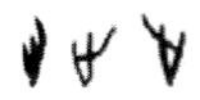	止	像足之形,本义是脚趾的"趾"。脚趾数简化为三。甲骨文中用作偏旁时,多与行走有关
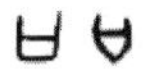	口	像口之形
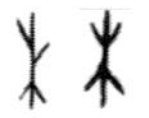	木	像树木之形,上为树枝,下为树根
	禾	像禾之形,上有下垂的谷穗
	牛	像牛头的正面之形,以牛头代表牛,突出牛角的特征
	羊	像羊头的正面之形,以羊头代表羊,突出羊角的特征
	犬	像狗的侧视形,特征是身瘦,尾巴长而曲
	豕	像猪的侧视形,特征是身肥,尾巴短而直

续表

甲骨文	简体字	说明
	象	像大象的侧视形，特征是长鼻、肥身
	虎	像虎的侧视形，特征是张口、露齿，身上有横纹
	豹	像豹的侧视形，特征是身上有圆圈或小点表示的斑纹
	门	像两扇门，有的字形上方有一横表示门楣
	户	像一扇门

（2）指事，是在一个象形字的基础上，加上指事符号，构成新字。如“上”“下”，分别是在一个横弧形笔画上面或下面加上一短横，表示处于上方或下方；刃字是刀的有刃的一侧加一短斜画，指示刀刃；“亦”作为“腋”的本字，是“大”字（正面人形）两侧各加一点，指示腋窝处；“天”是大字上方加一或二或口，指示人之头顶，天字的本义正是头顶。这些附加的短笔画、点或口形等，就是指事符号。甲骨文指事字如表 5-8 所示。

表 5-8　甲骨文指事字

甲骨文	简体字	说明
	上	横弧线上加一短横（弧线或作直线），表示处于上方
	下	横弧线下加一短横（弧线或作直线），表示处于下方
	刃	刀字的刀刃一侧加指事符号，指示刀刃所在
	天	大字上方加一、二或口，指示人之头顶，天的本义是头顶
	亦	大字（正面人形）两侧各加一点，指示腋窝处，是“腋”之本字
	曰	口字上方加一短横，表示自口发出声音

（3）会意，是两个以上象形字或构件组合起来共同表示某个字意。例如，“步”，是从两止（亦即两足）一前一后，会意步行；“逐”，从一豕（猪）、一止（足），会意追逐猎物；“戒”，从戈（武器）、从二又（又表示手），以双手持械，会意警戒；“伐”，从人、从戈，戈穿过人的头部，会意砍头（甲骨文中“伐”字常用来表示砍掉人头以祭祀）。有学者统计，在可释的甲骨文字中，会意字数量最多。如果我们用心去学习和品味甲骨文字，可能会发现甲骨文字中会意字也是信息最丰富、最有趣味的。甲骨文会意字如表 5-9 所示。

（4）形声，是由表义的构件即“形符”或“形旁”，加上表音的构件即“声符”或“声旁”，组成一个合体字的造字方法。这种方法所造的字就叫形声字，一般分析其偏旁、结构时会说“从某，某声”。甲骨文形声字如表 5-10 所示。

表 5-9　甲骨文会意字

甲　骨　文	简　体　字	说　　明
	步	从两止(即两足)一前一后,会意步行
	逐	从豕(猪)、从止(足),会意追逐猎物
	戒	从戈(武器)、从二又(手),以双手持械,会意警戒
	伐	从人、从戈,戈穿过人的头部,会意砍头
	采	像手形,从、从,会意以手从树上采撷果或叶
	年	从人从禾,人背着禾,会意谷物丰熟之意
	牧	是以手持杖,从、从牛或羊,会意放牧
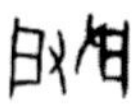	启	从又(手)、从户(一扇门),会意以手开门

表 5-10　甲骨文形声字

甲　骨　文	简　体　字	说　　明
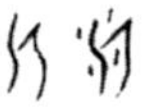	河	从水,声,水作或作  
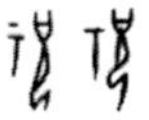	祝	从示,声,亦祝之本字。示作或  
	洹	从水,亘声,卜辞中为水名,即今之安阳河
	杞	从木,己声
	宅	从宀,乇声。即宀,像房屋侧视形
	追	从止,自声。止,足也,从止之字,多有行进之意

(5) 假借,是“本无其字,依声托事”,也就是一些较抽象的意思,无法通过象形等方法去造字,于是借用已有的音同或音近的字来代替,故称假借。因为是借用已有的字形,并不新造字,所以王筠归之为“用字之法”,而非造字之法。例如“其”字作为语气词或指示代词,无法用象形之法“画”出来,于是借用表示畚箕的这个字形代替,后来借用久了,就成了专门用作语气词或指示代词的“其”字,而表示畚箕的字则由加上竹字头另造新字形即“箕”来充当。像虚词、代词、方位词、数字、干支字等,往往都是假借字,如表 5-11 所示。

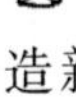

表 5-11 甲骨文假借字

甲骨文	简体字	说明
	其	像畚箕之形，是“箕”的本字，假借为虚词“其”
	我	像有锯齿的长柄兵器，本义即某种兵器，假借为代词“我”
	它	像蛇之形，假借为代词“它”
	亦	“腋”的本字，假借为虚词“亦”
	北	像两人相背，是“背”之本字，假借为方位词“北”
	隹	像短尾鸟之形，假借为虚词“唯”

（6）转注，一般认为是两个字意思相通，可以彼此互相解释，所以也非造字之法。因为这样的例子太少，学者们对转注的理解也有分歧，所以在六书里，一般不太被关注，甲骨文更是很少涉及。我们学习汉字、学习甲骨文，重点要了解“六书”的其他五种并能够用来分析具体字例。

5.2.2 熟悉甲骨文部首

认识和处理甲骨文字，须先熟悉甲骨文部首，并学会用象形、指事、会意、形声、假借去分析甲骨文，这样在进行甲骨文字和甲骨拓片、照片等图像处理时，才能够尽量避免错误拆分字形或处理图片，提高甲骨文信息化处理研究相关工作的效率和质量。

“殷契文渊”甲骨文部首表在兼顾构字理据和查找便利的指导原则下，共确立 172 个部首，将无法归部的字形放在难检字中。另外考虑用户集中检索的方便，将“数字”“干支”和合文“祖先”等与“难检字”在 172 部首之外各设一部，这样部首表中实际是 172+4 部。

172 部，大体按照“人体”“天地气象”“植物”“动物”等类别排列，每个类别当中又以“据形系联”原则排序。

（1）与人体相关的部首，如图 5-13 所示。

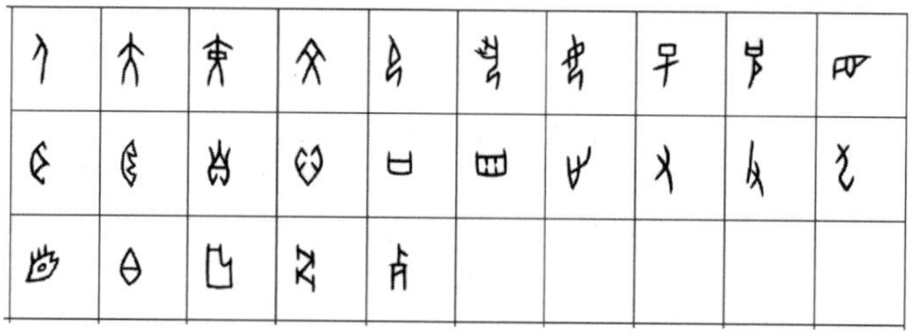

图 5-13 与人体相关的部首

（2）与天地气象相关的部首，如图 5-14 所示。

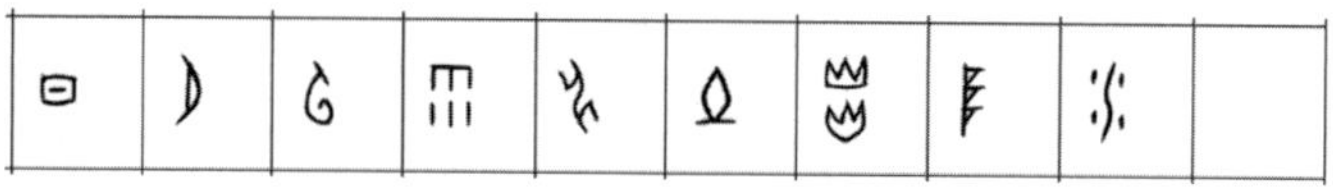

图 5-14 与天地气象相关的部首

（3）与植物相关的部首，如图 5-15 所示。

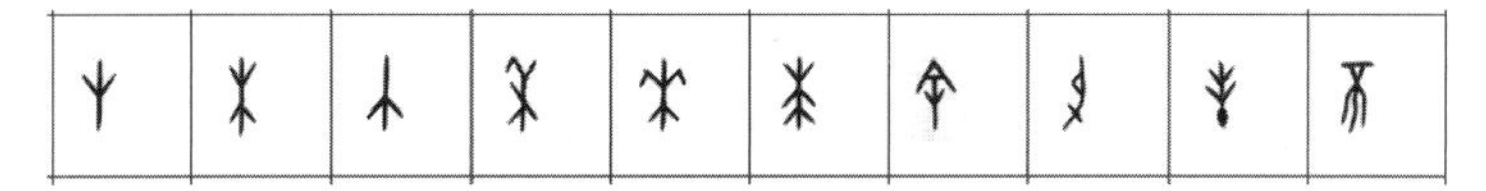

图 5-15　与植物相关的部首

（4）与动物相关的部首，如图 5-16 所示。

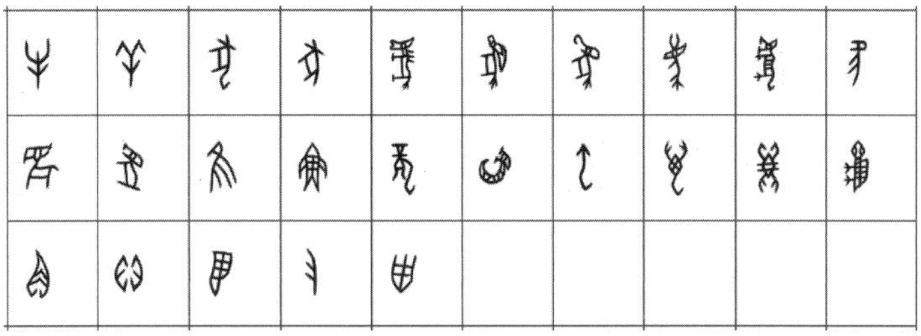

图 5-16　与动物相关的部首

（5）与人类活动相关的部首，如图 5-17 所示。

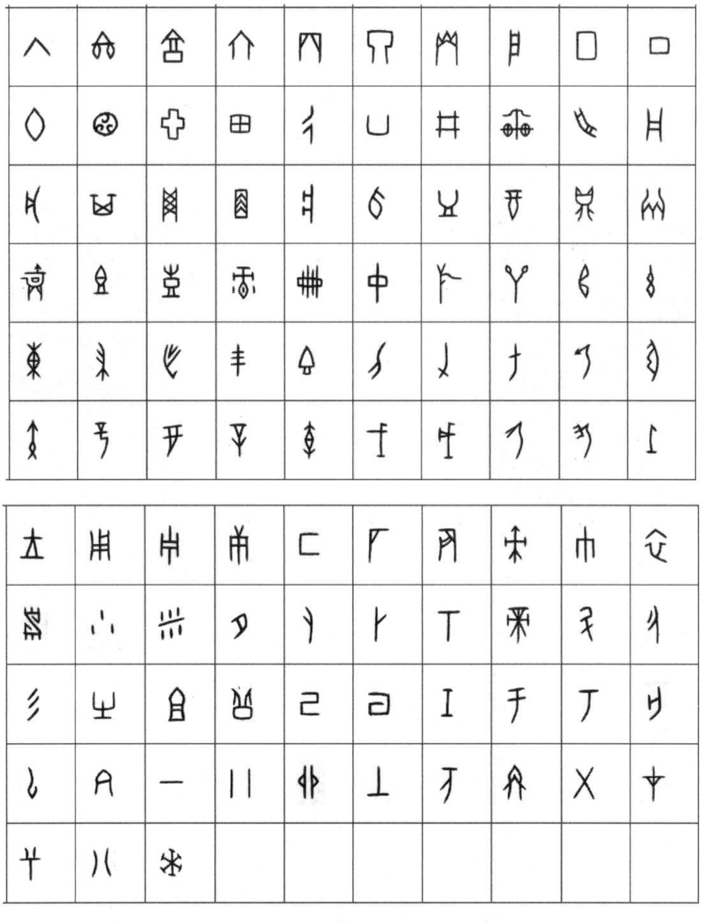

图 5-17　与人类活动相关的部首

5.2.3 认识常见甲骨文字

1. 甲骨文的干支

商代甲骨上的文字，距今已有三千多年，汉字演化到今天，单字的构形、字意和读音都经历了巨大变化，甚至有些字在历史上逐渐消亡，因此今天要全部读懂出土甲骨上的卜辞是很困难的。但是很多卜辞的信息仍然可以解读，时至今日，学者们已经根据甲骨文和相关典籍整理了多部商代史著作。前面的章节讲过，一条完整的卜辞，可由叙辞、命辞、占辞、验辞四部分构成，其中叙辞（或称“前辞”）是记录占卜日期和贞卜人名字。想要读懂卜辞，首先必须认识的就是日期。殷商人采用干支纪日法，即以十“天干”——“甲、乙、丙、丁、戊、己、庚、辛、壬、癸”与十二“地支”——“子、丑、寅、卯、辰、巳、午、未、申、酉、戌、亥”依次互相搭配，组成60个不同的干支来纪日，60天为一个周期，循环往复。例如某一天为甲子日，那么第二天就是乙丑日，第三天就是丙寅日，以此类推。干支纪日法是中国古代的一项重要发明，后来又用干支纪年、纪时，至今未曾中断。

如图5-18和图5-19所示，《甲骨文合集》667正，右侧一条卜辞为“壬寅卜，㱿贞：自今至于丙午雨？”（自左向右读）意思是，壬寅日由名为㱿的贞人主持占卜，贞问从今天到丙午日有雨吗？左侧一条为与其意思相反的对贞卜辞：“壬寅卜，㱿贞：自今至于丙午不其雨？”（自右向左读）这里涉及两个干支日，通过查看干支表我们可以知道，壬寅日到丙午日，中间隔了“癸卯”“甲辰”“乙巳”三天。因为常常要关注到卜辞中不同日期之间的前后关系，学习和研究甲骨文的人通常手边都要放一份干支表备用。六十干支表如表5-12所示。

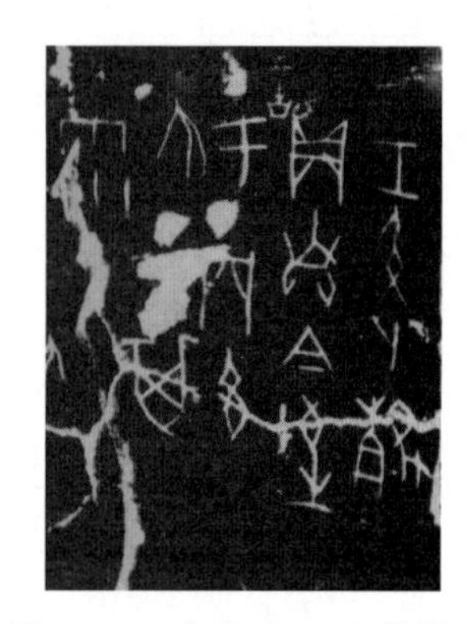

图5-18 《合集》667正 局部1

图5-19 《合集》667正 局部2

表5-12 六十干支表

甲子	乙丑	丙寅	丁卯	戊辰	己巳	庚午	辛未	壬申	癸酉
甲戌	乙亥	丙子	丁丑	戊寅	己卯	庚辰	辛巳	壬午	癸未
甲申	乙酉	丙戌	丁亥	戊子	己丑	庚寅	辛卯	壬辰	癸巳
甲午	乙未	丙申	丁酉	戊戌	己亥	庚子	辛丑	壬寅	癸卯
甲辰	乙巳	丙午	丁未	戊申	己酉	庚戌	辛亥	壬子	癸丑
甲寅	乙卯	丙辰	丁巳	戊午	己未	庚申	辛酉	壬戌	癸亥

其实在河南安阳殷墟出土的甲骨中就有这样的干支表，上面整整齐齐地刻着六十干支。这些甲骨片不像其他卜骨、卜甲那样背面有钻凿和灼痕，可知不是占卜用的，学者们推测可能在殷商时期是专门用来纪日的，可以说是我国最早的“日历”。这些甲骨干支表中最完整也是最著名的一片是《合集》37986号（属第五期黄组），是在商代晚期刻在一块牛肩胛骨上的，如图5-20所示。

图5-20　《合集》37986

表5-13是甲骨文表示天干、地支的字。由于出土的甲骨涉及300余年的时间跨度，加上刻手的不同，字体风格有很大差异，其中有的干支字不同时代变化不大，有的则有很大差异，表中虽然只简单列举了一些干支字形，但已经可窥见其字体风格的差异。

2. 甲骨文中的祖先

卜辞中无论农事、战争、狩猎、生育、疾病等都经常涉及祭祀，需要贞问以选择合适的祭祀方式。被祭祀的神分自然神、祖先神和至高无上的“帝”（偶尔称“上帝”）。殷人认为山川河流、风雨雷电无不由特殊的神主宰，因此山有山神，河有河神，都需要祭祀。关于祖先神，涉及商代先公先王世系，如果从简单的开始认识，我们可以先识读表示商王祖先庙号或其他表示称谓的合文。图5-21只是简单列举了一些，实际上卜辞涉及的还有很多。

表5-13　甲骨文天干、地支字形

天干	甲	乙	丙	丁	戊	己	庚	辛	壬	癸		
地支	子	丑	寅	卯	辰	巳	午	未	申	酉	戌	亥

上甲　报乙　报丙　报丁　示壬　示癸　大甲　大乙

大丁　祖甲　祖乙　小乙　小丁　妣戊　妣己　兄丁　母甲

图5-21　甲骨文中的祖先字形

3. 甲骨文中的数字

我们常说，甲骨文是已经比较成熟的汉字，这从甲骨文中的数字就可以体现出来。甲骨文中的数字已经基本自成体系，我们现在所使用的数字，在甲骨文中差不多都已出现，用法也基本一致，只是某些数字的表示方式有些不同，见图 5-22。

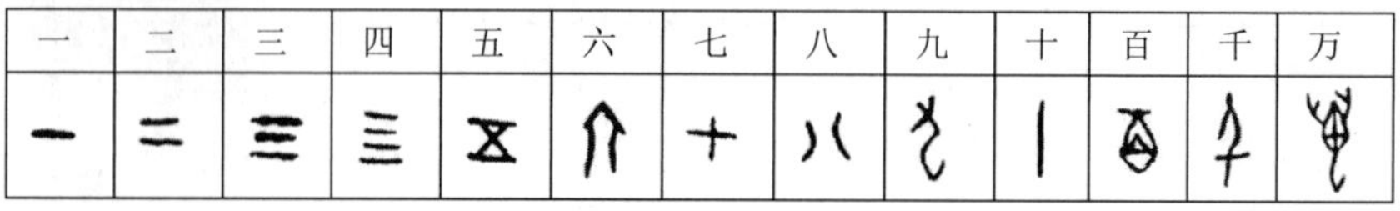

一	二	三	四	五	六	七	八	九	十	百	千	万

图 5-22　甲骨文中的数字 1

注：甲骨文数字的 并非“十”，而是“七”； 才是“十”。另外卜辞中甲和七二字同形。

数字中的二十、三十、……、九十，以及几百、几千、几万等，常用合文形式，可仔细观察图 5-23 中的例子。

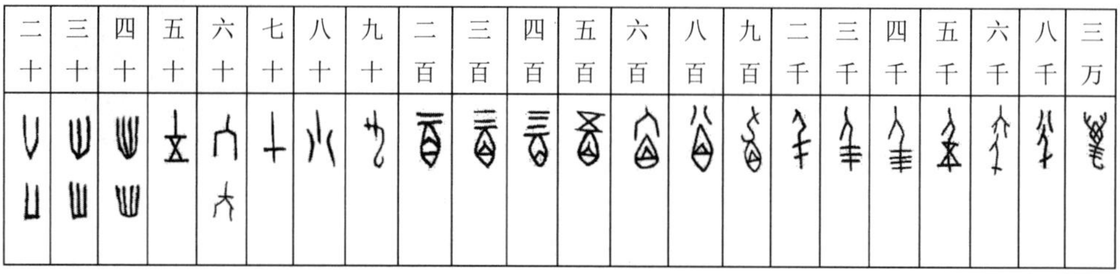

二十	三十	四十	五十	六十	七十	八十	九十	二百	三百	四百	五百	六百	八百	九百	二千	三千	四千	五千	六千	八千	三万

图 5-23　甲骨文中的数字 2

注 1：甲骨文中几十和十几的书写方式不同，如 是五十，则 是十五。

注 2：甲骨文已释字中目前尚未见到“七百”和“七千”的合文。

商代祭祀是国家大事，甲骨文中的数字，经常用于祭祀中所用牺牲的数量。如《合集》321：“贞，三十羌，卯十牢又五。”这是贞问，用三十个羌人、剖杀十五牢来祭祀吗？牢是圈养的专门用于祭祀的牛。这里“十牢又五”相当于说“十又五牢”，也就是十五牢。可见数字的这些表达方式以及古代汉语中这个“又”字的用法在商代就已经形成了。《合集》321 如图 5-24 所示。

图 5-24　《合集》321

甲骨文的数字又经常与祭祀卜辞中的祭牲组成合文，如图 5-25 所示的有关祭牲的合文中，除了“小宰”之外，其他都含有数字。

三羌　十羌　三十羌　三十人　二牛　三牛　二十牛　五十牛　二牢　五牢　小宰

图 5-25　有关祭牲的合文举例

卜辞中的月份也是常见的涉及数字的内容。下面是一至十三月的合文举例，想了解更多的写法，我们可以多看拓片，留意观察甲骨卜辞中这些数字的写法，以及与“月”字的位置搭配，你会发现，就连这些数字都体现着甲骨文字的烂漫多姿。另外，你是否发现了甲骨文中居然还有十三月？其实还有十四月呢，这涉及商代的历法，有兴趣的话可以找些资料来了解。甲骨文中的月份合文如图 5-26 所示。

一月　二月　三月　四月　五月　六月　七月　八月　九月　十月　十一月　十二月　十三月

图 5-26　一至十三月的合文举例

5.3　本章小结

本章我们初步认识了较为简单和常见的甲骨文字。甲骨文的信息处理需要对甲骨文常识有一定了解，对甲骨字能基本识读，这是最起码的要求。但要真正做好此项工作，我们对甲骨文的了解自然是愈深愈有利于研究课题的提出和问题的解决。2014 年 5 月 30 日，习近平总书记在北京视察工作中就曾指出："汉字是中国文化传承的标志。殷墟甲骨文距离现在 3000 多年，3000 多年来，汉字结构没有变，这种传承是真正的中华基因。"从一个中国人的角度来说，能够通过对古文字的了解进而理解中华民族几千年传承不息、博大精深的汉字文化，将是充满意蕴与乐趣的一件事。希望本章能够作为一个小小引子，可以帮助大家建立对甲骨文了解、学习的兴趣，并希望你在课后能找到有帮助的甲骨文书籍进行自由阅读和深入学习。

习题 5

(1) 甲骨文字有哪些特点？

(2) "六书"是什么？请举例说明。

(3) 从"殷契文渊"网站上下载 15～20 幅甲骨文拓片，从中选取 20 个字，用六书的方法分析其字形结构。

(4) 请把你所认识的甲骨文字分类整理一下，例如数字、干支、祖先、月份以及其他单字。

(5) 请从《甲骨文字编》或《新甲骨文编》找出若干你感兴趣的异形字，分析异形字产生的原因。

第二篇　数字甲骨

本篇是甲骨文信息处理研究的基础部分，讲解在信息技术下如何进行甲骨文的数字化设计和研究，以及如何进行甲骨碎片的拼接及三维建模技术研究。通过本篇的学习，使读者明确甲骨文数字化研究的基本技术与方法，理解如何更好地进行甲骨文的保护，为智能甲骨研究提供知识铺垫。

本篇包括5章。

第6章：甲骨文字库与编码，初步讲解中文字库及字符编码的定义与作用，介绍字库与编码的关系，详细探讨了甲骨文的字库与编码问题。

第7章：甲骨文输入法，介绍汉字输入法原理与现状，详细讲解甲骨文输入法的原理及应用。

第8章：甲骨文文献数字化，主要介绍甲骨文文献的现状，重点讲解文献数字化技术的构成，以及经典的文档分析技术与字符识别技术，并对甲骨文文献数字化技术研究展开讨论。

第9章：甲骨碎片自动缀合方法，介绍甲骨碎片缀合的意义，系统分析传统甲骨缀合方法，重点介绍当前最新甲骨碎片图像缀合方法。

第10章：甲骨三维建模，讲解甲骨三维建模的意义，介绍甲骨三维建模的方法。

第6章 甲骨文字库与编码

CHAPTER 6

信息资源必须有载体，没有载体就无法保存和传递。由于语言文字负载了80%以上的信息，在各类信息载体中重要性居于首位。因此，语言文字计算机化是信息化的主要内容之一。在现实社会中，我们每个人都有一张身份证，用于区分我们每个人，即使重名也不用怕混淆。同样在计算机里面，每个字符也需要一个身份证，用以区分彼此。

字符(character)是各种文字和符号的总称，包括各国家文字、标点符号、图形符号、数字等。字符集(character set)是多个字符的集合，字符集种类较多，每个字符集包含的字符个数不同，常见字符集包括ASCII字符集、GB 2312字符集、BIG5字符集、GB 18030字符集、Unicode字符集(有多种字符编码，如UTF-8、UTF-16等)等。计算机要准确地处理各种字符集文字，需要进行字符编码，以便计算机能够识别和存储各种文字。中文文字数目大，而且还有简体中文和繁体中文两种不同书写规则，而计算机最初是按英语单字节字符设计的，因此，对中文字符进行编码，是中文信息交流的技术基础。

6.1 字符集

在介绍字符集之前，先了解一下为什么要有字符集。我们在计算机屏幕上看到的是实体化的文字，而在计算机存储介质中存放的实际上是二进制的比特流。那么在这两者之间的转换就需要一个统一的标准，否则把我们的U盘插到别人的电脑上，文档就乱码了；从QQ上传过来的文件，在我们本地打开又乱码了。于是为了实现转换标准，各种字符集标准就出现了。简单地说，字符集就规定了某个文字对应的二进制数字存放方式(编码)和某串二进制数值代表了哪个文字(解码)的转换关系。

为什么会有那么多字符集标准呢？这个问题实际非常容易回答。为什么我们的电源插头拿到英国就不能用了呢？为什么显示器同时有DVI、VGA、HDMI、DP这么多接口呢？很多规范和标准在最初制定时并未意识到这将会是以后全球普适的准则，或者出于组织本身利益着想，从本质上区别于现有标准。于是，就产生了那么多具有相同效果但又不相互兼容的标准。

6.2 字库

字库相当于所有可读或者可显示字符的数据库，字库决定了整个字符集能够展现表示的所有字符的范围。目前的中文信息处理普遍采用字库的方式，以汉字作为信息处理的基本单位。这种方式会根据某一字符集标准，例如 GB 2812—80、GB 18030—2000 等，建立与之对应的字库，由于每个汉字在字符集标准中都有唯一的编码，处理时，只需根据汉字在字符集中的编码到字库中找到对应的汉字信息即可。汉字字库在各种系统中得到了广泛的使用，基本能够满足中文信息处理的要求。

“字库”是电脑里面保存字符形状的仓库，网上有各种各样的字库，按字符性质分有中文字库、外文字库、图形符号库、英文字库、俄文字库、日文字库等；按语言分有简体字库、繁体字库等；按品牌分有微软字库、方正字库、汉仪字库、文鼎字库、汉鼎字库、长城字库、金梅字库等；按风格分有宋体、仿宋体、楷体、黑体、隶书、魏碑、幼儿体、哥特体(Gothic)等；按人名分，名人字体有舒体(舒同)、姚体(姚竹天)、启功体(启功)、康体(康有为)、兰亭(王羲之)、祥隶(王祥之)、静蕾体(徐静蕾)、叶根友(手写体)等。总之，凡是电脑能显示的符号，都有一个字库对应。

计算机汉字字库在实际应用中具有非常重要的意义，它不仅应用于各种文字平台，而且还广泛应用于印刷排版、广告制作、三维动画、辅助设计等诸多方面，其重要性不亚于硬件当中的存储卡和芯片。汉字字库是计算机图形学和计算机辅助设计研究的重要内容之一，而且是近年来讨论较多的热门话题之一。字库的发展主要是格式方面的变化，主要经历了 3 个阶段，即点阵字库、向量字库和曲线字库，相对应于这 3 种字库中汉字字形的描述方法为点阵法、向量法及曲线轮廓法。

字库是有版权的，我们经常在网上见到因为字库侵权打官司，如宝洁公司与方正公司关于字体版权的官司。宋体和楷体等字体已经被我国规定为公有领域的免费字体，这几种字体可以满足人们日常生活中 90%以上的需要，包括书籍、报纸的出版发行等商业行为，如果不想另外付费，完全可以用这几种字体替代特殊字体使用。但是，如果企业要将方正字体应用于广告、产品包装、用户手册、商标等商业目的，则必须得到方正电子公司专门的授权，所以字库已经发展成为一个产业。

6.3 汉字字库存在的缺点

汉字字库在国内外使用至今，基本满足了当前中文信息化的要求，为中文信息化作出了不可磨灭的贡献。但这种方式存在以下弱点。

1. 汉字信息化标准难以形成

从 1978 年到 2000 年的短短 22 年间，我国出台了 4 个国家标准。这一方面反映我国对汉字信息化高度重视和全社会对汉字信息化的迫切需求，另一方面也反映了我国汉字信息化的标准稳定性差。这是由汉字字库方式引起的。对于这个问题，马希文在 20 世纪 80 年代初就提出这一“使计算机界感到十分尴尬”的汉字大字符集的科学问题。汉字是在不断发展的大字符集，字库总是不能适时跟上汉字的发展，要增加一个新的汉字，需要增加相应字节来储存并规定编码，就必须颁布新的标准，这就意味着汉字字库方式很难为中文信息管理建立长期稳定和规模合理的字库标准。而且，汉字字库的规模和稳定性永远是一对矛盾，字库规模越大，开销也越大；规模越小，稳定性就越差。GB 18030—2000 标准可以涵盖 27533 个汉字，然而，中文有 8～10 万个汉字，GB 18030—2000 的字库还不到汉字总数的一半，这个汉字字库不够用。最新的 GB 18030—2005 标准可以涵盖 70244 个汉字，也只包括了约 70%，即便有了 10 万字的字库，但汉字字库还是不够用，原因是新的汉字又会造出来。

2. 字库不符合汉字的造字规律

文字是记录语言的符号，是人类进入文明时代的一个标志。汉字是书写汉语的符号，是我国人民在长期的劳动实践中创造出来的，是世界上最悠久的文字之一。它代表着中国人与宇宙互动的"心路历程"。正如国学大师饶宗颐所说："汉字是中华民族的肌理骨干，可以说是整个汉字文化构成的因子。造成中华文化核心的是汉字，并成为中国精神文明的旗帜。"就"书同文"而论，几乎可以说"没有汉字就没有中华民族"。历史上第一部对汉字进行系统研究的叙述专著是东汉许慎的《说文解字》，它将汉字造字方法归纳为"六书"——象形、指事、会意、形声、转注和假借。其中象形、指事是独体字，会意、形声是合体字，转注和假借似乎不是造字法而是用字法。象形是用线条来描画事物的形状；而指事则使用抽象的符号来代表事物，是我们祖先对事物的认识和表示方法；会意和形声则是用两个或两个以上的上述象形字或指事字来造字，绝大多数的汉字都是形声字。因此，可以这样说，汉字是由象形和指事的基本符号体系进行拼合的文字。采用字库方式，只要根据"万码奔腾"形成的各种输入法，找到交换码就可以。完全没有汉字的造字过程。在我国长期使用"拼音输入法"的用户中，有"提笔忘字"经历的用户超过 95%。这是因为许多人长期在计算机、手机上输入拼音，已经习惯了用拼音代替汉字。越来越多的人提笔忘字，甚至不会写字。其原因就是把拼音字母当成了思维和书写的载体，而汉字的笔画和结构却变成思维和书写的客体。汉字因此蜕变成汉语的"第二层衣服"，即成为拼音字母的衣服。这种主客易位、本末倒置的做法是对汉字的自我疏远，是对运用汉字能力的销蚀。显然，采用字库方式不利于汉字文化的继承和发扬，对中华民族优秀文化的传承将产生不利的影响。

3. 字库不符合汉字认知规律并与汉字教学脱节

从古到今的汉字识字教学都利用这种认知规律。现在，我国识字教学贯穿于整个小学的语文教育。教学在方法上按照上述汉字的认知规律，从笔画-偏旁-部首-成字的顺序，注重字形、字音和字义三方面，注重探讨汉字的字形结构特点。其教学过程一般为三个步骤：①直观，让学生感知和识记一定数量的基本字和偏旁部首；②概括，让学生对直观的字词进行认真细致的分析、综合与比较，抽象概括出汉字的构成规则；③泛化，让学生广泛应用上述概括好的汉字构成规则。这种教学方法符合汉字的认知机理，是广泛采用的效率较高的汉字教学方法。从一定意义上讲，当代汉字教学的目的就是让受教育者识记汉字，以便用汉字进行信息处理和交流。然而，当他们用计算机这个工具进行交流和信息处理时，发现计算机采用的是字库，完全不需要以前花多年时间学的汉字造字的知识。文字信息处理的方法和以前完全不同。

4. 字库不能很好地满足社会的应用需求

计算机采用字库的信息处理方式，即便是最新的 GB 18030—2000 标准也只可以涵盖 27533 个汉字，还不到汉字总数的一半，虽然最常使用的字只有几千，但不常用汉字既然也是汉字，就都应该而且必须得到使用。在一些博物馆、报社和户籍室经常会出现一些集外字无法输入的现象，这种情况在古籍整理时更加普遍，因此许多古书都采用图像资料来保存。而同样内容的文本资料和图像资料所需的空间是无法相比的，采用图像方式在存储和传输过程中消耗的资源将多出几十倍。由此可见，只要是采用字库方式，这种尴尬就永远回避不了,也就是说,字库方式无法全面满足社会各方面的应用需求。为了勉强应付而采用一些变通方式(例如图像方式),在存储和传输等信息处理环节就不得不付出高昂的成本。

5. 汉字字库信息熵高,是效率最低的文字信息系统

信息熵是信息系统的一项性能指标。信息熵表示了元素出现的不确定性的大小,信息熵越大,说明从不确定性到确定需要的信息越大,系统的开销越大,效率越低。

迄今为止,我国国内和国际组织开发的中文信息系统都采用字库方式。联合国的 5 种工作语言文字的静态平均信息熵如表 6-1 所示。

表 6-1 联合国 5 种工作语言信息熵

语种	法文	西班牙文	英文	俄文	中文
信息熵	3.98	4.01	4.03	4.35	9.65

从某种意义上说,信息处理过程本身就是一个熵减的过程,熵减就意味着系统必须为此付出开销。对信息熵大的系统,它的效率低、开销大。从表 6-1 可知,汉字静态平均信息熵的值为 9.65 比特/字符,是其他 4 种工作语言文字的静态平均信息熵的两倍多。字库方式的汉字系统是世界上开销最大和效率最低的文字信息系统。

6.4 编码

"编码"是人为制造的一串数字,代表某一具体的实物,例如宾馆的房间号、道路的编号、(如"107 国道""318 国道"的 107、318 就是对道路的编码等),其目的是方便管理,方便使用。

计算机硬件只能通过电流的"通"与"不通"识别"0"和"1",所以只能处理二进制数字,如果要处理文本,就必须先把文本"编码"为数字才能处理。由于计算机是美国人发明的,因此,最早只有 128 个字符被编码到计算机里,也就是大小写英文字母、数字和一些符号,这个编码表被称为 ASCII 编码,如大写字母"A"的编码是 65,小写字母"z"的编码是 122。

最早的计算机在设计时采用 8 比特(bit),也就是 8 个二进制位作为 1 字节(byte),所以,1 字节能表示的最大的整数就是 255(二进制 11111111 等于十进制 255),如果要表示更大的整数,就必须用更多的字节。例如 2 字节可以表示的最大整数是 65535,4 字节可以表示的最大整数是 4294967295。

中文的字数远远超过英文 26 个字母,例如《康熙字典》共收录 46933 个汉字,所以要把汉字保存到计算机里,至少需要 2 字节来对汉字进行编号(也就是编码),而且还不能和 ASCII 编码冲突,所以,中国制定了 GB 2312 编码,用来把中文放进计算机。

可以想象全世界有上百种语言,如果各个国家都自己独立编码,就有可能出现一个数字代表不同文字的局面,在同一台计算机里,就会不可避免地出现冲突,结果就是——在多语言混合的文本中,显示出来会有乱码。为了解决这个问题,Unicode 应运而生。Unicode(也翻译成统一码)是想把所有语言都统一到一套编码里,这样就不会再出现乱码问题。即使 Unicode 对全世界的文字进行编码,也不是十全十美的,如都用 3 字节表示一个字符,对于 26 个英文字符来说,本来 1 字节就够了,现在用 2 字节,当字符很多的时候,显然会浪费空间。所以 Unicode 标准也在不断发展,但最常用的是用 2 字节表示一个字符(如果要用到非常偏僻的字符，就需要4字节）。现代操作系统和大多数编程语言都直接支持Unicode。

下面我们看一看ASCII编码和Unicode编码的区别：ASCII编码需要1字节，而Unicode编码通常需要2字节。

字母A用ASCII编码是十进制的65，二进制的01000001；

字母A用Unicode编码，只需要在前面补0就可以，因此，A的Unicode编码是00000000 01000001。

新的问题又出现了：如果统一成Unicode编码，乱码问题从此消失了。但是，如果你写的文本基本上全部是英文的话，用Unicode编码比用ASCII编码需要多一倍的存储空间，在存储和传输上就十分不划算。

所以，又出现了把Unicode编码转化为"可变长编码"的UTF-8编码。UTF-8编码把一个Unicode字符根据不同的数字大小编码成1～6字节，常用的英文字母被编码成1字节，汉字通常是3字节，只有很生僻的字符才会被编码成4～6字节。如表6-2所示，如果你要传输的文本包含大量英文字符，用UTF-8编码就能节省空间。

表6-2 编码对比显示

字符	ASCII	Unicode	UTF-8
A	01000001	00000000 01000001	01000001
中	100111000101101	01001110 00101101	11100100 10111000 10101101

从表6-2还可以发现，UTF-8编码有一个额外的好处——ASCII编码实际上可以看成UTF-8编码的一部分，所以，大量只支持ASCII编码的历史遗留软件可以在UTF-8编码下继续工作。

搞清楚了ASCII、Unicode和UTF-8的关系，总结一下现在计算机系统通用的字符编码工作方式：

在计算机内存中，统一使用Unicode编码，当需要保存到硬盘或者需要传输的时候，就转换为UTF-8编码。

用记事本编辑的时候，从文件读取的UTF-8字符被转换为Unicode字符保存到内存里，编辑完成后，保存的时候再把Unicode转换为UTF-8字符保存到文件。

浏览网页的时候，服务器会把动态生成的Unicode内容转换为UTF-8字符再传输到浏览器，如图6-1所示。

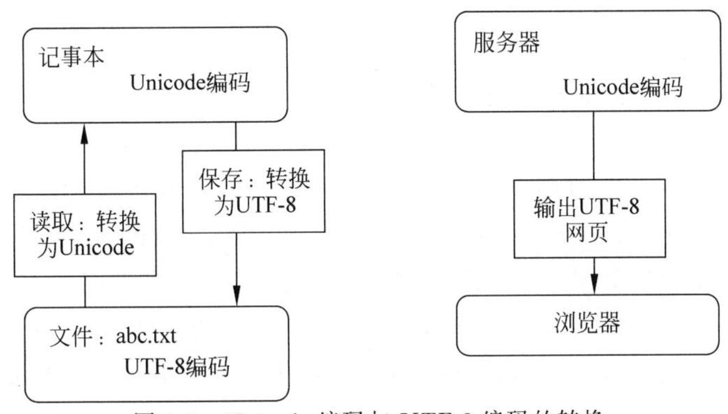

图6-1 Unicode编码与UTF-8编码的转换

所以你看到很多网页的源码上会有类似< meta charset="UTF-8" />的信息，表示该网页采用的是 UTF-8 编码。

Unicode 是一本很厚的字典，它将全世界所有的字符定义在一个集合里。这么多的字符不是一次性定义的，而是分区定义。每个区可以存放 65536 个(216)字符，称为一个平面(Plane)。目前，一共有 17 个平面，也就是说，整个 Unicode 字符集的大小是 1114112 个码位。码位就是可以分配给字符的数字。全世界的字符加起来也用不完所有的码位。古文字的 Unicode 编码如图 6-2 所示。

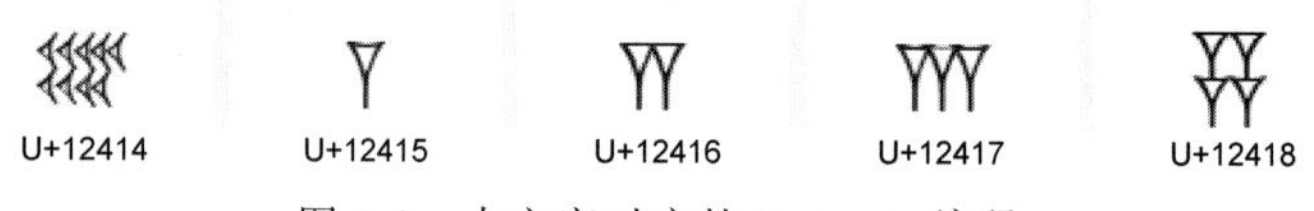

图 6-2　古文字对应的 Unicode 编码

17 个平面的情况如下：

Plane 0，基本平面，常用字符。

Plane 1，多文种补充平面。包含古文字、专用文字、符号和特定领域用的标记。古文字诸如埃及象形文字、楔形文字等，现代音乐标记、Emoji 表情等都属于这个平面的范畴，如楔形文字的 Unicode 编码从 U+12400 开始(U+表示是 Unicode 编码)。

Plane 2，表意文字补充平面。主要对 CJK 的字符进行补充。

Plane 3～Plane 13，暂时还没有分配任何字符。

Plane 14，特别用途平面，240 个(VS17～VS256)补充变量选择器(Variation Selectors Supplement)就在这个平面定义。

Plane 15 & Plane 16，私用。

最前面的 65536 个字符位，也就是 Plane 0，称为基本平面(简称 BMP)，它的码点范围是从 0 到 $2^{16}-1$，写成十六进制就是从 U+0000 到 U+FFFF。所有最常见的字符都放在这个平面，这是 Unicode 最先定义和公布的一个平面。剩下的字符都放在辅助平面(简称 SMP)，码点范围从 U+010000 到 U+10FFFF。

简单来说，Unicode 就是字符集。为每一个"字符"分配一个唯一的 ID(学名为码位/码点/Code Point)。而 UTF-8 就是编码规则：将"码位"转换为字节序列的规则(编码/解码，可以理解为加密/解密的过程)。广义的 Unicode 是一个标准，定义了一个字符集以及一系列的编码规则，即 Unicode 字符集和 UTF-8、UTF-16、UTF-32 等编码。

6.5 字库与编码的关系

计算机字库是存放字形的仓库，一个字符可有多种写法，如宋体、楷体、黑体、草书，所以一套汉字可以有多个字库。

编码是对一个字符的编号，类似于身份证号，是唯一的、不变的。

就像一个人可以有多套衣服，人不变，衣服可以变，人是"编码"，衣服是"字库"，所以网上有很多字库出售或免费提供，如启功体(书法家启功先生写的风格)、静蕾体(演员徐静蕾写的)。尽管一个汉字有不同字体(写法)，但是编码都是一样的。

如图 6-3 所示的“安”，下面 4 个字库中的 4 种形状均不相同，但编码都相同——5B89（十六进制）。在 Office Word 里面，可以通过按 Alt＋X 组合键查看任何字符的 Unicode 编码。

安　安　安　安

宋体　汉仪雅酷　华文行楷　华文彩云

图 6-3 “安”的不同字库

6.6 甲骨文字库和编码

6.6.1 甲骨文字库

甲骨文字库是所有甲骨文字形的集合，甲骨文是目前发现的最早的成熟的文字，我们对它的研究还不充分和彻底，很多字还不认识，目前已经发现甲骨文单字 4500 个左右，为什么说“左右”，有两个原因，一是有的甲骨文字还没发现，还埋在地下；二是限于目前的研究水平和认识水平，可能会把两个不太一样的字形当作一个字形计算，目前公认的已释字字形只有不到已知总数的三分之一，所以建设甲骨文字库的工作是一个动态的工作，需要不断改进和完善，尽管不完美，但必须得有一个字库。

由于甲骨文长年累月地深埋地下，加之甲骨本身脆弱以及出土时的损伤，造成很多甲骨有明显的裂痕、残缺，以此为原型的甲骨文拓片对生成标准的字模要求还相差很远。标准的甲骨文字模要求对有裂痕、残缺的甲骨文拓片上的字形进行填补，对明显不平的地方进行修整，并使用图像增强等技术手段处理图形模糊的拓片以恢复甲骨文原有的面貌，还需要对甲骨文的边界进行规整，除去图像中较小的噪声点，在处理时还应该注意到字形的特点，做到重心平稳、结构匀称、大小一致、比例协调等。最后再根据处理过的甲骨文图片做成甲骨文字模。但是甲骨文字模的制作存在很多问题，甲骨文不仅笔画繁多，而且是用刀或者其他坚硬的工具刻在龟甲或兽骨之上，使它具有不同于使用毛笔或钢笔书写的风格。

传统字库字形的设计是由熟练的造字工人在计算机辅助设计工具支持下，先设计好每一个字，再用数字化扫描仪扫描每一个字，然后用扫描得到的点阵字形和原来的字形相比较，修正失真部分，最后再核对直到它们完全相同。而甲骨文字库的字模以甲骨文拓片为模型进行设计。最重要的是还需要一个针对甲骨文字形特点设计的造字系统，它应该具有以下几个特点：能够对甲骨文拓片进行前期处理，能快速处理字形复杂、笔画无规则的甲骨文，能生成符合现在流行的字处理软件格式的 TrueType 字库。

汉字的计算机表示方式是由以信息交换为目的的汉字内码、以汉字输入为目的的汉字输入码（外码）和以汉字输出为目的的汉字字形（字体）等几部分组成，甲骨文作为中国最早的汉字，当然也不能例外。要在计算机中编辑和输入甲骨文，首要任务是建立甲骨文字形库。目前通常的做法是：通过对甲骨文原始数据——甲骨文拓片的字形采集，取得甲骨文字的轮廓，然后使用字库制作系统进一步编辑处理生成甲骨文字模，最后编码形成甲骨文字库，如图 6-4 所示是传统的甲骨文字库制作过程示意图。

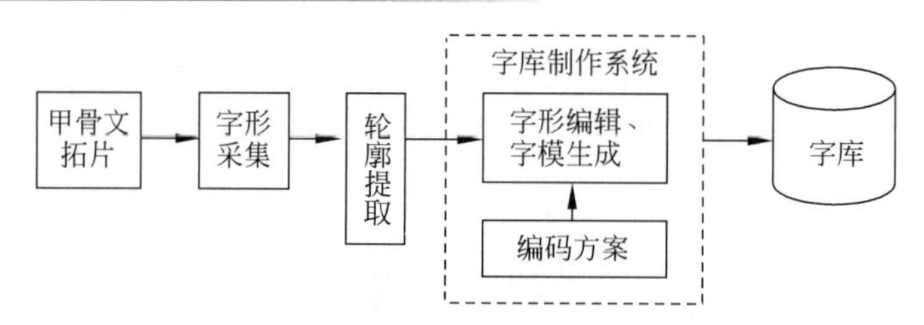

图 6-4 传统的甲骨文字库制作过程

目前国内外甲骨文字库有香港汉达文库字库、北京师范大学的字库、华中师范大学的字库、安阳师范学院的字库，还有一些专家自己做的甲骨文字库。

安阳师范学院字库是目前最新的甲骨文字库，在充分吸收前期各家字库优点、充分考虑最新的研究成果、同时查对每个字的甲骨原片的基础上，由书法家书写、设计、开发制作，2019 年在纪念甲骨文发现 120 周年国际学术研讨会上，安阳师范学院甲骨文字库首期通过甲骨文大数据平台"殷契文渊"对全球开放下载，用户可以免费试用。目前字库正在进行第三期建设。

6.6.2 甲骨文编码

建立甲骨文字库的核心问题是编码问题和字形问题。近年来，围绕甲骨文字的编码问题，中外学者对甲骨文字形进行了长期而深入的研究。将一个给定的甲骨文字数字化为计算机能够进行编辑和识别的甲骨文字，就是要通过合理安排 Unicode 空间中现代汉字和甲骨文字的计算关系，给甲骨文字一个确定的内部编码（Unicode 码）。通常可选两种类型的编码方法。

(1) 将甲骨文字视为一种特殊字体，其编码就是现代汉字的对应编码。

(2) 使用 Unicode 空间中的 Private Use Area 区间进行重新编码，即现代汉字和它所对应的甲骨文字采用不同的编码方式。

第一种编码方法的优点是保证了每一个甲骨文字和现代对应的文字编码的统一性，用现代汉字输入法解决甲骨文的输入困难；不足之处是这种编码方法解决不了甲骨文中异体字的输入问题和目前没有识别的甲骨文的输入问题。和现代汉字不同的是，几乎每一个甲骨文字都有异体字，而且大多数不止一个。例如，现代汉字"身"和"妹"对应的甲骨文字的异体字各有 4 个（如表 6-3 所示）。另外，目前还有近 2/3 的甲骨文字没能完全考释，这些文字如何输入？现在的汉字输入方法回答不了这样的问题。

表 6-3 汉字"身"和"妹"部分甲骨文异体字

身				
妹				

第二种编码方法用 Unicode 的 E000～F8FF 的 Private Use Area 区间进行编码，这固然可行，但同样存在对异体字进行编码的困难。目前，对于甲骨文中的异体字的认识还没有统一的标准，在参考文献中，异体字被限定为有限多个，因此，整个文字的规模和数量完全可

以放在 Private Use Area 区间。但随着对甲骨文字研究的深入，对字形结构的不同的认识和处理，都会导致文字和异体字的数量增加。例如，有学者提出，形状和位置略有不同的甲骨文字都应视为异体字，这样，有限的 Private Use Area 区间就不能容纳多达几万个甲骨文字了。

甲骨文是古文字，不是现在通用的文字，所以在目前国际 Unicode 编码标准里没有甲骨文，但是 Unicode 编码体系里留有大量空间，我们可以先使用某一平面，一旦通过国际标准审核，就可以固定其位置。甲骨文对应的 Unicode 码如图 6-5 所示。

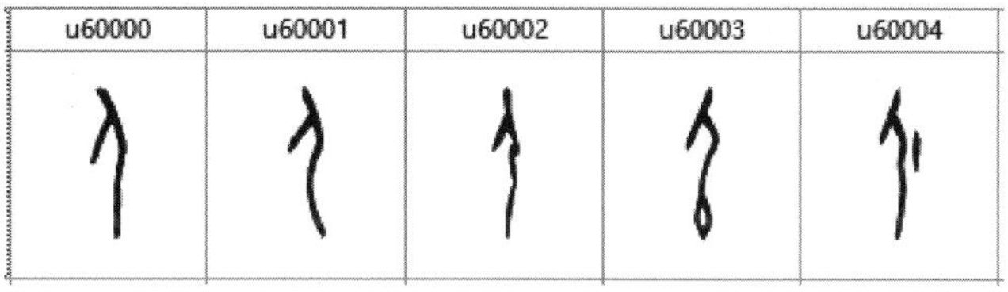

u60000	u60001	u60002	u60003	u60004

图 6-5　甲骨字对应的 Unicode 码

目前我们把甲骨文临时放在第六平面(从 U＋60000 开始编码)，通过了国际标准认证后，再放到规定的码位。

既然甲骨文还没有进入 Unicode 国际标准，所以不是每台计算机都能显示甲骨文，要使用甲骨文，就必须下载我们研发的甲骨文字库“殷契文渊”的著录库，网址是：http://jgw.aynu.edu.cn。

下载甲骨文字库以后，双击甲骨文字库文件(AYJGW.ttf)，就可以安装到 Windows 指定的位置，这样访问“殷契文渊”网站的时候，网页上就能显示甲骨文了。如果将来进入了国际标准，就不用下载字库了。

如果你的计算机安装了甲骨文字库，你在写文章的时候，就可以使用甲骨文。方法是通过“殷契文渊”提供的各种输入法，找到你需要的甲骨文，通过“复制”，就可以“粘贴”到 Word 或 WPS 等文档编辑器里，当然也可以打印输出。如果你要把文章发送到没有安装甲骨文字库的计算机上，你要把文档做成 PDF 格式发送过去，这样对方就可以看到甲骨文了。

综上所述，甲骨文的计算机输入问题可以用以下几句话来表述：

(1) 内码输入不方便。甲骨文一字一内码，内码输入极为困难。

(2) 音码输入输不全。由于存在大量的异体字和绝大部分的未释别字的存在，拼音输入方法不可能输入所有的甲骨文。

(3) 形码输入有点难。为了使用甲骨文，要求用户记忆复杂的编码规则，不利于甲骨文的使用和传播。

综观甲骨文的应用领域，不论是科学研究、文献出版、艺术创作还是文化传承，最直观、最简便的输入方法是手写或 OCR 识别。但由于甲骨文和笔画顺序和笔画结构不固定，因此有必要寻找更适用的方案。

最后简要说一下乱码的问题，乱码的出现是因为编码和解码时用了不同或者不兼容的字符集。对应到真实生活中，就好比是一个英国人为了表示祝福在纸上写了 bless(编码过程)，而一个法国人拿到了这张纸，由于在法语中 bless 表示受伤的意思，所以认为他想表达的是受伤(解码过程)。这个就是一个现实生活中的乱码情况。在计算机科学中类似，一个用 UTF-8 编码后的字符，用 GBK 去解码，由于两个字符集的字库表不一样，同一个汉字在两个字符表的位置也不同，最终就会出现乱码。若要从乱码字符中反解出原来的正确文字，需要对各个字符集编码规则有较为深刻的掌握。

6.7 本章小结

本章主要介绍了字库和编码的概念，通过对比了解到，字库的形式并不适合汉字的发展，最后介绍了甲骨文字库的制作过程和甲骨字的编码方案，以及如何使用甲骨文字库。由于甲骨文字符的特殊性，甲骨文字库的构建和编码并不能完全按照现代汉字的方案，关于甲骨文的输入、输出、识别等问题需要寻找更适合的解决方案。

第7章 甲骨文输入法

CHAPTER 7

甲骨文输入法是甲骨文数字化研究的基础，为了让计算机能够存储和表示甲骨文的研究文献，输入法的研究至关重要。尤其在信息时代，甲骨文输入法是甲骨文研究要解决的首要问题。希望读者通过学习本章甲骨文输入法的基本知识，掌握甲骨文输入法的各种设计思路，能够学会各种甲骨文输入法，为甲骨文的资料整理和文献编辑奠定基础。

7.1 甲骨文输入法概述

甲骨文是我国已发现的古代文字中年代最久远、体系较为完整的文字，是我国文字史上一笔宝贵的财富。从发现甲骨文至今的120多年时间里，甲骨文研究已取得了长足的进展。进入信息时代后，利用计算机数字化技术的优势拓展甲骨文史料的纵深研究已是大势所趋。

如今，多家研究机构已经建立了甲骨文字库，为甲骨文数字化奠定了基础。但是，要想进行真正的数字化，只有字库还远远不够，还必须提供甲骨文输入接口，以方便各种甲骨文文献的数字化集成。

可以看到，在解决甲骨文的计算机输入问题的过程中，许多学者参照现代汉字的计算机输入方案，从形码、音码等多个方面的研究出发，提出了各种各样的解决方案，解决了部分甲骨文字在输入方面的困难。但目前的各种甲骨文输入问题的解决方案各有优势，也都存在一定的缺陷，这是值得我们更多去思考和研究的。本节从汉字输入法谈起，总结甲骨文输入法的特点，为后续甲骨文输入法的设计提供帮助。

7.1.1 汉字输入法

早在1976年，台湾人朱邦复发明了仓颉输入法。1981年国家标准局发布了《信息交换用汉字编码字符集基本集》，即GB 2312—80标准。美国微软公司为了尽快打开中国市场，放开计算机输入法接口，随后，各种新型输入法不断涌现，逐渐形成了所谓“万码奔腾”的局面。在众多的输入法中，比较著名的有：仓颉码、五笔字型、郑码、太极码、天然码、码根码、对称码、和码、键书、全音码、智能ABC、考拉码、清华紫光、拼音之星、自通码、黑马神拼、拼音加加、自由拼音、小鹤双拼、搜狗拼音、微软拼音、百度拼音、华为拼音、QQ拼音、谷歌拼音、讯飞语音、必应拼音、认知码、二笔码、汉字结构码、手写法等。限于篇幅，在此不一一列举其他输入法。原国家教委1995年推荐中小学使用认知码；二笔输入法在2000年后广东省推出，并获准进入中小学基础教材。由于种种原因，各种输入法都只能在一定范围内使用。2006 年,搜狐公司推出的搜狗拼音输入法后来居上而且完全免费,从而受到广大用户的欢迎。拼音输入法逐渐分化瓦解各种形码、音形码输入法的用户,使形码输入法的用户越来越少。中文输入法"万码奔腾"的局面渐渐偃旗息鼓了。

目前,汉字输入法主要有自然输入法和键盘输入法。自然输入法是指手写、听、听写、读听写等方式。目前主要使用手写笔、语音识别、手写加语音识别、手写语音识别加 OCR 扫描阅读器等。键盘输入法研究人员使用汉字编码方案,将汉字拆分成更小的部件,使部件与键盘上的键产生某种关联,人们通过键盘按照某种规律输入汉字。汉字编码方案有几十种之多,中文输入法主要有对应码(流水码)、音码、形码、音形码、混合输入等。

相比较而言,自然输入法具有满足人们的特殊需求、具有一定应用范围、有些已经有成熟的商业产品等优势,但是在使用效率、汉字输入质量、适用人群广泛度、流行程度等方面,键盘输入法更具优势。目前,键盘输入法仍然是当前的主流输入法。

7.1.2 甲骨文输入法的特点

总体上看,汉字的输入方法一般分为拼音输入法、编码输入法和可视化输入法三类。以 Windows 系统为例,这些输入法一般使用微软 Windows 系统以 IME(全称为 Input Method Editor)为后缀名的动态链接库。当用户通过键盘输入时,系统的键盘事件被 Windows 的 user. exe 模块接收到,user. exe 再将键盘事件传到输入法管理器(Input Method Manage,IMM)中,管理器再将键盘事件传到输入法中,输入法根据用户编码字典,翻译键盘事件为对应的汉字(或汉字符串),然后再反传到 user. exe 中。user. exe 再将翻译后的键盘事件传给当前正运行的应用程序,从而完成汉字的输入。

对比一般的汉字,甲骨文有以下特点:

(1) 多异形字,即一个字有多种写法,并且这种写法不固定,可以反写,笔画可以增减,偏旁可以上下移动(如图 7-1 所示);

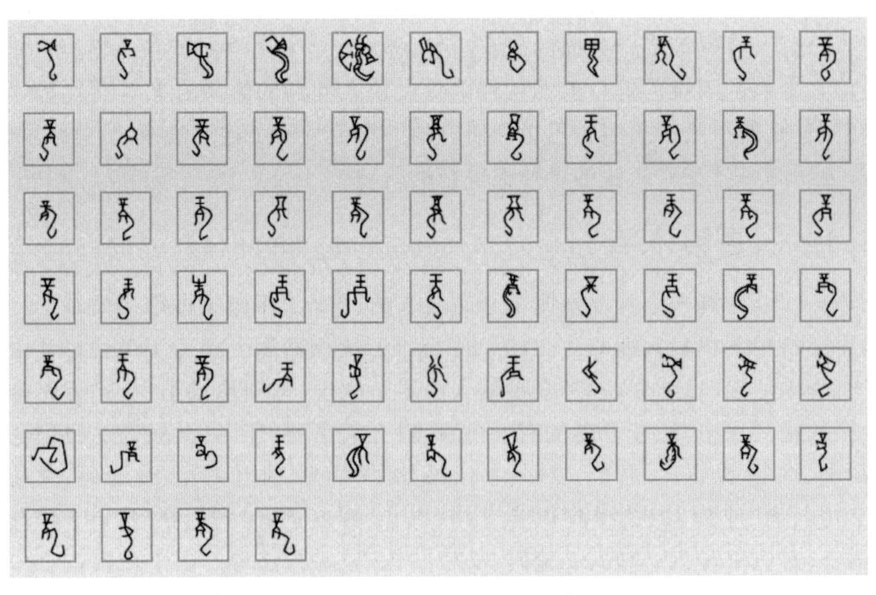

图 7-1 "龙"的甲骨字异形体

(2) 多合文，即将两个或三个字刻写在一起，在行距上占一个字的位置(如表 7-1 所示)；

(3) 有异字同形的情况出现(如图 7-2 所示)。

表 7-1　甲骨文中的部分“祖先”的合文

甲骨字	[illegible]	[illegible]	[illegible]	[illegible]	[illegible]	[illegible]	[illegible]	[illegible]	[illegible]	[illegible]
称谓	上甲	匚乙	匚丙	匚丁	示壬	示癸	大乙	大丁	大甲	外丙

七		甲	
三		气	
十		午	
九		旬	
乇		力	

图 7-2　甲骨字的异字同形示例

针对这三个特点，甲骨文的输入法应该区别于普通的汉字输入法。

7.2　常见的甲骨文输入法

甲骨文是上古殷商、周代的重要文献材料，前人在甲骨文的收集整理和识别考证上已经做了很多工作。目前已经出土的 4500 多个甲骨文字中，已经有 1500 多个甲骨文字得到了考证和确认，这对释读甲骨文提供了重要依据。随着古籍数字化网络出版业的发展和个人计算机的广泛应用，现代出版业中计算机排版的使用要求甲骨文能够在网页中方便地发布，并能在个人计算机上快捷地显示，满足计算机排版需求。甲骨文字库和甲骨文计算机输入法正是为了适应这样的需求，将甲骨文研究和计算机技术相结合而产生的新的研究方向。甲骨文信息化，对于在网络时代方便快捷地应用甲骨文、出版甲骨文文献以及交流甲骨文研究成果等方面都有重要意义。

本节讨论目前各研究机构常用的甲骨文输入法，总体分为三类，即拼音输入法、编码输入法(或部首输入法)、可视化输入法。读者可以认真研读每种输入法的特点及设计思路，总结各自的优缺点，提升对于甲骨文文字编辑工作的深入理解。

7.2.1　拼音输入法

采用拼音输入法，首先基于以下方面进行考虑。首先是甲骨文相对难于辨认，已出土甲骨文的数目相比于如今使用的汉字来说并不多，但由于甲骨文字体结构构成相对复杂，并不是横平竖直的方块字，如顾绍通、马小虎、杨亦鸣等研究的基于字形拓扑结构的甲骨文输入编码研究中，甲骨文具有结构复杂，异写字、异构字繁杂的特点。仅仅一个“犬”字用甲骨文来表达就有百余种方式，对甲骨文字进行部首拆分时，具有上下或者左右结构的文字易于拆分，而对于那些浑然一体的文字却无从下手，如甲骨文字“[illegible]”(虎)字。这种文字本身没有部首,不易拆分,这就使得使用部首来进行输入更加麻烦。

1. 字库设计与实现

正是由于甲骨文的这些特点,使其难于辨认。基于笔画或者部首来说,也需要我们有一定的甲骨文字基础,对于一些较难辨认的甲骨文字,并不能很好地来进行拆分后使用笔画或者部首进行输入。但大多数人都能很好地运用拼音,对于想要输入的文字,我们只需要知道对应的现代汉字,然后通过输入对应的拼音码就可以看到该拼音码下是否存在甲骨文字。基于以上分析,使用拼音输入甲骨文较为方便。首先要设计出对应的甲骨文字库,用来显示甲骨文字,然后通过设计出的甲骨文拼音输入系统进行转换,进而实现甲骨文字的输入。

一个输入法系统的核心文件有字库、码表以及对应的输入法转换程序。字库是储存文字及各种符号的库,是输出系统中的一个重要组成部分,用于显示输出文字的效果,字库有Truetype(简称TTF)字库和Postscript汉字库等。基于以下优点,甲骨文字库一般采用TTF格式进行设计:①Truetype字体是Windows操作系统的字体标准之一,在使用Truetype字体时,可以很好地将字体轮廓转换为曲线,从而进一步对曲线进行优化设置,达到更好的显示效果,通过进一步优化,进而显示为特殊字体;②Truetype字体是结合直线与二次Bezier曲线的优势来显示出字符的轮廓,同时又利用了光栅技术以及矢量技术的优势,从而减少了其他种类字体的缺点,提高了字体的质量,进行任意放大、缩小、旋转等都不会影响字体的输出显示,达到了设备无关性。二次Bezier曲线不但保证了字体轮廓的光滑,还提高了字体输出的速度;③Truetype字体拥有着丰富的指令集,弥补了二次曲线描述轮廓的不足,使得字体更具灵活性。

输入法系统中采用自定义设计字库文件,在设计字库时要选择合适的字体编码格式,计算机系统本身的字符集内并不存在甲骨文字,在字库的编码时采用Unicode编码,即通过原有的Unicode汉字编码查找对应汉字,接着设计出该汉字所对应的甲骨文字。通过这样设计,如果计算机内未拥有甲骨文字库文件,那么输入的文字就会转化为对应的汉字形式。字库的设计通过FontCreator来进行设计,字符的映射值即为Unicode编码值,图7-3为一个设计完成的甲骨文字。

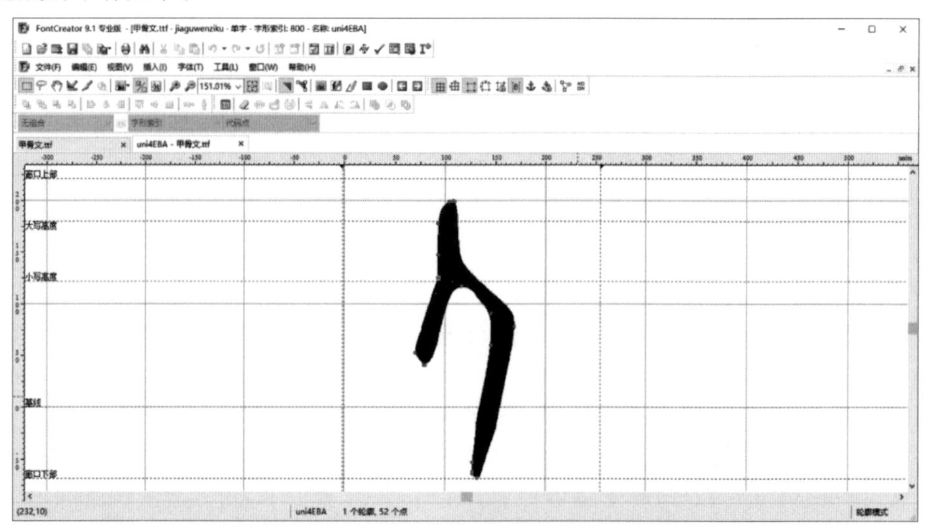

图7-3 甲骨文字图

2. 码表文件实现

码表是甲骨文拼音输入法程序在由拼音转为甲骨文字时的媒介，输入拼音后通过码表来搜索对应的文字信息。在本文中存在两种码表，为区分甲骨文字与现代汉字的发音不同而设计。以下为码表文件的结构格式：

普通文字编码格式：

<编码><空格><甲骨文字><空格><甲骨文字>……

一字多音文字编码格式：

<编码><空格><甲骨文字><＊>……

在输入法程序中，码表具体实现为：用户通过输入拼音码，码表用来查找属于该拼音码下所对应的甲骨文字信息，然后通过 Listview 来显示；对一字多音文字进行分类处理时，建立多音字的专属字库，便于以后数据的管理；码表文件按行读取，每个文字前面为对应甲骨文字的拼音码；为了在 Listview 中方便显示和对文字编号，对于词库文件中每个文字按照空格进行分割；对于一字多音的文字，按照“＊”来分割；对于拼音下不存在的文字，防止输入法不能输入该拼音，把该类文字区置为空；拼音输入法中编码采用拼音码来查找对应的文字。文件保存以. dll 方式存储。. dll 为动态链接库，每次打开. dll 文件系统会给出提示，这样能更好地解决由于误操作导致词库文件不能正常使用的问题。

3. 码表查询算法原理

码表查询算法的主要策略是通过多项输入，逐步缩小范围来查找需要的文字信息。以“香”字为例。过程大致如下：该字的拼音码为 xiang，当用户输入第一个拼音码 x 时，输出结果集里把所有包含 x 的文字信息 S1 收录进去，当输入拼音码 i 的时候，输出结果集里面包含 xi 的文字信息 S2，以此类推……，每多输入一个拼音码，相应的结果集就会更准确，直至最后输入完成，结果集搜索结束。每一步输入过程中如果产生该拼音码下的文字信息，将会实时地显示出来。表 7-2 为查找的大致原理。

表 7-2　码表查询大致原理图

拼　音　码	查询结果集
x	S1(a,b,c,d,e)
i	S2(a,b,c,d)
a	S3(a,b,c)
n	S4(a,b)
g	S5(a)

实现此功能时主要利用 MemoryCache（内存缓存）来存储码表信息，在. Net Framework 4.0 以后，微软提供了 MemoryCache 来管理内存缓存，通过使用 MemoryCache 可以极大地对程序缓存中的数据进行管理，并验证数据的有效性。在 MemoryCache 中，MemoryCacheStore 是其真正用于容纳数据的容器，它可以对程序中的内存缓存数据直接进行管理。当 MemoryCache 在获取数据时，同时对数据的有效性进行检查。首先对参数 RegionName 和 Key 进行校验，同时进行有效性判断；数据校验通过后，进行构造 MemoryCacheKey 对象来实现以后数据的查询和校验；在获得 MemoryCacheStore 之后，

缩小查询范围；然后通过在 HashTable 类型属性中提取 MemoryCacheEntry 对象，从而得到 Key 对应的数据；然后判断其有效性，检验数据。查询过程中主要使用 Hash 查找实现。

7.2.2 编码输入法

甲骨文字形独特，是一种典型的象形文字，具有"图画"的某些特点。且因年代久远，其中与后世文字有联系并能够被辨识确定的，目前有 1500 多个字。所以对于甲骨文，无论从音或是义上，人们都很难完全把握，多年来，一直没能对甲骨文进行有效编码。事实上，任何一种文字都自成系统，有一套确定的构成规律，它们的构形部件尤其如此。甲骨文也不例外，它的构形部件亦有一定的规律。针对该特点，一般的甲骨文输入法编码方案可分为两类，一类是利用甲骨文的字形象形特征进行编码，称为象形码；另一类是利用甲骨文字形的结构特征进行编码，可称为形码。如下简单分析两种编码输入法的情况。

1. 象形码相关的输入法

1996 年，李继明提出了甲骨文象形编码方案，该编码方案利用甲骨文构字部件象形的特点，利用 26 个拉丁字母以及 10 个阿拉伯数字对甲骨文字形进行编码。

1999 年，肖明等人运用模糊数学和面向对象 Petri 网方法研究甲骨文的部件形成和码元的确定规则，使用 25 个拉丁字母和 7 个阿拉伯数字作为码元，与甲骨文中的 500 多个部件相对应，实现"一字一码"的编码方案。

2003 年和 2004 年肖明等人对甲骨文象形码的编码方法进行了研究，认为甲骨文编码的最佳码长接近于 3。象形码从甲骨文构字部件象形的角度出发，对甲骨文进行编码，并没有利用语音方面的属性，存在重码较多的问题。

2012 年，栗青生等人在现代汉字的编码和书写规范基础上，使用有向笔段和笔元对甲骨文进行描述，用扩展的编码区域和外部描述字形库相结合的方式，解决了甲骨文字特别是异体字和没有识别的甲骨文字的输入和输出问题。但该方案主要是提升编码的存储效率，从输入法的角度来讲，其便捷性有待提高。

此外，2003 年，张永坚等人提出了"'之乎者也'——对应数象甲骨文金文输入法"。其主要特征在于将以甲骨文金文为代表的古汉字构件分为"之乎者也唯其同兮由于"十个字象系列，以逐一对应为原则，分布在数字键盘和通用键盘上，解决一键对多部件须死记的难题，用一套等同数象观念在两种键盘编码输入，不增加任何记忆负担，且与"之乎者也"一一对应数象汉字输入法和彝文输入法观念基本统一，让三文使用者能轻易相互过渡、使用。该方案有一定的合理性，但由于其特别依赖字形本身，尤其对甲骨字的复杂性考虑不够全面，因而市场效果不佳。

2. 形码相关的输入法

常见的形码相关的输入法有部首输入法。甲骨文部首输入法一般是在设计好的甲骨文的字表集的基础上，还必须建立部首集。一般依据唐兰提出的"自然分类法"，在日本学者岛邦男编撰的《殷墟卜辞综类》所设部首的基础上，并参考沈建华、曹锦炎编著的《甲骨文字形表》和李宗焜编著的《甲骨文字编》等书的部首，根据甲骨文构形特点与实际需要，重新设置适用于检索的部首表。部首输入法的难点是解决好甲骨文字的多部首拆分问题，尤其是有些甲骨字的"图画"特征不宜拆分相应的部首，这也为后面的可视化输入法提供了解决思路。

2005 年，刘志祥等人根据甲骨文字形特点，提出了使用六位数字进行编码检索的输入法方案。该方案将甲骨文的字形分为封闭曲线结构、交叉线段结构、飘离曲线或点结构等三种结构，据此编成眼码(Y)、睫码(J)、蘖码(N)、枝码(Z)、飘码(P)、结构码(G)六位编码，即每个甲骨字将由六位数字表达。此方案有一定的合理性，但因编码的复杂性，市场价值不高。

2006年，顾绍通等人提出的基于甲骨文字形拓扑结构特征设计的形码输入法。该输入法程序通过拆分取码方法和现代汉字拼音方法两种途径来输入甲骨字形，较好地解决了从通用甲骨文字库中调出所需字形的问题。2009年，该课题组提出的甲骨文拼音与部件拆分输入法获得发明专利授权。

2010年，聂彦召等人在已有的甲骨文输入法的基础上，从笔画的层面对甲骨文字形进行系统的笔画分析，提出了一种基于笔画分析的编码方案。该思路将构成甲骨字的笔画归纳为点、横、竖、撇、捺、弯、曲、框、圆九种笔画，在此基础上设计了甲骨文笔画输入法，也受到了一定关注。

总之，基于编码的甲骨文输入法，编码规则或甲骨字的拆分规则需要特别记忆，同时也依赖于使用者对甲骨文的认知和理解，具有一定的挑战性。同时，针对甲骨字的异形体的编码及重码效率问题都有不足，加上便捷性不够，编码输入法仍有许多需要改进的地方。

7.2.3　可视化输入法

对于可视化输入法最直观的理解就是“所见即所得”的模式，其核心解决方案是不再依赖于键盘，更多的是靠鼠标、书写笔或视频等输入设备进行甲骨文的输入。目前可分为如下3种情况。

1. 基于鼠标点击选择的“可视化输入法”

2004年，刘永革等人提出了通过点击鼠标输入甲骨文字的可视化甲骨文输入法，该方案不同于之前的编码输入法，它将编码好的字库进行分类，一类是甲骨文的部首，另一类是难检字类，输入法将字表显示出来供用户选择，有部首的进行部首查找，对于不方便归类部首的从难检字中查找。因其便捷性，它受到了一定的关注。

2. 基于视频图像采集的视频输入法

2010年，栗青生等人提出了一种甲骨文视频输入法系统。该输入系统主要通过相机等设备采集甲骨字，然后进行文字特征提取，通过智能识别算法进行甲骨字的识别，最后反馈给出识别的甲骨字。该方法便捷性很高，但是因甲骨字识别率问题受到很大限制，因此关注度并不高。近年来，由于人工智能技术飞速发展，尤其是深度学习技术的强势回归，如果有好的甲骨文字样本，并能解决识别效率问题，该方法应该有一定的市场价值。

3. 甲骨文手写输入法

甲骨文手写输入程序的总体层次结构由两个模块构成：交互器与识别器。交互器完成与用户的UI互操作，提供给用户选择甲骨字、保存甲骨字图片、保存甲骨字书写笔迹等功能。同时，此模块还是程序整体逻辑操作的主模块，整个手写输入程序的完整交互流程由其控制。识别器提供识别书写笔迹，并返回识别结果功能。在实际运行过程中，用户通过交互器进行甲骨字书写，交互器在用户每完成一笔后便与识别器通信，将用户当前的书写结果传递给识别器，而后识别器经过识别将识别结果据识别概率降序排列返回交互器，此时交互器将返回的识别结果进行适当处理并将其以可操作的方式显示给用户。下面的甲骨文手写输入程序的流程图更为直观和详细地展示了程序的运行流程与层次结构，如图7-4所示。

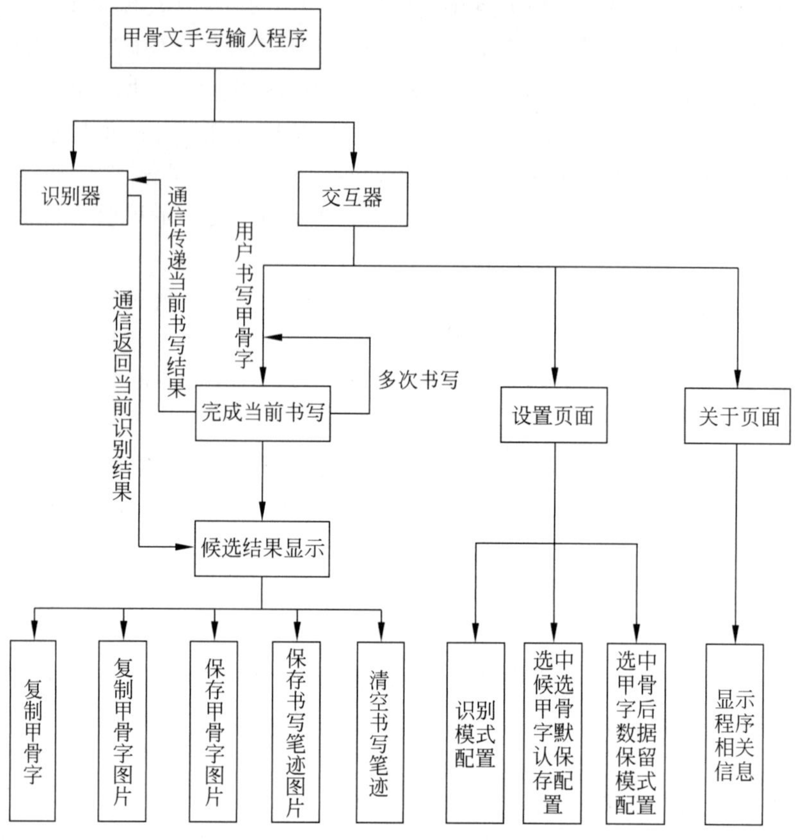

图 7-4　甲骨文手写输入程序流程图

手写输入程序使用户无须具有任何甲骨文的专业知识，只要知道所要输入的甲骨字字形，而后通过鼠标“书写”至程序中，程序应用识别模块便可自动识别出用户书写的甲骨字，并提供候选结果供用户输入。目前，网络识别模块是采用三层卷积神经网络识别模型，实验表明，该模型的识别正确率为 95.63%，且具有毫秒级响应能力，性能较好。手写输入法识别结果页面如图 7-5 所示。

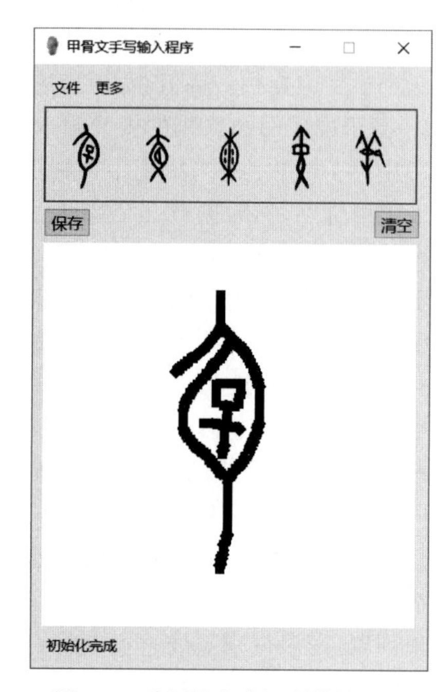

图 7-5　手写输入法识别结果页面

目前，该手写甲骨文输入法程序已经开发出了单机版、网络版和手机版 App，均由甲骨文信息处理实验室的学生开发研制，他们将更多甲骨文字的数据采集作为样本，为该程序的识别效率提供了很好帮助。

此外，2012 年，鄭格斐等人提出了甲骨文著录索引输入法，该输入法采用著录索引将甲骨著录与甲骨文字之间建立映射关系，形成著录名称、拓片序号和候选字号组字的甲骨文字输入编码。著录名称与键盘上的英文字母对应，拓片序号与键盘上的阿拉伯数字对应，候选字号与键盘上的阿拉伯数字对应，形成<著录名称><拓片序号><连字符键><候选字号>格式的编码序列。既满足甲骨文刊布、考释和分期断代等学术研究需求，又能满足经验不丰富的一般用户计算机输入甲骨文字的需要。充分利用已著录的大量甲骨拓片资料，使用户无须掌握甲骨文字的读音、字形和考释，仅凭著录和拓片信息就能直接将甲骨文字输入计算机，具有简单直观、快捷高效等特点。值得说明的是，该输入法的可操作性不太强，它依赖于使用者对甲骨文著录资料的掌握，有很大的局限性。

总之，甲骨文可视化输入法便捷性的特点突出，是一个值得研究的方向，尤其是在建立好的甲骨文字库的基础上运用好的机器学习方法，将会使得甲骨文可视化输入法更有活力。

7.3 本章小结

甲骨文输入法是甲骨文数字化编辑的基础，目前已经不仅仅局限于使用在个人计算机端，更多体现在基于 Web 页面的文字显示和基于出版编辑的数字化出版业务中。本章从汉字的输入法谈起，介绍了甲骨文字的特点，对比了甲骨文字和现代汉字的区别，指出甲骨文的输入法研究面临的挑战。接着从拼音、编码、可视化三方面就甲骨文输入法进行了详细解释，讨论了各种类别输入法的特点及设计原理，使读者更进一步明确不同类别输入法的异同点和优缺点，能理性评判不同的输入法，也为进一步研究更具实用价值的甲骨文输入法，让甲骨文的数字化更为普及打下基础。

习题 7

（1）简述现代汉字输入法和甲骨文输入法的异同点。

（2）解释甲骨文字库和甲骨文输入法之间的关系。

（3）如何将深度学习技术更好地应用于甲骨文输入法中？

（4）比较甲骨文的拼音输入法、编码输入法和可视化输入法的特点。

（5）根据甲骨片图像信息，完成甲骨卜辞文本内容的编辑，操作步骤如下：

① 登录殷契文渊(jgw.aynu.edu.cn)下载并安装甲骨文字库(ayjgw.ttf)。

② 选取至少 5 片清晰的甲骨片，完成对应的甲骨卜辞原文和释文信息(参考殷契文渊的甲骨著录资料)。

③ 提交作业报告。

第8章 甲骨文文献数字化

CHAPTER 8

甲骨文研究文献极大地推进了甲骨文的研究进程，奠定了甲骨文的研究基础。随着甲骨文研究的逐渐深入，为了便于查阅资料，学者们对甲骨文资料进行了整理，出版了《甲骨文合集》《甲骨文献集成》《甲骨文字诂林》《甲骨文研究资料汇编》等丛书。遗憾的是，整理成册的书籍资料虽然为甲骨学研究提供了极大的便利，但也存在一定的局限性。大部头、多册出版的书籍受限于成本，通常售价高昂，而丰富且繁杂的内容也大量增加了读者资料查阅的时间成本和人力成本。随着数字化技术的发展，通过对甲骨文研究文献进行数字化处理，打造开放、便捷、共享的甲骨文数字化平台成为大势所趋。而甲骨学文献实现数据化，意味着可以进一步利用大数据技术对文献进行分析，为甲骨学研究提供更深入的智能化服务。本章以甲骨文文献的整理情况为切入点，简要介绍近代甲骨文研究文献的撰写、整理与保存状况，并在此基础上对以光学字符识别为代表的文献识别技术进行介绍。

8.1 甲骨文文献现状

甲骨文文献，是指甲骨文被发现以来，历代甲骨文研究者在对甲骨文进行研究的过程中对文字、历史以及甲骨片本身等甲骨文相关内容进行研究的文章与书籍著作。甲骨文文献的印刷方式也随着印刷技术的革新不断发生着改变。从清末的石印技术，到后来的铅字印刷技术，再到现代激光照排技术，尽管研究内容上一脉相承，但印刷方式革新带来的文献字体、排版等内容的改变均对文献的数字化工作提出了挑战。

8.1.1 著录类甲骨文文献的特点

根据文献的特点，甲骨文文献可分为两类，即甲骨文著录以及甲骨文论述。甲骨文著录指整理收录甲骨片的文献。这一类文献内容以图片为主，文字信息相对较少。文献中主要内容为甲骨图片以及相关信息，通常包括所藏位置、材质以及甲骨片上的内容等信息。

历史上第一部甲骨文著录是清末小说家刘鹗收藏整理的《铁云藏龟》，如图8-1所示。该书于1903年(清光绪二十九年)由抱残守缺斋石印出版，是“抱残守缺斋所藏三代文字之一”的专书。书中刘鹗从他所收藏的五千余片甲骨中精选了1058片，编成《铁云藏龟》六册。在该书的自序中，刘鹗记述了发现龟骨兽骨文字以及王懿荣收骨甲骨的过程，还记述了文字从古籀文到隶书的发展过程，首次提出了甲骨文是“殷人刀笔文字”，这对于甲骨文的认识具有非常重大的意义。该书将甲骨文由只供少数学者观赏摩挲的“古董”变为广大学者研究的资料，在甲骨学史上具有不可磨灭的开创之功。

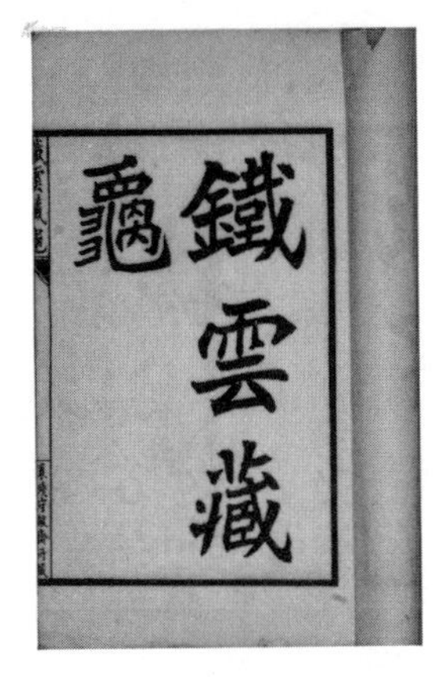

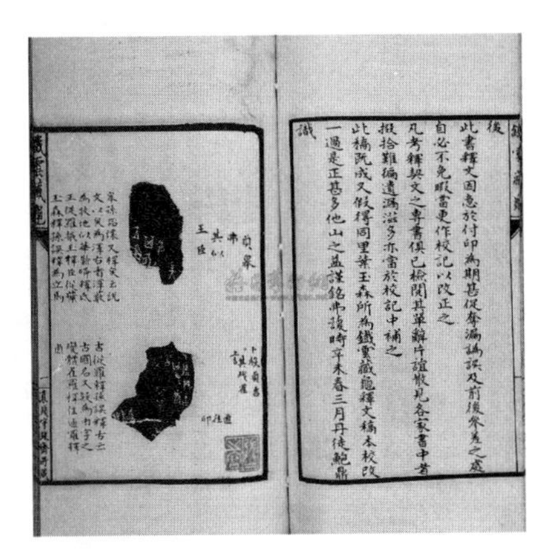

图 8-1 《铁云藏龟》照片

纵观所有著录，收藏甲骨最全面的当属《甲骨文合集》，如图 8-2 所示。该书由中国社会科学院历史研究所《甲骨文合集》编辑工作组集体编辑。主编为“鼎堂”郭沫若，总编辑为胡厚宣，于 1978—1983 年由中华书局出版，用珂罗版影印了 13 册，选录 80 年来已著录和未著录的殷墟出土的甲骨拓本、照片和摹本，共 41956 片。第 1～12 册为甲骨拓本，第 13 册为甲骨摹本。附原色甲骨图版 8 版 10 片，连反面共计 14 片。书前有尹达前言和胡厚宣序。

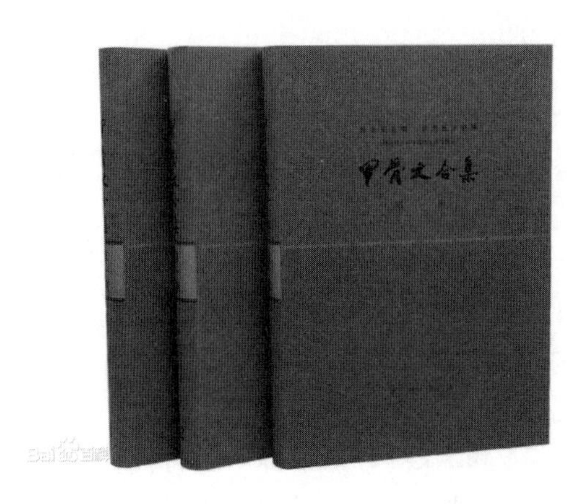

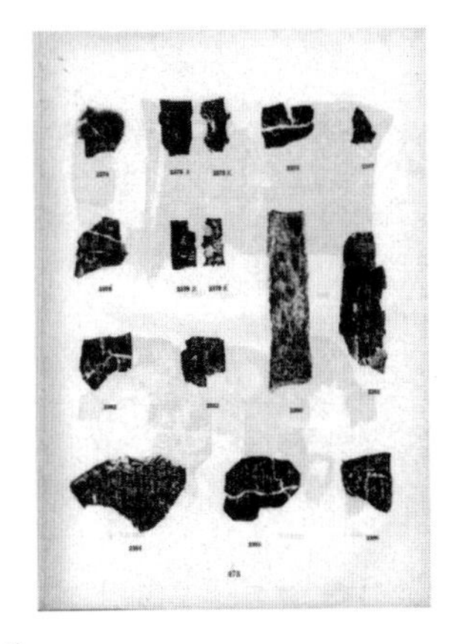

图 8-2 《甲骨文合集》照片

尽管早期的著录所藏甲骨内容较为丰富，但是受限于当时的技术，早期的甲骨文著录中，所藏内容多为甲骨文拓片及摹本。拓片是指将甲骨片的形状及其上面的文字、图案拓下来的纸片，是我国一项古老的传统技艺，使用宣纸和墨汁，将碑文、器皿上的文字或图案清晰地复制出来。由于拓片多为黑底白字，不符合人的阅读习惯，研究者通常会将拓片通过临摹的方式按照原比例制作成摹本。随着影像技术的成熟，近年来的合集内容通常还会加入照片。例如《重庆博物馆所藏甲骨》，如图 8-3 所示。

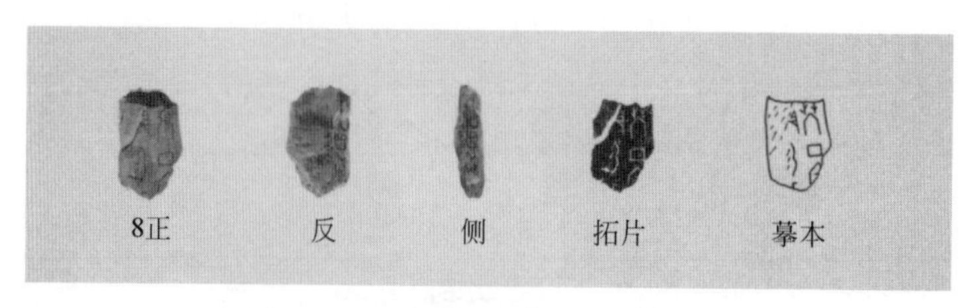

图 8-3 《重庆博物馆所藏甲骨》内容

8.1.2 论述类甲骨文文献的特点

论述类甲骨文文献主要为对甲骨文内容的研究以及通过甲骨文对商朝历史的相关研究。主要分为甲骨文考释、历史研究、分期断代、研究工具书以及通论性论著。

最早的考释类文献是1904年孙诒让所著《契文举例》，如图8-4所示。书中考释出甲骨文字100多个，这是甲骨学史上第一部考释文字的著作。1910年，罗振玉著《殷商贞卜文字考》，此时他已知甲骨为殷商占卜遗物。该书考定小屯为殷墟，审释帝王名号，考释文字，多有创获；1914年所著《殷墟书契考释》，初印本考释485字，增订本考释571字，使杂乱无章的卜辞得以诵读。1917年，王国维作《戬寿堂所藏殷墟文字考释》，在考王、考礼制、考文字等方面贡献最多。此后，考释文字较多且精者，当以于省吾、裘锡圭为代表。

图 8-4 孙诒让所著《契文举例》

关于历史研究，王国维于1917年撰写《殷卜辞中所见先公先王考》《殷卜辞中所见先公先王续考》及《殷周制度论》，证明《史记·殷本纪》所载商代世系大体真实可靠，甲骨文的史料价值得到极大显现；1925年著《古史新证》(见图8-5)，提出"二重证据法"，即以出土的文献、传世文献双重证据考察史实。1930年，郭沫若撰写《卜辞中之古代社会》，次年，又写成《甲骨文文字研究》，分析文物史观、探索商代社会历史，了解商代的生产方式、生产关系和意识形态，为我国马克思主义历史科学的发展奠定了基础。

1944年，胡厚宣著《甲骨学商史论丛初集》，次年，出版《甲骨学商史论丛二集》(见图8-6)，收录多篇利用甲骨文研究商代历史的论文。

殷墟甲骨文的分期断代是一项重要的基础性工作，只有厘清每一片甲骨文所属的具体时代，据此进行的商代社会历史研究才可信。目前，该方向的主要文献分三类：分期断代、组类说与两系说。

董作宾创立殷墟甲骨文断代体系，他在"大龟四版考释"(1931年)一文中首次提出由

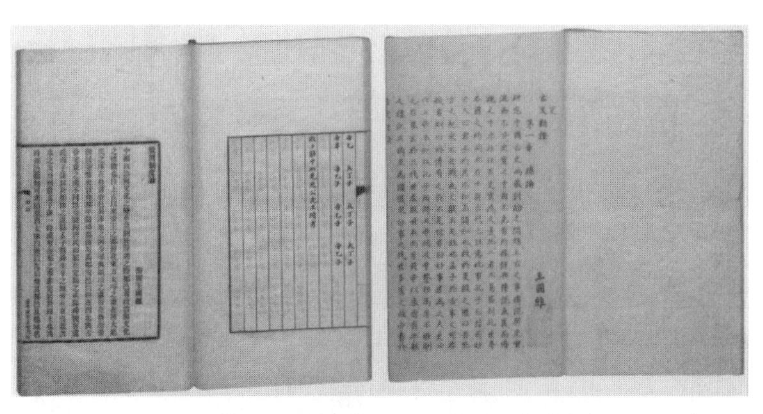

图 8-5　王国维所著《殷周制度论》(1917 年)和《古史新证》(1925 年)

图 8-6　胡厚宣所著《甲骨学商史论丛初集》和《甲骨学商史论丛二集》

“贞人”可以推断甲骨文的时代,如图 8-7 所示。之后,他又发表“甲骨文断代研究例”(1933 年),提出甲骨卜辞“五期分法”和分期断代“十项标准”——它们成为甲骨学进入科学发展阶段的标志。

1951 年,陈梦家发表“甲骨断代与坑位——甲骨断代学丁篇”一文,首创自组、宾组、子组等名称,主要通过“卜人(即贞人)”系联和字形特征来给甲骨分组,有效推动了甲骨卜辞的分期断代研究。日本学者贝冢茂树在甲骨分期断代方面也有不少创见,提出王族卜辞和多子族卜辞的概念。

小屯南地甲骨、殷墟妇好墓的发掘,历组、无名组卜辞的提出,字体分类的进展,为甲骨文卜辞的分类与断代研究提供了新的思路。

1976 年 7 月,殷墟发现著名的妇好墓。它是目前殷墟宫殿宗庙区内唯一一座保存完整的商代王室成员墓葬,也是唯一一座能与甲骨文相关联,并断定墓主人省份、年代的商王室成员墓葬。妇好墓出土随葬品 1928 件,其中龙纹钺和虎食人头钺等铜器上均有“妇好”铭文(见图 8-8),成为甲骨文分期断代的重要依据。

1978 年,李学勤在吉林大学中国古文字学术讨论会上提出“两系说”理论,认为殷墟甲

大龜四版考釋

董作賓

甲骨文斷代研究例

董作賓

图 8-7 董作宾所著“大龟四版考释”(载于“安阳发掘报告”第一册,1931 年)、“甲骨文断代研究例”(1933 年)

图 8-8 虎食人头钺(1976 年殷墟妇好墓出土,中国社会科学院考古研究所藏)

骨刻辞可以分为村北、村南(包括村中)两系,分别发展演变,但也有一定的联系。之后,裘锡圭、林沄等学者分别撰文,支持该学说。

而工具书的编纂则包含甲骨学研究的方方面面。1920 年,王襄编《簠室殷契类纂》,该书是第一部甲骨文字汇,开编纂甲骨文字典之先河。此后,随着甲骨文研究的深入,相关辞书陆续出版,例如商承祚《殷墟文字类编》(1923 年)、朱芳国《甲骨学文字编》(1933 年)、中国科学院考古研究所《甲骨文编》(1965 年)、金祥恒《续甲骨文编》(1959 年)、孟世凯《甲骨学词典》(2009 年)等。此外,还有集释类文献,如李孝定《甲骨文字集释》(1965 年);文献汇编类文献,如宋镇豪、段志洪主编的《甲骨文献集成》(2001 年)等(见图 8-9)。

上述都属于甲骨文文献,从文献数字化的角度来看,不同的文献各有其特点:1949 年 10 月前的大部分文献均属于手写文献,文献中夹杂古文字,排版不整齐;现代汉字与古文字混杂且文献中通常包含绘有甲骨片形状的图像。著录类文献通常都是有规则的图文混排,也需要进行处理。这些都是目前文档识别技术所需要解决的难点,也是甲骨文献数字化所需要攻克的难点。

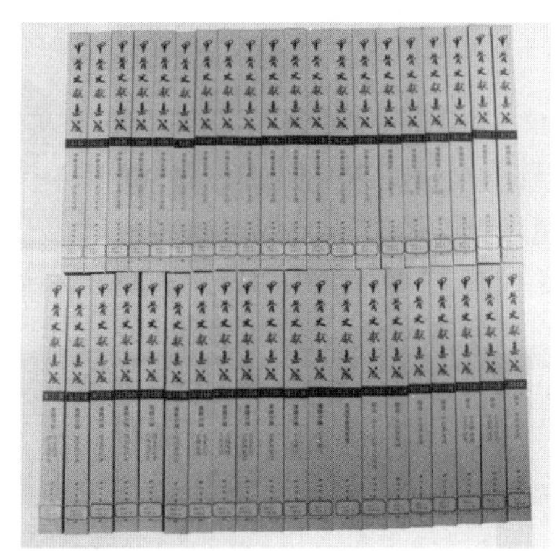
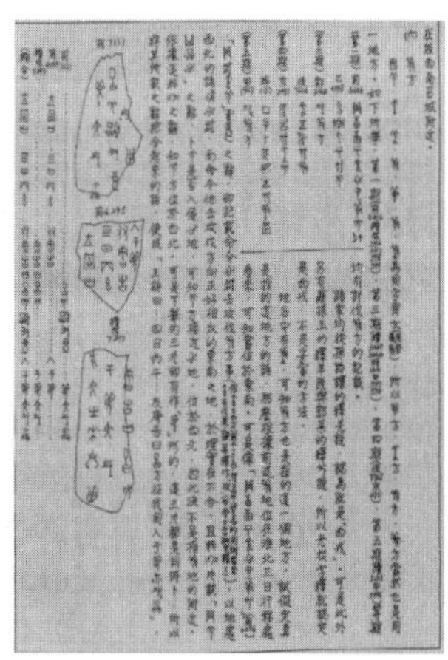

图 8-9　宋镇豪、段志洪所著《甲骨文献集成》

8.2　文献数字化技术

文献数字化技术并不仅仅针对甲骨文文献的整理。在长达五千年的悠悠岁月中，我们的先辈们创造了璀璨光辉的华夏文明，留下了浩如烟海的历史文献。这些文献作为国家历史文化和精神文明的物质载体，囊括了政治、经济、历史、文学、艺术等有关国家和社会发展的宝贵信息，这些文献可以帮助我们深入且全面地了解中华文明的全貌。然而，由于年代久远和保存不当等原因，流传下来的历史文献往往面临着因染色、撕裂、油墨渗出等原因而严重退化的"收藏危机"。如何保存这些无价的文化藏品，并完整地"复制"其所记载的所有文字、图片等信息以便后世查阅与考证，是学界长期关注并致力于解决的热点问题。尽管我国现今留存的历史文献数量庞大且部分文献的保存状况堪忧，对历史文献的内容进行整理和识别需要耗费大量人力、物力，但不少研究机构及专业学者仍通过手动输入等方式完成了对诸多珍贵历史文献的整理和识别。令人欣慰的是，随着近年来文献数字化工作的持续开展，历史文献的识别不再完全依靠手动输入，大量历史文献通过光学扫描、拓片照片等方式成功地以图片的形式留存于数字化文献的数据库之中，实现文献图片的标题检索。当然，该类型的工作还存在一个不足之处：虽然通过文献内容图片化的方式可以提高历史文献的整理效率，但以图片格式保存的历史文献在内容查询及检索方面比较烦琐，如果这些图片格式的文献不能电子化并进一步转化为可以查询与检索的电子文本，这些古籍文献的文字内容便难以得到高效便捷的利用。

而甲骨学作为冷门学科，由于专门进行研究的人员相对较少，同时甲骨文的研究又属于文科研究的范畴，因此，甲骨文文献的数字化还停留在人工整理阶段。另一方面，受益于近年来神经网络技术的突飞猛进，通过人工智能技术来进行文献的数字化整理工作的相关技术逐渐进入成熟阶段。下文以光学字符识别（Optical Character Recognition，OCR）技术为切入点，重点从甲骨文文献现状与文献数字化技术两方面介绍甲骨文文献数字化的主要技术。

8.2.1 OCR 技术概述

OCR 是指对图像进行处理及分析，识别出图像中的文字信息；场景文字识别（Scene Text Recognition，STR）是指识别自然场景图片中的文字信息。不少人将 OCR 技术定义为广义的对所有图像文字进行检测和识别的技术（简称图文识别技术），既包括传统的 OCR 技术，又包括自然场景文字识别技术。OCR 技术的难点在于被识别图像可能存在旋转、弯曲、折叠、残缺、模糊等式样，图像中的文字区域还可能会产生变形；另外，文档图像大多属于规则的表格类票据。因此，为了得到较好的文字检测效果和文字识别效果，需要进行大量且有效的预处理过程，包括图像降噪、图像旋转校正、线检测、特征匹配、文字轮廓提取及分割等。传统的汉字识别（Chinese character recognition）是用计算机抽取汉字特征，跟机器内预先存放的特征集匹配判别，将汉字自动转换成字符编码（详见本书第 6 章）的一种技术。通俗地说，汉字识别指的是用计算机自动辨识印刷在纸上或写在纸上（或别的介质上）的汉字。汉字识别能辨识一个个汉字，它和只能把汉字图形输入计算机的扫描器、传真机等的功能不同。前者能辨识汉字，从而可以赋予它一个编码，从不同的字形库中取出不同形状的该汉字，可以通过修改该编码而删除它或替换成别的字；后者只能保留该汉字的图形，不能对它进行编辑修改。汉字识别是模式识别的分支，应用上是汉字信息处理中一种高速自动输入技术。

在另一方面，传统机器学习也在 OCR 任务的训练方面进行了多年的研究，这个识别过程包含两个模型——文字检测模型和文本识别模型，此后将进入推理阶段，将这两个模型组合起来构建成整套的图文识别系统。近几年，随着神经网络技术在计算机视觉领域展现的强大功能，还出现了许多种端到端的图文检测与识别网络。这种方法在训练阶段，该模型的输入包含待训练图像、图像中的文本内容以及文本对应的坐标；在推理阶段，原始图片经过端到端模型直接预测出文本内容信息。相较于传统的深度学习方法，该方法训练简单、效率更高、线上部署资源开销更少。

进一步来说，图文识别技术涉及计算机视觉处理和自然语言处理两个领域。它既需要借用图像处理方法来提取图像文字区域的位置，并将局部区域图像块识别成文字，同时又需要借助自然语言处理技术将识别出的文字进行结构化的输出。它有着广泛的应用场景，如单据、车牌、身份证、银行卡、名片、快递单、营业证等的识别。

8.2.2 机器学习技术概述

近年来，机器学习技术在图像处理领域的方方面面崭露头角，无论是文档分割还是字符识别，机器学习技术均起到了比较好的效果。因此，本节将对机器学习技术进行简要的介绍。机器学习是指用某些算法指导计算机利用已知数据得出适当的模型，并利用此模型对新的情境给出判断的过程。通俗来说，就是计算机通过大量数据进行学习，最终作出合乎要求的判断。从这个定义我们可以看出，机器学习也不是什么都能学会，或者说不是什么能学得好。该方法比较擅长的学习任务之一是分类任务。按照字面理解，分类是把数据进行归类，这在图像识别领域具有广阔的应用前景。例如，人脸识别需要让计算机通过学习，在海量的人脸图像中把每个人的脸进行分类。当利用机器学习技术对数据进行学习之后，对于一张数据中没有的人脸图像，也需要正确地将图片归类。

下面对机器学习的基本过程进行简要的介绍。简单来说，就是用计算机设计一个函数（模型），这个函数的输入是我们要识别的图片，而这个函数的输出是识别结果。输入一张字符的图片，就可以得到对应字符编码的分类。我们把这个通过字符图片得到字符编码的过程称为识别过程。机器学习任务分为三步，我们可以利用图 8-10 来理解机器学习过程的完整步骤。

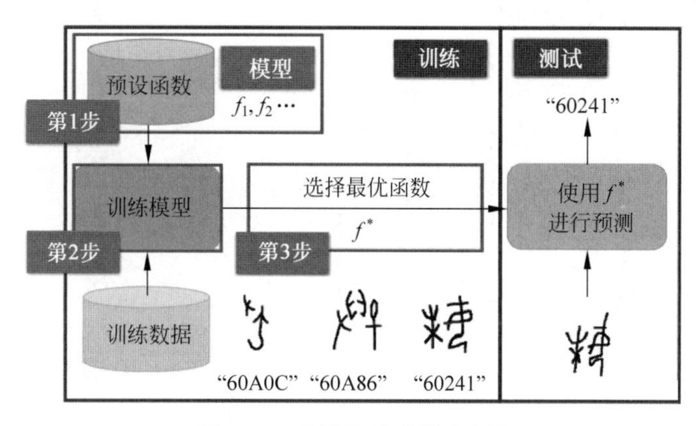

图 8-10　机器学习过程示意图

第一步设置预设函数，预设函数是用来图像识别的数学模型，例如：

$$Y = w_1x_1 + w_2x_2 + \cdots + w_ix_i$$

式中，$x_1, x_2, \cdots, x_i$ 是我们需要识别的数据，即函数的输入。假设字符图像的长和宽都是 100 像素，那么每张图片就可以用 100×100 的矩阵表示，矩阵中每一个值都对应一个 x_i，这里的 i 就是 10000。Y 是分类的结果，假设我们的学习任务是区分出"天""地""人"这三个字，我们就不妨使用 1、2、3 来表示这三个字，函数结果就需要分别为 1、2、3。

简单来说，我们就是希望有这么一个函数，当函数的输入为"天""地""人"这三个字的字符图像时，函数的输出分别对应 1、2、3。显然，这就需要我们确定函数中的参数 $w_1, w_2, \cdots, w_i$ 来让函数按照我们的需求输出指定结果。而机器学习任务，就是在无法确定参数的情况下，通过学习来得到正确的 $w_1, w_2, \cdots, w_i$。

第二步是制作训练集，既然需要计算机通过学习来确定模型中的参数，那么我们就必须为机器来准备学习所用的"教材"。我们将这种教材称为训练集。训练集是由大量的这三个字的字符图片组成的训练数据，每张图片都用 1、2、3 标记了正确的分类结果。当然，对字符识别而言，我们还需要记录 1、2、3 分别对应的字符编码。

第三步是训练模型，计算机开始根据训练集中给出的正确分类内容优化预设函数，通过将字符图片不断地传入函数，根据函数的数据结果修改参数，最终得到对所有训练数据识别效果最好的函数，这个函数就是机器学习的成果。这一过程与我们人类学习的过程非常相似——我们也需要不断地刷题，才能考高分。

训练之后，机器会认为自己已经学会了。就好像是我们有时候会觉得自己学得不错。但是，判断是不是真正学会了不能依靠自我感觉，还需要进行"考试"。对机器学习的考试过程称为"测试"。用一些在训练集中没有的三个字的字符图片来输入函数，如果图片识别效果比较好，这个模型才算是真正"学会了"这三个字的识别。

深度学习是机器学习的一个分支，特指由多层神经网络构成学习模型，这里的"深度”指的就是神经网络的层数很深。神经网络则可以简单理解为一种复杂的函数模型，这个模型类似于人的神经。图 8-11(a)为利用神经影像学技术进行的大脑的神经突出成像。我们可以看出，每一个神经元都有多个轴突向其传递信号。神经网络模型的数据的传递也是如此，如图 8-11(b)所示，神经网络算法的基本单元的数据结构与神经元非常相似。

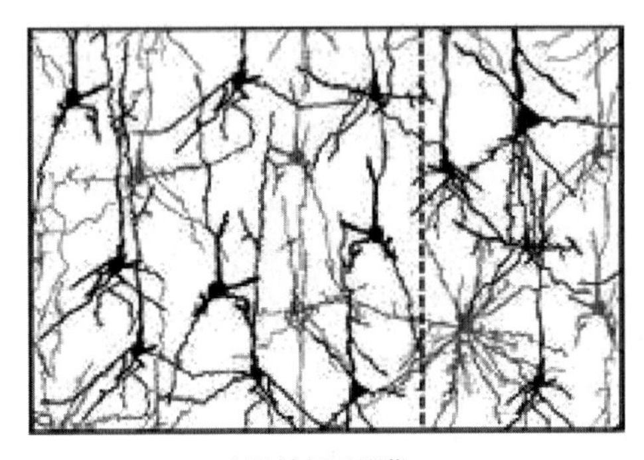

(a) 大脑神经元影像

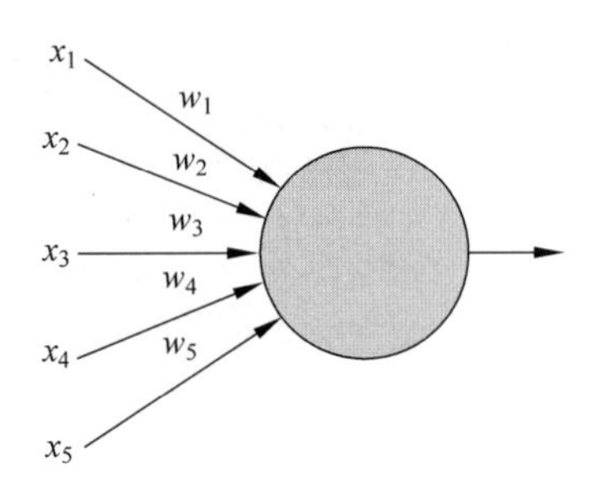

(b) 神经网络基本单元结构示意图

图 8-11 大脑神经元影像和神经网络基本单元结构示意图

神经网络模型就是由多个基本单元组成的函数模型，神经网络利用多个运算单元作为节点，把一个输入数据通过不同的节点多次传播，最终得到了一个比较好的识别结果。如图 8-12 所示的多层感知机示意了一个最简单的神经网络结构，它一共有三层神经网络。近年来最新的研究成果通常有数十层甚至上百层神经网络构成。

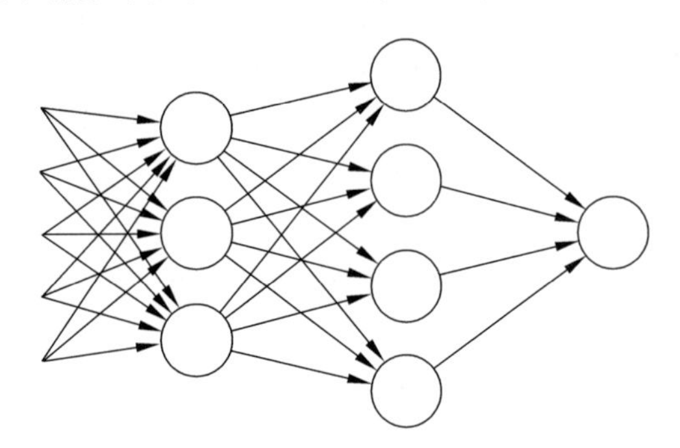

图 8-12 多层感知机结构示意图

8.2.3 文档分析技术

文档分析作为文献识别的第一步，是文献识别的基础与前提。需要特别指出的是，虽然许多神经网络已经可以实现端到端的文献识别，从而跳过文档分析技术，但这种方法并不适用于甲骨文。因为端到端的识别技术在很大程度上依赖上下文的内容，而对于甲骨字与汉字混排的文献，文献中出现的甲骨字上下文并不能提供有效的信息。另一方面，识别技术在很大程度上依赖于训练数据的标注。对于汉字而言，其标注的标签通常为汉字对应的字符编码(例如 Unicode 码)，但甲骨字并没有国际公认的字符编码。因此，尽管文档分析技术已经相对成熟，但相较于其他类型的研究文献，由于甲骨文文献在排版、内容等方面存在一定的特殊性，现有技术在甲骨文文献的文档分割中依然存在一定的技术壁垒，使得现阶段的文档分割技术无法直接应用于甲骨文文献的文档分析。因此，针对甲骨文文献特点，研究更先进的文档分割技术，正确分割文章中的甲骨文、现代汉字、特殊注释等内容，才能真正打通文献图片与文字识别技术之间的壁垒，使甲骨文研究工作驶入“高速公路”。

本节主要通过经典文档分析技术与基于语义分割的文档分析技术两方面对文档分析技术进行介绍。对于中文文档，经典的文档分析技术分为版面分析与文字分割两部分，文档分析通过版面分析，找到文档中文字所在的文本块与文档行。对单个字的正确分割并不具有很高的要求。而字符分割，则是在版面分析的基础上，正确对汉字进行分割，着重解决汉字粘连、重叠以及汉字部首的错误分割等问题。

1. 经典版面分析

版面分析技术中有许多经典的分割算法，尽管近年来的研究热点已经开始集中在深度学习技术对文档进行版面分析上，这些经典算法依然具有不可替代的优越性，并且经常能在最新的文献中看到。本节主要介绍其中的最常见的部分算法：投影法、递归 X-Y 分割法以及行程拖尾算法(Run-Length Smearing Algorithm，RLSA)。

1）投影法

投影法是一种对二值化文档进行分割的文档分析算法，对汉字的分割也能起到较好的效果。在用投影法进行文档分析之前，需要先对文档进行二值化处理，使文档中的背景对应的像素是白点，文字、图形、图像等所对应的像素是黑点。假设我们使用 0 表示黑点，1 表示白点，我们就得到了一个只有 0 或者 1 组成的矩阵，矩阵的每一行就是一行像素。此后，所谓投影是指统计矩阵中每一行(列)的 1 的个数。如一束光沿着这一像素行(列)传播，遇到黑点时，就会产生影子，每遇到一个黑点，这束光的影子就变得更深。而黑点的个数就是像素行(列)的投影值，把所有的像素行(列)的投影值都统计出来，就得到整个图像文件的水平(垂直)投影(见图 8-13)。

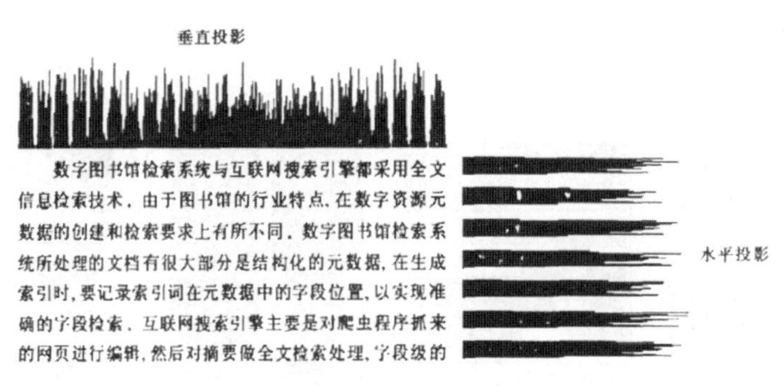

图 8-13　文字投影示意图

投影分割是指，对于输入的二值化文字图像，先逐行地把各文字行图像切割出来。行切割的具体方法是：对二值化图像从上到下逐行扫描，并同时计算每个扫描行的像素，以获取图像的水平投影；根据水平投影值确定文字行的位置；利用文字行间空白间隔造成的水平投影空白间隙，将各行文字分割开来。

2）递归 X-Y 分割法

递归 X-Y 分割法与投影法类似，但是对于有图片的文档分割效果较投影法更好。递归 X-Y 分割算法是基于树结构的自顶向下算法。树根代表整个文档，所有的叶子节点代表最终的分块，递归 X-Y 分割就是递归地把文档分成两块或更多更小的矩形块，每个矩形块对应到树的一个节点。递归的过程中，需要计算每个节点在水平和垂直方向的投影轮廓，先得到如图 8-14 所示的投影值。然后就在图像中没有字的地方"切一刀"，把图像分为两部分。当然，我们需要建立一个标准，当图像中的黑色像素数量少于一个特定值时才能"切"，这个值叫作"阈值"。把水平和垂直方向的波谷值 V_x、V_y 和预先定义好的阈值 T_x、T_y 相比较，如果 $V_x - T_x$ 或者 $V_y - T_y$ 小于 0，则节点将在波谷处被分割成两个节点。递归一直继续，直到没有叶子节点可以被分割。

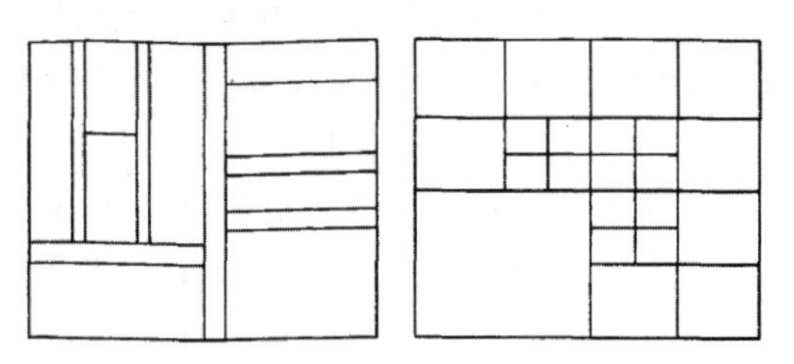

图 8-14　X-Y 分割结果示意图

3) Run-Length Smearing Algorithm(RLSA，行程拖尾算法)

行程拖尾算法(RLSA)是对二值化图像进行切分的算法，本质上是一种自下而上的掩膜切分方法。其基本思路是：在二值化图像中，用 0 表示白色像素，用 1 表示黑色像素。这样沿着纵向或者横向都可以提取出二进制序列。该算法的核心思想是根据一定的规则将提取出二进制序列 x 转换为用于绘制切割掩膜的序列 y，最终按照序列 y 中的颜色像素区域对文档进行分割。主要转化规则如下：

A：如果相邻 0 的数量小于或等于特定阈值 C，则 x 中的 0 变为 y 中的 1。

B：x 中的 1 输入到 y 中也为 1。

举例来说，对于图片中的一行像素作为输入 x，假设阈值为 4。则可以得到：

X：00010000010100001000000011000

Y：11110000011111111000000011111

最终按照横向像素序列或者按照纵向像素序列的 RLSA 算法的分割结果如图 8-15 所示。

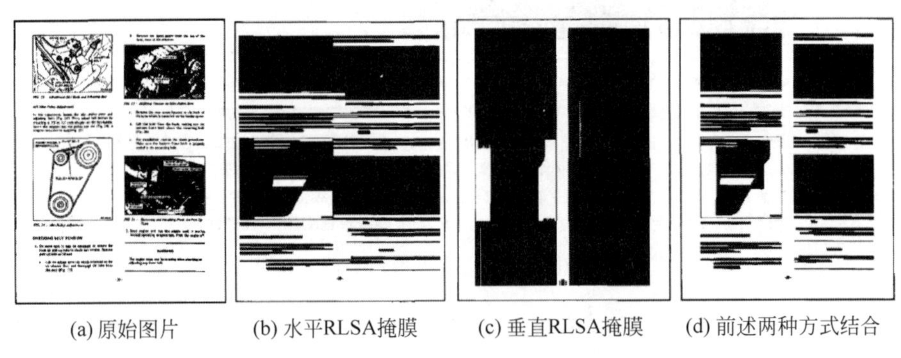

(a) 原始图片　(b) 水平RLSA掩膜　(c) 垂直RLSA掩膜　(d) 前述两种方式结合

图 8-15　RLSA 算法分割效果

2. 字分割

上述方法均为经典的版面分析方法，通常，最终输出结果为分割完成的文本行(竖排文档为文档列)。在文本分割完成之后，则需要对每一行的内容进行具体分析，并进行精确分割后得到单个字符。严格意义上来说，文本行分割与字符上分割在方法上与版面分析类似，但是，在具体细节上又产生了一些新的问题。

投影法同样是字符分割中的一种常见的分割算法。然而，投影法无法解决字符分割时的问题，如图 8-16 所示的重叠问题、粘连问题等。显而易见，对于类似的问题，投影法的“一刀切”思路无法得到完整的单字。为了解决这一问题，有一种类似于掩膜分割的字符切分算法——连通域分析。

图 8-16　文献中的汉字重叠(左)与粘连现象(右)

连通域法指利用文档中闭合图形所形成的连通域为基础进行分析，实现文档的切割。其算法的基本思想为：通过寻找全部相邻的黑色像素，得到一个闭合的连通的区域；然后根据汉字特点分析连通域，通过合并、切分得到单个汉字。具体方法为：首先找出列图像中所有的连通域，根据连通域与切分字段交叠的情况分别进行如下处理：

(1) 连通域不与任何字段交叠，则将该连通域合并到最靠近的字段中。

(2) 连通域与一个字段交叠，则将连通域合并到交叠字段中。

(3) 连通域与超过一个字段交叠，则接着判断该连通域是否大部分(如超过 2/3)属于一个字段。如果是，则将其直接合并到该字段；否则对其做粘连切分，然后将切分后的部分合并至最靠近的字段中。

粘连切分在连通域交叠的间段的中线位置进行。首先细化连通域图像，在细化图像中找出所有端点、折点、叉点和笔段。与间段中线相交的笔段称为粘连笔段，粘连切分是通过对粘连笔段的切分实现的。这需要通过以下几个步骤完成。

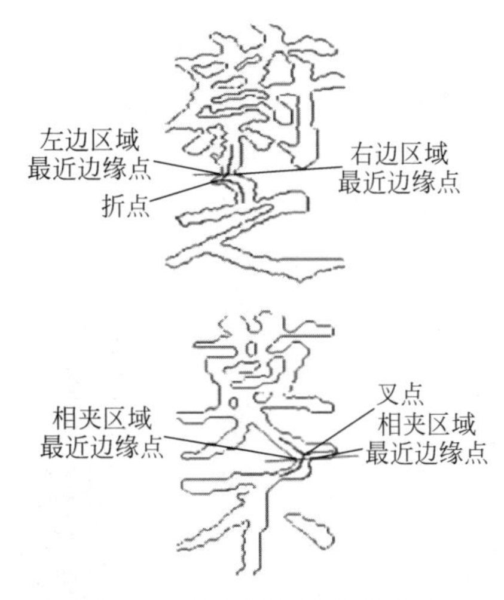

图 8-17　连通域粘连点示意图

确定粘连笔段上的切分位置。由于汉字中的粘连点通常表现为折点和叉点，因此当粘连笔段靠近间段中线的那一端是折点或叉点时，则判定这个点是粘连点。确定粘连点后，要将此处的笔段分割开来，具体切分示例如图 8-17 所示。

先考虑折点的情况，粘连点连接的两个笔段将图像分成了两个区域，再考虑叉点的情况，粘连点连接 3 个以上的笔段。这种分割方法不会形成毛刺，具有较好的效果。

3. 基于深度学习的文档分割技术

对于甲骨文文献而言，文献中通常会存在行间零散分布的手写注释，页面边缘非直线的手写注释、图形注释等情况。这些特殊的存在依然属于图像特征的范畴，但不是传统意义上的文本行、列等，使用传统的图像分割方法并不能高效地对此类文本进行识别。对于甲骨文文献进行文档分割可以借鉴近年来利用深度学习技术对历史文献进行文档分割的研究。

参照近年来的研究进展，深度学习技术在历史文献的文档分割中起到了较好的效果，特别是全卷积神经网络(Full Convolutional Neural Network，FCN)。它是一种端到端的语义分割框架，在提取特征的同时可以实现训练分类器的功能。这里的端到端是指，深度学习模型在训练过程中，从输入端（输入数据）到输出端会得到一个预测结果，与真实结果相比较会得到一个误差，这个误差会在模型中的每一层传递（反向传播），每一层的表示都会根据这个误差来调整，直到模型收敛或达到预期的效果才结束，中间所有的操作都包含在神经网络内部，不再分成多个模块处理。由原始数据输入，到结果输出，从输入端到输出端，中间的神经网络自成一体（也可以当作黑盒子看待）。如图 8-18 所示为语义分割的训练集标注示例，对于文档分析而言，输入的是图片，而由于整个过程是端到端的，就没有版面分析与字符切割的步骤，直接输出的就是分割好的字符与文章中的图片。整体过程就像是“炼金术”，中间的具体实现方法我们并不能直观地看到，但是可以通过控制一些参数来优化“炼金”的效果。

图 8-18　语义分割的训练集标注示例

在这方面，许多国内外的学者都取得了较好的研究成果。2016 年，韩国全北国立大学的李桑格教授课题组利用卷积神经网络实现了手写文档的行分割。2017 年，中科院自动化所的刘成林课题组首次提出了将全卷积神经网络应用于历史文档的文档分割。在文档分割之前，首先利用全卷积神经网络按照像素内容将文档分为四类——正文、注释、特殊符号、背景。此后，通过后处理进行降噪、校正拼写与重叠识别，有效提高了分类的正确性，实现了历史手写文档的高精度分割。

2019 年，华南理工大学的金连文课题组针对汉字历史文献提出了 3 种特殊的分割算法，并在此基础上利用基于卷积神经网络的判别门机制提出了一种可以有效提高历史汉字文献中的字符识别精度的增量弱监督学习方法。这种字符识别算法在很大程度上反作用于文字的正确分割，降低了历史文献中残字断痕对字符分割的影响。如图 8-19 所示是改进 BBS 字符分割方法。

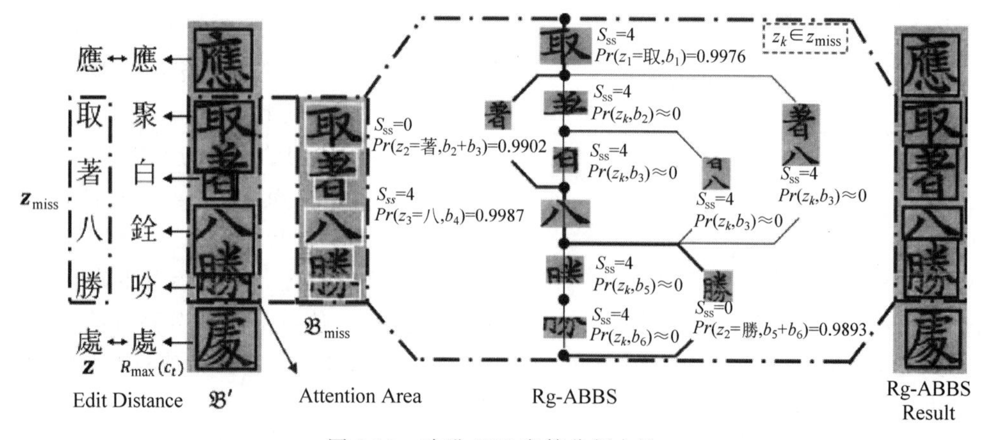

图 8-19　改进 BBS 字符分割方法

综合来看，卷积神经网络算法已经可以实现手写历史文献的高精度文档分割，可以有效服务于高精度文字识别。在文档已经被正确分割的基础上，将每个被分割的文字进行特征提取与模式识别，将输出结果整理成完整的文档，便已经基本实现了图片文档电子化的任务。因此，作为历史文献的一部分，甲骨文文献也有望通过此方式实现文献的电子化。

8.2.4　字符识别技术

相较于文档分割，由于字符识别的应用范围更广、研究对象分类更繁杂，面临的挑战也更严峻，但与之同时，与字符识别技术相关的研究成果也相对丰富。此外，如上文所述，在处理文档分割的相关问题时，我们可以借鉴英文文献的分割方式对文档进行语义分割，并针对汉字以及文献字体的特殊性，通过优化卷积神经网络算法，为汉字量身打造文档分割的方式来提高汉字字符分割的正确率。因此，在汉字文档分割方面，我们有一定的成熟经验可以借鉴。但与文档分割相比，字符识别的难度更大，这是由于汉字与英文字符在字体、书写手法、字符构成等方面存在很大差别，因此在汉字字符的识别过程中，几乎不能直接借鉴手写英文字符识别的经验。例如，英文识别需要实现的只有 26 个字母与 10 个阿拉伯数字的分类，并在此基础上通过单词拼写进行纠错。而对汉字的每一个字都要归为一类，即使仅对常用字(GB 2312—80 标准集-1)进行分类，也要分为 3755 类。如此数量的字符分类任务计算成本较高，在计算过程中会产生大量参数，对设备的计算能力要求比较高。甲骨字的字符数量为 4500 余字，量级上与汉字常用字相当，因此甲骨文字符的识别技术与汉字识别技术相对比较接近。

8.2.3 节介绍了一些经典的文档分割技术，这些技术即使在现在也非常实用。但是相较之下，汉字识别时一些经典的算法的识别效果与深度学习进行识别的效果还有一定差距。本节仅简单介绍经典的识别算法。

(1) 矩阵匹配法。矩阵匹配法将每个字符转化为点阵的模式，然后将之与现有字符集点阵相匹配。最直接的匹配方法就是相减，然后观察所得矩阵中 1 的个数，1 越少就越匹配。该识别方法对于类别单一、排列整齐的页面具有较好的识别效果。

(2) 特征提取。顾名思义，特征提取方法通过每个字符关键特征来进行字符的识别：特征包括字高度、字宽度、覆盖密度、闭合空间、线条结构等。特征提取法可以有效地实现以激光打印的杂志为代表的高质量的图像的字符识别。

(3) 结构分析。结构分析将字的垂直与水平直方图分布作为字符特征进行字符识别，对于图片质量不高的文本和报纸内容具有一定修复能力。

从上述传统方法的讲解可以看出，上述方法在文档识别时虽然可以取得比较好的效果，但是其本身具有一定的局限性，只能在特定类型的文献中取得较好的效果，而且只能识别印刷的文字。相比之下，机器学习在文字识别领域的识别率就有很大的提高。然而，由于古代乃至近代的印刷水平有限，很多历史文献都是手写文献。手写汉字识别始终是汉字识别领域的一大难题。图 8-20 所示分别为百度 OCR 对印刷体文章与手写文章识别结果，其准确率差距一目了然。

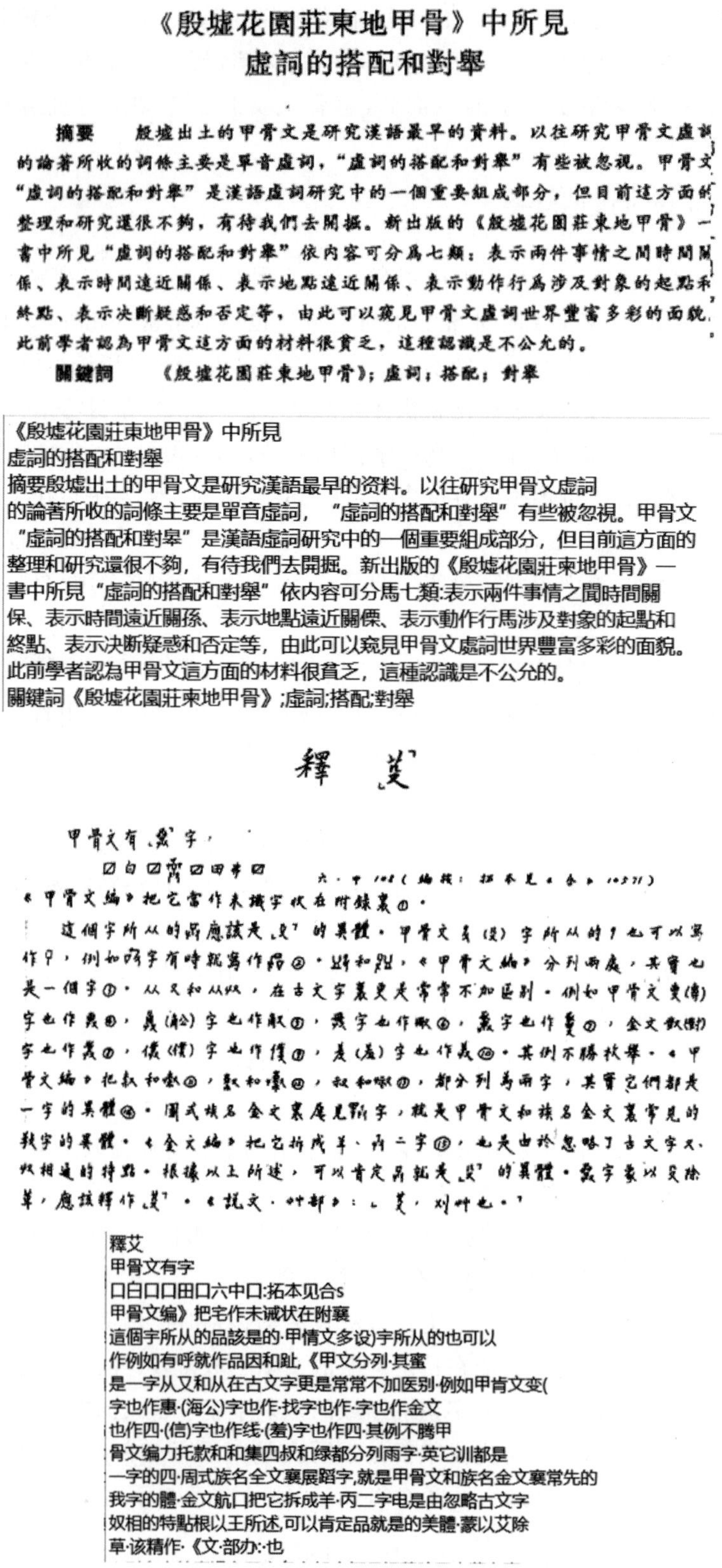

《殷墟花園莊東地甲骨》中所見
虛詞的搭配和對舉

摘要　殷墟出土的甲骨文是研究漢語最早的資料。以往研究甲骨文虛詞的論著所收的詞條主要是單音虛詞，"虛詞的搭配和對舉"有些被忽視。甲骨文"虛詞的搭配和對舉"是漢語虛詞研究中的一個重要組成部分，但目前這方面的整理和研究還很不夠，有待我們去開掘。新出版的《殷墟花園莊東地甲骨》一書中所見"虛詞的搭配和對舉"依內容可分爲七類：表示兩件事情之間時間關係、表示時間遠近關係、表示地點遠近關係、表示動作行爲涉及對象的起點和終點、表示決斷疑惑和否定等，由此可以窺見甲骨文虛詞世界豐富多彩的面貌。此前學者認為甲骨文這方面的材料很貧乏，這種認識是不公允的。

關鍵詞　《殷墟花園莊東地甲骨》；虛詞；搭配；對舉

《殷墟花園莊東地甲骨》中所見
虛詞的搭配和對舉
摘要殷墟出土的甲骨文是研究漢語最早的资料。以往研究甲骨文虛詞
的論著所收的詞條主要是單音虛詞，"虛詞的搭配和對舉"有些被忽視。甲骨文
"虛詞的搭配和對舉"是漢語虛詞研究中的一個重要組成部分，但目前這方面的
整理和研究還很不夠，有待我們去開掘。新出版的《殷墟花園莊東地甲骨》—
書中所見"虛詞的搭配和對舉"依内容可分馬七類:表示兩件事情之聞時間關
保、表示時間遠近關孫、表示地點遠近關傈、表示動作行馬涉及對象的起點和
終點、表示決斷疑惑和否定等，由此可以窺見甲骨文處詞世界豐富多彩的面貌。
此前學者認為甲骨文這方面的材料很貧乏，這種認識是不公允的。
關鍵詞《殷墟花園莊東地甲骨》;虛詞;搭配;對舉

釋「艾」

甲骨文有「[illegible]」字，

☐白☐[illegible]☐田[illegible]☐　　六·中108（編按：拓本見《合》10571）

《甲骨文編》把它當作未識字收在附錄裏①。

這個字所从的[illegible]應該是「叉」的異體。甲骨文[illegible]（[illegible]）字所从的[illegible]也可以寫作[illegible]，例如[illegible]字有時就寫作[illegible]②。[illegible]和[illegible]，《甲骨文編》分列兩處，其實也是一個字③。从又和从[illegible]，在古文字裏是常常不加區別。例如甲骨文[illegible]（[illegible]）字也作[illegible]④，[illegible]（[illegible]）字也作[illegible]⑤，[illegible]字也作[illegible]⑥，[illegible]字也作[illegible]⑦，金文[illegible]（[illegible]）字也作[illegible]⑧，儀（儐）字也作[illegible]⑨，[illegible]（[illegible]）字也作[illegible]⑩。其例不勝枚舉。《甲骨文編》把[illegible]和[illegible]⑪，[illegible]和[illegible]⑫，[illegible]和[illegible]⑬，都分列為兩字，其實它們都是一字的異體⑭。周式族名金文裏屢見[illegible]字，就是甲骨文和族名金文裏常見的[illegible]字的異體。《金文編》把它拆成羊、丙二字⑮，也是由於忽略了古文字又、[illegible]相通的特點。根據以上所述，可以肯定[illegible]就是「叉」的異體。[illegible]字象以叉除草，應該釋作「艾」。《說文·艸部》：「艾，刈艸也。」

釋艾
甲骨文有字
口白口口田口六中口:拓本见合s
甲骨文编》把宅作未诚状在附襄
這個宇所从的品該是的·甲情文多设)宇所从的也可以
作例如有呼就作品因和趾,《甲文分列·其蜜
是一字从又和从在古文字更是常常不加医别·例如甲肯文变(
字也作惠·(海公)字也作·找字也作·字也作金文
也作四·(信)字也作线·(羞)字也作四·其例不腾甲
骨文编力托款和和集四叔和绿都分列雨字·英它训都是
一字的四·周式族名全文襄展蹈字,就是甲骨文和族名金文襄常先的
我字的體·金文航口把它拆成羊·丙二字电是由忽略古文字
奴相的特點根以王所述,可以肯定品就是的美體·蒙以艾除
草·该精作·《文·部办·也

图 8-20　利用百度 OCR 引擎进行的印刷字识别与手写字识别结果比较

目前，对于手写汉字识别，比较经典的算法是利用基于统计学的二次判别分类器(MQDF)作为模型进行机器学习。该方法对手写汉字识别的准确度可以达到92%。而这一方法也随着近年来深度学习技术的兴起逐渐被取代。在深度神经网络结构中，卷积神经网络由于卷积操作是对图片局部进行的特征提取，具有较好的图片识别效果，因此被作为图片识别的首选网络。目前，在基于卷积神经网络算法的手写汉字识别文献中，最高的识别精度已经达到了97.61%。在识别准确度上已经具有较好的效果，但是，传统卷积神经网络的模型参数的数量与目标分类数息息相关。进行3755个汉字的分类使得模型较为庞大，仅模型参数就需要占用超过20MB，进行模型训练需要超过10GB的显存。因此，该方法的研究重心为——如何在不损失计算精度的前提下，尽可能地降低算法复杂度。

尽管卷积神经网络算法在手写汉字识别上已经可以达到97%的识别正确率，但距离该技术应用于甲骨文文献识别还具有一定距离。原因在于，目前手写甲骨字的研究工作普遍使用的训练集是基于汉字编码字符集GB 2312—80进行整理的手写汉字字符集，其中仅包含3755个常用汉字。而在甲骨文文献中(如图8-21所示)包含了根据人类已经识别的甲骨字部首翻译出的隶定字、正常的手写汉字、人类未释别甲骨字的手写字符以及表示甲骨片上无法辨识字体的占位符。可以看出，文献中的大部分内容均不属于常用汉字的范畴，存在许多需要我们解决的问题。因此，对于甲骨文文献识别，一方面需要在深度学习技术的基础上，建立甲骨学文献识别的数据集，利用神经网络算法进行文献识别；另一方面，针对甲骨文文献常见的特殊排版问题、甲骨字多种不同写法等特点需要进行重点研究。

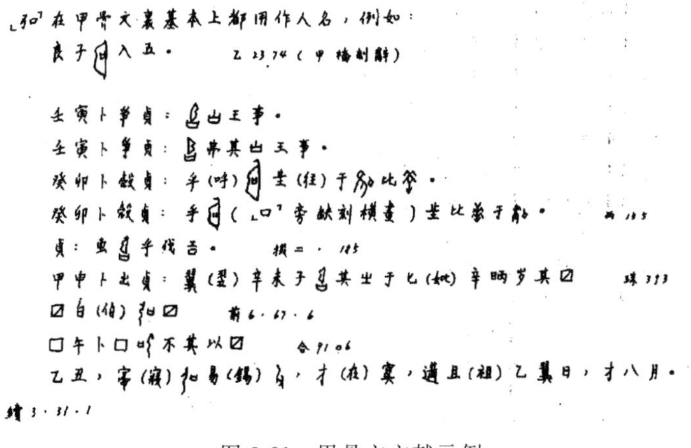

图8-21 甲骨文文献示例

8.3 延伸阅读——字符识别的研究近况

1987年，日本三重大学的YASUJI MIYAKE针对汉字的多分类问题提出了一种基于统计模型的改进的二次分类函数(MQDF)分类器。由于这种算法便于设计与实现，且具有很好的鲁棒性和较高的识别准确率，因此在文字识别领域得到广泛的应用。其算法核心为

n 维特征向量的二次判别函数(QDF)。这里的 MQDF 指的便是之前讲到的深度学习中的预设函数。关于公式具体内容请查阅相关资料。简单来说,对于已知参数的正态分布,QDF 成为贝叶斯意义下的最优解。换言之,对于出现次数符合正态分布的手写汉字,MQDF 具有较好的识别效果。

2008 年,清华大学的刘长松课题组在 MQDF 算法的基础上提出了一种可应用于大类别分类问题的分类器集成算法,即级联 MQDF 分类器。该算法分级构建多个高斯模型,实现对样本分布的精细描述,有效提高了算法在手写汉字识别中的识别率。2011 年,该课题组又将 MQDF 与卷积神经网络相结合,两种算法的优势互补使得算法的识别错误率较两种单独的算法均有很大程度的降低。可见,MQDF 算法与其他基础算法具有很强的兼容性。

另一方面,在保证识别精度的前提下降低计算复杂度、节约计算成本也成为卷积神经网络在离线手写汉字识别领域的研究重点。2018 年,中国科学技术大学的杜俊课题组使用混合神经网络的马尔科夫隐形架构(NN-HMM)下的深卷积神经网络(DCNN)完成了高精度的手写汉字分类任务。其中,为了解决汉字大词汇量判别混淆的问题,在每个字符内都需要高分辨率建模输出 19900 个 HMM 态作为分类单元。最终,在不考虑计算复杂度的情况下,该模型的错误率可低至 3.53%。而如果要兼顾计算复杂度与识别精度,则错误率为 5.24%。同年,中科院半导体所的金敏课题组研究了如何在利用卷积神经网络算法完成手写汉字识别时降低模型的计算量问题。利用加权平均池技术在不损失精度的前提下减少全连通层的参数,大大减小了识别所需时间,平均每个字符识别仅需要 6.9ms,识别精度达到 97.1%,存储空间仅为 3.3MB。2019 年,湖南大学的 Pavlo Melnyk 通过在卷积神经网络中引入对全局加权平均池化(GWAP)-全局加权输出平均池化(GWOAP)的修改,使得其模型的手写汉字的识别错误率较之最先进的识别模型达到 97.61%的同时,降低了 49%的计算成本。当然,汉字识别的研究并不仅仅局限于以上方法,还有学者提出了基于汉字结构的语义信息的识别、基于激进聚合网络(RAN)的总体架构的识别方法等。

8.4 本章小结

甲骨文文献数字化对于历史文献保存、甲骨资料查阅以及甲骨文智能化研究与服务都具有重要意义。甲骨文文献的数字化,不仅局限于将甲骨文文献扫描为电子图片进行保存,还需要利用文献数字化技术实现文档分割与字符识别,最终实现文章内全部信息的全文检索。本章从文献类别谈起,介绍了甲骨文文献的主要类别与内容,近代甲骨文研究文献的撰写、整理与保存状况。文献数字化技术是多项技术交叉融合的结果,本章简单介绍了数字技术化根基——OCR 技术与机器学习技术的基本概念,并在此基础上重点分析了文献数字化技术中的两大主要步骤——文档分析技术与字符识别技术和基于这两大技术的经典实现算法,结合近年来利用机器学习在这两大技术中的应用,讨论了当前技术在甲骨文文献工作中存在的挑战。

习题 8

(1) 试分析哪些甲骨学文献可以使用经典文档分割算法进行分类，哪些则难以使用经典文档分割算法实现正确的分类。

(2) 试计算下列 10×10 矩阵的垂直投影值。

(3) 试画出递归 X-Y 分割法的程序流程图。

(4) 试画出第(2)题中三幅图像的水平 RLSA 掩膜图(阈值为 2)。

(5) 试写出利用卷积神经网络实现甲骨字识别的实现思路。

第9章 甲骨碎片自动缀合方法

CHAPTER 9

甲骨缀合是指根据甲骨形态和所刻写的甲骨文，复原甲骨碎片位置的拼接操作。本章从甲骨缀合方法的角度对现阶段的人工甲骨缀合方法进行了简要的介绍，并结合国内外学者在计算机缀合甲骨方法进行一系列尝试的基础上，介绍了行之有效的计算机拼接甲骨碎片图像方法与计算机拼接甲骨文语句方法。

9.1 甲骨碎片拼接的意义

1917年，王国维首次把两段甲骨文残辞缀合成一条比较完整的卜辞，完善了《殷本纪》记载的商王世系表，历史学家最终判定《史记》中关于殷商的记载是真实可靠的。此事说明缀合后的甲骨文可以成为验证历史的新材料而价值倍增，所以甲骨缀合称为甲骨文的“再发掘”。而传统的缀合方式，需要专家积累经验、记忆大量的甲骨形态和甲骨文信息，存在专业要求高和效率低的问题，因此甲骨学专家提出使用计算机缀合甲骨的思路。

甲骨碎片主要有图像和甲骨文两种数据资料，使用计算机拼接甲骨碎片面临数据资料复杂且计算量大的困扰：①甲骨碎片(如龟甲、牛骨等)有其正反面的彩色、拓片和摹本等多种图像，且存储格式多样、分辨率也不一致；②甲骨碎片所刻写甲骨文的释文字体多样，不方便计算机统一读取；③要找到匹配目标，需要搜索和匹配整个甲骨数据库，计算量大。目前，国内外计算机拼接甲骨碎片的技术主要有数字编码、点和边缘图像特征匹配等方法，均以实验性研究为主，在区分度、适应性、正确率和信息融合等方面存在严重不足，所以没能投入实际拼接工作中，且拼接成功的案例不多。物体碎片图像拼接方法与图像目标检测的深度学习方法的目标不同，前者用于目标拼接，后者用于目标检测、分割或分类，两者对位置相关的处理不统一，所以深度学习方法不能直接用于甲骨碎片图像拼接，且图像拼接忽略了甲骨文语句的重要性。因此计算机拼接甲骨碎片的挑战在于：怎样使用最新的深度学习和自然语言处理技术，融合甲骨碎片图像和甲骨文文本信息，提高拼接算法的正确率和实用性。

据统计，全世界的甲骨碎片约有16万块，使用计算机技术拼接甲骨，需要建立甲骨碎片的图像库。为了方便专家查阅完整的甲骨著录信息，甲骨文信息处理教育部重点实验室已完成“殷契文渊”甲骨文大数据平台的建设，它是甲骨碎片彩色图像、拓片图像和摹本图像、甲骨文卜辞和释文、甲骨学论文等资料的大数据库，目前，已收录了100个甲骨著录图库、235349幅甲骨文图像以及相应释文、32737篇参考文献，具有资源多、资料新和功能强的特点，为甲骨学研究者与国学爱好者提供了良好的大数据平台。

9.2 传统甲骨碎片拼接方法

9.2.1 人工拼接方法

对于甲骨缀合，甲骨学者根据多年的甲骨缀合经验总结出了不同的方法。郑慧生先生在《甲骨缀合八法小议——〈甲骨文合集〉缀合笔记》提到 8 法，并建议“八种方法不能孤立看待，以一方为连，对勘其他方法，全无抵牾，才能拼接”。白玉峥在《读甲骨缀合新编暨补编略论甲骨缀合》中提出 5 法。关于拼接的方法，黄天树归纳总结了 4 法，根据字体、残字、碴口、同文等信息拼接甲骨。在实现计算机拼接甲骨碎片方法时，需要根据甲骨学专家提出的人工拼接甲骨的经验和方法，为计算机拼接甲骨提供思路。

9.2.2 计算机拼接方法

计算机能实现的拼接工作如下：第一，根据甲骨断裂边缘进行甲骨图像边缘拼接；第二，根据甲骨断裂语句以及相应甲骨文卜辞语法，进行甲骨语句拼接，包括断句、断字等拼接方式。前人在计算机拼接甲骨碎片的相关工作可以总结为编码拼接法、数字化拼接法、边角拼接法和角序列特征拼接法等。周鸿翔最早提出计算机拼接甲骨碎片方法，对甲骨尺寸、文字大小以及位置信息进行编码，根据编码拼接甲骨碎片。童恩正增加了用于编码的甲骨信息，根据数字化的编码拼接甲骨。林圭侦提出甲骨图像边角拼接法，提取并向量化甲骨边缘，根据甲骨边长的比值平方和进行相似度评分，搜索可拼接甲骨图像。刘永革等在多尺度空间提取甲骨图像边缘的夹角作为特征，用于匹配甲骨图像。王爱民等提取甲骨图像的边缘链码特征进行匹配。张长青将甲骨图像边界长度与缝隙比作为拼接甲骨的参考。

1. 编码拼接法

最早进行计算机甲骨碎片拓片拼接的是周鸿翔先生，他在 *Computer Matching of Oracle Bone Fragments* 中提到，根据甲骨碎片的生理位置信息、尺寸、字体和字体出现在碎片的位置，结合甲骨碎片拓片在乙编中的序号，进行编码，组合成一组数字，根据编码出来的数字进行甲骨信息匹配拼接。

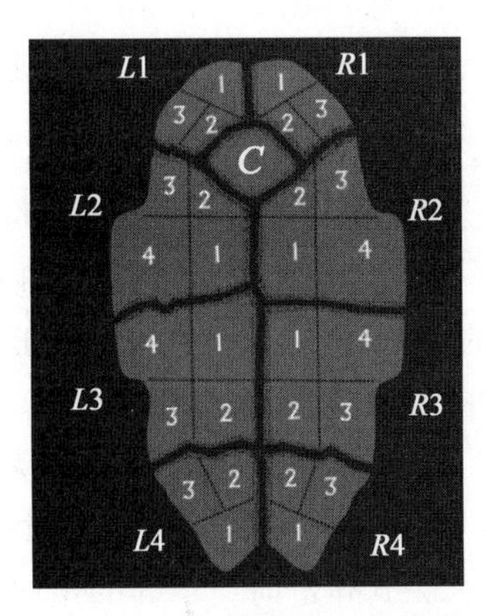

图 9-1　甲骨生理结构与位置编码

如图 9-1 所示，根据龟甲的生理结构以及甲骨专家所说的甲骨形态，周鸿翔将龟甲分为左右对称的两部分，每部分分为首甲、前甲、后甲和尾甲，左边的对应编号为 $L1$、$L2$、$L3$ 和 $L4$，右边的对应编号为 $R1$、$R2$、$R3$ 和 $R4$，另外还有中甲 C。首甲、尾甲细分为 3 个部分，前甲和后甲细分为 4 个部分，用于编码甲骨字出现的位置。甲骨的尺寸被分为小（Small，S）、中（Medium，M）和大（Big，B）3 种。文字被分为非常细（Very Thick，VT）、正常（Normal，NO）和像头发（Hair Like，HL）3 种。依次根据甲骨碎片在乙编中的编号、甲骨碎片在乌龟生理的位置、甲骨的尺寸、甲骨刻画文字的字体，以及甲骨碎片上刻画的位置等信息，对甲骨碎片进行编码。例如乙编第 5162 号拓片图像，被编码为 5162_R2_M_HL_4，对应的数字编码为 5162_2_2_3_4，在对拓片图像进行编码后，根据甲骨碎片拓片编码，搜索库中的匹配甲骨编码信息，以减少甲骨专家的工作量。

2. 数字化拼接法

为了使用计算机拼接甲骨，童恩正等增加了用于编码的甲骨信息，并进行甲骨编码拼接数字化，这种方法是对周鸿翔的编码拼接方法的改进。如图 9-2 所示，其采用的编码信息有 6 项，包括时代、字迹、骨板、碎片、卜辞和边缘等，具体如下。

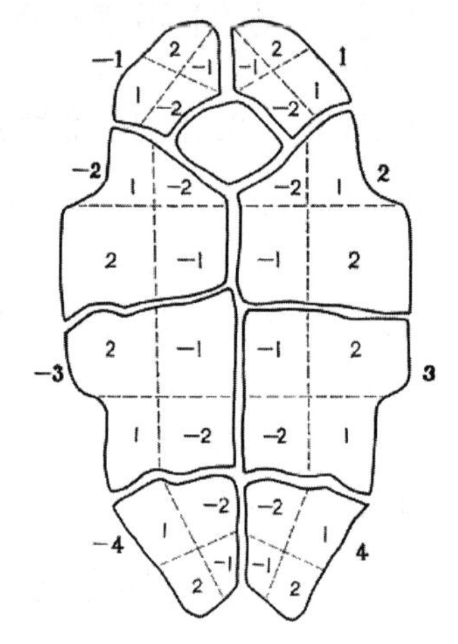

图 9-2 骨板碎片数字化

(1) 时代。能拼接的卜甲必须是同一时代的，这是前提。采用 5 期断代(均用数字表示)，即武丁和武丁以前为 1，祖庚、祖甲为 2，廪辛、康丁为 3，武乙、文丁为 4，帝乙、帝辛为 5。

(2) 字迹。字迹区别主要是指大小，从大到小分别用 1、2、3、4 表示。

(3) 骨板。即骨板在腹甲上的位置。将一完整的腹甲分为对称的 8 个部分，分别代表上腹骨板、中腹骨板、下腹骨板和剑状骨板。内腹骨板由于是一个单片，数量少，在数字组合上也有一定的困难，所以忽略不计。8 块骨板中，右边 4 块自上而下编为 1、2、3、4；左边 4 块自上而下编为－1、－2、－3、－4。这 8 个数字称为骨板数。

(4) 碎片。即碎片在骨板的位置。将每一骨板用 4 根界线分成 4 部分，分别标识为 1、2、－1、－2，这 4 个数字称为“位置数”。如果碎片是$\frac{1}{4}$，标所在位置的一个数；如果碎片是$\frac{1}{2}$或$\frac{3}{4}$，标所在位置的两个或者三个数，中间用顿号分隔，其记录的顺序是自左而右、自上而下，如 1·2，1·2·－2 等，以此类推。如果标本是完整的骨板，则此项标记为 0。

确定碎片属于哪一部分，可以参考以下几点。

① 边缘。碎片的边缘分 3 种情况。(1)腹甲自然边缘，圆滑光润，颇易分辨；(2)骨板之间的接缝，弯曲成锯齿状，特征也明显；(3)破裂的边缘，在多数情况下，此种破裂都是沿着卜兆而行的，故裂处峭直如削，不致与上述两者混淆。

② 纹理。即腹甲原有的鳞片揭去后留下的凹槽，其分布是有规律的，在拓片上极易看出。因此碎片上有无纹理，或纹理弯曲的形状，都能成为断定碎片位置的根据。

③ 卜辞走向。卜辞的走向，其方向性甚为一致。大体而言，沿中缝而刻辞的向外行，在右右行，在左左行；沿首尾（即前足叉以上或后足叉以下）之两边刻辞者向内行，在右左行，在左右行。在某些情况下，这一规律也可以作为定位的参考。

(5) 卜辞。当同一条卜辞分裂在不同的碎片或骨板上时，就会成为帮助拼接的极好的材料。为了显示卜辞的走向和残断的情况，首先以一块骨板作为一个单位。将其四边从左开始依次标为 0、1、2、3；中间的四根界线则标为 4、5、6、7。再根据靠近各条边界的卜辞的不同情况，分别用下列数字表示之：有字为 1，半字为 2，无字为 3，空缺为 7。

(6) 边缘。以边缘的形状作为拼接条件，仅限于同一骨板内部碎片的拼接。在骨板与骨板或相邻骨板之间的碎片拼接时，其结合处是自然的锯齿状边缘，可以视为大致平直，所以不予考虑。边缘记数的方法，是将四根界线从左至右标为1、2、3、4，以此作为坐标，任何一块碎片的断裂边缘与之比较，根据不同的情况用下列数字表示：凸出为2，凹入为0，平直为1，空缺为7。

根据以上条件，拟定拼接规则：①时代：数字相同。②字迹：数字相同。③骨板：符号相同时，绝对值相差为1；符号相反时，绝对值相等。④碎片：详细见参考文献[4]。⑤卜辞共有2种情况，在第一种情况下：将两块标本的卜辞数按边界的编号顺序对称排列，其中应有一组数字相同，但卜辞数为3、7者除外。在第二种情况下：

(1) 骨板符号相同拼接时，以骨板数绝对值小的标本与骨板数绝对值大的标本相比较，前者边界3的卜辞数应与后者边界1的卜辞数相同，但是3、7两个数字除外。

(2) 骨板符号相反拼接时，以骨板数为负号的标本与骨板数为正号的标本相比较，前者边界2的卜辞数应与后者边界0的卜辞数相同，但是3、7两个数字除外。

(3) 边缘。在骨板数字相同的情况下：将两块标本的边缘数接界线的编号顺序对称排列，除边缘数中有7的以外，其余两数之和等于2。在碎片数字不同情况下，不作为条件。

3. 边角拼接法

台湾的王骏法和张嘉男发表论文《如何利用电脑影像处理技术整理甲骨拓片重片》，其算法是将二维的封闭图形放大、旋转、平移后产生一个一维的特征值，尽量准确地描述图形的物理特征，以便分类，从而找出重片。该论文首次采用数字图像技术处理甲骨片，其本质是比较图像，而不是使用计算机拼接甲骨，但对甲骨拼接有借鉴意义。

在建立台湾所藏甲骨数字图像网站后，台湾清华大学人类学研究所硕士林圭侦撰写的硕士论文《资讯科学在安阳出土甲骨拼合上的应用》中，提出了边角拼接方法。其关键技术包括甲骨边缘提取、边缘向量化和多边形调整等预处理技术，向量化的结果是依序将X、Y、Z各点坐标和所属轮廓线编号分列存成文字档。在甲骨彩色图像拼接时，提出基于边缘凹角与凸角的拼接技术，具体包括单一角的比较、连续多角的比较，以及三个角综合360度这三种情况。

如图9-3所示为计算机拼接甲骨碎片三种情况的具体思路。在边角近似相同的情况下，如图9-3(a)中所示，计算拟拼接甲骨碎片图像两边线段的比值，若比值的平方和约等于2，则认为两者可以拼接；如图9-3(c)所示，连续角的边的比值平方和约等于边的个数；如图9-3(e)所示，360°角相应边的比值平方和约等于3。此处的比值平方和称为拼接得分，对应的比例分别如式(9-1)～式(9-3)所示。另外还有其他补充方法，如边数减少法等。

$$\left(\frac{\text{Side1}}{\text{Side3}}\right)^2+\left(\frac{\text{Side2}}{\text{Side4}}\right)^2\approx 2 \tag{9-1}$$

$$\left(\frac{\text{Side1}}{\text{Side3}}\right)^2+N+\left(\frac{\text{Side2}}{\text{Side4}}\right)^2\approx N+2 \tag{9-2}$$

$$\left(\frac{\text{Side1}}{\text{Side3}}\right)^2+\left(\frac{\text{Side2}}{\text{Side5}}\right)^2+\left(\frac{\text{Side4}}{\text{Side6}}\right)^2\approx 3 \tag{9-3}$$

4. 角序列拼接法

角序列拼接法根据提取甲骨拓片图像轮廓的序列点，每3个近邻序列点连线构成向量的夹角角度，并在多尺度的情况下，计算轮廓序列点连线组成的角度序列，将此角度序列作

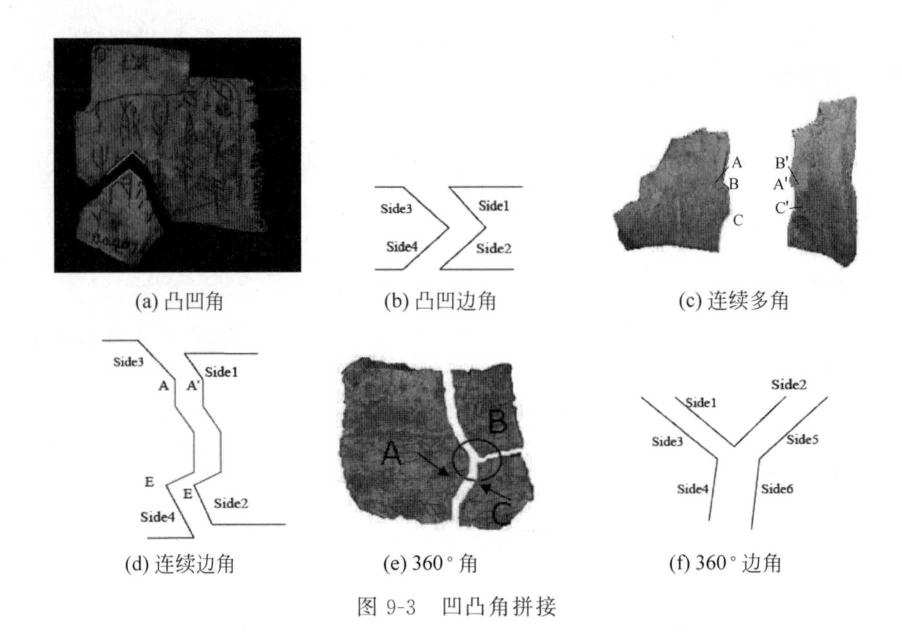

(a) 凸凹角　(b) 凸凹边角　(c) 连续多角

(d) 连续边角　(e) 360°角　(f) 360°边角

图 9-3　凹凸角拼接

为甲骨碎片拓片图像特征，据此进行甲骨碎片拓片图像匹配。如果在某一尺度下，源轮廓角度特征序列的第 i 个角度与目标轮廓角度序列特征的第 j 个角度满足式(9-4)，则认为两者在此尺度下匹配。

$$|a_i^{\mathrm{T}} - b_j^{\mathrm{T}}| < \varepsilon \tag{9-4}$$

5. 链码拼接法

链码拼接法是对甲骨图像二值化后，跟踪甲骨图像轮廓结合轮廓旋转角度，提取轮廓链码、傅里叶描述子等特征，并计算特征向量，计算待拼接轮廓特征向量 $\boldsymbol{F}_s$ 与数据库中的特征向量 $\boldsymbol{F}_d$ 的欧氏距离，若此距离小于阈值则认为两者可能拼接。因为选定阈值困难，所以计算两个向量的相似度作为评分标准，如式(9-5)所示：

$$S(\boldsymbol{F}_s, \boldsymbol{F}_d) = \frac{\mathrm{sum}(\min(\boldsymbol{F}_s(i), \boldsymbol{F}_d(i)))}{\mathrm{sum}(\max(\boldsymbol{F}_s(i), \boldsymbol{F}_d(i)))} \tag{9-5}$$

6. 形状拼接法

形状拼接法需要根据甲骨图像边界匹配等方式进行甲骨拼接，主要技术包括边界增补、边界提取等。在拼接形状时，把源边界平移与旋转到目标边界上，将边界匹配长度与匹配边界缝隙面积比值作为相似度 s 的计算，并定义了匹配度 S_m，如式(9-6)和式(9-7)所示，选取最大匹配相似度对应的匹配边界对应的甲骨作为可拼接甲骨碎片。

$$s = \frac{\Delta\,\mathrm{len}}{\Delta\,\mathrm{area}} \tag{9-6}$$

$$S_m = a * s + (1 - a) * s \tag{9-7}$$

9.3 甲骨碎片图像拼接

在获得甲骨碎片图像、甲骨拓片图像的类别后，将甲骨图像进行二值化，使用封装的 Canny 边缘检测算法，提取甲骨碎片图像边缘及边缘点坐标。通过这种方式，我们可以得到

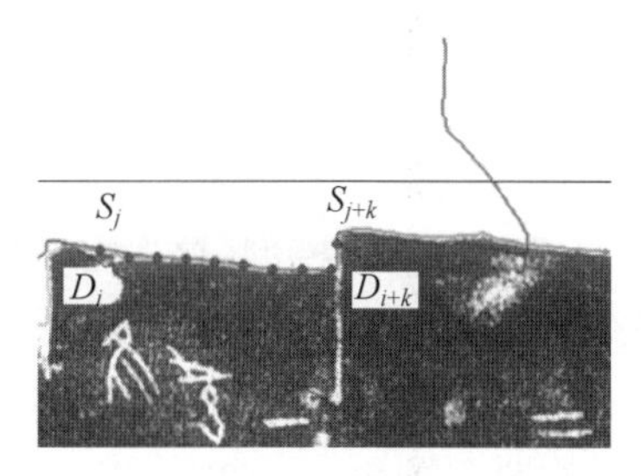

图 9-4　边缘坐标匹配拼接算法

甲骨碎片的用来表示甲骨碎片边缘的特征。如图 9-4 所示，图中的曲线拟合了乙编 3337 号甲骨拓片图像边缘，这也是用来与图中碎片进行边缘匹配的甲骨碎片图像边缘。图中拟合了乙编 2556 号甲骨拓片图像边缘，也就是我们希望找到可以被拼接上的甲骨碎片图像边缘。针对甲骨碎片图像边缘坐标匹配，可以使用像素拼接的方法实现这两个边缘曲线的拼接，将源甲骨碎片图像边缘的一段，旋转平移到目标甲骨碎片图像边缘的位置，每隔固定数目的像素采样一个像素点，计算此段采样点与目标甲骨碎片图像边缘相应采样点的距离和，如式(9-8)所示：

$$S_{di}=\sum_{i=j}^{i=j+k}\text{dist}(S_i,D_i)<T_d \tag{9-8}$$

式中，S_j 和 D_i 是采样点，S_{di} 是等像素拼接算法采样点距离和。

如果这两个曲线上的采样点的相对距离都很大，就说明这两个边缘非常的不相似，因此，将这些点的距离之和称为不相似度。这样，可以将不相似度足够小(小于我们事先规定的阈值)的甲骨碎片图像组，称为边缘坐标匹配的甲骨碎片图像。

如图 9-5 举例说明甲骨碎片图像边缘等像素拼接法，图 9-5(a)左侧为社科院历史所编号为 797 号的甲骨，图 9-5(a)右侧为社科院历史所编号为 799 号的甲骨，将左侧甲骨局部边缘旋转平移到右侧甲骨局部边缘后，计算两甲骨对应局部边缘采样点坐标的距离和，若满足设定阈值，则保存下来，作为边缘坐标匹配甲骨碎片图像。甲骨碎片图像边缘坐标拼接时，甲骨拓片图像比甲骨彩色图像边缘坐标拼接更加准确，因为甲骨拓片图像的边缘更加清晰(如图 9-5(b)所示)，而甲骨彩图往往会拍摄到甲骨碎片断口(见图 9-5(a)右图)，但是甲骨拓片在甲骨盾纹部分呈白色，提取其边缘会有偏差(见图 9-5(b)右图轮廓)。

(a) 甲骨彩色图像边缘拼接

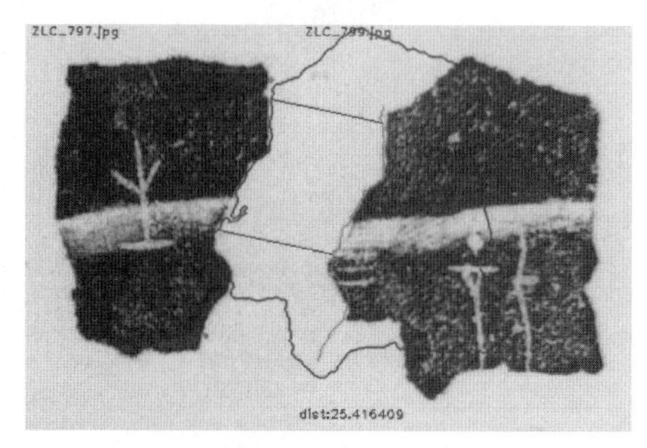

(b) 甲骨拓片图像边缘拼接

图 9-5　社科院历史所编号为 797 与 799 号的甲骨拼接

无论是甲骨彩色图像还是甲骨拓片图像，都完整地保存了甲骨的纹理信息，在甲骨碎片图像边缘坐标匹配的基础上，将候选甲骨碎片图像的局部边缘匹配区域，旋转、平移后拼合成一幅图像，然后剪切边缘坐标匹配位置的目标图像，设置成固定的尺寸，放入纹理拼接模型进行评分。

9.4 甲骨文语句拼接

构建甲骨文共现字词字典模型、甲骨文词性字典模型和甲骨文语法模型，首先需要拆分组合甲骨文语句，建立甲骨文拆分组合表。提前将甲骨文释文语句与其标注信息，统一格式整句存放到 Excel 表中。甲骨文语句拼接相关模型的建立分为三步。①将甲骨文语料库中的语句根据甲骨的断裂情况逐字拆分，构建拆分表，每相邻的两个字组成一个词，构建语料库字词组合表，并将两表存储在 Excel 文档中。②根据甲骨文语料库中语句的拆分组合表，构建甲骨文语句的共现字词字典模型。③根据甲骨文语料库中的标注信息，建立甲骨文字词词性字典，并推出甲骨文语法模型。根据甲骨文语法和甲骨文词性字典，结合甲骨文语句拆分表和共现字词字典，推断甲骨文残句中缺少的成分，判断两甲骨文语句是否可拼接。甲骨文共现字词字典和字词词性字典模型以键-值对的形式存储字词和词性，而甲骨文语法模型存储为词性的组合形式。

如图 9-6 所示，拓片图是甲骨拓片的卜辞原文，方框内是甲骨文语句释文，图 9-6(a)、图 9-6(b)、图 9-6(c)中方框内是拼接的断裂语句。图 9-6(a)和图 9-6(c)根据断句拼接；图 9-6(b)释文右侧是“乙巳卜，宾，贞：鬼隻羌？一月”，与图 9-6(b)释文左侧的“乙巳卜，宾，贞：鬼不其隻羌”语句形成正反对贞，意思是“乙巳日占卜，名字叫宾的人贞测，鬼方的人能不能擒获羌方的人”；图 9-6(d)释文下方是“壬辰卜，贞：王其田亡灾”，与图 9-6(d)释文上方的“丁酉卜，贞：王其田亡灾”的语句形成一事多卜，语句的意思相同，即“某日占卜，贞测，王去田猎没有灾祸”。

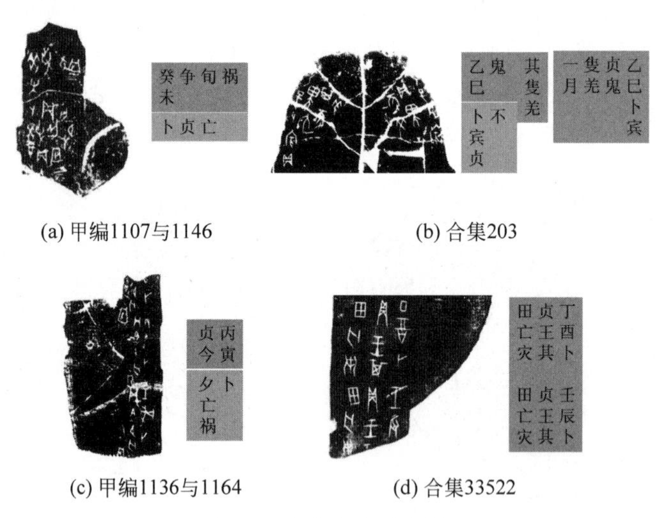

(a) 甲编1107与1146

(b) 合集203

(c) 甲编1136与1164

(d) 合集33522

图 9-6 甲骨文卜辞文例

图 9-7 是甲骨文语句单字拆分表和双字组合表，图 9-7(a)中对应甲骨文合集 203 号拓片右侧的完整语句，图 9-7(b)中对应甲骨文合集 203 号拓片左侧残缺语句，图 9-7(c)中对应甲骨文合集 203 号拓片拼接的残缺语句。拼接前，将每个语句分别按照单字和双字拆分，残句也要拆分，残句中“?”号表示缺字位置，表中用“空表格”表示。以语句拼接为例，图 9-7(b)中“巳”字后边的表格为空，判定为字词缺失，在共现字词字典找“巳”字对应的词组“巳卜”等，

图 9-7(c)中有“卜”字且其前缺失字词的语句,判定两甲骨文语句可拼接,并在检验相应甲骨碎片的图像拼接正确之后,保存相应甲骨碎片编号。

<table>
<tr><td colspan="11">(a) 合集 203 号拓片甲骨文完整语句</td></tr>
<tr><td>甲骨文语句(整句)</td><td colspan="10">乙巳卜,宾,贞:鬼隻羌? 一月。</td></tr>
<tr><td>单字拆分</td><td>乙</td><td>巳</td><td>卜</td><td>宾</td><td>贞</td><td>鬼</td><td>隻</td><td>羌</td><td>一</td><td>月</td></tr>
<tr><td>双字组合</td><td>乙巳</td><td>巳卜</td><td>下宾</td><td>宾贞</td><td>贞鬼</td><td>鬼隻</td><td>隻羌</td><td>羌一</td><td>一月</td><td></td></tr>
<tr><td colspan="11">(b) 合集 203 号拓片甲骨文残缺语句</td></tr>
<tr><td>甲骨文语句(残句)</td><td colspan="10">乙巳? 鬼? 其隻羌。</td></tr>
<tr><td>单字拆分</td><td>乙</td><td>巳</td><td colspan="3"></td><td>鬼</td><td></td><td>其</td><td>隻</td><td>羌</td></tr>
<tr><td>双字组合</td><td>乙巳</td><td colspan="6"></td><td>其隻</td><td>隻羌</td><td></td></tr>
<tr><td colspan="11">(c) 合集 203 号拓片甲骨文残缺语句</td></tr>
<tr><td>甲骨文语句(残句)</td><td colspan="10">? 卜,宾,贞? 不?</td></tr>
<tr><td>单字拆分</td><td colspan="2"></td><td>卜</td><td>宾</td><td>贞</td><td></td><td>不</td><td colspan="3"></td></tr>
<tr><td>双字组合</td><td colspan="2"></td><td>卜宾</td><td>宾贞</td><td></td><td></td><td></td><td colspan="3"></td></tr>
</table>

图 9-7 甲骨文语句拆分组合表

9.5 本章小结

本章主要讲解了计算机拼接甲骨碎片的思路和方法,具体包括甲骨碎片拼接的意义、传统的甲骨碎片拼接方法、甲骨碎片图像拼接方法、甲骨文语句拼接方法、这三节内容分别从编码、边缘和文字方面,讲述了不同的甲骨碎片拼接方式。本章要求学生必须了解计算机拼接甲骨碎片方法的理论知识,熟悉该方法的实现平台。

习题 9

(1) 简述甲骨碎片拼接的意义。

(2) 了解传统甲骨碎片拼接方法的代表人物。

(3) 掌握甲骨碎片图像拼接方法优缺点,并理解甲骨文语句拼接方法思想。

(4) 引导物体碎片智能拼接思路,拓展甲骨碎片图像拼接方法的应用范围。

(5) 根据甲骨碎片图像信息,完成甲骨碎片图像拼接软件和实体拼接,操作步骤如下:

① 根据学校提供的甲骨碎片仿制品,拼接甲骨碎片。

② 使用甲骨文信息处理实验开发软件,拼接甲骨碎片图像。

③ 根据操作内容,提交作业报告。

第10章 甲骨三维建模

CHAPTER 10

甲骨片因年代久远，出土易碎，保存分散，导致普通群众甚至专家难以接触实物。若要发挥其研究及教育价值，需要合适的复现手段描述其特征。三维模型可高度还原其表面位置及纹理特征，因而被认为是有效的复现手段。本章总结了文物三维建模的常用技术，简述了基于激光扫描及数字测量技术的建模原理，探索了甲骨片建模的方法及步骤，并通过实践检验了建模效果。

10.1 引言

在殷商时期，甲骨片作为占卜材料，经雕刻、烧灼之后本身已经变得脆弱，又深埋地下数千年才得以重见天日，且在被科学家发现之前，一直被当地人当作药材发掘贩卖。因此，大多数甲骨片发掘之初就已碎裂，少部分完整的甲骨片在经历战乱之后也变得不再完整。为防止其进一步碎裂，现存甲骨片都处于严密保护之中，加之其散落世界各地，存储分散，一般民众甚至学者都无法直接接触到所需甲骨片，从而限制了对甲骨的研究及其教育意义的发挥。另一方面，完整的甲骨往往更具有研究价值，学者一直不断尝试将本属于同一完整甲骨片的若干残片还原，也就是第9章所讲的甲骨缀合。

随着信息科技的进步，甲骨缀合中大量单调重复的工作若采用计算机信息化的处理效率会更高，专家学者开始尝试利用计算机辅助缀合甲骨。然而，目前主流的甲骨缀合技术依然是以利用图片边缘拼接技术为主，甲骨拓片（照片）虽能刻画甲骨片的骨面几何特征，却无法描绘其色彩及断面几何特征，因此有些甲骨拓片看似能进行缀合，但从甲骨实物的断面及骨质特征看，它们并非同属一物。这些未经过甲骨实物一一核验的拓片缀合成果，其结果存在偏差也就在所难免。因此要想验证最终缀合结果正确与否，传统的做法是找出甲骨实物比对。近年来，物体的三维建模技术突飞猛进，建模精度及速度明显提升，模型纹理逼真，表面凹凸细致。如若将三维建模技术运用于甲骨，得到每一片甲骨的三维模型，不仅可以充当验证甲骨碎片缀合结果的资料，大幅提升甲骨拓片缀合的效率和成功率，还可在网络上展示，增强民族文化自信和凝聚力。甲骨实物照片与其三维模型如图10-1所示。

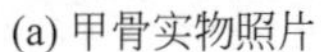
(a) 甲骨实物照片

(b) 甲骨三维模型

图 10-1 甲骨实物照片与三维模型

10.2 甲骨三维建模的可行方法

甲骨是一种特殊的文物，其质地酥脆易碎，几何形状复杂，纹理细腻。甲骨三维建模方法可参考文物三维建模通法。随着物体三维建模研究的不断深入，其成果已可直接运用于文物建模。针对不同文物的大小、几何形状材质、表面粗糙程度，在文物建模中通常有下述三种方法，分析每种方法用于甲骨建模的可能性。

10.2.1 基于几何元素堆叠的建模方法

图 10-2 基于几何元素堆叠的建模方法

采用球体、立方体等基本的几何元素，经过空间及位移操作，如平移、旋转、拉伸等方式，静态组合为立体图形，以该类立体图形模拟原物体的立体形式，如图 10-2 所示。这种方式多用于对物体的表面进行粗略建模或对物体的骨架进行建模，如墓室发掘现场的三维还原。在文物保护领域，专家往往根据基于文物形态学的先验知识，测量待建模物体的详细特征，将所有元素的形状尺寸量化后再进行元素的组合。这种建模方法精度高，理论上可实现任意物体的三维建模，但是面对过于复杂或不规则的物体，人工测量时间与建模时间都会大大增加，且不宜建立表面过于精细的模型。甲骨片往往形状不规则，表面复杂，因此不适宜使用这种方式进行建模。

10.2.2 基于三维激光扫描的建模方法

基于几何元素堆叠的建模方法因需要技术人员根据已有的基本几何元素模拟其真实形态，因而建模过程不够客观准确，而三维激光扫描技术及基于数字测量原理的建模方法则可保证建立模型客观准确。其中三维激光扫描法利用三维激光扫描仪，通过三维扫描测量技术，采集物体的空间坐标、尺寸以及纹理影像等数据，其实物如图 10-3 所示。三维激光扫描仪原理是通过发射、分析与接收单一脉冲式激光，根据物体空间位置生成高精度点云，实现对物体的三维空间建模，具有很广的适用范围。与传统的图像采集设备相比，扫描对象由平面转变为立体实物，可获得扫描物体每个空间点的坐标，并输出包含物体表面每个采样点的三维空间坐标和色彩的数字模型文件。由于采用非接触式的光学扫描形式，其能够在迅速获取物体三维坐标的同时，减少对物体的伤害，从而起到保护物体的作用。与LED光源相比，激光能量密度高，亮度高，定向性强，因而数据采集过程精度高，所建立的三维模型能忠实反映物体的本来面貌。虽然三维激光扫描可对不同体积大小、不同规则程度的实体或实景进行三维数据采集，但也具有局限性。在三维激光扫描的后期进行数据处理时，点云与纹理之间往往无法自动匹配，加之三维激光扫描仪的价格昂贵，无法直接生成纹理，后期处理的工作量巨大，数据处理时间冗长。从实践角度出发，甲骨片数量众多，通常被收藏于各个博物馆中，建模活动需要携带专用设备，这就对设备的便携性与高效性提出要求，然而激光扫描设备体积与重量都超出了便携设备的范畴，并且扫描速度、后期处理速度缓慢，并不适于对大量甲骨片建模。

图 10-3 三维激光扫描仪

10.2.3 基于数字摄影测量原理的建模方法

虽然三维激光扫描建模法有着无与伦比的建模精度，但并不适于甲骨片。随着三维建模技术研究的不断深入，基于数字摄影测量与计算机视觉技术的三维重建技术也逐渐应用于各个领域。数字摄影测量是根据人眼双目视觉原理，在被测物体前的两个已知位置摄取两张数字影像，在计算机软件支持下测量左右影像上同名点的影像坐标，由此构建三维点云，再通过算法将三维点云转换成不规则三角网，最后将影像的"纹理"映像到由点云构成的空间三角网上，就能建立空间物体的真实三维模型。双目三维扫描仪如图 10-4 所示。因此，数字摄影测量可以根据照相机拍摄的不同角度物体二维照片重建空间物体的三维模型。该种方式基于测量技术，可以精确获取空间距离、三维坐标等信息。通常此类建模方式都需要通过影像解算坐标，所以对于建模所需影像具有较高要求，简单来讲，所拍摄的照片要有连续性，即相邻两个角度的照片之间应保持一定的重合度。除对数据采集时摄影有一定要求外，数字摄影测量具有灵活性强、数据处理快捷等特点，不失为三维数据采集首选。与三维激光扫描建模方法相比，该方法可直接通过不同角度拍摄的照片构建标示空间位置的点云，而不必通过激光束的测距。这种三维建模方式建模精度尚可，方便快捷，适用于需要便携设备的文物现场。

图 10-4 双目三维扫描仪

10.3 甲骨三维建模实践

经上文分析可知，基于数字摄影测量原理的三维建模方法较适于甲骨片的三维建模，考虑甲骨片固有特点，在大量实践的基础上，团队大致摸索出全角度拍照—半模型生成—模型融合的建模流程。

为了达到建模目的,数字摄影测量法要求围绕物体旋转360°,获取其全景照片,即全角度拍摄。对于较小的物体,在实践中往往使其保持直立状态,并将其放置于转台之中,使用微距相机获取不同角度的图像,进而利用所有照片合成三维模型。然而甲骨真迹形状不规则、易碎,无法直立拍摄,因而对其建模时需将甲骨片横置于转台,分别拍摄上、下两部分照片独立建模,生成甲骨片的"半模型",进而利用blender软件融合两个模型。为防止抖动,应将单反相机置于三脚架上,开启大光圈,实物的每一个面拍摄一组(约20张),侧面给出若干张特写,再将物体反置重新拍摄另一组。

10.3.1　甲骨片的图像采集设备

甲骨图片的采集过程要用到微距相机、简易摄影棚、补光灯、转台等设备,其主要目的是提供一个明亮、易于拍摄的环境,以便于采集活动的快速、有序进行。

微距相机的像素直接影响成像质量,为使甲骨图片轮廓及表面纹理清晰,像素至少为3000万,在拍摄过程中,所使用的微距镜头对焦范围为30～50cm。由于照片亮度会直接影响模型合成效果,故拍摄过程中要保持光线明亮,必要时可在简易摄影棚中拍摄,并补充白色LED光带等面光源。想要获取甲骨片的全景照片,需要不断调整相机与物体之间的相对位置,而遥控转盘可以每次转动一个特定的角度,从而大大加快全景照片的拍摄过程。

10.3.2　甲骨片的半模型图像采集流程

甲骨片的三维模型生成须经过全角度拍摄、半模型生成、模型融合三个步骤,即先将甲骨片正面朝上横置于转台,拍摄并生成半个三维模型,再将甲骨反面朝上横置于转台,重复拍摄照片,生成另外半个三维模型,最后通过软件将两个一半的模型融合成一个。甲骨片正面或反面的图像采集,即半模型图像采集流程如图10-5所示。

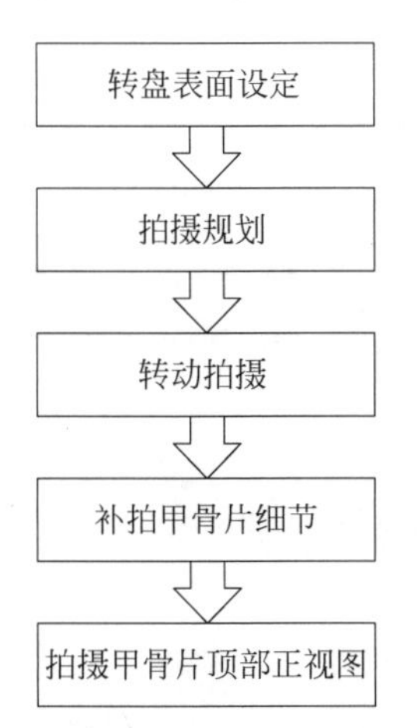

图10-5　甲骨片半模型图像采集流程

1. 转盘表面设定

转盘表面纹理会随甲骨片一并采集入甲骨图像中,在后期的图像处理中,该部分内容应该被剔除。因此,转盘表面应与甲骨片表面色差较大,在实践中,一般会选择哑光纯黑或纯白的贴纸黏附。

2. 拍摄规划

拍摄前根据物体的特征规划好拍摄路径,确定甲骨片转动一周需要拍摄多少张照片。一般来讲,甲骨片表面纹理越复杂,拍摄一张照片的转动角度越小,在实际拍摄中,一般转动一周需要拍摄22～30张照片。

3. 转动拍摄

根据规划好的拍摄路径,把相机置于三脚架上,开启大光圈模式防止虚化,一边转动转盘,一边拍摄。其中相邻转动角度的前后两张照片要有60%以上的重合度。在整个过程中,甲骨片与转盘的相对位置不变,转盘每次转动的角度尽量小,保证相邻的图片都具有较高的重合度。

4. 补拍甲骨片细节

在拍摄过程中,如果甲骨片表面几何形态过于复杂,可在全景拍摄结束之后补拍其某些表面的细节特写,这些特写照片会参与模型的合成。

5. 补拍甲骨片顶部正视图

为了让模型完成度更好,最后要拍摄甲骨片的顶部正视图。这些图片不参与建模,而会作为纹理特征与生成的空间模型融合。

10.3.3 图像采集注意事项

在拍摄的全过程不能随意移动物体,也要杜绝使物体产生晃动的动作。拍摄照片要遵循一定的"轨迹",逐点拍摄,拍摄点位越密越好。拍出来的照片重合度越高越好,相邻两个角度之间应保证至少 60%的重合度。这是决定建模是否成功的最关键因素。

10.3.4 甲骨图像数据处理

拍摄工作结束后,需要对照片进行三维建模操作。如上文所述,利用三维建模软件,经过照片导入、对齐照片、生成点云、生成网格、生成纹理等操作后,最终形成半模型。之后将半模型导出,形成以 obj 为结尾的文件,最后利用三维模型拼接软件合成两个半模型,形成最终的三维模型。此时需要对甲骨的上半部分及下半部分分别建模,然后通过特定的软件进行合成操作。甲骨三维模型能否做好,最关键的一点是两部分之间是否能完全融合。

首先需要利用采集的图像,合成甲骨片的半模型。在一次拍摄活动中,所有的拍摄照片如图 10-6 所示。这些照片既有甲骨片的 360°全景,也有其顶部正视图,还包含某些特写。本文使用 Agisoft Metashape Professional 三维重建软件重建甲骨片的三维全景。

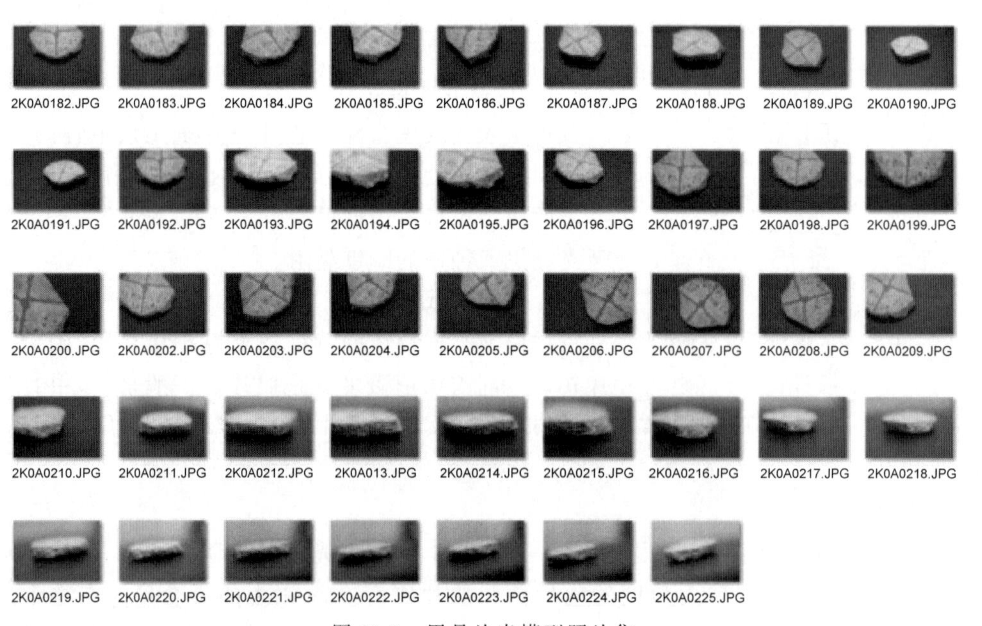

图 10-6 甲骨片半模型照片集

软件要求创建一个“工作区”模块，该模块类似于 Visual Studio 中的工程项，首先需要将拍摄的照片全都添加到工作区域，如图 10-7 所示。

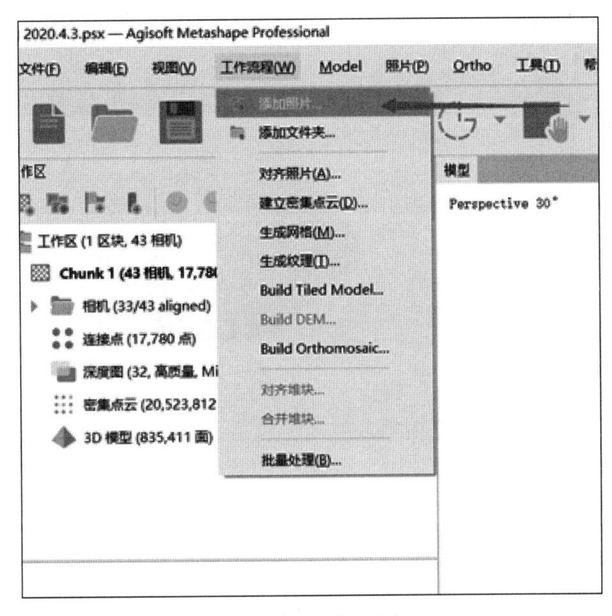

图 10-7　添加照片

对齐照片的目的在于确定照片与所建模型的相对位置，上文提到，在拍摄过程中，要确保相邻两个角度的照片重合度在 60%以上，该软件会根据重合度判断两张照片的相对位置及摄像机距离甲骨片的相对位置。在照片对齐过程中，由于某些位置拍摄的照片与上一临近位置差异较大，有可能会被自动舍弃。如图 10-8 所示为对齐照片，在对齐过程中，一般要选择高精度的对齐方式。

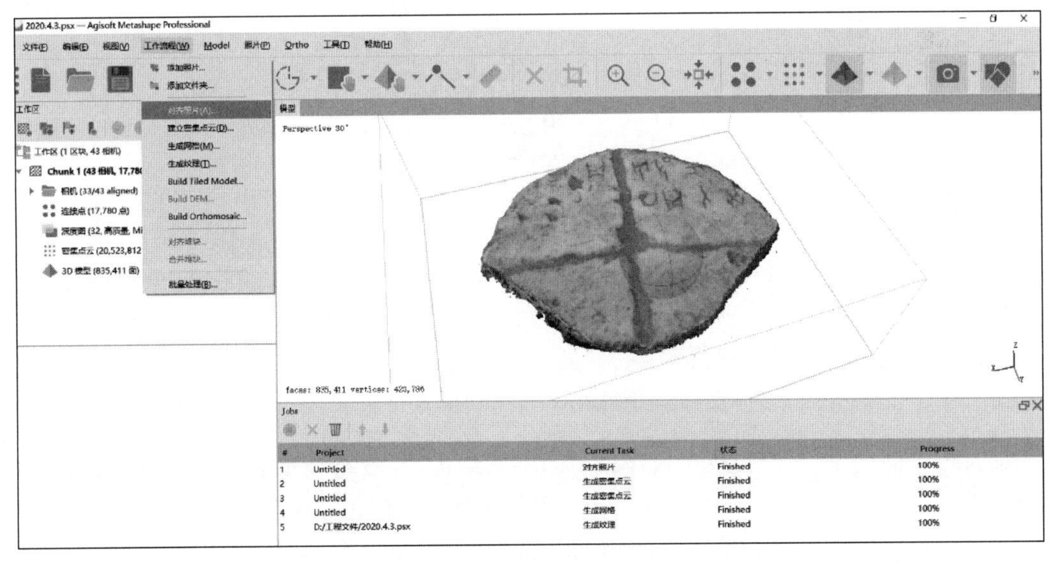

图 10-8　对齐照片

如图 10-9 所示为建立密集点云，它的意义在于获取模型每个点的空间位置。建立密集点云是一个耗时的过程，如果选择精度极高的建模方式，将耗费大量的时间。

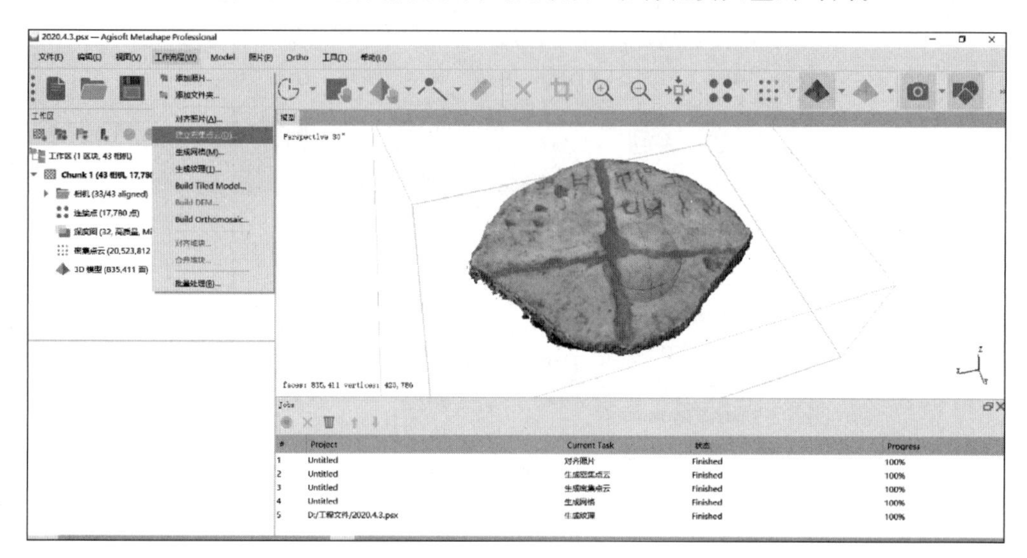

图 10-9　建立密集点云

三维模型最终会使用数量极大的三角面逼近原始模型，当建立了模型的密集点云之后，计算机需要计算每个三角面的空间位置，此过程也需要大量的运算时间，如图 10-10 所示为生成网络。

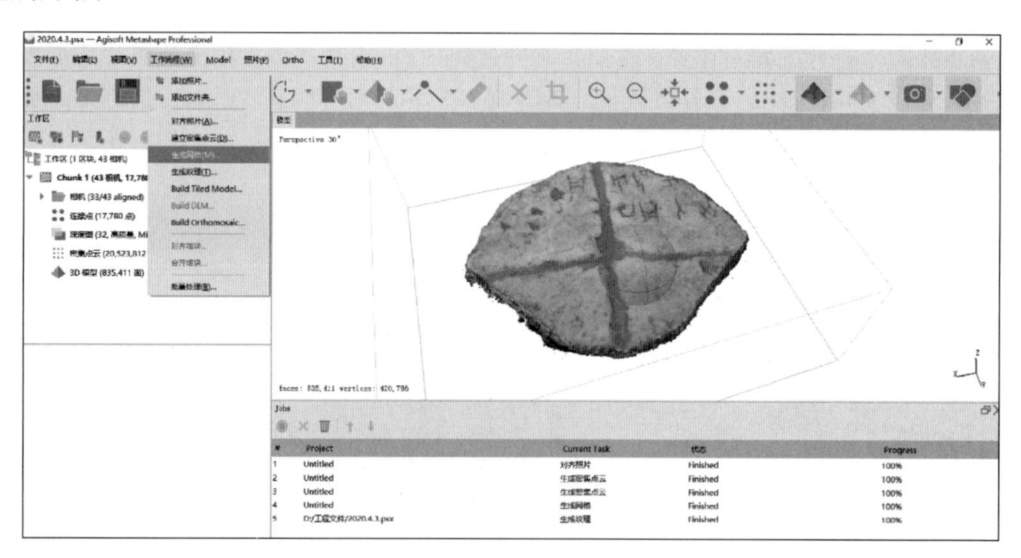

图 10-10　生成网格

通过以上的操作，我们仅仅生成了模型的空间结构，并没有模型表面纹理的信息，生成纹理如图 10-11 所示。纹理生成的意义在于提供模型表面的色彩细节。

最终需要将模型导出成特定格式的文件，以便于模型融合，如图 10-12 所示为导出模型。模型导出后再利用 Blender 软件将两个“半模型”拼接成一个完整的甲骨片三维模型，最终生成的甲骨片模型如图 10-13 和图 10-14 所示。

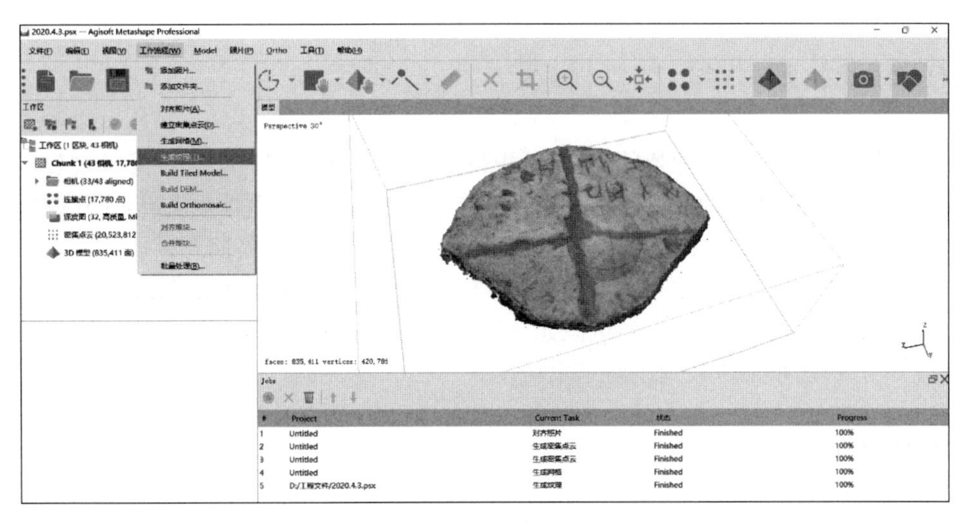

图 10-11　生成纹理

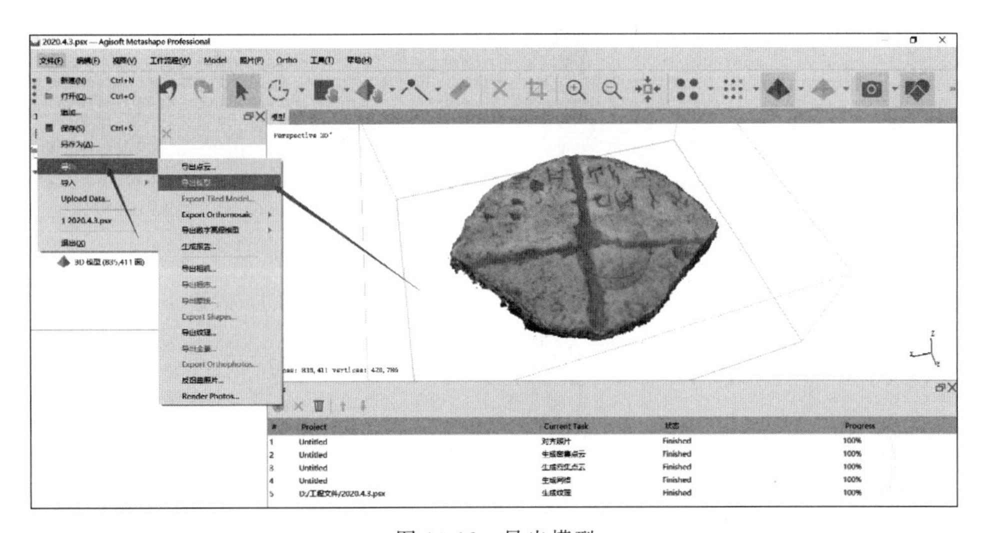

图 10-12　导出模型

图 10-13　甲骨三维模型Ⅰ

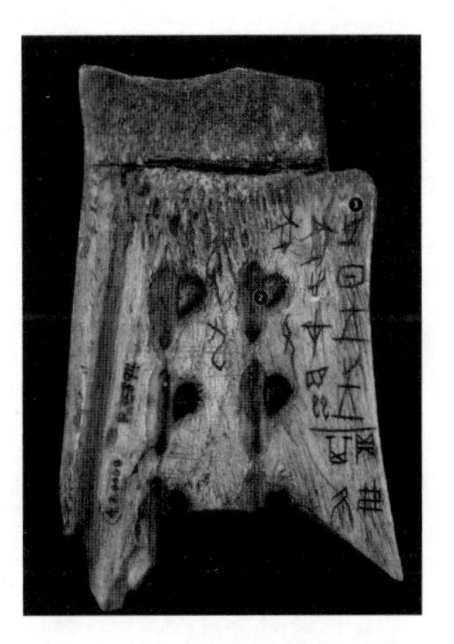

图 10-14　甲骨三维模型Ⅱ

10.4 本章小结

本章总结了甲骨片三维建模的意义、可用技术及原理，对甲骨片的三维建模过程进行了探索。在建模过程中遇到的主要问题有以下几点。其一，对每个甲骨片来讲，照片拍摄过程要用二十分钟左右，如果大量采集甲骨片，速度不够快。其二，色差问题。图 10-13 与原件相比，有色差。其三，精度问题。图 10-14 虽然色彩正常，但其刻痕相比于原件不够明显，这会制约后期的研发工作。后期拟尝试激光三维＋彩色摄像的技术，在甲骨片转动过程中直接捕获点云与纹理，增加采集速度与采集精度。

习题 10

（1）简述甲骨三维建模的意义。

（2）激光三维建模有什么优点与缺点？

第三篇 智能甲骨

本篇讨论甲骨文信息处理研究的热点问题，介绍在信息技术驱动下，尤其是人工智能技术对甲骨文研究的创新及应用。从甲骨文字检测与识别技术到甲骨文的知识图谱构建技术，讨论甲骨文破译的计算机辅助方法，使读者在学习前两篇的基础上开阔思路和眼界，为进一步深入甲骨文信息处理的学习和研究作必要的准备和铺垫。

本篇包括5章。

第11章：甲骨文字检测与识别，介绍甲骨文字检测与识别现状，分析神经网络算法原理，重点讲解甲骨文字检测与识别方法。

第12章：甲骨文语言模型，介绍甲骨文字表示方法和常用的自然语言处理中的主题模型，讨论了适用于甲骨文自身特点的语言模型构建方法。

第13章：甲骨文复杂网络，从复杂网络的基本概念讲解，讨论如何构建甲骨文复杂网络和未释甲骨字语义预测方法问题。

第14章：甲骨文知识图谱，讲解知识及知识关联的含义，介绍知识图谱研究现状和知识图谱构建方法，详细讲解了甲骨文知识图谱的构建，并讨论甲骨文知识图谱融合及可视化问题。

第15章：甲骨文破译，讨论从信息技术的角度如何进行甲骨文考释研究。

第11章 甲骨文字检测与识别

CHAPTER 11

甲骨文字的检测与识别是计算机自动处理甲骨图像数据的基础，这对甲骨文有关的知识推理、甲骨文献检索、甲骨缀合、甲骨文活化利用等工作都具有非常重要的意义。本章主要针对利用神经网络进行甲骨文字检测与识别的有关基本概念、基本框架、基本理论进行介绍，为以后利用深度学习技术开展相关工作奠定基础。

11.1 甲骨文字检测与识别概述

甲骨文是我国历史上最早的系统文字，记录了大量殷商时期的社会、经济、军事、文化等各方面信息，其研究价值举世公认。在甲骨学的研究过程中，历史学家、古文字学家、文献学专家等进行了艰苦卓绝的工作，并取得了大量的研究成果。

信息技术对于促进甲骨学研究和甲骨学推广具有重要作用。首先，通过对已有甲骨著录进行数字化可以提高甲骨学专家的研究效率。将原始著录以图像的形式在网络中存储，并辅以相应的检索技术，能提高甲骨学研究人员查询文献的效率。其次，利用计算机视觉分析技术，对甲骨著录图像中的甲骨文字进行检测和识别，不仅可以加速甲骨文献数据化的进程，对甲骨文化的推广和中华优秀传统文化的传播也具有十分重要的意义。通过软件的辅助，使得不认识甲骨文字的普通大众，能够知道特定甲骨文字的含义，为吸引更多人从事甲骨学研究奠定基础。

那么，该如何进行甲骨文字检测和识别呢？我们先以识别为例进行简单阐述。在传统甲骨文字识别方法中，一般分为两个步骤——特征提取和特征分类。特征提取的目的是获取甲骨文字图像的独有特征；特征分类则依据提取的特征判断该特征属于哪一个甲骨字。常见的特征提取方法有：尺度不变特征变换(Scale-invariant Feature Transform，SIFT)、方向梯度直方图(Histogram of Oriented Gradient，HOG)、Gabor、局部二值模式(Local Binary Pattern，LBP)等。最常见的特征分类器是支持向量机(Support Vector Machine，SVM)。传统甲骨文字识别框架如图11-1所示。把给定的甲骨文字图像先输入特征提取器，然后将特征提取器提取的特征送入SVM，并根据SVM的输出判断该图像是哪个甲骨字。从传统的甲骨文字检测方法可以看出，特征检测和特征识别器的设计对算法设

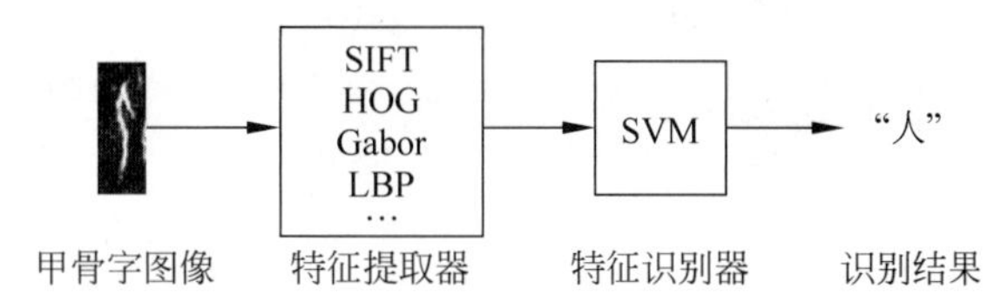

图11-1 传统甲骨文字识别框架

计人员具有很强的依赖性，选择不同的特征和识别器，识别效果相差极大。这也是传统的图像识别存在的问题。

近年来，基于深度神经网络的识别技术取得了长足的发展。这种技术不需要人工选择特征，能够实现端到端的识别结果。最有代表性的成果是微软亚洲研究院王长虎、郭军等人提出的甲骨字多层次表达与骨架识别方法。2018年，杨贞等人基于LeNet和AlexNet在一个含有21373个样本、涉及39个单字的甲骨字模数据集上进行了识别研究。同年，安阳师范学院刘国英和高峰设计了一个简单的深度识别网络，并在包含44868个样本、共计5491个单字(含异体字)的甲骨字模数据集上进行了验证。2019年，华南理工大学黄双萍、金连文与安阳师范学院史小松、刘永革等联合推出了一个大规模甲骨拓片文字数据集OBC306，并通过典型识别网络提供了基准识别率。河南大学王慧慧、张重生等根据不同甲骨字的样本分布构造了一组更为精细的拓片文字数据集，并利用非稀疏表示、深度学习和稀疏表示三类方法进行了识别实验。相比于传统的甲骨文字识别技术，这些方法都取得了非常明显的进步。

甲骨文字检测技术的发展与识别技术类似，也经历了传统检测技术和基于深度学习的检测技术两方面。整体来说，基于深度学习的方法取得了十分明显的优势。例如，2019年，安阳师范学院邢济慈、刘国英和熊晶构造了一个包含9500张图像的甲骨文字检测数据集，基于该数据集分析了近几年有代表性的通用目标检测框架的甲骨文字检测性能，并对其进行了改进，检测准确率超过了90%。

本章简单介绍利用深度神经网络进行识别和检测的一些基础知识，以期读者能对此类方法有整体了解。本章后续内容将对简单神经网络、计算机视觉中的神经单元、甲骨字识别网络的搭建、甲骨字检测网络初探等内容进行介绍。

11.2 什么是神经网络

本节的主题是让读者了解神经网络的基本概念，从而对利用深度神经网络进行甲骨文字的识别和检测有更为深刻地认识。

11.2.1 神经元

人的大脑是由一系列神经元互相连接而成的。一个神经元从其他神经元接收信号、经过加工后再传递给其他神经元。大脑就是这样通过信号在神经元上的流动处理各种各样的信息的。

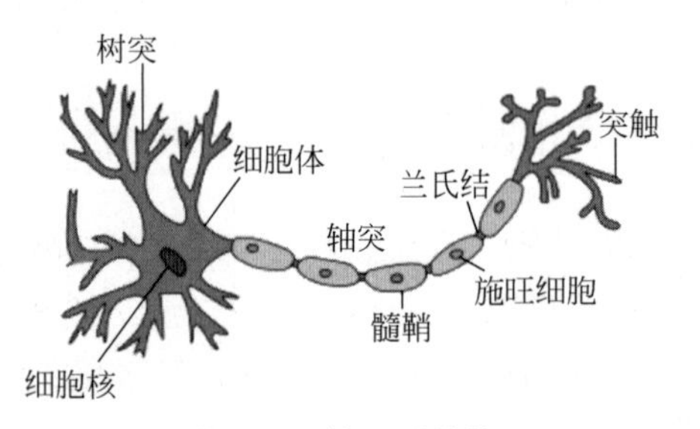

图 11-2 神经元结构

神经元主要由细胞体、轴突、树突等构成，如图11-2所示(注：图片来自百度学术)。其他神经元通过轴突将信号传递到细胞体，细胞体把多个神经元传来的信号进行合并加工，然后通过轴突前端的突触传递给其他神经元。

下面简单介绍神经元对信号进行合并加工的过程。假设一个神经元从多个神经元接收到了信号，如果所接收的信号之和比较小，没有超过这个神经元固有的边界值（阈值），神经元细胞体就会忽略这个信号，不作反应；反之，如果所接收到的信号之和大于边界值，细胞就会作出反应，并向与该神经元有连接的其他神经元传递信号。需要说明的是，无论接收到的信号和有多大，只要超过了阈值，神经元向其他神经元输出信号的大小是固定的。

因此，可以对神经元的输出 y 进行数学表示：

$$y = f\left(\sum_{i=1}^{n} w_i x_i - \theta\right) \tag{11-1}$$

其中，x_i 和 w_i 分别为与当前神经元相连的其他神经元传递过来的信号和对应的权重，θ 为神经元的边界值（阈值），$f(\cdot)$ 为神经元的激活函数。当接收信号之和 $\sum_{i=1}^{n} w_i x_i$ 大于阈值 θ 时，激活函数产生输出。

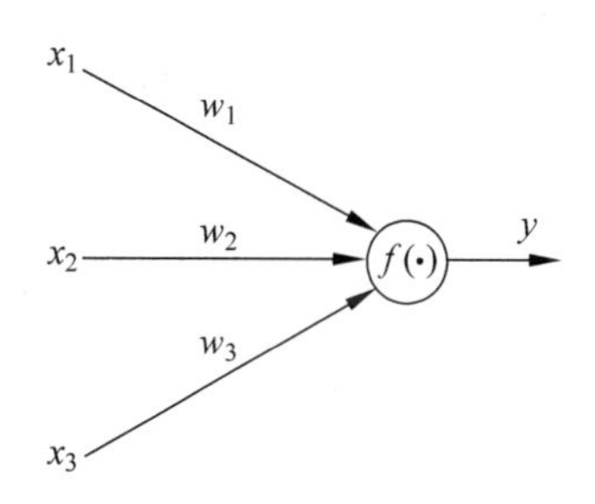

图 11-3　神经元抽象图结构

根据神经元的数学表示，可以将神经元抽象为如图 11-3 所示的图结构。

常见的激活函数有 sigmoid 函数、relu 函数等。具体的函数形式，读者可以查阅有关文献，这里不再赘述。

11.2.2　简单的神经网络结构

11.2.1 节已经介绍了神经元的基本概念及对应的数学模型，如何利用神经元实现甲骨文字检测和识别呢？大脑是由数量巨大的神经细胞构成的神经网络，因此利用神经元的网络结构也能够实现特定的智能。

根据神经元之间的连接方式不同，常见的神经网络结构主要分为三个类别：前馈神经网络（全连接网络）、卷积神经网络和循环神经网络。本节以简单的前馈神经网络为例进行介绍，以期读者能了解神经网络的基本结构。

我们从具体的例子进行说明。建立一个神经网络，用来识别 30×30 像素的图像表示的甲骨字是否为“人”字。这是一个二分类的问题，网络输出为“是”或“否”。

如图 11-4 所示为一个解决上述问题的简单神经网络结构。该网络的特点是前一层的神经元与下一层的所有神经元都有连接，这样的网络层称为一个全连接层（fully connected layer）。该网络包含输入层、隐藏层和输出层三个网络层。

（1）输入层。由 30×30=900 个神经元构成，因为神经网络一共要读取 900 像素的信息。输入层的输入与输出是相同的。

（2）隐藏层。由 3 个神经元构成。每一个神经元均与前一层的 900 个神经元互连。隐藏层具有提取输入图像特征的作用，它将输入压缩为 3 个特征，能够将图像中与识别有关的信息保留下来而丢弃无用信息。然而，如何利用隐藏层提取图像特征是一个开放的话题，需要同学们在今后的学习过程中逐渐把握。

（3）输出层。输出层仅由 1 个神经元构成。当神经元的输出大于特定阈值时，可以认为其输出结果为“是”，否则输出为“否”。一般来说，输出层神经元的个数与分类的个数是一致的。例如，要识别手写数字 0～9，则输出层应包含 10 个神经元；要识别 GB 2312—80 中的一级汉字，则需要将输出层设为 3755 个神经元。本例中，只需要识别一个甲骨文字，因此只需要 1 个神经元。

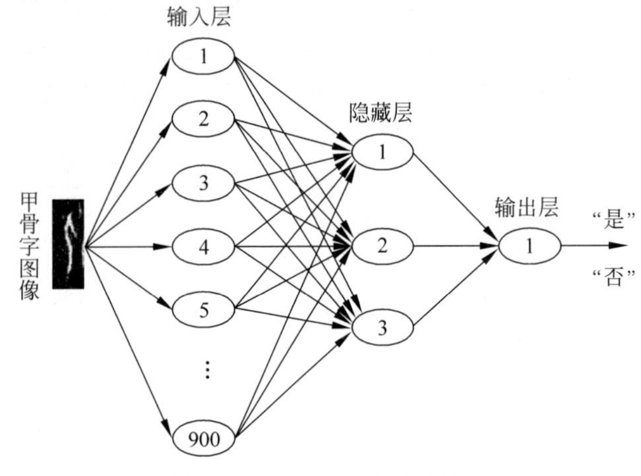

图 11-4 一个简单的神经网络

11.2.3 信息在神经网络中的前向传播

依据网络的连接情况,信息在神经网络中从前向后传播,这个传播过程称为前向传播。我们依然以图 11-4 为例进行说明。

首先分析隐藏层的输入信息和输出信息。如前所述,甲骨文字图像的每一像素对应输入层的一个神经元,且输入层神经元输入和输出是一致的,因此隐藏层的第 n 个神经元的输入为所有像素的加权和,可以表示为:

$$I_n^{\text{hidden}} = \sum_{i=1}^{900} w_i^n O_i^{\text{input}} \tag{11-2}$$

其中,w_i^n 为第 i 个输出层神经元与第 n 个隐藏层神经元之间的连接权重,O_i^{input} 为输出层第 i 个神经元的输出,即为对应的像素值。

因此,隐藏层的第 n 个神经元的输出为:

$$O_n^{\text{hidden}} = f_{\text{hidden}}\left(\sum_{i=1}^{900} w_i^n O_i^{\text{input}} - \theta_n^{\text{hidden}}\right) \tag{11-3}$$

其中,θ_n^{hidden} 为对应的边界值(阈值)。

用同样的方式,输出层的输入和输出可以表示为:

$$I^{\text{output}} = \sum_{n=1}^{3} w_n O_n^{\text{hidden}} \tag{11-4}$$

$$O^{\text{output}} = f_{\text{output}}\left(\sum_{n=1}^{3} w_n O_n^{\text{output}} - \theta^{\text{output}}\right) \tag{11-5}$$

$f_{\text{hidden}}(\cdot)$常用 sigmoid 函数或 relu 函数,$f_{\text{output}}(\cdot)$则常用 softmax 函数(多分类)和 sigmoid 函数(单分类)。

11.2.4 神经网络的优化方法

在神经网络设计中,神经元的激活函数都是给定的,连接权值和边界值等参数则需要通过大量的数据学习得到。不过，一般都会为这些参数随机设定一些初始值，然后再通过学习进行优化。

要进行参数的优化，首先需要指定优化的目标。如果是分类任务，则希望分类损失越小越好，交叉熵损失是常见的一种损失函数；如果是检测任务，则除了期望分类准确之外，还希望检测框与真实的目标框更加接近，因此，对应的损失函数通常包括分类损失和回归损失。前述的例子是两个分类问题，因此可以使用交叉熵衡量分类结果的好坏，定义如下：

$$L=\sum_{s}(t_s\log(O_s)+(1-t_s)\log(1-O_s)) \tag{11-6}$$

其中，t_s 表示训练集中第 s 个图像是否为正样本。

知道 L 取值之后，就可以从后向前对神经网络的参数进行优化了。优化的方法就是梯度下降法，基本的数学工具是高等数学中的链式法则。假设要更新输入层第 3 个神经元与隐藏层第 2 个神经元之间的连接权重参数 w_3^2，我们在此对更新的方法进行简要介绍。

首先，如图 11-5 所示，计算损失函数对神经网络输出的偏导数$\frac{\partial L}{\partial O^{\text{output}}}$；

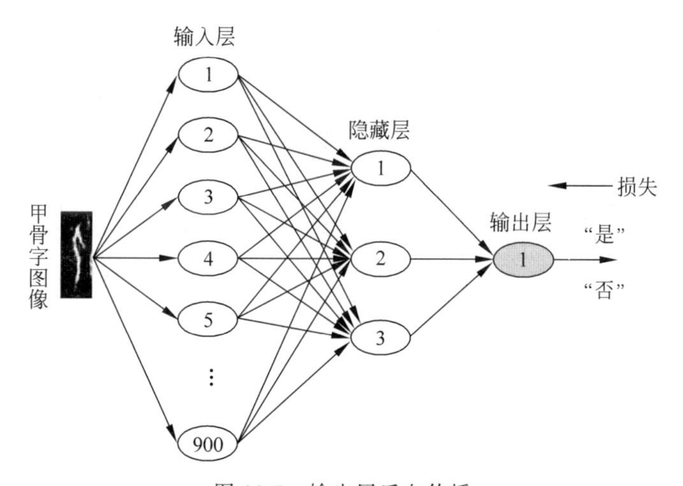

图 11-5　输出层反向传播

然后，如图 11-6 所示，再计算损失函数对隐藏层第 2 个神经元输出的偏导数 $\frac{\partial L}{\partial O^{\text{output}}}\frac{\partial O^{\text{output}}}{\partial O_2^{\text{hidden}}}$；

接着，计算损失函数对隐藏层第二个神经元的输入的偏导数$\frac{\partial L}{\partial O^{\text{output}}}\frac{\partial O^{\text{output}}}{\partial O_2^{\text{hidden}}}\frac{\partial O_2^{\text{hidden}}}{\partial I_2^{\text{hidden}}}$；

最后，如图 11-7 所示，计算损失函数对输入层第 3 个神经元与隐藏层第 2 个神经元之间的连接权重参数 w_3^2 的偏导数：

$$\frac{\partial L}{\partial w_3^2}=\frac{\partial L}{\partial O^{\text{output}}}\frac{\partial O^{\text{output}}}{\partial O_2^{\text{hidden}}}\frac{\partial O_2^{\text{hidden}}}{\partial I_2^{\text{hidden}}}\frac{\partial I_2^{\text{hidden}}}{\partial w_3^2}$$

由此，可以采用下式对参数 w_3^2 进行优化：

$$w_3^2=w_3^2-\eta\frac{\partial L}{\partial w_3^2} \tag{11-7}$$

其中，η 为神经网络的优化步长，它是神经网络的超参数之一，通常由经验给出。若取值过

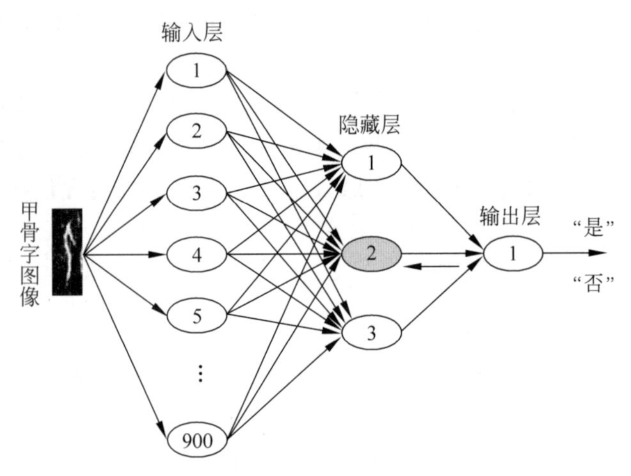

图 11-6　输出层到隐藏层反向传播

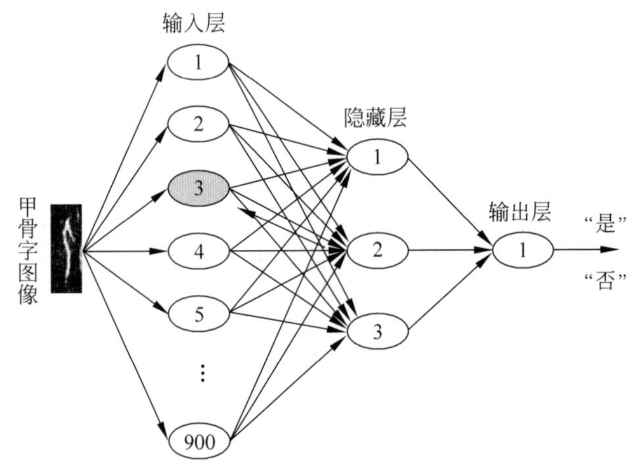

图 11-7　隐藏层到输入层反向传播

大，优化会难以获得最优参数，并增加收敛困难；参数过小则易于陷入局部极值，而且会延长训练时间。

神经网络参数的这种从后向前的优化方法称为反向传播算法(Back Propagation，BP)。这里仅仅举了一个极其简单的例子，详细的推导不再赘述。读者朋友可以查阅相关文献，以期获得更为深入的理解。需要说明的是，实际应用中，几乎不需要大家再编程实现 BP 算法，大多数机器学习框架均支持 BP 算法的神经网络优化，并提供多种其他更为优秀的优化方法。

11.3　计算机视觉中常用神经网络层

11.3.1　卷积

前馈神经网络中，相邻网络层的所有神经元之间采用全连接的方式。对于这种连接方式，如果层数较多，输入又是高维数据的话，其参数数量将是一个天文数字。即使是如

图 11-4 所示的神经网络，也包含 900×3+3×1=2703 个权重参数和 900+3+1=904 个边界值参数。如果增加隐藏层神经元的个数和增加隐藏层的个数，网络参数将会出现指数级增加，这对于网络参数学习将极其困难。

因此，在处理图片和视频等“大”数据时，人们常另辟蹊径。其中，卷积神经网络就是常见的一个典型网络。本节将简要介绍卷积层有关的基础概念，包括卷积的计算、卷积层的概念等。

1. 卷积的计算

以 Sobel 滤波器为例，对卷积的计算进行简单介绍。Sobel 滤波器是一个用以检测图像中边缘信息的滤波器。如图 11-8 所示，主要涉及 x 和 y 两个方向的梯度算子 Gx 和 Gy，分别用以检测 x 和 y 两个方向上的梯度信息。

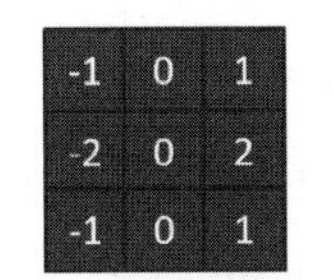

x方向梯度算子Gx

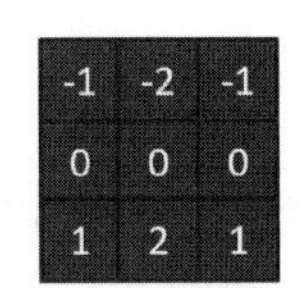

y方向梯度算子Gy

图 11-8　Sobel 算子

以 Gx 的卷积过程为例，Gx 称为卷积核，它通过在图像上滑动获取不同图像区域的卷积计算结果。如图 11-9 所示，卷积核与对应图像数据的数据通过点乘从而得到该位置的卷积结果。图中的卷积计算可以表示为：

$$
\begin{aligned}
&(-1\times 3)+(0\times 0)+(1\times 1)+\\
&(-2\times 2)+(0\times 6)+(2\times 2)+\\
&(-1\times 2)+(0\times 4)+(1\times 1)\\
=&-3
\end{aligned}
$$

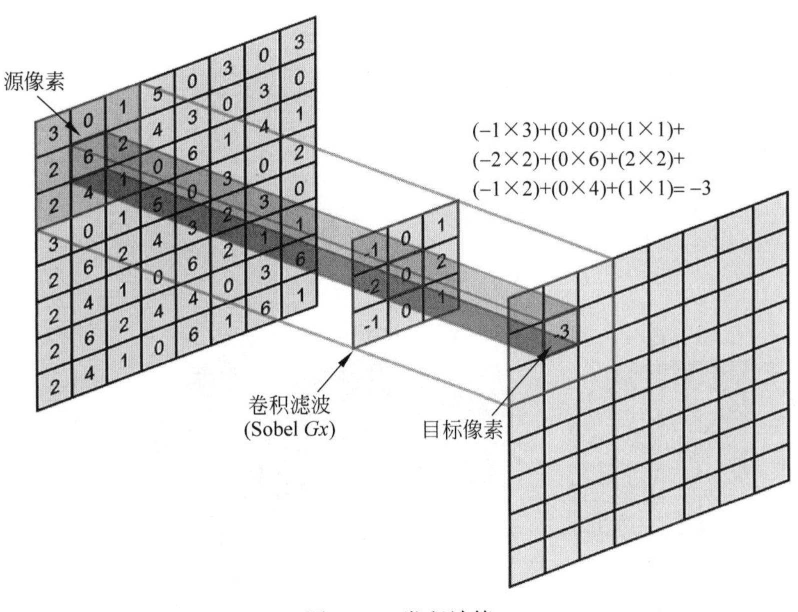

图 11-9　卷积计算

在卷积计算过程中涉及如下几个概念。

(1) 步长：在原始图像中，卷积核每次移动的像素数。如果步长为 1，则计算完当前像素的卷积后，卷积核的中心直接移动到相邻位置进一步进行计算；如果步长为 S，则计算完当前像素的卷积后，卷积核的中心直接移动到当前位置后第($S-1$)个位置进一步计算。

(2) Padding：在处理图像边界位置的卷积时，常需要考虑 Padding 操作。其根本目的是通过补零等操作，使得卷积核的中心位置与边界像素的位置对齐，避免卷积核溢出图像数据外部而影响卷积操作的计算。

(3) 多通道卷积：在处理特征多通道特征图的卷积时，通常需要利用多通道卷积。多通道卷积的卷积核与特征图的通道数一致，同样在对应位置进行点积并求和，以获得对应的结果。例如，对大小为 256×256×3 的图像进行多通道卷积时，5×5 大小的卷积核完整尺寸应为 5×5×3，后面的 3 表示的是图像的通道数(即当前特征图的通道数)。

2. 卷积层

卷积层是卷积神经网络的核心层，其核心是卷积。卷积层由若干卷积核和边界值组成，卷积核与输入特征进行点积和累加可以得到一张新的特征图(Feature Map)。在这里需要说明的是，卷积核的个数、步长大小、Padding 操作等与生成的特征图的大小之间的关系，这也是学习卷积层的一个核心问题。

假设：输入特征图大小为 $H \times W \times C$(H 为高、W 为宽、C 为通道数)；有 N 个大小为 $K \times K \times C$ 的卷积核；卷积步长为 S；Padding$=P$，则卷积层获得的特征图的尺寸为：

$$H' = \left\lfloor \frac{H + 2P - K}{S} \right\rfloor + 1 \tag{11-8}$$

$$W' = \left\lfloor \frac{W + 2P - K}{S} \right\rfloor + 1 \tag{11-9}$$

$$C' = N \tag{11-10}$$

以图 11-10 所示的 LeNet[7]网络的 C1 层的卷积为例进行详细说明。LeNet 网络的输入大小为 32×32，C1 层卷积核大小为 5×5，卷积核个数为 $N=6$，步长 $S=1$，不执行 Padding 操作，则 C1 层输出的特征图大小为：

$$H' = \left\lfloor \frac{32 + 2 \times 0 - 5}{1} \right\rfloor + 1 = 28$$

$$W' = \left\lfloor \frac{32 + 2 \times 0 - 5}{1} \right\rfloor + 1 = 28$$

$$C' = N = 6$$

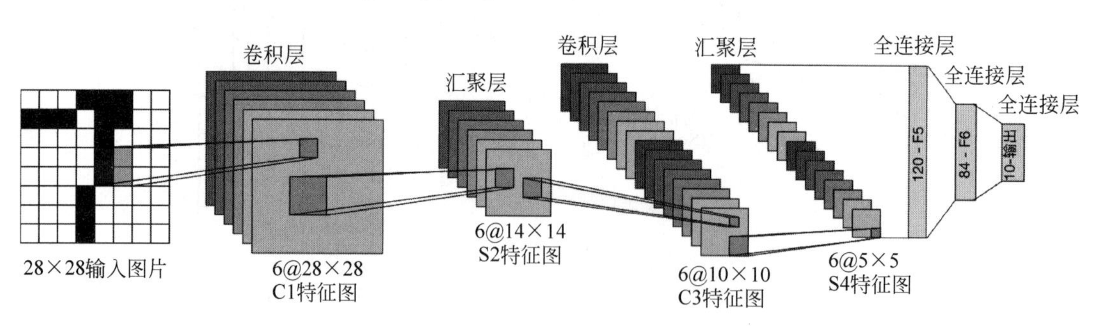

图 11-10 LeNet 网络

卷积层具有一些非常重要的特性：①网络局部连接，卷积核每一次仅作用于图片的局部；②卷积核权值共享，一个卷积层可以有多个不同的卷积核，每一个 filter 在与输入矩阵进行点积操作的过程中，其权值是固定不变的。这两个特性使得卷积层相对全连接层具有更少的参数，并具有提取局部特征的能力。因此，在计算机视觉领域中具有非常广泛的应用,几乎成为了流行深度神经网络的标配。

11.3.2 池化

池化(Pooling)又称下采样,用以避免过多的特征带来的过拟合和高计算量的问题。常见的池化方式有三种:

(1) 最大值池化(Max Pooling):将池化窗口内的最大值作为池化输出。

(2) 均值池化(Average Pooling):将池化窗口内特征值的平均值作为池化输出。

(3) 全局最大或平均池化(Global Max/Average Pooling):将整个特征图的最大值(或平均值)作为池化输出。经过全局池化后,每一通道只有一个数值的输出。

三种池化的示意图如图 11-11 所示。

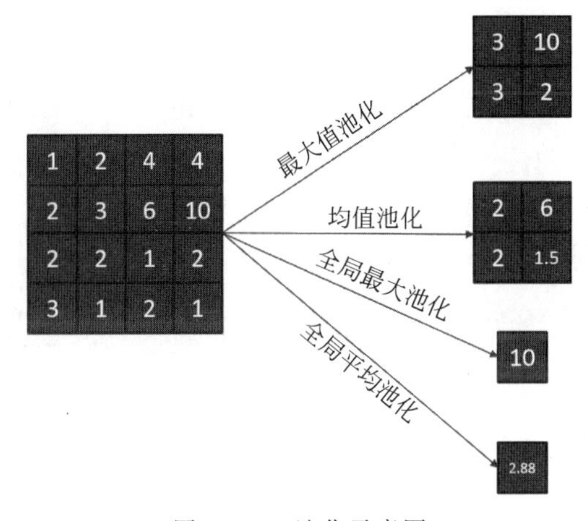

图 11-11 池化示意图

因为池化层通过一定的方式实现了对数据的压缩,同时又能保留主要的特征数据,池化层具有如下特性:

(1) 不变性(invariance):包括平移不变性(translation invariance)、旋转不变性(rotation invariance)、尺度不变性(scale invariance)。主要含义是特征图经过池化层处理后,得到的新特征图与原始特征图相比,特征图所描述的主要内容并没有发生变化。例如,特征图中为甲骨字"人",经过池化层后,得到的特征图依然能描述甲骨字"人"。

(2) 特征降维:通过池化,特征图尺寸会减小为 1/2 或更小,这无形中会减少特征中的冗余信息,防止过拟合,并提高模型的泛化能力。另外,计算量也会大幅度下降。

11.4 搭建简单的甲骨文字识别网络

设计甲骨字识别网络的目的是确定每一幅单独的甲骨字图像对应的类别,为有关甲骨字的各种应用提供快捷的方式。目前,已知的约 4000 个甲骨字中,已经识别的有 1500 多个。根据一般的识别神经网络的做法,搭建甲骨字识别网络一般包括两项内容:骨架(backbone)网络用以提取甲骨字图像特征;头(head)网络用以确定甲骨字类别。本节将按照这两部分,介绍一个简单的甲骨字识别网络。

11.4.1 简单的骨架网络

骨架网络主要用以提取甲骨字图像特征，主要包括卷积层和池化层。该骨架网络的结构图如图 11-12 所示。

该骨架网络包含 5 个卷积层和 4 个池化层。所有的卷积层均采用步长 $S=1$ 和 Padding=1，其他细节分别介绍如下。

Conv1 层使用了 64 个大小为 3×3 的卷积核，输入甲骨字图像大小为 64，则经过 Conv1 后特征图大小为 $\left\lfloor\frac{64+2\times1-3}{1}\right\rfloor+1=64$，输出通道个数为 64，即特征图完整大小为 64×64×64。

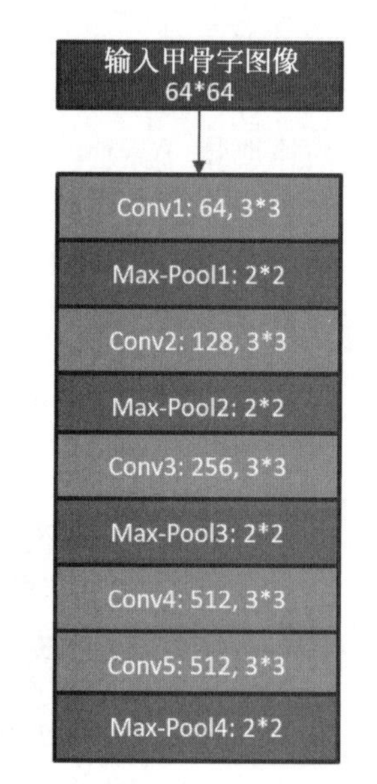

图 11-12　简单甲骨字识别骨架网络

Max-Pool1 层使用了大小为 2×2 的池化窗口，输出特征图的大小为 32×32×64。

Conv2 层使用了 128 个大小为 3×3 的卷积核，输入甲骨字图像大小为 32，则经过 Conv2 后特征图大小为 $\left\lfloor\frac{32+2\times1-3}{1}\right\rfloor+1=32$，输出通道个数为 128，即特征图完整大小为 32×32×128。

Max-Pool2 层使用了大小为 2×2 的池化窗口，输出特征图的大小为 16×16×128。

Conv3 层使用了 256 个大小为 3×3 的卷积核，输入甲骨字图像大小为 16，则经过 Conv3 后特征图大小为 $\left\lfloor\frac{16+2\times1-3}{1}\right\rfloor+1=16$，输出通道个数为 256，即特征图完整大小为 16×16×256。

Max-Pool3 层使用了大小为 2×2 的池化窗口，输出特征图的大小为 8×8×256。

Conv4 层使用了 512 个大小为 3×3 的卷积核，输入甲骨字图像大小为 8，则经过 Conv4 后特征图大小为 $\left\lfloor\frac{8+2\times1-3}{1}\right\rfloor+1=8$，输出通道个数为 512，即特征图完整大小为 8×8×512。

Conv5 层使用了 512 个大小为 3×3 的卷积核，输入甲骨字图像大小为 8，则经过 Conv5 后特征图大小为 $\left\lfloor\frac{8+2\times1-3}{1}\right\rfloor+1=8$，输出通道个数为 512，即特征图完整大小为 8×8×512。

Max-Pool4 层使用了大小为 2×2 的池化窗口，输出特征图的大小为 4×4×512。

从该骨架网络的输出可以看出，原始大小为 64×64 的甲骨文字图像大小变成了 4×4，但信道数从原来的单信道变成了 512 信道。利用该特征图可以描述甲骨文字图像的主要信息。

11.4.2　简单甲骨字识别网络的头结构

识别网络的头结构主要负责将骨架网络提取的特征图与识别结果关联起来。比较常用的结构是全连接(Fully Connected,FC)网络。然而,从骨架网络输入的特征图是一个立体结构,大小为 4×4×512,要想使用 FC 网络进行识别,首先需要将这个立体的特征图拉伸为一个向量。如图 11-13 所示的 Flatten 操作即可完成这个功能,也就是将 4×4×512 的立体特征图拉伸为一个包含 8192 个元素的一维向量。

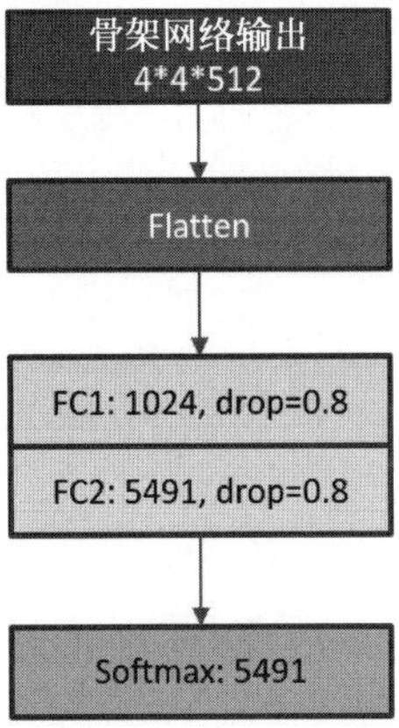

紧接着,头结构利用 FC 网络进一步将特征映射到维数为 1024 的特征空间,以期在更高维度的空间找到不同甲骨字之间的分割面,从而实现识别任务。

在头结构中需要强调:

(1) 该结构将同一甲骨字的不同异形体视为不同类别,因此类别数 5491 远远大于已知甲骨字的数量。

(2) FC 网络中的 drop 操作是在训练时让一定比例的神经网络休眠,让其不参与训练。以这种方式提高 FC 网络的泛化能力。

(3) Softmax 操作用以将 FC2 的输出转化为 0～1 的概率,为判断输入甲骨字属于哪一类别提供支持。

骨架网络输出
4*4*512
Flatten
FC1: 1024, drop=0.8
FC2: 5491, drop=0.8
Softmax: 5491

图 11-13　简单甲骨字识别网络的头结构

11.5　甲骨文字检测网络初探

在计算机视觉任务中,物体检测是一项非常基础的任务。甲骨文字检测属于物体检测在甲骨图像中的应用。当前的物体检测算法主要分为两类。

(1) 两阶算法:在第一个阶段尽可能多地找出物体可能出现的位置,得到建议框,保证回召率;在第二个阶段则专注于物体的分类,并进一步寻找更为准确的物体位置。此类方法的典型代表是 Faster RCNN。

(2) 一阶算法:将两阶算法的两个阶段合并为一个,在同一个阶段中既寻找物体的位置又进行类别的预测。速度一般比两阶方法要快,但精度会有所损失。典型的代表方法有 SSD、YOLO 等。

本节以 Faster RCNN 为例,介绍甲骨文字检测网络的基本思想。

11.5.1　甲骨文字检测网络的基本结构

如图 11-14 所示为利用 Faster RCNN 进行甲骨文字检测的基本框架。该方法的基本流程如下:

(1) 甲骨图像送入骨架网络提取图像特征获得特征图。

(2) 将特征图与训练集的标注框一起输入区域建议网络(RPN)获得大量的建议框。

(3) 将建议框与特征图送入 ROI 头网络进一步对建议框的位置进行回归并进行建议框分类。

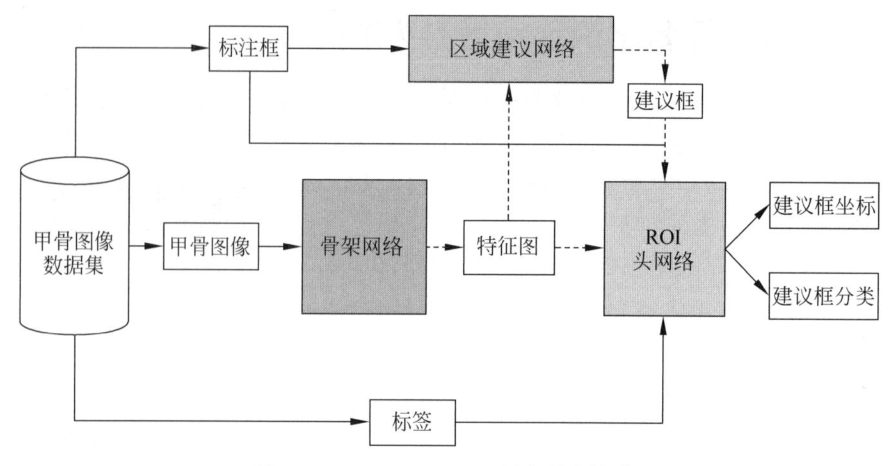

图 11-14　Faster RCNN 目标检测框架

因此，该网络中最核心的内容有三个：骨架网络、区域建议网络和 ROI 头网络。骨架网络主要用以提取图像特征，区域建议网络主要用以提取甲骨字的建议框，ROI 头网络则对每一个建议框判断其类别，并回归其位置。

在训练阶段，将特征图和真实标注框一起送入区域建议网络来获取 2000 个左右的建议框，建议框结合对应的特征经 ROI 头网络进行回归和分类。

在测试阶段，对于图 11-14 中的虚线部分，因为没有真实的标记框，区域建议网络不再获取真实标记框的信息，而直接根据特征图生成建议框。

下面重点介绍骨架网络、区域建议网络和 ROI 头网络的基本结构和原理。

11.5.2　骨架网络 VGG16

骨架网络主要用以提取图像特征。常见的骨架网络有 VGGNet、GoogLeNet、ResNet 等。它们都是深度卷积神经网络，不同之处在于为提取更为丰富的特征或减少梯度消失现象的影响而采取了不同的网络结构。这些网络在通用目标检测中均取得了较好的结果，在甲骨文字检测中也有较好的表现。图 11-14 中的 Faster RCNN 的骨架网络可以采用 VGGNet、GoogLeNet 和 ResNet 中的任何一个。为了节约篇幅，我们仅介绍 VGGNet。

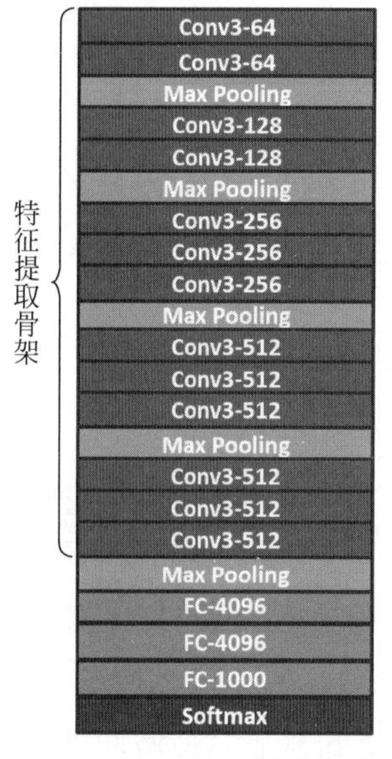

图 11-15　VGG16 网络结构

VGGNet 是 2014 年 ImageNet 大赛的亚军，它进一步探索了网络深度与性能的关系，使用更小的卷积核与更深的网络结构，取得了较为准确的识别结果，成为了卷积神经网络中的一个经典结构。

如图 11-15 所示，VGG16 采用了五组卷积进行特征提取，每组卷积之间通过最大值池化连接。VGG16 全部使用 3×3 的卷积核和 2×2 的池化核，通过不断加深网络结构来提升性能。Faster RCNN 使用 VGG16 的第五组卷积层的输出作为图像最终的特征图，并以此为基础进行建议框生成、回归和分类。

VGG16 输入图像大小为 224，卷积时 Padding=1、步长 stride=1；池化时，卷积核大小为 2、步长 stride=2。因此，在每一层卷积时，不改变特征图的尺寸，在每一个最大值池化层图像尺寸减半。换句话说，经过图 11-15 所示的五组卷积层后，第五组卷积层输出的大小为 224/16=14(不考虑第 5 个最大值池化层)。Faster RCNN 使用的特征图的完整大小为 14×14×512。

11.5.3 区域建议网络(RPN)

在 Faster RCNN 中假设特征图的每一个位置有 9 个比例和大小不同的建议框。RPN 的目标是区分这些建议框是否为前景框(甲骨字)，并进行边框回归获得更为准确的建议边框位置。具体来讲，RPN 需要预测每一建议框属于前景和背景的概率，同时也需要预测建议框与标注的甲骨文字位置之间的偏移量。

图 11-16 所示为 Faster RCNN 采用的 RPN 结构。RPN 首先利用 3×3 的卷积对骨架网络提取的特征图进一步提取特征，因其采用的步长为 1，且 Padding=1，所以获得的新的特征图仍为原始图像大小 512×14×14。之后，RPN 分成了两个分支：①左分支是分类分支，目的是对建议框进行前景和背景的划分(甲骨字框或背景框)；②右分支是回归分支，目的是对建议框的位置进一步优化。下面对分类分支和回归分支分别介绍。

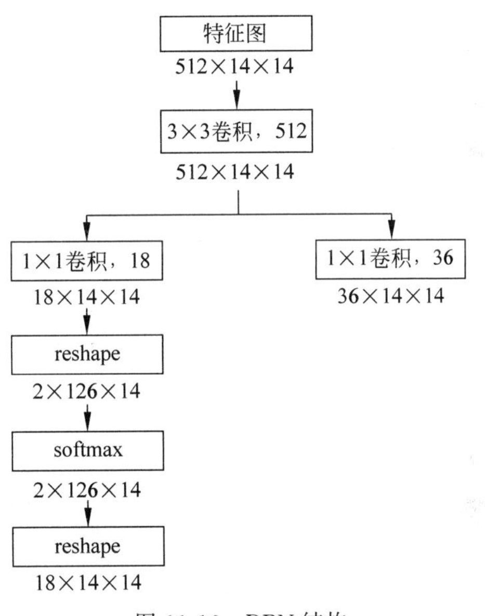

图 11-16　RPN 结构

分类分支主要对特征图每一位置对应的 9 个建议框进行前景和背景的划分，因此每个位置对应 18 个分类结果，每两个结果对应一个建议框。因此，在分类分支中，首先对特征图进行卷积核大小为 1×1 的卷积，共使用了 18 个卷积核，得到尺寸大小为 18×14×14 的分类特征图。为了能够获得每一位置上的两个分类概率值，接着将特征图 reshape 成 2×126×14 的大小，经过 softmax 之后，再 reshape 成 18×14×14。需要说明的是，在 softmax 之前进行 reshape 的目的是方便计算 softmax，并没有特别的意义。

回归分支主要对每个建议框的位置进行回归。每个建议框用(x,y,w,h)四个量表示，分别代表建议框的中心位置和宽高。因此，回归分支的第一维 36 包含了 9 个建议框的预测，分别代表每一个建议框四个量相对于真实值的偏移量。

在训练 RPN 时，需要同时考虑分类损失和回归损失。为了计算这些损失，必须分类与偏移预测的真值，即每个建议框是否对应真实甲骨文字，以及每个建议框与真实甲骨文字的真实偏移值。计算时，首先在特征图的每一位置生成全部 9 个建议框，接着核实建议框与真实甲骨文字的匹配情况，再对建议框进行筛选（选择约 256 个建议框），最后求取偏移真值。

11.5.4 简单的检测器网络的头结构

如图 11-17 所示为 Faster RCNN 头网络，用以完成由 RPN 生成的建议框对应的甲骨字类别划分，同时进一步执行边框回归。由骨架网络提取的图像特征，无论是进入 RPN 还是送到头网络，均需要使用 ROI Pooling 操作。这是因为，每一个建议框的大小是不相同的，要对建议框进行分类，对用的特征数据难以使用。ROI Pooling 如图 11-18 所示，用以生成每一建议框的 ROI 特征。在进行 ROI Pooling 时，对每一个建议框均划分为 7×7 的窗口区域，以每一小方格取最大的特征值作为该小方格的 ROI 特征输出，进而完成了池化过程。经过 ROI Pooling 后每一建议框的特征向量大小为 7×7×512＝20588，送入后续网络后，实现两个功能：

（1）通过全连接层和 softmax 对建议框进行分类，这个过程与 11.4.2 节中的甲骨字识别过程类似。

（2）再次对建议框进行边框回归。

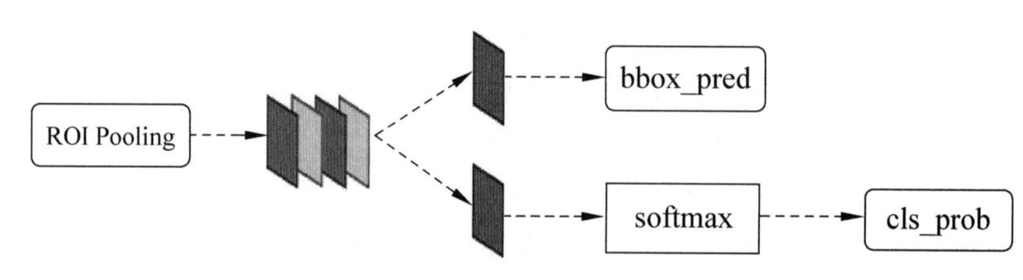

图 11-17 Faster RCNN 头网络

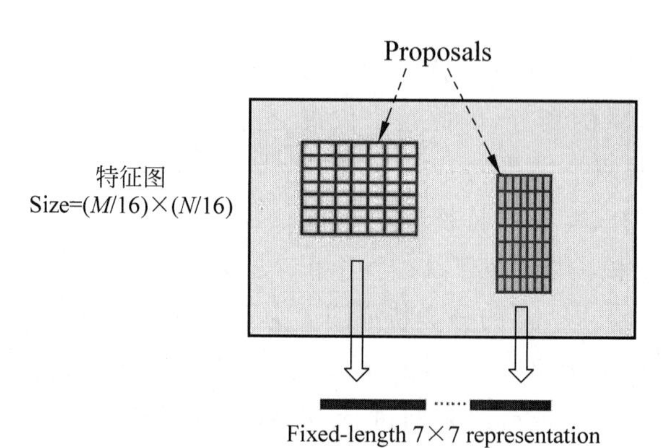

图 11-18 ROI Pooling

图 11-19 给出了使用 Faster RCNN 进行甲骨字检测的两个例子。可以看出，该检测框架具有一定的甲骨字检测能力。但从左图也能看出，相邻甲骨字的检测不够准确，网络在区分相邻的甲骨字是同一甲骨字还是两个不同甲骨字时出现了问题，这就是甲骨字的粘连问题。

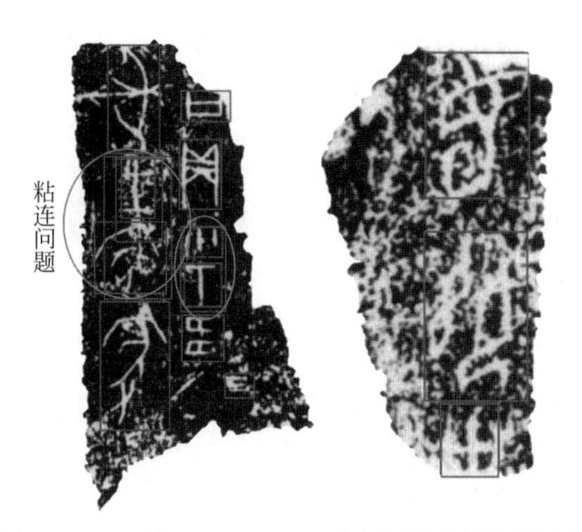

图 11-19 使用 Faster RCNN 进行甲骨字检测的结果

11.6 甲骨字检测和识别存在的问题

在了解了甲骨字检测和识别的基本方法后，本节再对当前存在的一些问题进行简要介绍。

甲骨字检测与识别是近年来才被学者关注的一个研究课题。从最初利用传统方法进行检测与识别，到当前深度学习技术在甲骨字检测与识别上的应用尝试，在检测和识别的性能方面均有明显提高。然而，仍有许多问题亟待解决。

(1) 噪声干扰问题。甲骨拓片图像的噪声与常见的高斯噪声、椒盐噪声等不同，难以用常规技术进行建模。从形态上看，这些噪声与甲骨字刻痕存在一定程度的相似性，这对甲骨字的检测与识别极为不利，严重影响了检测和识别的精度。

(2) 残缺甲骨字的检测与识别。甲骨字经常因甲骨片断裂而导致残缺，致使其字形特征与甲骨天然纹理极其相似，再加之残缺甲骨字训练样本量极少，其检测与识别困难非常大。

(3) 超大类别的甲骨字识别问题。已知的甲骨单字有 4500 多个，对甲骨单字图像进行识别时会产生 4500 个左右的类别。而现有的甲骨文字识别方法难以对甲骨字进行全类别识别，主要原因是部分甲骨字样本极少，有的甚至只有几个样本，极大增加了识别难度。

(4) 甲骨文异体字的识别问题。甲骨文中严格意义上的异体字有 1032 组，其字形总数为 3085 个，占甲骨文字形总数的 49.5%。甲骨文异体字的出现非常频繁，同一甲骨字的不同异体字之间字形相差极大，对应的异体字识别非常困难。

(5) 检测和识别数据集的严重依赖问题。训练数据的束缚使得监督方式的深度学习难以发挥自身优势而陷入困境。事实上，通过数字化设备可以很容易获取大规模甲骨拓片图像数据。如果让深度神经网络学习数据自身的特性而不是学习难以获取的监督信息，则更有利于发挥深度神经网络强大的学习能力。

(6) 甲骨字构件的检测与识别问题。甲骨字具有明显的构件信息。甲骨字中二级构件有 291 个、三级构件有 61 个，频率不为 1 的基础构件为 497 个，这些构件通过不同方式构成甲骨字。构件的识别能够为甲骨字的识别提供有用信息。然而，甲骨字构件之间的空间关系复杂，包围关系、嵌套关系等对甲骨字构件的自动分析技术提出挑战。

总之，甲骨文字检测与识别在近几年来取得了一定的研究成果，但仍然有大量问题值得深入研究。本文通过对有关研究进展的回顾、分析和讨论，以期为有兴趣从事该项研究的研究人员提供全面的信息和研究思路，为早日实现甲骨字检测与识别研究的实用化贡献力量。

习题 11

(1) 信息处理视角下，甲骨学研究和甲骨文化推广面临的问题是什么？

(2) 什么是神经元？它的作用是什么？

(3) 简述信息在神经网络中的前向传播过程。

(4) 简述信息在神经网络中的后向传播过程。

(5) 相比于全连接层，神经网络卷积层有哪些优势？

(6) 为什么要进行池化？常见的池化方法有哪些？

(7) 在甲骨字识别网络中，骨架网络和头结构的作用分别是什么？

(8) 在甲骨字检测网络中，骨架网络的作用是什么？头结构的作用是什么？与识别网络相比，检测网络中的头结构在功能上有什么不同之处？

(9) 在 Faster RCNN 中，ROI Pooling 的基本思想是什么？有什么作用？

第12章 甲骨文语言模型

CHAPTER 12

自1889年甲骨文发现以来，中外学者对甲骨文考释进行了积极的探索，并取得了一些瞩目的成就。然而，如今面临的一个巨大挑战是：未释(字义不明，没有现代汉字与其对应)甲骨字占比较大(近2/3)，整体考释困难重重，极大影响了甲骨学研究的发展。

甲骨文研究需要多学科研究人员的协同合作，从不同视角、采用多种方法探索甲骨字间的关系。对于计算机专业而言，能从哪些角度为甲骨文考释提供一些线索和思路呢？这是本章要论述的重点。

本章从自然语言处理(Natural Language Processing，NLP)领域中一些相关的语言模型入手，结合可拓语言模型，给出一些思考。

12.1 甲骨字表示

12.1.1 "one-hot"编码

"one-hot"编码又称为"一位有效编码""独热编码"等；对每一个甲骨字而言，可以将它表示为一个由"0"和"1"组成的向量，这个向量中只有一个位置的值为"1"，其他位置全为"0"，这便是"one-hot"的由来。

下面以一个具体的案例来说明。

给定一条包含7个字的甲骨卜辞：

岳眔河酒，王受又。

如何用"one-hot"来对每个甲骨字进行编码？为了便于说明问题，我们假设S构成了全体甲骨字的集合，建立词表如表12-1所示。

表12-1 词表示例

甲骨字	岳	眔	河	酒	王	受	又
索引	0	1	2	3	4	5	6

通过以下过程，可获取每个甲骨字的"one-hot"编码：

(1) 建立一个长度为$|S|$(代表词表大小，这里$|S|=7$)的全零向量。

(2) 将每一个甲骨字在词表中对应的索引位置的元素设置为1，其他元素保持不变，即可得到"one-hot"向量。

以S="岳眔河酒，王受又"为例，表12-2给出了每个甲骨字的"one-hot"表示。

表 12-2　*S* 中甲骨字的"one-hot"表示

甲骨字	岳	罘	……	又
索引	0	1		6
one-hot	(1,0,0,0,0,0,0)	(0,1,0,0,0,0,0)		(0,0,0,0,0,0,1)

通过上述"one-hot"编码获得甲骨字的表示(word embedding)后,可将其用于机器学习中的分类、聚类等任务。

综上,"one-hot"编码的优点在于简单、有效;缺点是每个甲骨字的"one-hot"表示向量维度过大,是整个甲骨字词典的大小,易造成编码稀疏,计算代价较大;另一方面,"one-hot"编码默认的假设是字与字之间是独立的,不能很好地体现它们之间的潜语义关系。

12.1.2 其他字向量表示方法

以上是最简单的词表示模型,现时最流行、关注度更高的词表示模型是基于深度学习的,它们往往会考虑字间的上下文关系,且学习到的词向量维度远小于词表大小,因此在很多机器学习任务中表现出良好的特性。

(1) Word2vector:把词看作一个低维的稠密向量,能够解决"one-hot"编码维数过高和语义相关性问题,主要有 Skip-Gram、CBOW 两种模型。

(2) Node2vector:是用来产生网络中节点向量的模型,输入的是网络结构(可以无权重),输出是每个节点的表示向量。

以上两种模型获得了甲骨字的向量表示后,可以代入传统的机器学习方法中,进一步研究甲骨字之间的语义关系。

除了以上两种词向量模型外,最近涌现出的图神经网络,如图卷积网络(Graph Convolutional Network,GCN),在从图上学习节点的表示向量方面拥有极大的优势,读者如有兴趣,可参看文献[3-5]进行深入了解。

12.2 一些简单的主题模型

通俗地讲,一个主题就好像一个"桶",它装了若干出现概率较高的词语。这些词语和这个主题有很强的相关性,或者说,正是这些词语共同定义了这个主题。对于一段话来说,有些词语可以来自这个"桶",有些可能来自那个"桶",一段文本往往是若干主题的混合体。

有了主题的概念,我们不禁要问,究竟如何得到这些主题呢?对文章中的主题又如何进行分析呢?这正是主题模型要解决的问题。下面简要介绍主题模型的工作过程。

首先,我们用生成模型来看文档和主题这两件事。一篇文章的每个词都是通过"以一定概率选择了某个主题,并从这个主题中以一定概率选择某个词语"这样一个过程得到的,如图 12-1 所示。

图 12-1 中包含 3 个主题,每个主题下包含 3 个词。那么,一篇文章的生成过程可被看作是以某个概率先选择了某个主题;然后在这个主题下,以某个概率选择了某个词,通过不断往复,最终生成了一篇文章。

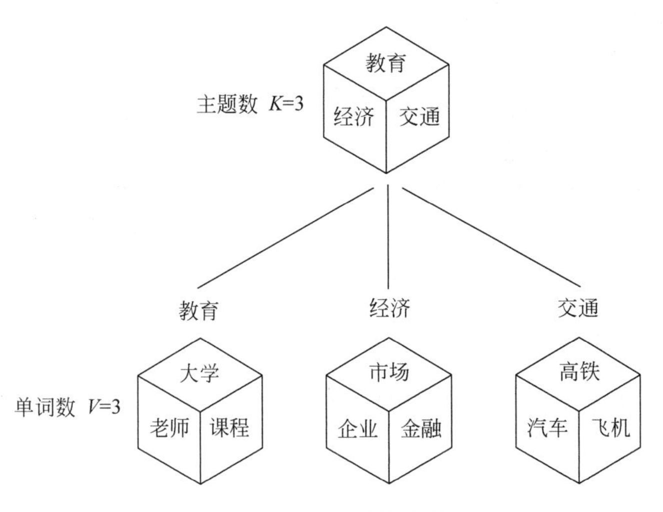

图 12-1　生成模型示例

那么，如果我们要生成一篇文档，它里面的每个词语出现的概率为：

$$p(\text{词语}\mid\text{文档})=\sum_{\text{主题}}p(\text{词语}\mid\text{主题})\times p(\text{主题}\mid\text{文档}) \tag{12-1}$$

通过矩阵相乘化简式(12-1)：

$$\boldsymbol{C}=\boldsymbol{\theta}\times\boldsymbol{\varphi}$$

其中，$\boldsymbol{C}$ 为词-文档矩阵，$\boldsymbol{\theta}$ 为词-主题矩阵，$\boldsymbol{\varphi}$ 为主题-文档矩阵。

$\boldsymbol{C}$ 表示每篇文章中每个词语出现的概率；中间的$\boldsymbol{\theta}$ 矩阵表示的是每个主题中每个词语出现的概率，也就是每个“桶”中的词汇概率；矩阵$\boldsymbol{\varphi}$ 表示每篇文档中各主题出现的概率，可以理解为一段话中每个主题所占的比例。

这里，联系到一个实际的应用场景：假如我们有很多文档，如大量网页，首先对所有文档进行分词，得到一个词语列表(词表)；这样每篇文档就可以表示成一个由其包含的词汇构成的集合；对所有文档，左边的矩阵 $\boldsymbol{C}$ 是已知的，右边的两个矩阵未知。而主题模型就是用已知的“词-文档”矩阵，通过一系列训练学习，推导出右边的“词语-主题”矩阵$\boldsymbol{\theta}$ 和“主题-文档”矩阵$\boldsymbol{\varphi}$。

讲到这里，大家对主题模型已经有了初步的了解，试想一下：如何运用到甲骨语言模型里面？

提示：将每条甲骨卜辞看作一个文档，将它描述的事件看作主题，将这条卜辞中的甲骨字看作主题下的词汇。

综上，主题模型生成一篇文章的过程可以总结如下：

(1) 确定文章的 K 个主题。

(2) 重复选择 K 个主题之一，按主题-词概率生成词语。

(3) 用所有词语组成文章。

可以看出，主题模型有两个关键过程：

(1) 文档→主题。

(2) 主题→词。

12.2.1 PLSA 模型

在获得词-文档矩阵后，需对所采用的主题模型进行训练，常用的方法有两种——PLSA (Probabilistic Latent Semantic Analysis)和 LDA(Latent Dirichlet Allocation)。鉴于两种模型比较复杂，且存在一定关联，这里仅简单介绍 PLSA 模型。

PLSA 是上述主题模型的直接体现，其文章生成过程如图 12-2 所示。

(1) 上帝有两种类型的骰子，一类是doc-topic 骰子,每个doc-topic 骰子有K个面，每个面是一个topic 的编号；另一类是topic-word 骰子，每个topic-word 骰子有V 个面，每个面对应一个词；

doc-topic

topic-word

(2) 上帝一共有K个topic-word 骰子, 每个骰子有一个编号，编号从1 到K；

(3) 生成每篇文档之前，上帝都先为这篇文章制造一个特定的doc-topic 骰子，然后重复如下过程生成文档中的词。

- 投掷这个doc-topic 骰子,得到一个topic 编号z；
- 选择K个topic-word 骰子中编号为z的那个，投掷这个骰子，于是得到一个词。

图 12-2 PLSA 主题模型的文章生成过程

PLSA 主题模型的图形化过程如图 12-3 所示，可简要概述如下：以第 m 篇文档的生成过程为例，其中涉及 1 个“doc-topic”骰子，K 个“topic-word”骰子；记第 m 篇文档为 dm，第 m 篇文章中出现第 z 个主题的概率为 θmz，第 z 个主题生成词语 w 的概率为 φzw (这里 θmz 与文档有关系，φzw 与文档没有关系)。

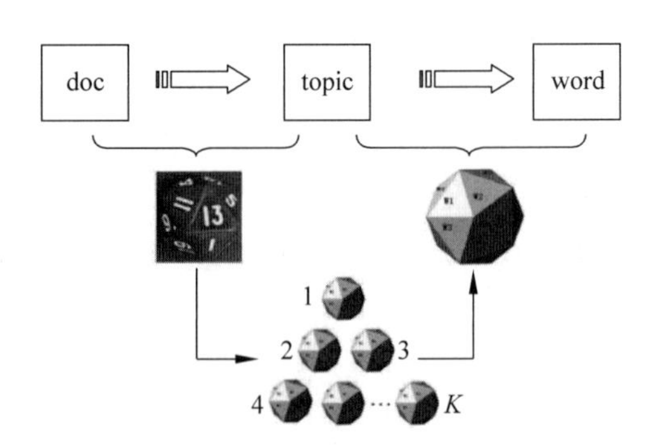

图 12-3 PLSA 主题模型的图形化过程

对于某个词语的生成概率，即投掷一次“doc-topic”骰子与一次“topic-word”骰子生成词语 w 的概率为：

$$p(w \mid d_m) = \sum_{z=1}^{k} p(w \mid z) p(z \mid d_m) = \sum_{z=1}^{k} \theta_{mz} \varphi_{zw} \tag{12-2}$$

对于第 m 篇文档的 n 个词语，其生成概率为：

$$p(w \mid d_m)=\prod_{i=1}^{n}\sum_{z=1}^{k}p(w_i \mid z)\,p(z \mid d_m)=\prod_{i=1}^{n}\sum_{z=1}^{k}\theta_{mz}\varphi_{zwi} \tag{12-3}$$

最后，可用图 12-4 形象化描述 PLSA 的过程。

其中，z 为主题，w 为文档中可能出现的词语，d 为文档；$p(w|z)$代表给定主题 z 的条件下，选择词语 w 的概率；$p(z|d)$代表给定文档 d 的条件下，选择主题 z 的概率；$p(w|d)$代表给定文档 d 的条件下，词语 w 出现的概率。

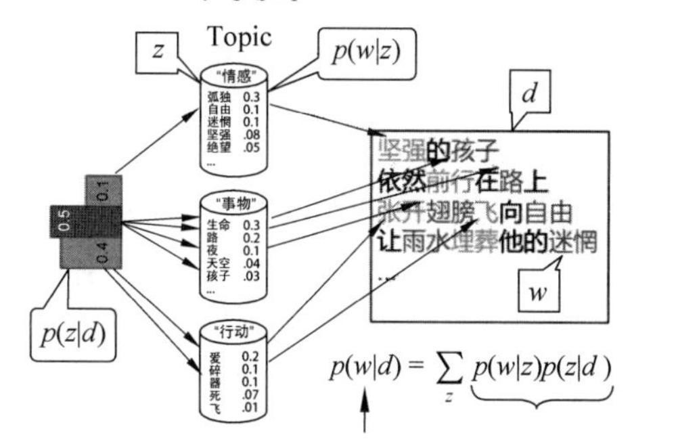

图 12-4　PLSA 阐释性例子

12.2.2　非负矩阵分解模型

非负矩阵分解（Nonnegative Matrix Factorization，NMF）也可视为一种主题模型，如图 12-5 所示。在文本挖掘中，可以将原始的“词-文档”矩阵 $\boldsymbol{V}$ 分解为“词-主题”矩阵 $\boldsymbol{W}$ 和“主题-文档”矩阵 $\boldsymbol{H}$，用下面的矩阵形式表示：

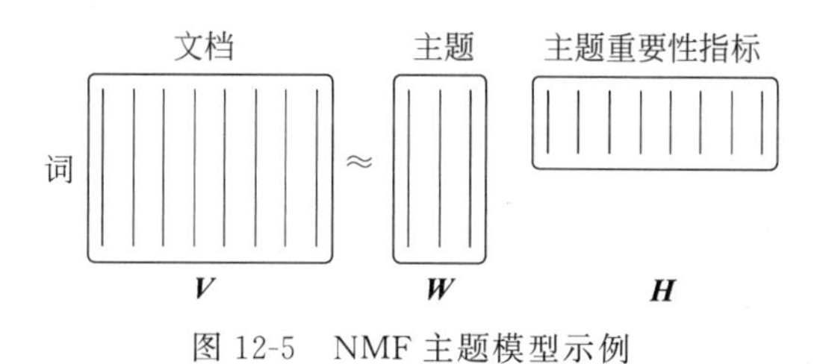

图 12-5　NMF 主题模型示例

这里，$\boldsymbol{V} \approx \boldsymbol{WH}$，$\boldsymbol{W}$、$\boldsymbol{H} \geqslant 0$。容易看出，PLSA 和 NMF 有类似的目标函数，它们在图像分析、话题识别、语音处理、生物医学工程等领域有着广泛的应用前景。

这里，不再对语言模型作过多的介绍。此外，LDA 也是一种重要的主题模型，如果对语言建模有兴趣，可参考相关文献深入探索和学习。

12.3　基于知网的甲骨文语言可拓模型

目前，单从语言学层面考虑，仅仅靠甲骨文专家的努力要取得突破已经很难。本文从已有的经甲骨文专家整理的材料的基础上，利用现代汉语影响力较大的知网知识体系，重新整理和处理甲骨文语料，将甲骨文语料进行语义层面的语言建模，通过基于可拓学的自动语言建模技术，构建以甲骨文知网为基础的可拓甲骨文语言知识库系统，最后进行可拓知识的推理及应用，以呈现出另外一种甲骨文信息处理的新局面，从而推进甲骨文基础性语言材料的整理工作。

甲骨文语言的可拓模型构建流程如图 12-6 所示。首先将甲骨文语言进行可拓模型转换，用基元信息构建 ESGS 中的问题库、可拓策略库和可拓变换库。然后构建基于知网体系的甲骨文知网基础数据库，最后考虑针对具体释义过程中语义歧义矛盾问题 ESGS 的成功率和效率问题。

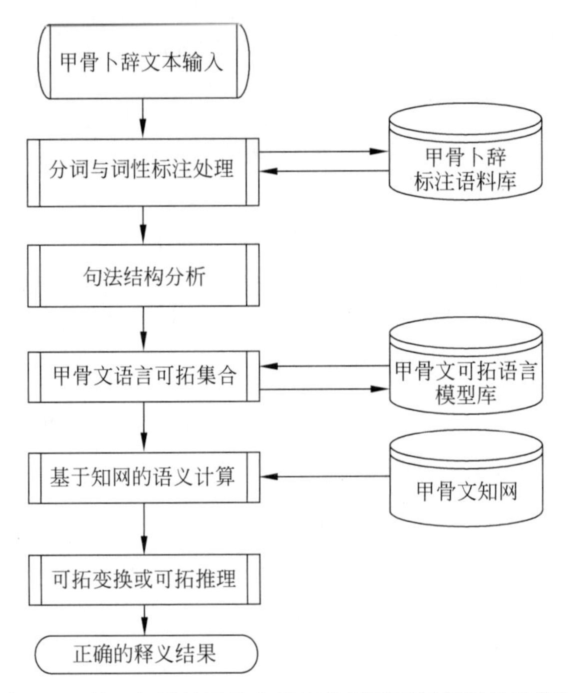

图 12-6 基于知网的甲骨卜辞释义问题可拓模型构建流程

12.3.1 甲骨文语言的可拓模型

1. 提取物元模型的甲骨文语言句式一般形式

句子具有主谓宾标准结构，例如："王入于商"，主语——王（商王）；谓语——入（进入）；宾语——商（商地）。宾语中包含"进入"特征项 c 及其量值 v 商。表示为物元：

$$M=(\text{王},\text{入},\text{商})。$$

2. 提取事元模型的甲骨文语言句式一般形式

句子具有主谓宾标准结构且谓语中心词为动词，同时可包含时间、地点等信息。例如，"在正月王来征人方"（《甲骨文合集》36484），谓语中心词——征（事 I，释义为征伐）；施动对象——王（商王）；支配对象——人方（名为"人方"的方国）；时间——正月。表示为事元：

$$I=\begin{bmatrix}\text{征，施动对象，王}\\ \text{受动对象，人方}\\ \text{时间，正月}\end{bmatrix}$$

3. 提取关系元模型的甲骨文语言句式一般形式

句子描述两个或两个以上物主且包含关系词（基于知网）或近义词，则可以用关系元表示。例如，"妇好入五十"，可得关系元：

$$Q=\begin{bmatrix}\text{贡赋关系，前项，妇好}\\ \text{后项，王（省略）}\\ \text{程度，五十}\end{bmatrix}$$

4. 复合句

甲骨卜辞复合句比例较大。先将复合句分解出简单句，按简单句提取相应基元，再组合成某一形式的复合元,例如,"庚午卜,内,贞:王作邑,帝若"。先分解其句法得"庚午卜内贞"、"王作邑"和"帝若",然后分别建立其基元模型。具体如:

$$I=\begin{bmatrix}\text{贞},\text{施动对象},\text{内}\\ \text{支配对象},\mathrm{I}_1\end{bmatrix};\quad I_1=\begin{bmatrix}\text{作},\text{施动对象},\text{王}\\ \text{支配对象},\text{邑}\\ \text{接受对象},\mathrm{I}_2\end{bmatrix};\quad I_2=\begin{bmatrix}\text{若},\text{施动对象},\text{帝}\\ \text{支配对象},\mathrm{I}_1\end{bmatrix}$$

5. 卜辞问句式处理

以上考虑的都是命题句或有谓语中心词的句子,而甲骨卜辞的占卜占绝大多数,而且以问句形式出现,这时候建立基元之后需要一种标示表明这个句子获得的知识有待求证(即甲骨卜辞中的命辞)。在此引进提问式可拓逻辑,它由标志符"?-",不完全信息的物元、事元、关系元或者复合元和提问项组成,其中提问项符号"-"表示,例如"今日雨?"基元表示为:

$$?-\begin{bmatrix}\text{雨},\text{支配对象},\text{雨}\\ \text{地点},-\\ \text{时间},\text{今日}\\ \text{程度},-\end{bmatrix}$$

而从甲骨卜辞语料的模型库中搜索到的匹配模型,如:

$$-\begin{bmatrix}\text{雨},\text{支配对象},\text{雨}\\ \text{地点},\text{东}\\ \text{时间},\text{今日}\\ \text{程度},-\end{bmatrix}$$

地点还有如西边、北边、南边等。从甲骨卜辞的形式上来讲,完整的卜辞具有前辞(也叫叙辞,指占卜日期和贞人)、贞辞(或贞辞,指贞问的内容)、占辞(指商王看了卜兆作出的判断)和验辞(事后验证的结果)。完整形式的卜辞只是少数,绝大多数卜辞是不完整的,这也是甲骨文的重要特征,在处理起来需要更多的灵活机制。

建立可拓模型后,可对甲骨卜辞句子进行分词、词性标注、句法分析等处理,判断该句子适合建立何种可拓模型,再结合其可拓性到甲骨文对应的知网知识库去拓展建立可拓模型。

12.3.2 基于知网的甲骨文语言处理

首先,对已经整理的甲骨文资料信息进行合理选材,即构建课题研究的甲骨文语料库语料,然后基于知网体系的甲骨文基本语义词典进行甲骨文知网的构建,同时也是对甲骨文语料进行的一定规模的语料标注,最后进行基于可拓模型的建模并展开相关研究。

甲骨文知网的构建具体工作如下:

(1) 选取科学发掘的甲骨文材料为语料库,针对各种甲骨文原始资料,主要整理甲骨文的已释字和未释字信息,并进行统一的编码,给出每个甲骨字的唯一 ID。目前已完成 6199 个甲骨字信息的编码。

(2) 建立甲骨文的基本语义知识词典。词典样式参考知网的描述体系,完成语料中涉及的甲骨字所对应的 DEF 和 RMK 记录。已完成已释甲骨字 300 多个,具体对应记录 1400 多条。

(3) 建立厘定字与知网的映射表。把每个厘定字与知网中意思相同的记录建立一个映射关系,并且把这个厘定字的 ID 记录到知网记录的"RMK"项中。图 12-7、图 12-8、图 12-9

分别是针对甲骨文已释字、隶定字和未释字三种情况的操作界面截图。

Dictionary Taxonomy
KeyWord: 日
NO.=131325
W_C=日
G_C=noun [ri4]
S_C=
E_C=日神
W_E=
G_E=
S_E=
E_E=
DEF={humanized|拟人:modifier={HighRank|高等}{able|能}}
RMK=甲骨文, ID=020000
Dictionary Taxonomy
KeyWord: 日
NO.=131327
W_C=日
G_C=verb [ri4]
S_C=
E_C=日祭
W_E=
G_E=
S_E=
E_E=
DEF={salute|致敬:RelateTo={human|人:{die|死:experiencer={~}}}}
RMK=甲骨文, ID=020000
Dictionary Taxonomy
KeyWord: 日
NO.=131329
W_C=日
G_C=noun [ri4]
S_C=
E_C=白~
W_E=daytime
G_E=noun [7 daytime noun -0 static,uncount]
S_E=
E_E=
DEF={time|时间:TimeSect={daytime|白昼}}
RMK=甲骨文, id=020000
Dictionary Taxonomy
KeyWord: 日
NO.=131334
W_C=日
G_C=noun [ri4]
S_C=
E_C=
W_E=twenty-four hours
G_E=noun [52hours noun -0 static 00]
S_E=
E_E=
DEF={time|时间:TimeSect={day|日}}
RMK=甲骨文, id=020000

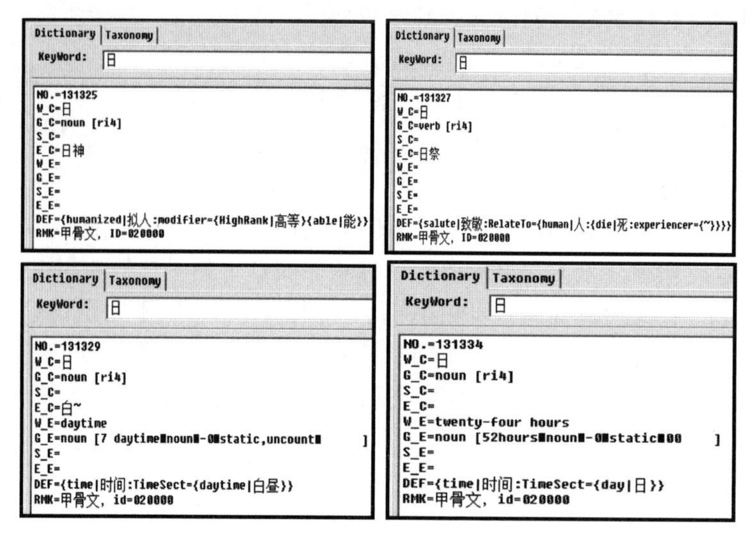

图 12-7　已释甲骨字“ ”(日)的四个义项操作

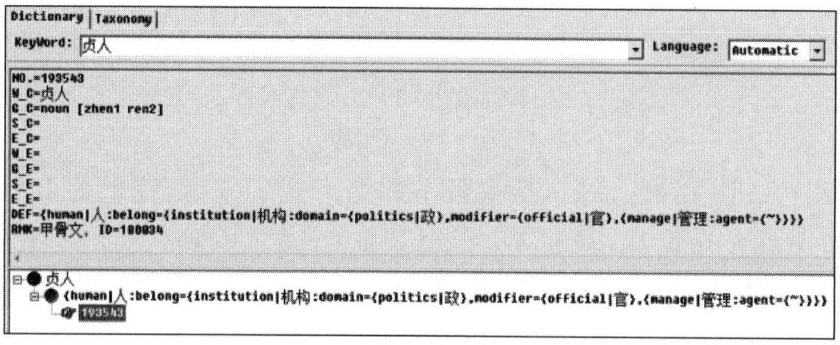

Dictionary Taxonomy
KeyWord: 贞人
Language: Automatic
NO.=193543
W_C=贞人
G_C=noun [zhen1 ren2]
S_C=
E_C=
W_E=
G_E=
S_E=
E_E=
DEF={human|人:belong={institution|机构:domain={politics|政},modifier={official|官},{manage|管理:agent={~}}}}
RMK=甲骨文, ID=100034
贞人
{human|人:belong={institution|机构:domain={politics|政},modifier={official|官},{manage|管理:agent={~}}}}
193543

图 12-8　隶定甲骨字“ ”(隶定为:“散”)的操作

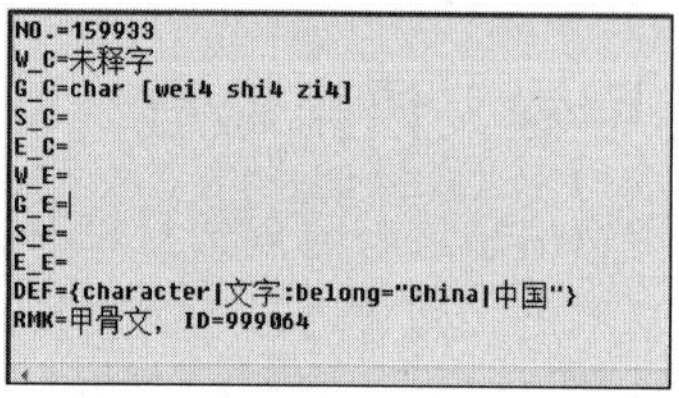

NO.=159933
W_C=未释字
G_C=char [wei4 shi4 zi4]
S_C=
E_C=
W_E=
G_E=|
S_E=
E_E=
DEF={character|文字:belong="China|中国"}
RMK=甲骨文, ID=999064

图 12-9　未释甲骨字“ ”的操作

甲骨卜辞的分词采用基于词典句法规则和句法分析相结合的办法。然后在分词和词性标注处理的结果上，进行句法结构分析，针对可拓模型的特点，主要做了如下工作：句子主谓宾定状补成分确定，物主中心词、谓语中心词和关系词的确定与扩展等。

12.3.3　矛盾问题界定和建模中存在的语义消歧问题

甲骨文属早期汉字，而早期汉字特点之一是“异字同形”，当然甲骨文中最为常见的也包括“同字异形”，即常说的异体字或异形体，这些情况都会使得甲骨文释义遇到障碍，也为甲骨卜辞释读带来困难。虽然上述情况在甲骨文中普遍存在，而令人欣慰的是随着甲骨学研究的不断深入，甲骨卜辞的原文转换成对应释文的工作已经比较到位，给我们甲骨文信息处理工作减少了不少负担。虽然如此，但人为操作难免会有疏漏，我们在收集整理甲骨卜辞数据库时就会面临诸多问题。如《甲骨文合集》5445 正(H5445 正)与《甲骨文合集》14226(H14226)中原文释文对比，如表 12-3 所示。

表 12-3　甲骨卜辞的原文释文对比

甲骨片编号	甲骨卜辞原文	甲骨卜辞释文
H5445 正	[illegible]	丁酉卜，亘，贞舌叶王史
H14226	[illegible]	燎帝史风一牛

从表 12-3 不难看出，[illegible]被释读为“史”字，其实根据卜辞语境正确的释读，前者应为“事”，即事情的意思，后者应为“使”，是使用的意思。而通过对已释甲骨字信息的词义整理，都有对应的知网记录，最后通过可拓策略生成系统是可以解决此类问题的。

另一种矛盾问题类似于现代汉语，甲骨字释文的释读是正确的，但对应的白话文解释，即甲骨卜辞翻译会因多义而产生矛盾，如“日”字，这种情况更是考察可拓策略生成系统的准确性。基于此，可采取的解决方案是通过知网改进甲骨文的知识库和可拓策略生成系统结合，利用知网的词汇语义相似度计算和知识库应用来解决甲骨卜辞释义的矛盾问题。

12.3.4　实例分析

1. 基于甲骨文知网的语义相似度计算

以甲骨字“[illegible]”(日)为考察对象，具体操作步骤如下：

以知网记录形式将甲骨字信息进行整合，即将不同义原的义项存储在一个关系表中，如表 12-4 所示。

表 12-4　义原存储表结构

ID	NO	W_C	G_C	E_C	G_E	DEF
02000	131325	日	N	日神	—	拟人
02000	131327	日	V	日祭	—	致敬
02000	131329	日	N	白日	—	时间：白昼
02000	131334	日	N	—	—	时间：日

对于义项“日”的描述可以看出，在知网的知识体系中，每个义项都是由义原进行描述的，而义项的相似性又可以根据义原的相似性来判定。在知网的知识体系中，义原根据上下位关系可以构建出义原层次关系树状图(图 12-10 给出了“日”字的义原层次图)。

义原之间的距离与其在层次树对应节点之间的最短路径边数有关，据此可计算出义原间的相似度。通过语义相似度计算比较后，系统对甲骨卜辞释义正确性把握提高，也提高可拓策略生成系统来解决矛盾问题的正确率。

查询含有“日”字的甲骨片，得到甲骨卜辞释文如下：

(1) 丁卯卜，今日雨，夕雨？(《甲骨文合集》33871)

(2) 贞今日夕侑于祖乙。(《甲骨文合集》1653)

首先，针对句(1)和句(2)进行分词，然后对有歧义的词汇“日”进行义原相似度计算。

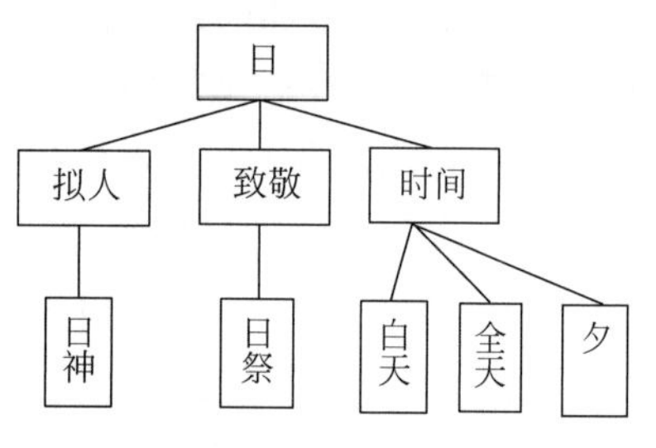

图 12-10 “日”字的义原层次树

通过义原“今”和“日神”等的语义距离的计算以及跟“夕”等语义距离的计算比较(结果如表 12-5 所示)，很容易得到句(1)和句(2)的“日”都应解释为时间概念，而进一步拓展分析，基于基元的语义发散树和相关网策略应用，不难发现，句(1)中的“日”解释为“白天”合理些，因为和后面的“夕”对应；而句(2)中的“日”字解释为“全天”更合适，即包含“夕”的含义，它们之间属于蕴含关系(蕴含系策略)。

表 12-5 义原相似度结果表

义原		相似度值
今	夕	0.515000
今	白天	0.515000
今	全天	0.605833
今	日神	0.018605
今	日祭	0.000624

2. 基于可拓变换的甲骨卜辞残辞拟补

现以甲骨卜辞的一残辞拟补例子分析，如图 12-11 为查询甲骨片号 H14898 的甲骨片信息：

…大示三宰，口示二宰

图 12-11 《甲骨文合集》14898 的原文与释文

根据可拓变换的“一征多物”和“一物多征”思想，综合处理，可得“示”的相关基元信息集，利用相关网策略，可得基元“王”的可拓全集信息，如表 12-6 所示。

表 12-6 基元可拓全集信息表

基元	名称	特征	量值
物元：王	王	祭祀对象	示
		祭祀用牲	牛、宰、三牛、五牛……
物元：王	王	祭祀对象	大示(或：上示)
		祭祀用牲	牛、宰、三牛、五牛……
物元：王	王	祭祀对象	小示(或：下示)
		祭祀用牲	羊、豕、一羊、一豕……

具体从每一条卜辞得出的关于物元“王”的相关祭祀信息出发，结合甲骨文知网对“示”的概念描述和“王”可拓基元信息库中特征“祭祀用牲”量值对比，可推出“大示”与“小示”之

间的关系(蕴含系策略),即可推导出论域或结论——“大示”或“上示”的祭祀用牲方面规格要大于“小示”或“下示”。

再从甲骨卜辞的文字使用频率角度出发(在7万多片甲骨卜辞“小示”出现次数为23次,而“下示”为5次),计算出该片甲骨的残缺字为“小”的可能性更大。

12.4　本章小结

本章所介绍的几种主题模型在主题发现、文档聚类等方面表现出了强大的优势,结合甲骨文应用实践,可将其潜在应用归结为以下几方面。

(1) 衡量文档之间的语义相似性,如甲骨卜辞之间的语义相似性;

(2) 解决甲骨字多义的问题,如通过PLSA、NMF、LDA生成的词-主题概率,就可以知道未释甲骨字和其他已释甲骨字之间的关联;

(3) 去除噪声,一般来说,噪声多见于次要主题中,可以通过主题建模将其忽略,只保留文本中最主要的信息;

(4) 无监督的学习方式,无须人工标注;

(5) 跟语言无关,原则上只要能分词的语言都能通过主题模型进行分析;

(6) 基于知网的甲骨文可拓语言模型构建及应用。

探索性问题

最后,笔者结合本章内容提出了若干问题,供甲骨学研究人员和跨学科研究人员探讨。

(1) 甲骨卜辞文本短小,且多有缺失(甲骨断裂处,字常不可见),能否利用语言模型进行训练和拟补?

(2) 未释甲骨字的释读能否通过主题模型与已释甲骨字关联,若可以,需要用到哪些信息?

(3) 如何结合甲骨文语法信息,进行甲骨文主题建模?

(4) 利用主题模型,设计甲骨文跨模态检索系统。这里,模态指的是图片、文字、声音、视频等不同形态的信息,跨模态检索在自然语言处理领域是一个很有前景的领域。

本章所讲的是一些经典的语言模型,伴随着语料库规模的增大,深度模型已慢慢演化为主流,其在文本语义深度挖掘、关系发现等方面有着传统模型不可替代的优势。

第13章 甲骨文复杂网络

CHAPTER 13

本章重点介绍了复杂网络的基本概念、语言网络的概述和甲骨文复杂网络的构建与分析，以及基于复杂网络的未释甲骨字语义预测。

13.1 复杂网络基本概念

现实世界中任何事物均由复杂的元素组成，元素和元素之间的相互关联和作用维持了事物的生长和存在。同样地，事物和事物之间也存在相互联系和制约。事物内部和外部之间错综复杂的联系使人们研究它们变得非常困难。而复杂网络的出现，为研究复杂事物提供了理论依据。复杂网络为人们抽象事物提供了强有力的工具，它可以使复杂的事物简单化，也是理解复杂现象的一种基本方式。复杂网络作为一门新的学科——网络科学，已引起不同领域学者的广泛关注，其研究内容涉及计算机科学、数学、物理、生命科学、社会学等众多学科。

13.1.1 复杂网络定义

复杂网络(或称图)一般可以抽象为由结点(node)集 V 和边(edge)集 E 构成的图 $G=(V,E)$。图13-1表示的是一个含有8个结点和10条边的网络示意图。结点是现实世界中某一种具体事物或者人的抽象，如在社会网络中的结点代表不同类型的人，蛋白质相互作用网络中的结点代表蛋白质。边对应现实世界中事物与事物或人与人之间的联系。在图13-1中，网络中的结点代表着人，如果把边抽象为人与人之间是否认识，根据8人之间的认识情况可以构建他们之间的认识网络。网络的研究是图论中研究的重点内容，而最早的图论研究可以追溯到18世纪著名数学家欧拉对大家熟知的“七桥问题”的解决。欧拉利用数学抽象法把4块陆地抽象为4个结点，而把7座桥抽象为连接陆地的7条线，进而“七桥问题”的研究就转化为图论的研究。复杂网络的研究和图论的发展紧密相连、一脉相承。

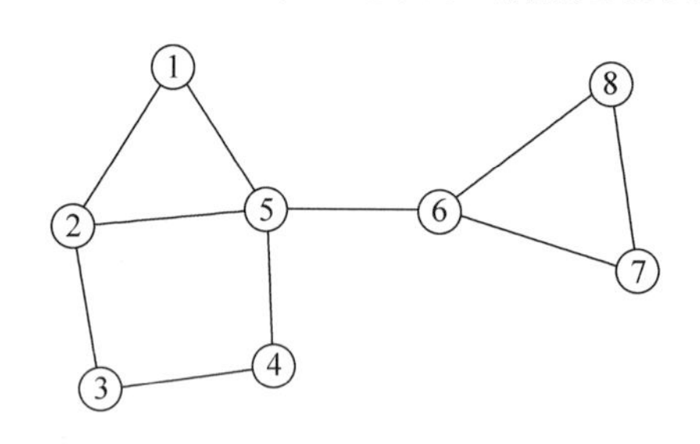

图13-1 网络示意图

在我们所处的社会中，都有复杂网络的存在。例如，我们生活的社会由无数个网络构成，并形成稳定的社会状态。例如，在每个人身边都围绕这几个网络：亲戚网络、同学网络、同事网络。在这三个网络中，结点代表人，边是亲情(或血缘)、共同学习、共同工作的关系的抽象。其实，每一个人都在这三种网络中相互转换，并扮演着不同类型的角色。在家庭中，我们生活在亲戚网络中；在学习中，我们处在共同的学校中；在工作中，我们时刻与同事交流。因此，我们时刻是复杂网络中的一个结点，并与网络中的其他结点共同生活、学习和工作。

在我们看到的计算机上，时刻存在着复杂网络的身影。我们上网浏览网页时，其实这个网页是因特网中的一个小小结点。当我们看完这个网页，根据网页下端的链接跳转到另外一个网页时，复杂万维网中的边就产生了。因此，在万维网(见图13-2)中，每一个结点代表一个网页，每一条边表示网页和网页之间的链接关系。万维网是人们构建的最大的虚拟网络，并且这个网络的大小还在增加。万维网络的产生为人们了解外部世界、获取资源提供了最快的方式。

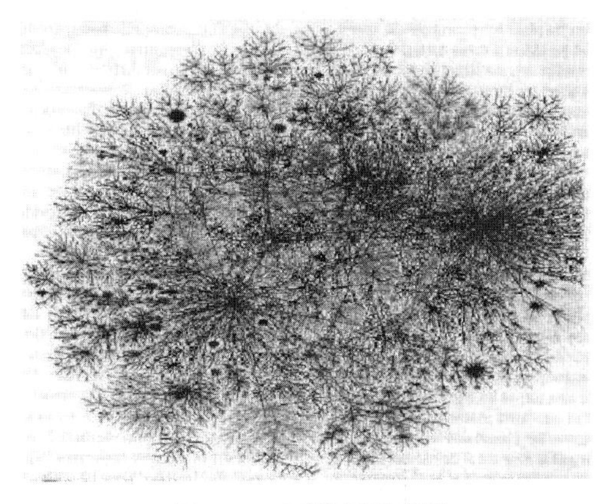

图13-2　万维网示意图

13.1.2　网络的类型

按照网络中边的类型，我们可以把网分为4类(见图13-3)。边的权重代表结点之间联系的强度，无权重网络表示的是结点之间的联系强度平等。边的方向表示结点之间的单向关系，边的方向性是现实世界的具体描述。例如，在人与人之间的认识网络中，方向性表示一个人认识另外一个人，而他们之间相互并不认识。图13-3给出不同类型网络的示意图。不同类型的网络并不是固定不变，可随着时间或地点的变化而相互转变。如在某个时间，一个人是单向认识某一个人，随着时间的推移，他们可能就相互认识，产生的网络也会发生变化。

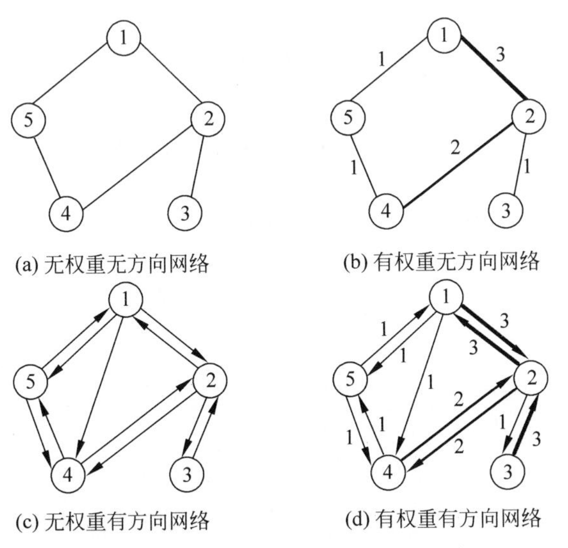

图13-3　不同类型的网络

13.1.3 网络的计算机表示

网络的计算机表示是用计算机处理网络的首要任务，也是处理大规模网络的前提。最常见的计算机表示网络的方法主要有两种——邻接矩阵（adjacency matrix）和邻接表（adjacency list）。

1. 网络的邻接矩阵表示

假设网络（或图）$G=(V,E)$含有 N 个结点，其可以表示为一个 $N\times N$ 的矩阵。邻接矩阵 $\mathbf{A}$ 可以表示为 $\mathbf{A}=(a_{ij})_{N\times N}$，矩阵中的元素 a_{ij} 为结点 i 和结点 j 之间的关联值，对于不同的网络，其定义如下。

1）无权重无方向网络

$$a_{ij}=\begin{cases}1 & \text{结点 } i \text{ 和结点 } j \text{ 之间无边相连}\\ 0 & \text{结点 } i \text{ 和结点 } j \text{ 之间无边相连}\end{cases}$$

对于图 13-3(a)中网络的邻接矩阵可以表示为

$$\begin{bmatrix}0 & 1 & 0 & 0 & 1\\ 1 & 0 & 1 & 1 & 0\\ 0 & 1 & 0 & 0 & 0\\ 0 & 1 & 0 & 0 & 1\\ 1 & 0 & 0 & 1 & 0\end{bmatrix}$$

2）有权重无方向网络

$$a_{ij}=\begin{cases}1 & \text{结点 } i \text{ 和结点 } j \text{ 之间无边相连且权重为 } w_{ij}\\ 0 & \text{结点 } i \text{ 和结点 } j \text{ 之间无边相连}\end{cases}$$

对于图 13-3(b)中网络的邻接矩阵可以表示为

$$\begin{bmatrix}0 & 3 & 0 & 0 & 1\\ 3 & 0 & 1 & 2 & 0\\ 0 & 1 & 0 & 0 & 0\\ 0 & 2 & 0 & 0 & 1\\ 1 & 0 & 0 & 1 & 0\end{bmatrix}$$

3）无权重有方向网络

$$a_{ij}=\begin{cases}1 & \text{有结点 } i \text{ 指向结点 } j \text{ 的边}\\ 0 & \text{无结点 } i \text{ 指向结点 } j \text{ 的边}\end{cases}$$

对于图 13-3(c)中网络的邻接矩阵可以表示为

$$\begin{bmatrix}0 & 1 & 0 & 1 & 1\\ 1 & 0 & 1 & 1 & 0\\ 0 & 1 & 0 & 0 & 0\\ 0 & 1 & 0 & 0 & 1\\ 1 & 0 & 0 & 1 & 0\end{bmatrix}$$

4）有权重有方向网络

$$a_{ij}=\begin{cases}1 & \text{有结点 } i \text{ 指向结点 } j \text{ 的边且权重为 } w_{ij}\\ 0 & \text{无结点 } i \text{ 指向结点 } j \text{ 的边}\end{cases}$$

对于图 13-3(d)中网络的邻接矩阵可以表示为

$$\begin{bmatrix} 0 & 3 & 0 & 1 & 1 \\ 3 & 0 & 1 & 2 & 0 \\ 0 & 3 & 0 & 0 & 0 \\ 0 & 2 & 0 & 0 & 1 \\ 1 & 0 & 0 & 1 & 0 \end{bmatrix}$$

2. 网络的邻接表示

网络的邻接表示用一个三元组表示，每一行用三个数字表示，第一个数字表示第一个结点的标识，第二个数字表示第二个结点的标识，第三个数字表示两个结点之间的权重。图 13-4 给出了图 13-3(d)中网络的邻接表示。

1	2	3
1	4	1
1	5	1
2	1	3
2	3	1
2	4	2
3	2	3
4	2	2
4	5	1
5	1	1
5	4	1

图 13-4　网络的邻接标识示意图

13.1.4　度和度分布

度是复杂网络中一个非常基本的参数，一个结点的度可以描述为这个结点的邻接结点个数或者这个结点连接边的个数。对于不同类型的网络，度的定义有所不同：在无权重和无方向的网络中，结点 i 的度表示为 k_i，表示如下：

$$k_i = \sum_{j=1}^{N} w_{ij} \tag{13-1}$$

如果结点 i 结点 j 有边相连，$w_{ij}=1$；如果两个结点没有相连，$w_{ij}=0$，N 是网络中结点个数。在有权重和无方向的网络中，度表示结点邻接结点的权重和，称为强度。在有方向无权重的网络中，结点的度分为出度和入度。结点的出度是指从该结点指向结点的边的数目，结点的入度是指从其他结点指向该结点的边的数目。网络结点的平均度 $\langle k \rangle$ 可以部分地反映网络的稀疏程度。与度相关的另外一个概念是度分布(degree distribution)。如果把结点度为 k 的数目占网络结点总数目的比例记为 P_k，那么网络中结点不同度的统计分布即为度分布。一般情况下，不同的网络都具有不同的度分布。例如，图 13-3(a)中的网络，结点(1,2,3,4,5)的度分别是(2,3,1,2,2)，网络的分布为(1,3,1)，即度为 1 的结点个数为 1，度为 2 的结点个数为 3，度为 3 的结点个数为 1。

13.1.5　结点之间的路径

最短路径(shortest path)和平均最短路径长度(average shortest path length)：最短路径表示经过网络中两个结点之间最少的边数。如在图 13-3(a)中，结点 1 和结点 3 之间的最短路径为 2，结点 1 和结点 4 之间的最短路径为 2。最短路径在网络中的通信和运输方面都发挥着重要的作用。网络中任意两个结点之间最长的最短路径为网络的直径(diameter)。一个网络的平均最短路径 $L=\frac{1}{N(N-1)}\sum_{i,j\in V,i\neq j} SP_{ij}$。结点之间的最短路径在网络模块结构(modular structure)的形成过程中也起着重要的作用。

13.1.6　聚类系数

聚类系数(clustering coefficient)用来描述一个结点的直接相邻结点之间的边的连接情

况。一个结点 i 有 U_i 个邻接结点，这 U_i 个结点之间存在 l_i 条边，那么这结点的聚类系数为 $CC_i=\dfrac{l_i}{U_i\times(U_i-1)/2}$。整个网络的聚类系数是所有网络中结点的聚类系数的平均值。结点的聚类系数定义了网络的局部特性。

13.2 甲骨文复杂网络

13.2.1 甲骨字网络构建

本书以收集的 72151 片甲骨文拓片为研究对象，进而通过建模构建甲骨字网络。由于甲骨拓片的历史久远，拓片的损坏比较严重，特别是拓片中存在甲骨字之间残缺的情况。因此，在构建网络之前，对其进行相应的处理。第一，如果在一个拓片中，字和字之间有残缺的情况，用省略号代替；第二，除去没有甲骨字的拓片；最后共得到 71455 片甲骨文拓片、6199 个已释和未释甲骨字(包含异体字)。

由于甲骨文系统是中国最早的文字系统，语言特性还处于萌芽状态，因此，它和现有的成熟文字系统有很大的区别。第一，在甲骨文系统中，我们假设同一拓片的甲骨字描述了同一个场景(或称语义单元)，如战争、天象、婚娶等。但也有可能不同拓片中的甲骨字描述不同时段的场景。第二，在甲骨文系统中，单音节词占多数，而复音节词较少。这也是古文字系统特有的属性。

为了构建甲骨字网络，需要给出网络中结点和边的定义，结点代表甲骨字，而边需要根据甲骨字在拓片中的上下文语境信息决定。由于甲骨文系统的同一场景或语义单元是以拓片为单位，所以，如果在一个拓片中，两个甲骨字之间在 n 阶马尔可夫链的条件下同时存在，则认为这两个甲骨字之间应存在一条边。在本书中，两个甲骨字之间定义了相应的权重。对于同一拓片上的两个甲骨字(这两个甲骨字可以是已释或未释)，它们分别用 i 和 j 表示，那么这两个字之间的权重为 w_{ij}。不仅如此，在 n 阶马尔可夫链中 n 的取值在现代汉语中经常取值为 2，因为现在的文字系统有大量词组，而在甲骨文系统中，很少有词组出现。因此，在构建网络时，对于不同拓片，n 值选择为拓片上甲骨字的个数。

$$w_{ij}=10^{\frac{1}{\text{interal}}} \tag{13-2}$$

$$\text{interal}=\begin{cases} l_j-l_i & i\text{ 和 }j\text{ 之间无省略号} \\ \dfrac{\max(\text{length})}{2}+(l_j-l_i) & i\text{ 和 }j\text{ 之间有省略号} \end{cases} \tag{13-3}$$

其中，式(13-2)中的参数 interal 由式(13-3)定义。在式(13-3)中，l_j 和 l_i 分别表示甲骨字 i 和 j 在拓片中的位置且字 j 在字 i 的后面。如果甲骨字 i 和 j 之间有省略号，即它们之间有残缺的甲骨字，那么参数 interal 由两部分组成：一部分是 $\dfrac{\max(\text{length})}{2}$，参数 length 是 71455 拓片中甲骨字的个数，max(length)表示含有最多甲骨字拓片的长度；另一部分是 l_j-l_i。

对于所有的 71455 片甲骨片，我们以 6199 个甲骨字为基础，构建大小为 6199×6199 的相似性矩阵 $\boldsymbol{M}$(即权重网络)。首先，如果两个甲骨字 i 和 j 在同一甲骨片上出现，使用式(13-2)和式(13-3)进行计算,并把 w_{ij} 赋予 $\boldsymbol{M}_{ij}$ 处;其次,如果两个甲骨字在不同的拓片上出现,那么把这两个字在不同拓片上计算的权重在同一个 $\boldsymbol{M}$ 位置上叠加。图 13-5 给出了计算相似性矩阵 $\boldsymbol{M}$ 的一个示意图。图中有两个拓片,共 9 个甲骨字。以这 9 个甲骨字为基础,构建大小为 9×9 的相似性矩阵。例如,利用式(13-2)和式(13-3)计算甲骨字 2 和甲骨字 4 之间的距离,然后把 $w_{2,4}$ 的值放在相似矩阵 $\boldsymbol{M}_{2,4}$ 的位置上;其次,如果两个甲骨字在不同拓片上同时出现,需要分别计算这两个甲骨字在不同拓片上的权重,然后相加放在相似性矩阵对应的位置上。如图 13-5 中的甲骨字 5 和 6,分别计算甲骨字 5 和 6 在拓片 1 和 2 上的权重 $w_{5,6}^{1}$ 和 $w_{5,6}^{2}$,然后把 $w_{5,6}^{1}$ 和 $w_{5,6}^{2}$ 相加放在相似性矩阵 $\boldsymbol{M}_{5,6}$ 的位置上。最后,依据 71455 片拓片信息,得到 6199 个甲骨字之间的相似矩阵,这个矩阵共包含了 160964 条有权重边。为了保证边信息能真实反映甲骨字之间的拓片信息,我们只保留了权重大于 5 的边,而删去权重小于 5 的边。其原因如下:①如果边的权重小于 5,从式(13-2)和式(13-3)的定义可知,此条边连接的两个甲骨字不直接相邻,即不会构成复音节词;②由于文中构建甲骨字权重网络采用的是叠加方法,即两个甲骨字之间的权重是由这两个甲骨字在 71455 片拓片中计算的权重之和。如果边的权重小于 5,说明此条边连接的两个甲骨字在 71455 片拓片中计算的权重之和小于 5,因此,这两个甲骨字用来描述同一个场景或语义单元的可能性很小。经过处理,文中构建的甲骨字网络包含 5474 个已释和未释甲骨字,以及 75611 条边。

本书使用的构建甲骨字网络方法具有三个创新点。一是在构建网络的过程中,充分利用了拓片在甲骨文系统中作为语义单元的信息,即拓片中的甲骨字不论是已释或未释,根据式(13-2)和式(13-3)都可以构建它们之间的距离。因此,未释和已释的甲骨字出现在同一个网络中,这种现象为我们依据已释的语义信息破译未释甲骨字提供可能。二是构建网络的方法体现了甲骨文系统中单音节词较少的古文字特征。三是在构建网络的过程中赋予甲骨字之间相应的权重,利于分析甲骨字之间的同现信息。

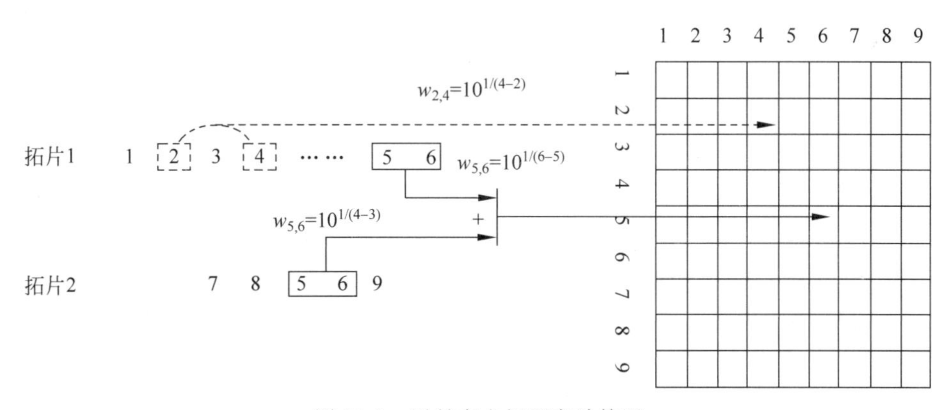

图 13-5　甲骨字之间距离计算图

13.2.2　未释甲骨字的重要性

本节对未释甲骨字是否值得进一步研究进行探索。我们使用的是甲骨字网络抽象甲骨文系统,因此需要对未释甲骨字在甲骨字网络中对应结点的重要性进行研究。在复杂网络中,介数中心性(Betweeness Centrality,BC)(见式(13-4))是一种结点重要性的指标,它以经过某个结点的最短路径的数目来刻画结点的重要性。

$$BC_i = \sum_{s \neq i \neq t} \frac{n_{st}^i}{g_{st}} \tag{13-4}$$

式中，g_{st} 表示从结点 s 到结点 t 的最短路径的数目，n_{st}^i 为从结点 s 到结点 t 的 g_{st} 条最短路径中经过结点 i 的最短路径的数目。

为了计算未释甲骨字在甲骨字网络中的重要性，我们首先计算所有甲骨字的介数中心性；然后，对所有甲骨字中心性值进行排序，排序后的结果为 S_{BC}；最后，选出排名前 N_S 的结点，计算 N_S 中未释甲骨字所占比例 P_S（见式(13-5)）。

$$P_S = \frac{\sum_{r=1}^{N_S} \theta(i)}{N_S} \tag{13-5}$$

式中，当甲骨字 i 为未释字时，θ 取值为 1，否则取值为 0。

图 13-6 表示的是当 $N_S = [50, 100, 200, \cdots, 1500, 1600]$ 时（由于已释甲骨字的个数为 1602，所以 N_S 的最大值设为 1600），未释甲骨字在 BC 值上的 P_S 值。从图中可以看到，当 $N_S = 50$ 时，P_S 在 BC 上的值为 10%，即前 50 个甲骨字中，仅有 5 字是未释甲骨字；当 $N_S = 100$ 时，P_S 在 BC 上的值为 13%，即前 100 个甲骨字中，仅有 13 字是未释甲骨字。随着 N_S 值的增大，P_S 值也逐步增大。当 $N_S = 1600$ 时，P_S 的值为 52.06%，其结果意味着未释甲骨字的重要性甚至大于已释甲骨字。因此，未释甲骨字语义预测对于重新认识甲骨文系统、殷商文化都有重大意义。

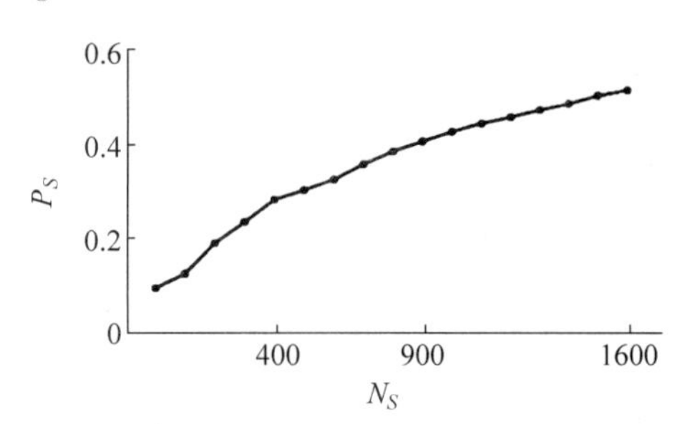

图 13-6　未释甲骨字在 BC 值上的 P_S

13.2.3　甲骨字的度和强度

拓片是甲骨文字系统存在最为有力的载体，也是计算甲骨学家能够获取的最直观数据，它构成了甲骨文系统的基本语义单元。甲骨文拓片中字与字之间的相互关联信息是预测未释甲骨字的重要信息。本书构建的甲骨字网络以原始拓片为基础数据，通过抽象同一拓片中字(i)与字(j)之间的前后顺序定义它们之间的权重，而字 i 和 j 之间的权重通过它们在不同拓片中形成的距离叠加得到。因此，我们构建的甲骨字网络不仅能反映字与字之间的语境信息，而且能反映字在不同拓片中出现的次数。

如果一个未释甲骨字在所有拓片中出现的次数较多，并且所在拓片中含有的甲骨字较多，那么此未释甲骨字的语义被预测的可能性较大：因为它在甲骨文系统中包含的信息丰富。在甲骨字网络中，未释甲骨字的信息丰富度表现为结点(i)的强度(S，见式(13-6))和与此结点相连并且权重大于 0 的个数(U，见式(13-7))。

$$S_i = \sum_{j=1}^{N} w_{ij} \tag{13-6}$$

$$U_i = \sum_{j=1}^{N} \delta(w_{ij}) \tag{13-7}$$

式(13-6)和式(13-7)中,N 表示网络矩阵 $\boldsymbol{M}$ 的结点个数,w_{ij} 表示结点 i 和 j 之间的权重值。当 w_{ij} 大于0时,δ 取值为1,否则取值为0。

依据 S 和 U 的定义,我们采用以下两步对未释甲骨字的信息丰富度进行分析。第一,计算所有结点的 S 和 U 值;第二,对结点的 S 和 U 值进行排序,取出排名前 N_S 个结点,计算 N_S 中未释甲骨字所在的比例 P_S(见式(13-5))。图13-7表示的是当 $N_S=[50,100,200,\cdots,1500,1600]$ 时,未释甲骨字在值 S(见图13-7(a))和 U 上(见图13-7(b))的 P_S 值。从图中我们可以看到,当 $N_S=50$ 时,P_S 在 S 上的值为10%,即前50个甲骨字中,仅有5字是未释甲骨字;当 $N_S=100$ 时,P_S 在 S 上的值为17%,即前100个甲骨字中,仅有17字是未释甲骨字。随着 N_S 值的增大,P_S 值也逐步增大。可知:甲骨字的 S 值越大,甲骨字的语义被破译的可能性就越大。对于 U 值,随着 N_S 值的增大,P_S 值也逐步增大。例如,当 $N_S=50$ 时,P_S 在 U 上的值为6%,即前50个甲骨字中,仅有3字是未释甲骨字;当 $N_S=100$ 时,P_S 在 U 上的值为12%,即前100个甲骨字中,仅有12字是未释甲骨字。从 U 值可以看到,与 S 值相比,U 值在破译甲骨字语义方面起着更重要的作用。综上分析,甲骨字的信息丰富度在预测甲骨字语义方面具有重要的支持作用,而一些未释甲骨字(具有较大的 S 和 U 值)的可用信息足以提供必要数据来预测它们的语义。

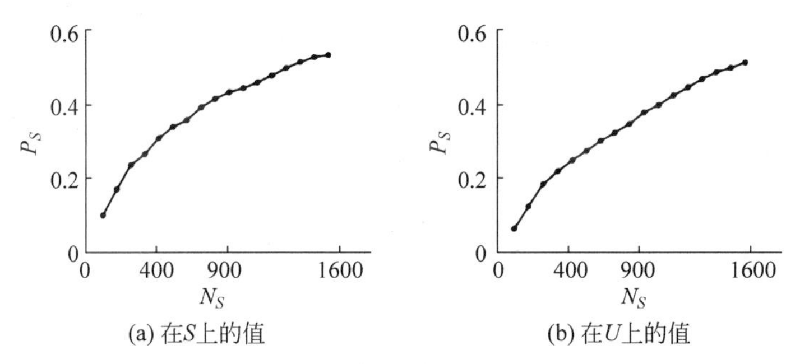

图13-7　未释甲骨字在 S 和 U 值上的 P_S 值

13.2.4 甲骨字的度分布

一个结点的度是此结点的邻接结点的个数或者结点连接边的个数。如果把结点度为 k 的数目占网络结点总数目的比例记为 p_k,那么网络中不同度的统计分布即为度分布。为了方便推断一个甲骨字在71455片拓片中同时出现的信息,即一个甲骨字和其邻接甲骨字共同描述同一个场景或语义单元信息,我们把构建的权重网络简化为无权重的网络,然后计算度分布。在本书构建的网络中,甲骨字的度表现为甲骨字之间的权重值(或连接边的个数),而甲骨字之间权重分布表现为网络的度分布。图13-8给出了未释和已释甲骨字网络的度分布,从图中我们可以看到甲骨字网络的度分布符合无标度分布(scale-free distribution),这意味着网络中大部分结点度的取值较小,但是会有少数结点度的取值非常大。在甲骨字网络中说明,一方面大部分甲骨字的度值比较小,如,度值小于10的甲骨字(即此甲骨字有10个相邻甲骨字)占总甲骨字的比例为76.6%,而度值小于17、50的甲骨字占总甲骨字的比例分别为82.1%、91.1%。在甲骨文字系统中,较小的度值代表描述同一个场景或语义单元所需的甲骨字也较少。另一方面,有少数甲骨字有很大的度值,如甲骨字“卜”和“贞”字之间的权重高达203756,如果假设这两个甲骨字直接相连，那么“卜”和“贞”在 71455 个拓片中至少出现 20375 次。不仅如此，“卜”和其他甲骨字的度值也较大。通过相关文献可知：在甲骨字系统中，单音节名词占大多数；而动词占少数，并且在动词中，祭祀动词占多数。“卜”字是常用的动词，经常和其他名词相连使用，因此，“卜”字具有较大的度值。

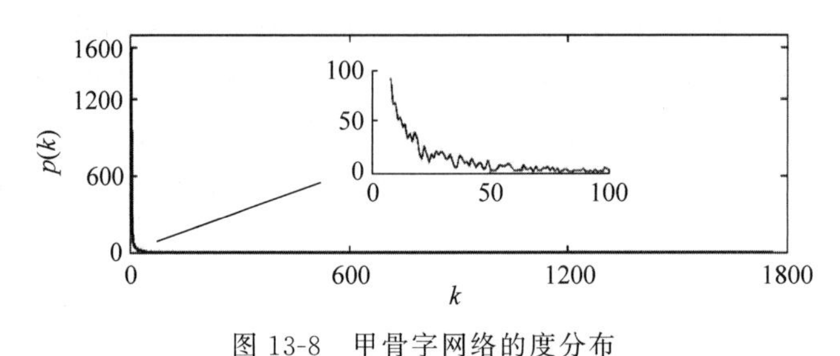

图 13-8　甲骨字网络的度分布

13.2.5 聚类系数

对于无权重网络，聚类系数是用来描述一个结点的直接相邻结点之间的边的连接情况的值，它的定义如式(13-8)所示。而对于有权重的网络，计算聚类系数比较复杂。在本书中使用无权重网络下的聚类系数，主要因为两种类型的聚类系数的定义对于衡量网络的特性不会带来本质影响。图 13-9 给出计算结点聚类系数的示意图。对于图中的中空结点，它有 5 个邻接结点(实心结点)，这 5 个结点之间共有 7 条边(点形边)，那么中空结点的聚类系数为$\frac{7}{5\times(5-1)/2}=0.7$。一个网络的聚类系数是网络中所有结点聚类系数的平均值。通过计算，甲骨字网络的聚类系数为 0.5944。较高的聚类系数意味着结点的邻接结点之间存在更高程度的交互关系，即这个结点和其邻接结点更稳固地聚集成模块结构。在甲骨字网络中，较高的聚类系数意味着一个甲骨字和其邻接的甲骨字参与描述同一场景或语义单元的概率较高。

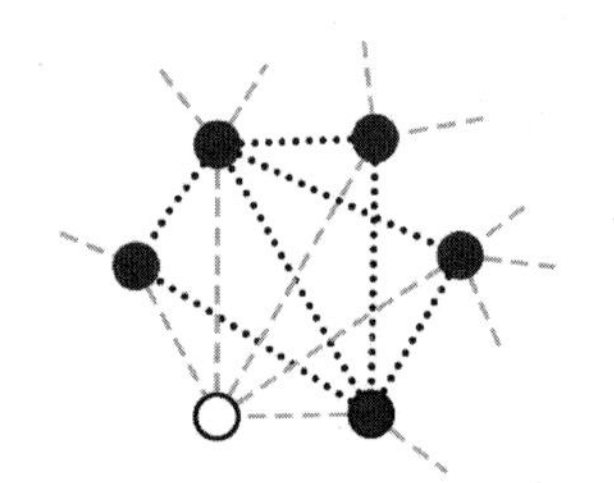

图 13-9　聚类系数计算示意图

$$CC_i=\frac{e_i}{U_i\times(U_i-1)/2} \tag{13-8}$$

式中，U_i 表示结点 i 的邻接结点数，e_i 表示 U_i 个邻接结点之间存在的边数。

13.2.6 模块度

模块(module，或称社团)结构是复杂网络的基本特性，也是复杂网络研究的重点内容。模块是网络的一个子集，它要求模块中结点之间的边连接紧密，而不同模块之间结点的边连接稀疏。图 13-10 是一个含有 12 个结点和 3 个模块的网络模块结构示意图。模块内的结点具有相似的属性，依据这一特点，模块结构已在很多领域取得了成功的应用。如在蛋白质相互作用网络中，功能相似的蛋白质在网络中往往以模块的形式存在。因此，通过挖掘模块结构可以预测未知蛋白质的功能；在人类社会中，“人以群分”是模块结构在社会网络中的真实反映。社会学家可以利用模块结构研究人们的心理行为、兴趣爱好等。通过构建包含已知和未知语义的甲骨字网络，在此基础上分析此网络是否具有模块度特性，进而利用模块

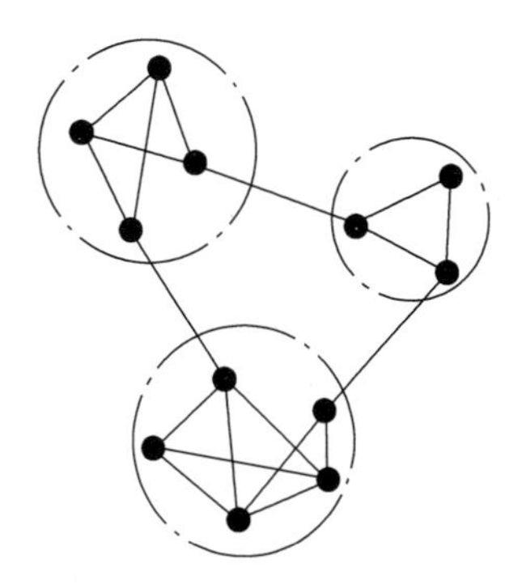
图 13-10 网络模块结构示意图

内结点的属性，可以预测同一模块内未知甲骨字的语义信息。如在图 13-10 中下方的一个含有 5 个结点的模块中，假如我们已知其中 4 个甲骨字描述了某种场景信息，如婚娶，那么，根据模块结构中结点具有相同属性的特性，可以推测剩余一个未知语义的甲骨字也用来描述婚娶信息。

模块度(modularity)不仅是一种用来挖掘网络中模块结构的方法，而且是一种用来衡量网络是否具有模块结构的标准。虽然基于模块度的方法具有"模块分辨率"(Resolution limit)的缺陷，但它仍然被广泛用于判断一个网络是否具有模块结构的评价标准。对于有权重的网络，模块度(Q)的定义如式(13-9)所示：

$$Q=\sum_{v=1}^{n_c}\left[\frac{W_v}{W}-\left(\frac{S_v}{2W}\right)^2\right] \tag{13-9}$$

其中，n_c 是网络划分的模块个数，W 是网络中所有边的权值之和，W_v 是模块 v 内部所包含的边的权重和，S_v 是所有与模块 v 内部的点相关联的边的权重和。利用模块度方法对甲骨字网络进行分析，得到的模块度的值为 0.2921。如果一个网络的模块度大于或等于 0.3，说明这个网络具有很强的模块特性。综上所述，甲骨字网络具有良好的模块结构属性，这种属性为我们通过识别模块结构进而破译未知甲骨字的语义提供了直接数据和理论上的依据。

13.3 未释甲骨字语义预测

13.3.1 未释甲骨字考释难易程度

在 13.2.3 节中，我们分析了一个甲骨字与其他甲骨字之间在不同拓片出现的情况(U 值)以及不同拓片同时出现的强度(S 值)，这些结果为破译未释甲骨字的语义提供了重要信息。但是这些信息只是从模糊的角度反映未释甲骨字语义推理的重要性。如，一个未释甲骨字(i)有较大的 S 和 U 值，而与字 i 相连的都是未释甲骨字(可标记为$[i_1,i_2,\cdots,i_n]$)。由于甲骨字$[i_1,i_2,\cdots,i_n]$的语义是未知的，因此我们也无法从$[i_1,i_2,\cdots,i_n]$中获取有用信息进而预测 i 字的语义。同样地，对于一个具有较大 S 和 U 值的已释甲骨字 j，与 j 字相连的都是已释甲骨字(可标记为$[j_1,j_2,\cdots,j_m]$)，那么 j 字也无法为破译未释甲骨字提供有用信息。这种现象称为甲骨字的闭合性(见式(13-10)和图 13-11)。一个未释甲骨字的闭合性的绝对值越大，它被破译的可能性越小；而一个已释甲骨字的闭合性值越大，此字为破译其他未释甲骨字提供的信息越少。从式(13-10)可以推出：如果一个未释甲骨字 i 与其他已释甲骨字连接的权重越小，而与其他未释甲骨字连接的权重越大，C_i 的负值就越小，$|C_i|$ 绝对值就越大；如果一个已释甲骨字 j 与其他已释甲骨字连接的权重越大，而与其他未释甲骨字连接的权重越小，C_j 的值就越大。总之，在甲骨文字系统中，如果已释甲骨字的 C_j 值和未释甲骨字的 $|C_i|$ 值较大，对破译未释甲骨字语义的困难性就越大。对于一个未释甲骨字 i，如果它的 C_i 值越大，说明此字与已释甲骨字连接较为紧密，可用信息越多，破译的可能性越大。

$$C_i = \log_2\left(\frac{\sum_{h=1}^{N_n} w_{ih}}{\sum_{k=1}^{U_n} w_{ik}}\right) \tag{13-10}$$

在式(13-10)中,C_i 表示甲骨字 i 的闭合系数,N_n 和 U_n 分别表示已释和未释甲骨字的个数,w_{ih} 和 w_{ik} 分别表示甲骨字 i 与已释和未释甲骨字连接的权重。由于连接的权重和值较大,我们对其取对数。

在图 13-11 中,与甲骨字 1 相连的甲骨字共有 5 个,分别为甲骨字 2、3、4、5、6,它们与甲骨字 1 的权重分别为 30、90、60、20、10,如果甲骨字 2、3、4 为已释甲骨字,甲骨字 5、6 为未释甲骨字,那么甲骨字 1 的闭合系数 C_1 为$\log_2((30+90+60)/(20+10))=2.585$。

图 13-12 给出了已释甲骨字和未释甲骨字的 C 值。需要注意的是,在计算 C 时,如果分子和分母的其中一项为 0,我们不计算此字的 C 值。通过筛选,我们共得到已释甲骨字 1397 个,未释甲骨字 3367 个。可以看到,对于已释甲骨字,有 2.79%(共 39 个)甲骨字的 C 值小于 0,即这些甲骨字与未释甲骨字连接紧密;有 0.21%(共 3 个)甲骨字的 C 值等于 0,说明这些甲骨字与已释甲骨字和未释甲骨字连接的权重相等。而 C 值较大(大于 4)的甲骨字仅占到所有已释甲骨字的 5.94%(共 83 个),大部分(91.05%,共 1272 个甲骨字)已释甲骨字的 C 值分布在(0~4)之间。通过以上分析可得:已释甲骨字并没有较强的闭合性,可以为未释甲骨字语义的预测提供重要的可用信息。对于未释甲骨字,C 值小于或等于 0 的甲骨字共有 234 个(见表 13-1),而 C 值分布在(0~4)之间的共有 2863 个(占 85.03%)。与已释甲骨字连接紧密而与未释甲骨字连接稀疏(即 C 值大于 4)的未释甲骨共有 270 个。与已释甲骨字一样,未释甲骨字的闭合性较弱,这为我们预测未释甲骨字的语义提供重要的理论和数据上的依据。其中,具有较大 C 值的 270 个未释甲骨字是我们需要破译的首要目标。

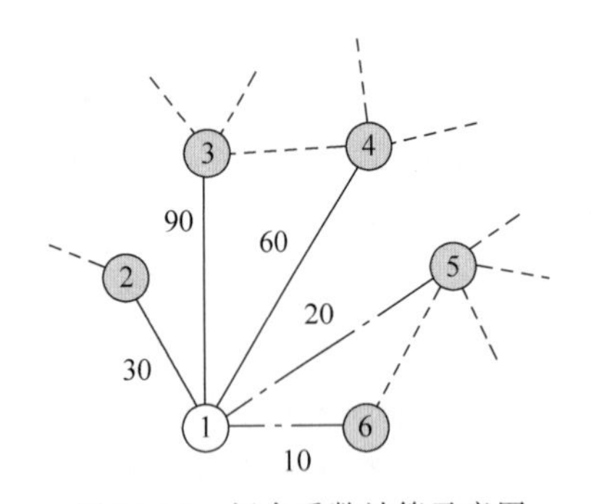

图 13-11　闭合系数计算示意图

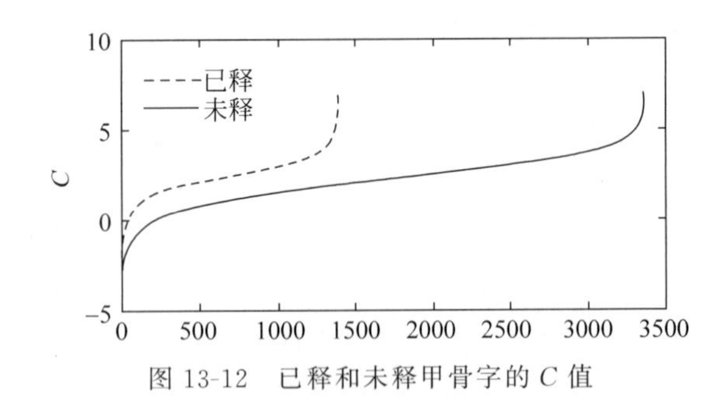

图 13-12　已释和未释甲骨字的 C 值

表 13-1　不同 C 值下已释和未释甲骨字的个数和百分比例

	$C<0$	$C=0$	$0<C\leqslant 4$	$C>4$
已释甲骨字	39 (2.79%)	3 (0.21%)	1272 (91.05%)	83 (5.94%)
未释甲骨字	221 (6.56%)	13 (0.39%)	2863 (85.03%)	270 (8.02%)

13.3.2 语义预测

通过对未释甲骨字的特征分析，我们对未释甲骨字□(标记为 P)(异形体为□，□，□)的场景语义进行预测。此字具有较大值的重要性、信息丰富度和闭合性。为了充分利用甲骨拓片的上下文信息，我们首先对未释甲骨字 P 的前置甲骨字 B 出现的次数 F_B(见式(13-11))、间隔前置甲骨字 B_i 出现的次数 F_{B_i}(见式(13-12))、后置甲骨字 A 出现的次数 F_A(见式(13-13))、间隔后置甲骨字 A_i 出现的次数 F_{A_i}(见式(13-14))进行计算；第二，对 F_B、F_{B_i}、F_A、F_{A_i} 进行排序；第三，筛选 B、B_i、A、A_i 为已释甲骨字的情况下，F_B、F_{B_i}、F_A、F_{A_i} 的值。通过计算发现：当 F_B 为 1889(最大值)时，甲骨字 B 为□(简体字为“受”)，说明甲骨字 P 与 B 经常联合出现。根据甲骨文语法知识，甲骨字 B 后应与名词联合使用。因此，我们推测未释甲骨字 P 的词性应为名词。我们进一步对 F_A 进行分析，当 F_A 为最大(1676)时，甲骨字 A 为□(简体字为于)。同样根据甲骨文语法知识，我们知道□的前面经常与名词连用，因此，我们推测未释甲骨字 P 词性为名词。

为了预测未释甲骨字 P 的场景语义，我们进一步分析 F_B 值的前置甲骨字 B：当 $F_B=531$ 时，前置甲骨字 B 为□(简体字为“牢”)。□字在甲骨文系统中用来表示圈起来饲养家禽。那么，□字是否与家禽以及一些动物有关？接下来，我们扩大 P 字的搜索范围，即计算 P 的后置甲骨字 F_A 和间隔后置甲骨字 F_{A_i}。当 $F_A=F_{A_i}=455$ 时，P 字后置甲骨字为一(简体字为“一”)、间隔后置甲骨字为□(简体字为“牛”)；不仅如此，P 字也经常($F_A=241$)和甲骨字“二”(简体字为“二”)共同出现。这些说明 P 字和一定数量的家禽共同使用(或出现)，由此我们推断 P(□)字参与“祭祀”场景的描述。为了验证推断的正确性，我们进一步对未释甲骨字 P 的间隔后置甲骨字进行分析：当 $F_{A_i}=336$ 时，P 字和甲骨字□(简体字为祖)共同出现。通过分析，我们预测未释甲骨字 P(□)用于“祭祀祖先”场景语义的描述。不仅如此，P(□)字和后置甲骨字□(简体字为“疾”)联合使用($F_A=226$)。以上数据说明，未释甲骨字□主要用于描述“祭祀祖先”的场景，并在祭祀的同时，祈祷先人保佑后人的健康。

$$F_B=\sum_{t=1}^{T_N}\gamma_B(w_{PB}) \tag{13-11}$$

$$F_{B_i}=\sum_{t=1}^{T_N}\gamma_{B_i}(w_{PB_i}) \tag{13-12}$$

$$F_A=\sum_{t=1}^{T_N}\gamma_A(w_{PA}) \tag{13-13}$$

$$F_{A_i}=\sum_{t=1}^{T_N}\gamma_{A_i}(w_{PA_i}) \tag{13-14}$$

在式(13-11)～式(13-14)中，T_N 表示所有甲骨拓片的个数，当 w_{PB} 和 w_{PA} 值为 10 时，γ_B 和 γ_A 取值为 1，否则取值为 0。当 w_{PB_i} 和 w_{PA_i} 值为 $\sqrt{10}$ 时，γ_{B_i} 和 γ_{A_i} 取值为 1，否则取值为 0。

13.4 本章小结

本章首先介绍了复杂网络的定义以及一些基本概念；其次，把复杂网络引入甲骨文系统中，并利用拓片数据构建甲骨字网络，开创了网络甲骨学的研究；再次，研究了甲骨字网络的特性，包含结点重要性、度、强度、度分布、聚类系数、模块度等特性，这些特性为研究甲骨文考释提供了理论基础；最后，利用上下文语境信息，并结合未释甲骨字考释难易程度预测其场景语义，首次实现了利用计算机技术破译未释甲骨字的语义。

习题 13

(1) 给定以下网络，请编写程序计算每一个结点的聚类系数。

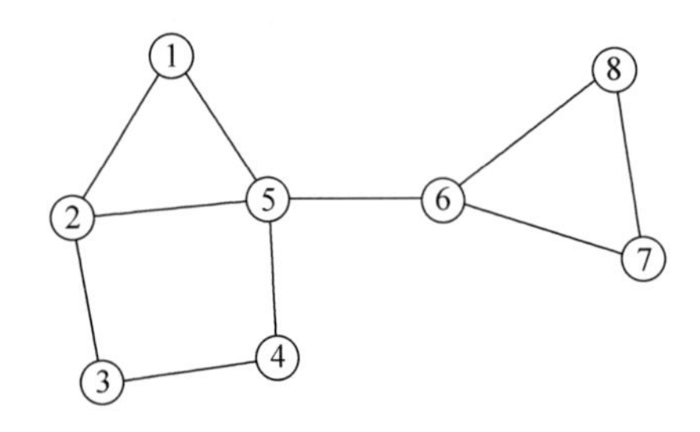

(2) 如下给定 3 个甲骨拓片。在图中，甲骨拓片 1、2、3 分别包含 6 个、5 个、4 个甲骨字，省略号表示残缺的甲骨字。请根据式(13-2)和式(13-3)构建甲骨字网络。为方便，残缺甲骨字之间的参数设置为 2。

拓片1　1　2　3　4　……　5　6

拓片2　7　8　5　6　9

拓片3　10　2　11　……　12

第 14 章 甲骨文知识图谱

CHAPTER 14

根据甲骨文的学科特点和知识结构，引入知识图谱作为方法和手段解决甲骨文研究中知识发现、存储、管理和共享等方面的问题。本章介绍了科学知识图谱（MKD）和知识库（KG）的概念和技术，并融合 MKD 和 KG 两方面的优势，构建了甲骨文知识图谱。本章详细介绍了构建甲骨文知识图谱的流程、步骤和方法。

14.1 知识及知识关联

知识是人类在实践中认识客观世界（包括人类自身）的成果，它包括事实、信息的描述或在教育和实践中获得的技能。知识是人类从各个途径获得的经过提升总结与凝练的系统的认识。知识有着广泛的空间属性，如知识的类型、知识的发布人、知识所针对的业务、知识所针对的使用对象、知识的部门属性等等。基于这些属性，知识与知识之间就有着千丝万缕的联系。这些联系就是知识关联的基础。通过知识的关联，我们可以从 A 知识延伸并获取 B、C 知识，从而延展开来，直到我们获得解决问题的正确信息。

知识管理平台 KMPRO 的首席分析师王振宇认为，知识关联是知识与知识之间以某一中介为纽带，所建立起来的具备参考价值的关联关系。在这个概念中有三个重点：

（1）这种关联关系是知识与知识之间的。

（2）关联是依靠某一中介来建立的。

（3）关联要产生价值。

一个知识关联的示例如图 14-1 所示。

就甲骨文而言，甲骨文的研究经过近 120 年的发展，已形成一门多学科交叉渗透的综合性学科——甲骨学。甲骨学和语言文字学、历史学、考古学、古代科学史等学科有着紧密的联系，因此，甲骨学研究不能孤立地以释读甲骨片上的文字为对象，而应该考虑其与相关学科的关系。

与甲骨学相关的学科包括考古学、历史学、文献学语言文字学、文学、历法学、医学、天文学、地理学、物理学、数学、生物学、农科学。这些学科又转化为甲骨学的相关学科。因此，学习和研究甲骨文知识时，必须借助于与其相关的辅助学科。如借助于考古学，去解决甲骨出土的问题；借助于文献学，去解决甲骨学中的殷商历史问题；借助于语言学理论，去解决甲骨学的语言文字的问题；借助于自然科学中的天文学、地理学、物理学和数学，去解决甲骨学中其他诸方面的问题。甲骨学与其相关学科如图 14-2 所示。

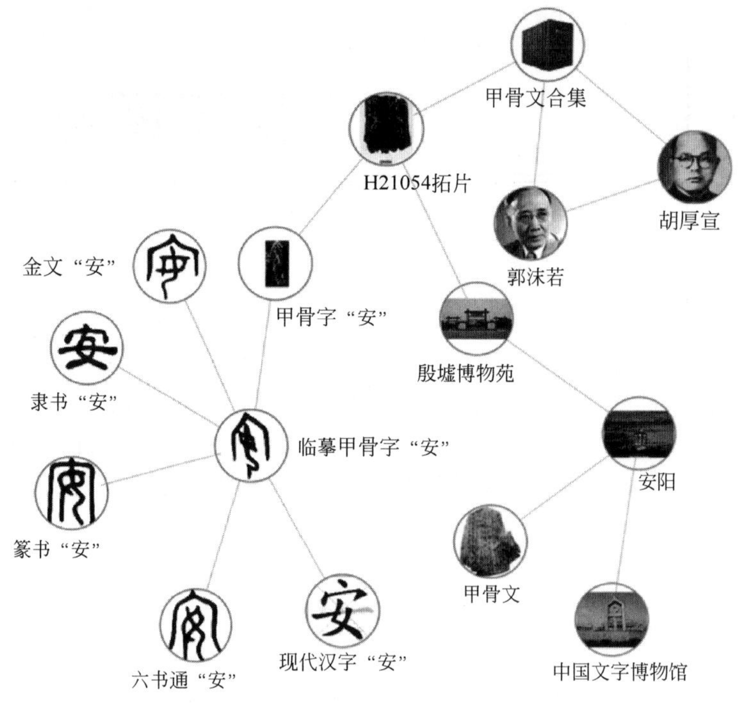

图 14-1 知识关联示例

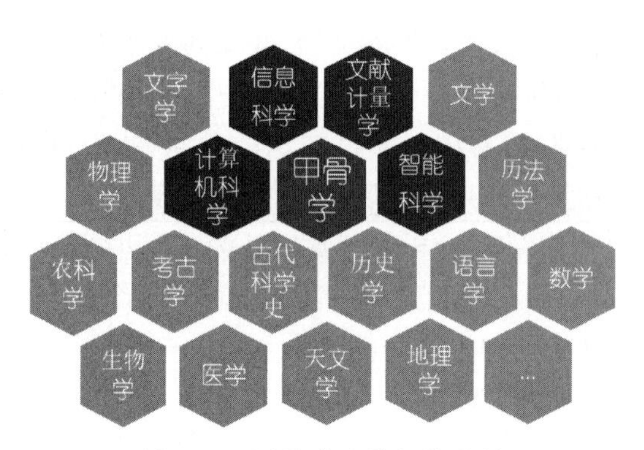

图 14-2 甲骨学及其相关学科

由此可见，甲骨学知识体系庞大，知识关联复杂，仅靠传统的人工记忆的方式无法处理，必须借助工程学的方法和手段。而甲骨文知识工程要解决的关键问题恰恰是发现甲骨文知识并建立其知识关联。

人们常说“一图胜千言”，意思是将信息或知识以图表的方式呈现，可以更有效更直观地传递信息。人类有五官，人能通过 5 种渠道感受这个物质世界，为什么青睐可视化的方式来传递信息呢？这是因为人类利用视觉获取的信息量巨大，人眼结合大脑构成了一台高带宽巨量视觉信号输入的并行处理器，具有超强的模式识别能力，大脑有超过 50%的功能用于视觉感知相关处理，大量视觉信息在潜意识阶段就被处理完成，人类对图像的处理速度是文本的 6 万倍，所以知识可视化是一种高带宽的知识展示方式。而知识图谱既可以表示知识及其关联，也可以用可视化的方法高效地展示，是处理甲骨文知识的不二选择。

14.2 知识图谱概述

知识图谱是近年来人工智能领域的研究热点，通常意义上所说的知识图谱由 Google 公司率先提出，主要用来优化现有的搜索引擎。不同于基于关键词检索的传统搜索引擎，知识图谱可以更好地查询复杂的关联信息，从语义层面理解用户意图，改进搜索质量。Google 公司的辛格博士在介绍知识图谱时提到的："The world is not made of strings, but is made of things"，知识图谱旨在描述真实世界中存在的各种实体或概念。其中，每个实体或概念用一个全局唯一确定的 ID 来标识，称为标识符(identifier)。每个属性-值对(Attribute-Value Pair, AVP)用来刻画实体的内在特性，而关系(relation)用来连接两个实体，刻画它们之间的关联。简单而言，知识图谱就是将不同种类的信息连接在一起得到的一个关系网络。知识图谱提供了从"关系"的角度分析问题的能力。从图论的角度看，知识图谱把每个实体作为一个结点，结点之间的关系作为连接这些结点的边，从而形成的一张巨大的图。

目前，知识图谱的研究有两大主流：基于文献计量学的科学知识图谱(Mapping Knowledge Domains, MKD)和以 Google 知识图谱为代表的 Knowledge Graph(简称 KG)。MKD 和 KG 的直观对比如图 14-3 所示。

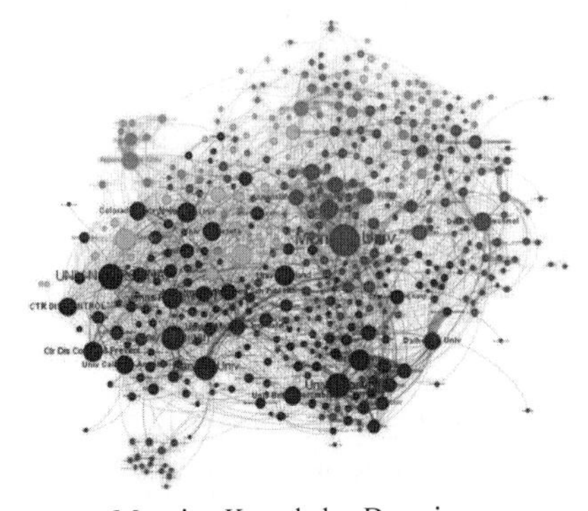
Mapping Knowledge Domains

Knowledge Graph

图 14-3 MKD 与 KG 的对比

14.2.1 MKD 研究现状

自 2002 年 Rasmussen 等学者在第 65 届美国信息科学与技术学会会议上发表的题为"Visualizing knowledge domains"的文章，将可视化方法及工具应用于图书情报领域知识管理的研究在国外学界逐步兴起。国内陈悦、刘则渊等提出将这一研究方法的中文译为"科学知识图谱绘制"。2004 年 4 月 10 日，大连理工大学刘则渊教授受到《参考消息》上一篇题为"科学家拟绘制科学门类图"的文章启发，在国内率先带领团队开始了科学知识图谱研究工作，并创建了大连理工大学网络-信息-科学-经济计量实验室(WISE Lab of DaLian University of Technology)，为我国培养了一批专门从事科学知识图谱理论与实践研究的专业人才。刘则渊教授将科学知识图谱定义为"以知识领域为对象，显示知识的发展进程与结构关系的一种图形"。科学知识图谱具有"图"和"谱"的双重性质与特征：既是可视化的知识图形，又是串行化的知识谱系，显示了知识单元或知识群之间网络、结构、互动、交叉、演化或衍生等诸多复杂的关系。知识图谱通常都是以知识网络形态展现的知识图形与知识谱系。

科学知识图谱研究以科学学为基础，是涉及应用数学、信息科学以及计算机科学的交叉领域，是科学计量学（scientometrics）的新发展领域。李杰对检索的有关知识图谱的95篇论文进行领域的叠加分析后发现，科学知识图谱涉及的领域中，来自信息科学、计算机科学以及应用数学领域的学者往往研究的是基础性理论，如科学知识图谱的数学算法和图谱可视化的设计。来自科学计量学和科学学领域的学者通常具有文科背景，主要对知识图谱的哲学原理和表达含义进行深层次的解读。而具有信息科学和计算机科学背景的学者，在科学计量学和科学知识图谱领域就显得更有优势，如德雷塞尔大学的陈超美教授、印第安纳大学的博纳教授以及莱顿大学的尼斯·杨·凡·艾克（Nees Jan van Eck）和卢多·瓦特曼（Ludo Waltman）研究员。随后，"科学知识图谱"或"知识图谱"概念在国内图情领域得到广泛应用，成为知识管理的重要方法。

MKD在图书情报界称为知识域可视化或知识领域映射地图，是显示知识发展进程与结构关系的一系列不同的图形，用可视化技术描述知识资源及其载体，挖掘、分析、构建、绘制和显示知识及它们之间的相互联系。

MKD是将应用数学、图形学、信息可视化技术、信息科学等学科的理论与方法与计量学引文分析、共现分析等方法结合，用可视化的图谱形象地展示学科的核心结构、发展历史、前沿领域以及整体知识架构的多学科融合的一种研究方法。它把复杂的知识领域通过数据挖掘、信息处理、知识计量和图形绘制而显示出来，揭示知识领域的动态发展规律，为学科研究提供切实的、有价值的参考。MKD是目前计量学等学科关注的前沿学术领域之一，被广泛应用于社会科学与自然科学领域，并已从情报学迅速扩散到其他学科领域。国外具有影响力的机构有德莱克斯大学、布鲁内尔大学、美国的圣蒂亚国家实验室、荷兰的伊拉兹马斯大学等，其中德莱克斯大学的陈超美被认为是该领域的领军人物，他开发的知识图谱分析软件CiteSpace获得了广泛的应用。CiteSpace在国内的应用领域主要集中在图书馆与档案管理、管理科学与工程及教育学方面，主要是对研究热点、研究前沿和研究趋势进行探测。在研究中主要使用CiteSpace的文献共被引、共词网络以及作者共被引。在图谱解析上主要针对高频节点、聚类知识群、高中介中心的节点和图谱的基本图例说明。

国内研究机构中，大连理工大学、武汉大学、中国科学院、浙江树人大学、南京大学、天津师范大学、河北大学等机构的研究实力较强，其中大连理工大学最早从科学计量学视角引进科学知识图谱方法，成为推动国内MKD研究的先行者。近几年，一批国内学者在该领域取得了较好的学术成果。研究表明，MKD既可从时间轴纵向揭示特定领域的不同子领域的研究演化模式及其相互关系；也可以从横向比较中揭示研究主题接近所属领域热点问题的程度，进而预测领域知识的发展趋势。

14.2.2 MKD常见工具

要从海量的科技文献中挖掘有价值的信息是一项人力所不能完成的任务，因此必须依靠计算机的协助。自科学计量学分析引入辅助可视化以来，科学知识图谱领域也诞生了一批有价值的科学知识图谱工具。如适合处理大数据集的网络信息分析软件Pajek、当代最流行的社会网络分析软件Ucinet、非常好用的文献计量分析软件BibExcel、专门绘制时序图谱的引文分析软件 HistCite、基于多视角分析的信息可视化软件 CiteSpace、面向多元统计分析的信息可视化软件 SPSS、为科学知识网络设计的知识可视化软件 Sci2、基于开源的工具 Prefuse 等。李杰对目前常用的免费的科学知识图谱软件及其辅助工具进行了分类整理，如图 14-4 所示。

分 类	工具名称	功能描述
科学知识图谱软件	BibExcel	可对数据格式转换及去噪，并进行 BCAD、CAAA、CAAC、ACA、DCA、CWA 等分析，标准化方法为 Cosine、Jaccard Strength 或 Vladutz 和 Cook
	CiteSpace	可对数据进行去重和时间切片，并进行 BCAD、CAAA、CCAA、CAAI、ACA、DCA、JCA 等分析；采用 Cosine、Dice 或 Jaccard 进行标准化
	CitNetExplorer	可进行 DCA 文献时序引证网络的分析、聚类、最短/长路径等分析
	HistCite	自动去重，可进行 DCA 文献时序引证网络和基本的描述性统计分析
	Leydesdorff Toolkit	可对数据进行 BCAA、BCAJ、CAAA、CAAC、CWA 等分析，矩阵的标准化采用 Cosine
	SCI of SCI	可对数据去重和时间切片，并进行 BCAA、BCAD、BCAJ、CAAA、ACA、CAJ 等分析；标准化方法没有提及，需要用户定义
	VOSviewer	可建立词集进行数据剔除，并进行 ABCA、DBCA、JBCA、DCA、ACA 等分析；采用 Association Strength 和 Fractionalization 对矩阵进行标准化
辅助科学知识图谱分析和绘制软件	Gephi	用于可视化部分网络，计算网络的部分属性
	Netdraw	用于前处理生成的部分网络文件，进行最大子网络分析
	Pajek	用于计算网络节点中心性，可视化部分网络
辅助数据查看和编辑软件	Notepad++ Sublimetext	实现对文本数据的快速打开并结构化阅读

图 14-4 常用的免费科学知识图谱软件及其辅助工具

本章仅对目前研究者经常使用的 3 款科学知识图谱工具进行简述，包括 CiteSpace、VOSviewer、CitNetExplorer。

1. CiteSpace

CiteSpace 是 Citation Space 的简称，可译为“引文空间”。CiteSpace 是一款着眼于分析科学文献中蕴含的潜在知识，并在科学计量学（scientometrics）、数据和信息可视化（data and information visualization）背景下逐渐发展起来的多元、分时、动态的引文可视化分析软件。它主要通过可视化的手段来呈现科学知识的结构、规律和分布情况。

CiteSpace 的开发者陈超美教授是美国德雷赛尔大学计算机与情报学教授，从 2008 年开始担任大连理工大学长江学者讲座教授，同时也是 Drexel-DLUT 知识可视化与科学发现联合研究所（美方）所长。他被国内外同行专家评价为当代信息可视化与科学知识图谱学术领域中的国际顶尖级领军人物。陈超美教授开发 CiteSpace 软件（最早称为 StarWalker 软件)的主要灵感来自库恩的科学结构的演进,库恩主要的观点为“科学研究的重点随着时间变化,有些时候速度缓慢,有些时候会比较剧烈”,科学发展是可以通过其足迹从已经发表的文献中提取的。

CiteSpace 软件最初专门针对文献的共引进行分析,并挖掘引文空间的知识聚类和分布。随着 CiteSpace 的不断更新,它已经不仅仅提供引文空间的挖掘,而且还提供其他知识单元之间的共现分析功能,如作者、机构、国家/地区的合作等。

目前 CiteSpace 的最新版本 CiteSpace. 14. 6. R2 可从其官网 http://cluster. cis. drexel. edu/~cchen/citespace/下载,其界面如图 14-5 所示。

图 14-5 Citespace 可视化界面

2. VOSviewer

VOSviewer(Visualization of Similarities Viewer,VOSviewer)中 VOS 的含义是 visualization of similarities,即相似的可视化。该软件最早的版本仅仅用于展示可视化的结果,随着软件版本的不断发展,不仅开放供用户免费使用,还极大地拓展了功能和分析的数据类型。目前该软件具备了几乎所有常见的文献计量分析功能,如文献耦合、共被引、合作以及共词分析等。该软件已经广泛应用于多个领域的科学计量分析中。

VOSviewer 的最新版本 VOSviewer version 1. 6. 14 可以从其官网 http://www. vosviewer. com/下载,其界面如图 14-6 所示。

3. CitNetExplorer

CitNetExplorer(Citation Network Explorer,CitNetExplorer)是由荷兰莱顿大学科学技术研究中心(Centre for Science and Technology Studies,CWTS)的 Nees Jan van Eck 与 Ludo Waltman 领导的研究团队继 VOSviewer 之后研发的又一款科学文献引文网络图谱分析软件。CitNetExplorer 最早于 2014 年 3 月 10 日公布了用户版(即 CitNet Explorer 1. 0. 0),其目前的应用尚不广泛。但从其功能来看,与目前使用广泛的 HistCite 相比,CitNetExplorer

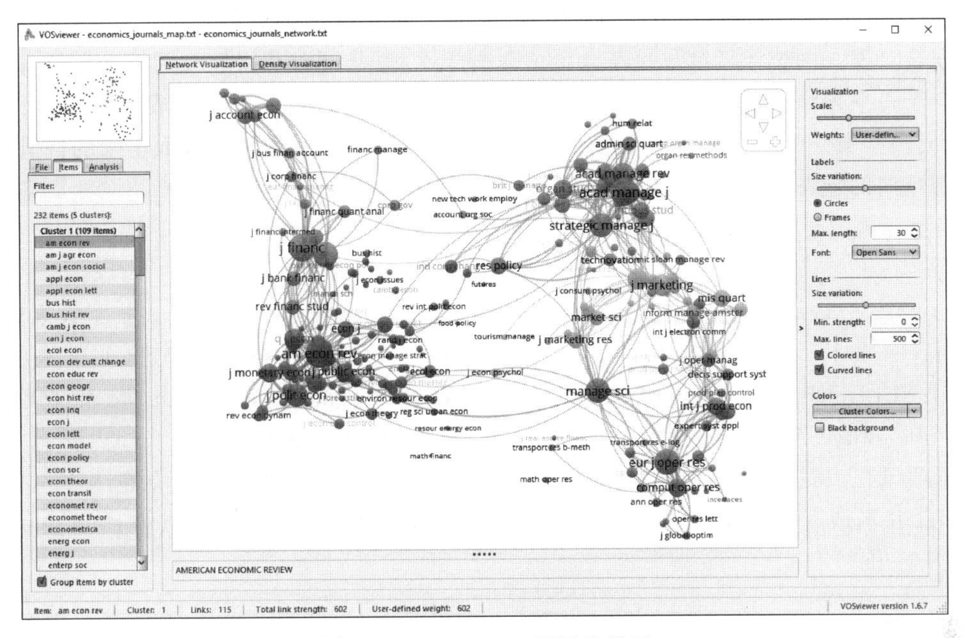

图 14-6　VOSviewer 可视化界面

今后被广泛使用的潜力更大。从核心功能来讲，VOSviewer 主要用于分析科技文献的合作网络、共被引网络耦合网络以及主题共现网络，这些都属于无向网络。CitNetExplorer 主要用来分析有向的文献引证网络。

CitNetExplorer 目前的版本仍然是 CitNetExplorer version 1.0.0，该版本可以从官网 http://www.citnetexplorer.nl/下载，其界面如图 14-7 所示。

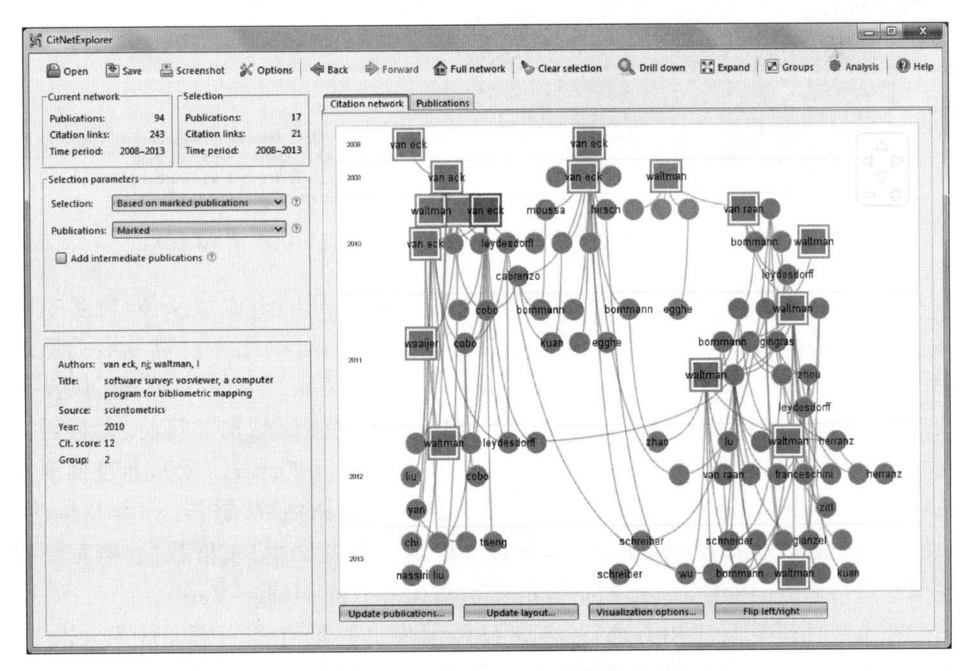

图 14-7　CitNetExplorer 可视化界面

实际上，VOSviewer 和 CitNetExplorer 均是由荷兰伊拉斯谟大学的凡·艾克和瓦特曼博士联合开发。两位作者都出生于 1982 年，并于 2010 年同时获得该校的博士学位，目前共同就职于荷兰莱顿大学科学技术研究中心。这两位学者的大多数研究成果都是合作发表的，他们因开发 VOSviewer 和 CitNetExplorer 软件，以及在科学计量方面丰硕的科研成果，而被领域内的学者熟知。

14.2.3 KG 研究现状

自 2012 年 Google KG 融入 Google 搜索引擎之后，迅速成为研究热点，引发了大规模知识库(Large-scale Knowledge Bases)的又一轮研究热潮。目前，国外影响力较大的学术项目有 YAGO、NELL、DBpedia、Freebase、Elementary/Deep Dive、Knowledge Vault 等，商业项目有 Microsoft EntityCube、Google KG、IBM Watson、Facebook、Walmart's KB 等。国内影响力较大的学术项目有 Zhishi. me、XLore 等，成功的商业应用有百度知心、搜狗知立方等。

KG 并不是一个全新的概念，而是从语义网络一步步演变而来，其发展历史可以从图 14-8 看出。

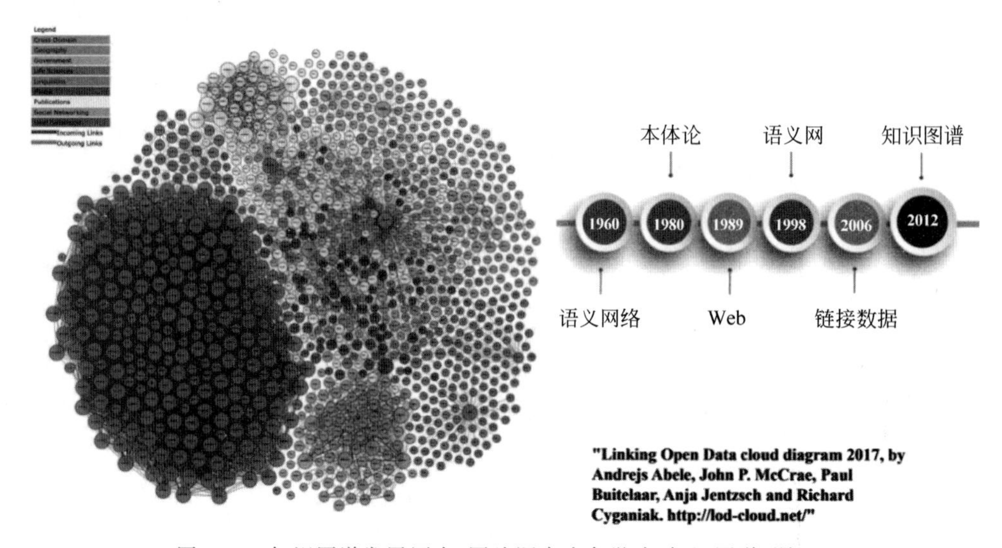

图 14-8 知识图谱发展历史(图片源自小象学院《知识图谱》课程)

KG 是一个多关系图，其结点表示实体或概念，不同类型的边表示实体/概念之间的关系。刘峤等对 KG 的定义为：知识图谱是结构化的语义知识库，用于以符号形式描述物理世界中的概念及其相互关系。其基本组成单位是"实体—关系—实体"三元组，以及实体及其相关属性—值对，实体间通过关系相互联结，构成网状的知识结构。目前，大量研究利用网络资源尤其是 Wiki 类资源和链接开放数据(Linking Open Data，LOD)，通过抽取实体及其关系构建 KG。通过基于 Wikipedia 实现社交媒体的实体抽取、链接、分类及标注，基于 Wikipedia 实现概念、实体及关系的抽取，通过抽取网页中的文本、表格数据、网页结构和人工标注信息进行融合，构建了一个网络级的概率知识库 Knowledge Vault。

国内在 KG 的研究及应用方面，近年来已经涌现出一批可喜的研究成果。Zhishi. me 通过整合百度百科、互动百科和中文维基百科资源构建了中文 LOD；通过基于中英文维基百科以及百度百科和互动百科构建跨语言知识图谱，研究维基百科中实体间缺失语义关系的发现算法；基于跨语言知识库，通过先给定少量的种子链接，再利用概念标注方法发现新的链接，实现了知识的扩充，还提出了一种新的 KG 构建模型 TransR，分别在实体空间和关系空间进行实体的学习和关系的建立。

14.2.4　MKD 与 KG 的区别和联系

MKD 和 KG 这两种知识图谱都属于知识管理范畴，在知识管理过程中的不同阶段扮演不同角色，完成各自功能。两者之间既有本质的区别又有紧密的联系，在大数据时代，两者在知识创新方面的融合和发展将会带来知识管理领域科学范式的变革。下面从理论渊源、知识管理视角、适用研究领域等方面比较 MKD 和 KG 的区别。

从理论渊源来看，MKD 以科学主体和学科知识为研究对象，用图形方式直观呈现科学主体（或学科知识）网络结构、知识单元互动和知识群体演化等隐含的复杂关系，其产生有深刻的理论渊源。相关支撑理论有揭示网络结构和演化关系的"社会网络分析"理论，强调知识创新的"知识单元离散和重组"理论，尤其是科学史和科学哲学领域中，库恩提出的"科学发展模式"理论。KG 依赖大数据理论、本体和语义 Web 理论。信息技术飞速发展引起了数据生成、传播与存储方式的巨大变革，为更全面、精准和高效获取知识以及发现创新知识，KG 以本体建模为手段，通过领域概念术语的规范化，推动知识全面共享，借助于语义网络分析理论挖掘并发现新知识，应用语义网知识库关联方法实现海量知识的分布式存储。

从知识管理视角来看，MKD 和 KG 的共性在于二者都服务于知识管理过程，区别在于二者分别参与不同的过程，完成不同的功能。MKD 的本质是知识管理的方法，一般与知识获取、知识组织、知识共享和知识创新密切相关，KG 的本质是知识库，参与了知识获取、知识组织、知识存储和知识创新过程。在知识获取方面，MKD 一般利用已构建的专业数据库，尤其是学术资料库如科学引文索引（SCI）、社会科学引文索引（SSCI）、艺术与人文引文索引（A&HCI）、中文社会科学引文索引（CSSCI）、美国医学文献数据库（pubmed）、中国知网（CNKI）等，数据类型包括期刊论文、会议论文、专利、基金、出版物等，这些专业的数据资源具有客观、准确的特点。KG 是从包含各种结构化的数据库和非结构化的来自互联网、物联网、云计算平台的海量数据获取知识。在知识组织方面，MKD 一般使用社会网络建模方法，基于各类专业数据库中的知识，依据相关需求，如学者合作、引文分析、共词分析等，将知识抽象成节点，将节点之间的关系抽象成边，从而构建成网络模型。各类模型因节点关系的不同而具有不同的网络结构。KG 一般首先分析实体的元数据，依据元数据构建本体模型，再依据实体之间的语义关联构建语义网。KG 以图模型来描述语义关系：其中的节点表示实体，而节点之间的边表示属性或关系。在知识存储方面，由于 MKD 本质是知识管理的分析方法，一般较少涉及知识存储过程，而 KG 本质是以语义三元组为基础的结构化的海量知识库。在知识共享与创新方面，MKD 侧重于知识共享，兼具知识创新功能。MKD 利用聚类等算法从纷繁复杂的知识网络中发现创新型知识，借助可视化工具清晰展示知识结构和脉络，绘制知识地图，显示知识之间的重要动态联系，方便用户把握知识来源、知识流动和知识汇聚过程。而 KG 则主要偏重知识创新，其优点是应用机器学习算法发现创新型知识。通过关联规则、图聚类等算法，分析所构建的语义 Web 知识库，形成创新型知识，并在此基础上提供智能检索和个性化推荐功能，为用户提供高质量的知识服务。

从适用研究领域来看，MKD 的应用主要集中在图书情报学、科学学、管理学和教育学等领域。用于展示各领域的学科结构，将学科研究内容可视化，揭示学科间的关系，以及识别和分析学科发展新趋势和预测学科前沿等。KG的应用重点集中在信息科学领域，主要由大型互联网企业来构建和实施，以推进知识创新和提供高水平知识服务为目标，涉及的行业和部门包括金融、证券、海洋、军事、医疗、商业、教育、娱乐、图书馆和情报行业等。

另一方面，MKD和KG也是相互关联的，两者可以相互借鉴，相互促进。MKD和KG都是以图为基础构建网络模型的，在网络分析的基础上服务于知识管理，所有网络分析的理论和方法都可以应用于MKD和KG知识图谱的分析，在这些方法中，具有代表性的是网络聚类分析和可视化分析方法。在大数据时代，MKD和KG也可以相互借鉴和共同融合完成特定领域的知识图谱构建工作。MKD可以借鉴KG的构建方法，从互联网和云计算系统中收集数据，以及关联多种异构数据库来构建知识库，从而丰富知识获取的手段。还可以在社会网络建模过程中，融入语义Web的构建方法，在不同的节点间嵌入强语义关联，使得社会网络具有推理能力，实现网络分析的智能化。KG可以借鉴MKD中的社会网络分析方法，如中心性、凝聚子群和核心-边缘结构等方法，从上述多个角度分析语义Web实体之间的结构和关系，从而有利于全面解析语义Web的特征。一方面，MKD相关的软件工具中，可以集成海量数据挖掘的聚类和关联挖掘等机器学习方法，以提高算法和工具分析性能；另一方面，KG可以利用MKD中的可视化算法和工具展现大规模语义网络，清晰显示海量知识实体之间的复杂关系。

14.3 知识图谱构建方法

14.3.1 知识图谱构建理论与方法

构建知识图谱的关键是确定实体及实体之间的关系。知识图谱的构建方法一般分为自顶向下和自底向上两种。自顶向下的构建方法是指借助百科类网站等结构化数据源，从高质量数据中提取本体和模式信息，加入到知识库中；自底向上的构建方法则是借助一定的技术手段，从公开采集的数据中提取资源模式，选择其中置信度较高的新模式，经人工审核之后，再加入到知识库中。

早期的知识图谱构建大多采用自顶向下的方法构建基础知识库。例如，Freebase项目就是采用维基百科作为主要数据来源。Zhishi. me也是通过从开放的百科数据中抽取结构化数据，其构建方法融合了三大中文百科——百度百科，互动百科以及维基百科中的数据。随着自动知识抽取与加工技术的不断成熟，知识图谱的构建大多采用自底向上的方法，如Google公司的Knowledge Vault和Microsoft公司的Satori知识库，都是以公开采集的海量网页数据为数据源，通过自动抽取资源的方式来构建、丰富和完善现有的知识库。

自底向上的知识图谱构建过程不是一蹴而就的，而是一个不断更新、反复迭代的过程，每一轮的更新和迭代包括3个步骤，如图14-9所示。

1. 信息抽取

信息抽取(information extraction)是知识图谱构建的第一步，其中的关键问题是如何从异构数据源中自动抽取信息得到候选知识单元。即从各种类型的数据源中提取出实体(概念)、属性以及实体间的相互关系，在此基础上形成本体化的知识表达。信息抽取主要包括实体抽取、关系抽取和属性抽取。

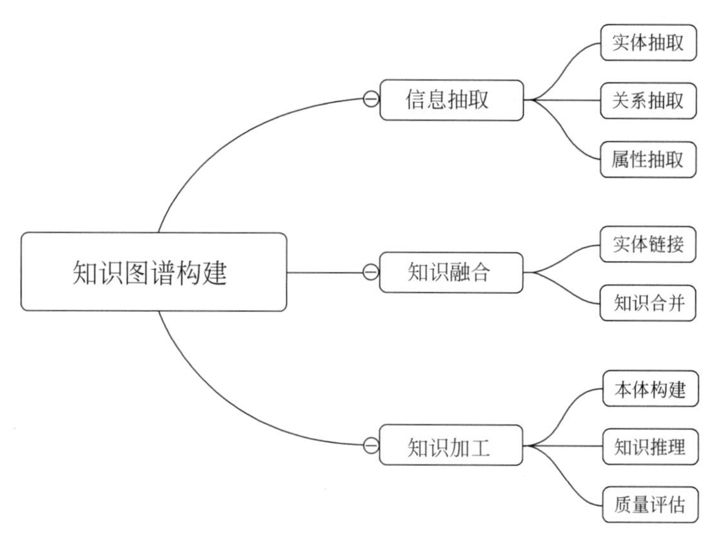

图 14-9　知识图谱构建步骤

(1) 实体抽取涉及的主要技术为命名实体识别,即从文本数据集中自动识别出命名实体。如人名、机构名、地名以及其他所有以名称为标识的实体,还包括数字、日期、货币、地址等。

(2) 关系抽取即从文本中自动挖掘出实体之间的关系。早期的关系抽取研究方法主要是通过人工构造语法和语义规则,据此采用模式匹配的方法来识别实体间的关系,这种方法的局限性较大。随着统计机器学习方法的盛行,研究者基于统计机器学习对实体间关系的模式进行建模,替代早期的人工构造语法和语义规则。随后,又出现了大量基于特征向量或核函数的有监督学习方法。由于有监督学习方法需要人工标注大量的语料作为训练集,适合用于大数据时代,因此,目前大多采用无监督学习或半监督学习的方法进行关系抽取。

(3) 属性抽取是指从不同信息源中采集特定实体的属性信息。例如,电影知识图谱中,影片实体有片名、演员、导演、时长、语言等属性。属性抽取一般有两种方案：①基于百科类网站的半结构化数据,通过自动抽取生成训练语料,用于训练实体属性标注模型,然后将其应用于对非结构化数据的实体属性抽取；②采用数据挖掘或概率统计的方法直接从文本中挖掘实体属性与属性值之间的关系模式,以此实现对属性名和属性值在文本中的定位。

2. 知识融合

知识融合(knowledge fusion)是指在获得新知识之后,需要对其进行整合,以消除知识实体的矛盾和歧义,例如某些实体可能有多种表达,某个特定称谓也许对应于多个不同的实体等。由于在信息抽取阶段,绝大部分都是由机器或算法自动完成的,因此不可避免存在含大量的冗余和错误信息,数据之间的关系也是扁平化的,缺乏层次性和逻辑性。知识融合的目的即是解决这些问题。知识融合通常包括实体链接和知识合并两部分。

(1) 实体链接是指将从文本中抽取得到的实体对象链接到知识库中的对应的正确的实体对象上的操作。刘峤等归纳出实体链接的一般流程是：①从文本中通过实体抽取得到实体指称项；②进行实体消歧和共指消解,判断知识库中的同名实体是否代表不同的含义以及知识库中是否存在其他命名实体与之表示相同的含义；③在确认知识库中对应的正确实体对象之后，将该实体指称项链接到知识库中的对应实体。实体链接中实体消歧通常采用聚类法，共指消解的代表性方法有 Hobbs 算法、向心理论、基于句法分析和词法分析技术、统计机器学习方法等，也可以采用聚类法。

(2) 知识合并是充分利用已有的第三方知识库产品或结构化数据进行知识获取输入。目前流行的通用知识库有 DBpedia、YAGO 等，面向特定领域的知识库有 MusicBrainz、DrugBank 等。知识合并既可以合并外部数据库，也可以合并关系数据库，还可以合并一些半结构化数据。

3. 知识加工

经过知识融合之后，需要经过质量评估之后(部分需要人工参与甄别)，才能将合格的部分加入到知识库中，以确保知识库的质量。新增数据之后，可以进行知识推理、拓展现有知识、得到新知识。通过实体链接和消歧后，可以得到一系列基本事实表达或初步的本体雏形，然而事实并不等于知识，它只是知识的基本单位。要形成高质量的知识，还需要经过知识加工的过程，从层次上形成一个大规模的知识体系，统一对知识进行管理。知识加工(knowledge processing)主要包括本体构建、知识推理和质量评估三方面的内容。

(1) 本体构建可以采用人工构建方法和半自助构建方法，由于构建本体一般离不开领域专家的参与，故全自动的本体构建方法难度很大。人工构建本体通常利用本体编辑工具(如 Protege、Swoop、OntoEdit、Hozo 等)完成，而半自动构建方法是先以数据驱动或机器学习方法进行自动构建，然后采用算法评估和人工审核相结合的方式进行校验和修正。

(2) 知识推理是基于已有的知识库经过计算机推理获取更多的实体，并挖掘出更多的实体间的关系，从而拓展和丰富知识网络，即从给定的知识图谱推导出新的实体跟实体之间的关系。知识图谱推理可以分为基于符号的推理和基于统计的推理。在人工智能的研究中，基于符号的推理一般是基于经典逻辑(一阶谓词逻辑或者命题逻辑)或者经典逻辑的变异(如缺省逻辑)。基于符号的推理可以从一个已有的知识图谱推理出新的实体间关系，用于建立新知识或者对知识图谱进行逻辑的冲突检测。基于统计的方法一般指关系机器学习方法，即通过统计规律从知识图谱中学习到新的实体间关系。知识推理在知识计算中具有重要作用，如知识分类、知识校验、知识链接预测与知识补全等。知识推理是扩大知识图谱规模的重要手段和关键环节，利用知识推理可以从已有的知识中自动发现新知识。刘峤等将知识推理方法概括为两类——基于逻辑的推理和基于图的推理。前者主要包括一阶谓词逻辑、描述逻辑以及基于规则的推理；后者主要是基于神经网络模型或 Path Ranking 算法。

(3) 质量评估也是知识库构建技术的重要组成部分，其意义在于：可以对知识的可信度进行量化，舍弃置信度较低的知识，从而保障知识库的质量。为解决知识库之间的冲突问题，Mendes 等在 LDIF(Linked Data Integration Framework)框架基础上提出了一种新的质量评估方法(Sieve 方法)，支持用户根据自身业务需求灵活定义质量评估函数，也可以对多种评估方法的结果进行综合考评，以确定知识的最终质量评分。Fader 等对 1000 个句子中的实体关系三元组进行了人工标注，并以此作为训练集，得到了一个逻辑斯蒂回归模型，用于对 Reverb 系统的信息抽取结果计算置信度，从而对信息抽取质量进行评估。谷歌的 Knowledge Vault 从全网范围内抽取结构化的数据信息，并根据某一数据信息在整个抽取过程中抽取到的频率对该数据信息的可信度进行评分，然后利用从可信知识库 Freebase 中得到的先验知识对先前的可信度信息进行修正。实验结果表明,该方法可以有效降低对数据信息正误判断的不确定性,并且可以提高知识图谱中知识的质量。而且,谷歌还提出了一种方法 CQUAL,可以依据用户的贡献历史和领域和问题的难易程度进行用户贡献知识质量的自动评估。用户提交知识后,该方法可以迅速计算出知识的可信度。该方法对大规模的用户贡献知识的评估准确率达到了 91%,召回率达到了 80%。

14.3.2　知识图谱构建的主要技术

刘知远等指出,大规模知识图谱的构建与应用需要多种智能信息处理技术的支持,并介绍了知识图谱中的实体链指(entity linking)、关系抽取(relation extraction)、知识推理(knowledge reasoning)和知识表示(knowledge representation)等主要技术,如图 14-10 所示。

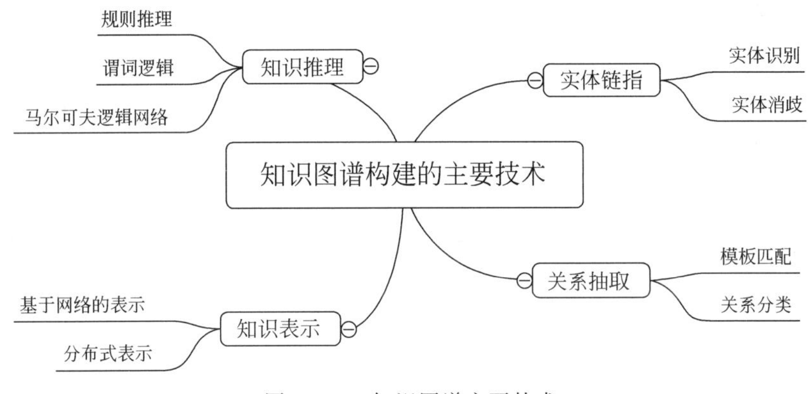

图 14-10　知识图谱主要技术

1. 实体链指

实体链指,也可以称实体链接,是近几年提出的有关自然语言处理的一项新任务。实体链指用于将出现在文章中的名称链接到其所指代的实体上去。在自然语言当中,多个实体可能指向了同一个名称。也就是说,名称可能具有歧义。比如"甲骨文"这个词既可以指中国的一种古文字,也可以指代美国的数据库软件公司。一般情况下,一个名称出现在上下文中,其指代的对象即是明确的。而根据上下文来自动确定名称所具体指代的哪个实体也就成为实体链指技术的主要设定目的。

互联网上有海量的网页,如新闻、博客等内容里涉及了大量实体。大部分网页本身并没有关于这些实体的相关说明和背景介绍。为了帮助读者更好地了解网页内容,很多网站或作者会把版页中出现的实体链接到相应的知识库词条上,为读者提供更详尽的背景材料。这种做法实际上将互联网网页与实体之间建立了一种链接关系,即实体链指。

通过人工的方式建立实体链接关系非常费力,因此如何让计算机自动实现实体链指,成为知识图谱得到大规模应用的重要技术前提。实体链指的主要任务有两个——实体识别(entity recognition)和实体消歧(entity disambiguation),这两个任务都是自然语言处理领域的经典问题。

实体识别旨在从文本中发现命名实体,最典型的包括人名、地名、机构名等三类实体。近年来,人们开始尝试识别更丰富的实体类型,如电影名、产品名,等等。此外,由于知识图谱不仅涉及实体,还有大量概念,因此也有研究者提出对这些概念进行识别。

不同上下文中的同一个实体名称可能会对应不同实体,即存在一词多义的情况。这种一词多义或者歧义问题普遍存在于自然语言中将文档中出现的名字链接到特定实体上,就是一个消歧的过程。消歧的基本思想是充分利用名字出现的上下文,分析不同实体可能出现在该处的概率。例如某个文档如果出现了“殷墟”或者“考古”,那么“甲骨文”这个实体就有更高的概率指向知识图谱中的定义为“甲骨文”的一种古文字。

实体链指并不局限于文本与实体之间,还可以包括图像、社交媒体等数据与实体之间的关联。可以看到,实体链指是知识图谱构建与应用的基础核心技术。

2. 关系抽取

构建知识图谱的重要来源之一是从互联网网页文本中抽取实体关系。关系抽取是一种典型的信息抽取任务。典型的开放信息抽取方法采用自举(bootstrapping)的思想,按照“模板生成→实例抽取”的流程不断迭代直至收敛。基于模板可以抽取出三元组实例:然后根据这些三元组中的实体对发现更多的匹配模板。当获取了新的匹配模板后,又可以发现更多新的三元组实例,以此类推,通过反复迭代不断抽取新的实例与模板。虽然这种方法直观有效,但也面临很多挑战性问题,如在扩展过程中很容易引入噪声实例与模板,出现语义漂移现象,降低抽取准确率。研究者针对这一问题提出了很多解决方案:如同时扩展多个互斥类别的知识,例如人物、地点和机构,要求一个实体只能属于一个类别;也有研究提出引入负实例来限制语义漂移。

通过识别表达语义关系的短语也可以抽取实体间关系。例如,通过句法分析,从文本中发现“安阳”与“甲骨文”的如下关系:(甲骨文,发现于,安阳)、(甲骨文,出土于,安阳),以及(甲骨文,发源地,安阳)。通过这种方法抽取出的实体间关系非常丰富而自由,一般是一个以动词为核心的短语。该方法的优点是无须预先人工定义关系的种类,但这种自由度带来的代价是,关系语义没有归一化,同一种关系可能会有多种不同的表示。例如,上述的“发现于”“出土于”以及“发源地”等三个关系实际上是同一种关系。如何对这些自动发现的关系进行聚类归约是一个挑战。

还可以将所有关系看作分类标签,把关系抽取转换为对实体对的关系分类问题。这种关系抽取方案的主要挑战在于缺乏标注语料。2009 年斯坦福大学的研究者提出远程监督(distant supervision)思想,使用知识图谱中已有的三元组实例启发式地标注训练语料。远程监督思想的假设是,每个同时包含两个实体的句子,都表述了这两个实体在知识库中的对应关系。将知识图谱三元组中每个实体对看作待分类样例,将知识图谱中实体对关系看作分类标签。通过从出现该实体对的所有句子中抽取特征,可以利用机器学习分类模型(如最大分类器、SWM 等)构建信息抽取系统。对于任何新的实体对,根据所出现该实体对的句子中抽取的特征,我们就可以利用该信息抽取系统自动判断其关系。远程监督能够根据知识图谱自动构建大规模标注语料库,因此取得了瞩目的信息抽取效果。与自举思想面临的挑战类似,远程监督方法会引入大量噪声训练样例,严重损害模型准确率。由于远程监督只能机械地匹配出现实体对的句子,因此会大量引入错误训练样例。为了解决这个问题,研究学者提出了很多去除噪声实例的办法来提升远程监督性能。例如,研究发现,一个正确训练实例往往位于语义一致的区(也就是其周边的实例)应当拥有相同的关系;也有研究提出利用因子图、矩阵分解等方法,建立数据内部的关联关系,有效实现降低噪声的目标关系抽取是知识图谱构建的核心技术，它决定了知识图谱中知识的规模和质量。

可见，关系抽取是知识图谱研究的热点问题，还有很多挑战性问题需要解决，如提升从高噪声的互联网数据中抽取关系的鲁棒性，扩大抽取关系的类型与抽取知识的覆盖面等。

3. 知识推理

推理能力是人类智能的重要特征，人类能够从已有知识中发现隐含知识。推理往往需要相关规则的支持，例如从“配偶”+“男性”推理出“丈夫”，从“妻子的父亲”推理出“岳父”，从出生日期和当前时间推理出年龄等。这些规则可以通过人们手动总结、构建，但人工的方式往往费时费力，也很难穷举复杂关系图谱中的所有推理规则，而且规则的维护是一件很困难的工作。因此，很多人研究如何自动挖掘相关推理规则或模式。在实现方面主要依赖关系之间的同现情况，利用关联挖掘技术来自动发现推理规则。

知识推理可以用于发现实体间新的关系。例如，根据“父亲+父亲⇒祖父”的推理现则，如果两实体间存在“父亲+父亲”的关系路径，可以推理他们之间存在“祖父”的关系。利用推理规则实现关系抽取的经典方法是 Path Ranking Algorithm，该方法将每种不同的关系路径作为一维特征，通过在知识图谱中统计大量的关系路径构建关系分类的特征向量，建立关系分类器进行关系抽取，取得了不错的抽取效果，成为近年来关系抽取的代表方法之一。但这种基于关系的统计的方法，面临严重的数据稀疏问题。

在知识推理方面还有很多的探索工作，例如采用谓词逻辑（predicate logic）等形式化方法和马尔科夫逻辑网络（markov logic network）等建模工具进行知识推理研究。目前来看，这方面研究仍处于百家争鸣阶段，大家在推理表示等诸多方面仍未达成共识，未来路径有待进一步探索。

4. 知识表示

在计算机中如何对知识图谱进行表示与存储，是知识图谱构建与应用的重要课题。如“知识图谱”字面所表示的含义，人们往往将知识图谱作为复杂网络进行存储，这个网络的每个节点带有实体标签，而每条边带有关系标签。基于这种网络的表示方案，知识图谱的相关应用任务往往需要借助图算法来完成。例如，当我们尝试计算两实体之间的语义相关度时，我们可以通过它们在网络中的最短路径长度来衡量，两个实体距离越近，则越相关。

然而，这种基于网络的表示方法面临很多困难。首先，该表示方法面临严重的数据稀疏问题，对于那些对外连接较少的实体，一些图方法可能束手无策或效果不佳。此外，图算法往往计算复杂度较高，无法适应大规模知识图谱的应用需求。

近年来，随着深度学习和表示学习的革命性发展，研究者也开始探索面向知识图谱的表示学习方案。其基本思想是，将知识图谱中的实体和关系的语义信息用低维向量表示，这种分布式表示（distributed representation）方案能够极大地帮助基于网络的表示方案。其中，最简单有效的模型是的 TransE 方案。TransE 基于实体和关系的分布式向量表示，将每个三元组实例（head、relation、tail）中的关系 relation 看作从实体 head 到实体 tail 的翻译，通过不断地调整 $\boldsymbol{h}$、$\boldsymbol{r}$ 和 $\boldsymbol{t}$（$\boldsymbol{h}$、$\boldsymbol{r}$ 和 $\boldsymbol{t}$ 分别表示 head、relation 和 tail 的向量），使 $(\boldsymbol{h}+\boldsymbol{r})$ 尽可能与 $\boldsymbol{t}$ 相等，即 $\boldsymbol{h}+\boldsymbol{r}=\boldsymbol{t}$。该优化目标如图 14-11 所示。

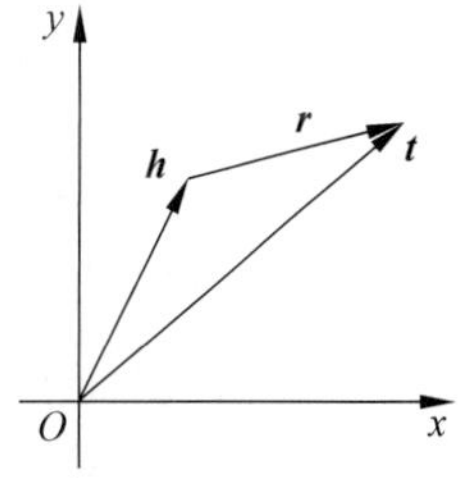

图 14-11　基于分布式表示的知识表示方案

通过 TransE 等模型学习得到的实体和关系向量，能够在很大程度上缓解基于网络表示方案的稀疏性问题，应用于很多重要任务中。

首先，利用分布式向量，可以通过欧氏距离或余弦距离等方式，很容易地计算实体间、关系间的语义相关度。这将极大地改进开放信息抽取中实体融合和关系融合的性能。通过寻找给定实体的相似实体，还可用于查询扩展和查询理解等应用。

其次，知识表示向量可以用于关系抽取。以 TransE 为例，由于优化的目标是让 $\boldsymbol{h}+\boldsymbol{r}=\boldsymbol{t}$，因此，当给定两个实体 $\boldsymbol{h}$ 和 $\boldsymbol{t}$ 的时候，可以通过寻找与 $\boldsymbol{t}$-$\boldsymbol{h}$ 最相似的 $\boldsymbol{r}$，来寻找两实体间的关系。Bordes 等人经过实验证明，该方法的抽取性能较高，而且该方法仅需要知识图谱作为训练数据，并不需要外部的文本数据，因此又称为知识图谱补全（knowledge graph completion），它与复杂网络中的链接预测（link prediction）类似，但是要复杂得多，因为在知识图谱中每个结点和连接边上都有标签。

最后，知识表示向量还可以用于发现关系间的推理规则。例如，对于大量 X、Y、Z 间的（X，父亲，Y）、（Y，父亲，Z）以及（X，祖父，Z）实例，在 TransE 中会学习 X＋父亲＝Y，Y＋父亲＝Z，以及 X＋祖父＝Z 等目标。根据前两个等式，很容易得到 X＋父亲＋父亲＝Z，与第三个等式相比，就能够得到"父亲＋父亲⇒祖父"的推理规则。前面提到基于关系的同现统计学习推理规则的思想，存在严重的数据稀疏问题。如果借助关系向量表示，可以显著缓解数据稀疏问题。

14.3.3 垂直知识图谱的构建

基于知识图谱的应用领域，阮彤等将知识图谱分为通用知识图谱和垂直知识图谱（或行业知识图谱）。通用知识图谱不面向特定领域，可将其类比为"结构化的百科知识"。这类知识图谱包含了大量常识性知识，强调知识的广度。垂直知识图谱则面向特定领域，基于行业数据构建，强调知识的深度。垂直知识图谱可以看作基于语义技术的行业知识库，其潜在使用者是行业的专业人员。在构建垂直知识图谱时，通常采用自顶向下和自底向上相结合的方式。从知识来源出发，主要通过知识获取和知识融合两个步骤，采用数据驱动的增量式知识图谱构建方法。数据驱动的增量式知识图谱构建如图 14-12 所示。

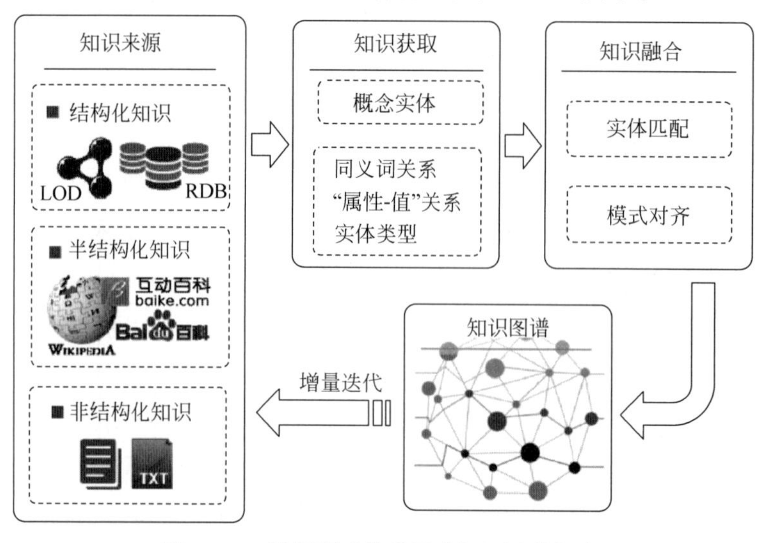

图 14-12 数据驱动的增量式知识图谱构建

针对垂直知识图谱构建中的知识获取阶段，阮彤等提出多策略学习的方法进行知识获取。多策略学习是指利用不同知识源之间的冗余信息，使用较易抽取的信息来辅助抽取那些不易抽取的信息。结构化知识和半结构化知识具有显式的结构和固定的格式，属于易抽取的信息，而无结构的文本知识属于较难抽取的信息。抽取方法如图 14-13 所示。

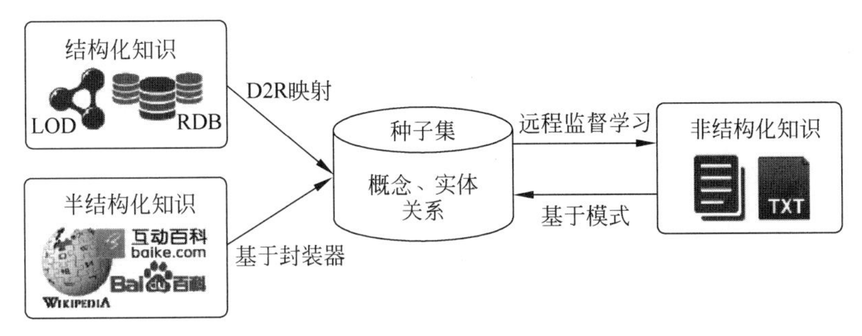

图 14-13 多数据源知识抽取

从图 14-13 可以看出，对于结构化知识中的关系数据库数据，可以通过 D2R(Relational Database to RDF)映射的方法将其转化成知识图谱中的链接数据。对于百科类数据中的信息框、表格等半结构化知识，使用基于封装器(wrapper)的抽取方法。封装器是面向某一具有特殊结构的数据源的信息抽取方法。对结构化和半结构化这两类知识进行抽取，并将抽取结果加入种子集中。对于无结构的纯文本知识，采用远程监督(distant supervision)和基于模式的方法相结合的增量迭代抽取方式。

在知识融合阶段主要对数据进行实体匹配和模式对齐。需要解决多种类型的数据冲突问题，包括一个短语对应多个实体、实体属性名不一致、实体属性缺失、实体属性值不一致、实体属性值一对多映射等情况。

阮彤等利用数据驱动的增量式知识图谱构建方法分别构建了中医药知识图谱、海洋知识图谱和企业知识图谱，并开发了相关应用。这 3 个垂直知识图谱的构建体现了图谱在知识融合方面的优势，它们的相关应用反映了知识图谱在不同领域的应用价值。

近年来，领域知识图谱或行业知识图谱的研究与应用逐渐增多，为多个行业领域的发展起到了积极的推进作用。蒋秉川等系统评述了知识图谱、地理知识图谱的研究现状，提出了地理知识图谱的构建流程，重点研究了地理知识图谱构建的关键技术，讨论和阐述了地理知识图谱的应用方向。

14.3.4 知识图谱的半自动构建

构建知识图谱的根本基础就是获取实体及创建实体间的关系。但是，面临海量的数据，人工的操作方式显然是不切实际的，虽然大数据时代的需求催生了一系列的自动获取实体及关系的方法，但是这些自动化方法在准确率方面并不能令人满意。因此，从实际应用来看，结合人工和自动两者的知识图谱半自动化构建方法是目前最好的解决方案。

鄂世嘉等为解决当前中文知识图谱构建的准确率低、耗时长且需要大量人工参与的问题，提出一种端到端的基于中文百科数据的完整中文知识图谱自动化构建解决方案，并在此基础上开发实现了面向用户的中文知识图谱系统。在知识图谱存储方面，鄂世嘉等采用带有扩展属性的三元组存储方式。从网络上抓取的事实数据通过具有扩展属性的三元组文本存储在本地服务器中，文本中的每一条记录以< Subject，Predicate，Object，Label >表示。实验结果表明，该构建方法能够快速构建大规模的中文知识图谱系统，并在实体和关系的数量上有着较为明显的优势。

袁琦等提出一种宠物知识图谱的构建框架，其过程如图 14-14 所示。

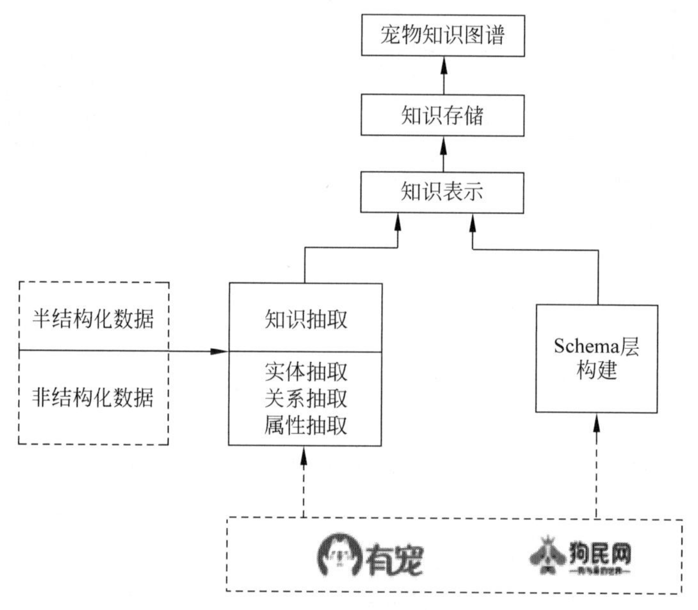

图 14-14　宠物知识图谱构建流程

邹玉薇研究了中文医疗知识图谱自动构建机制，并将数据存放于图数据库 Neo4j 中，实现了医疗数据的可视化展示，其系统架构如图 14-15 所示。

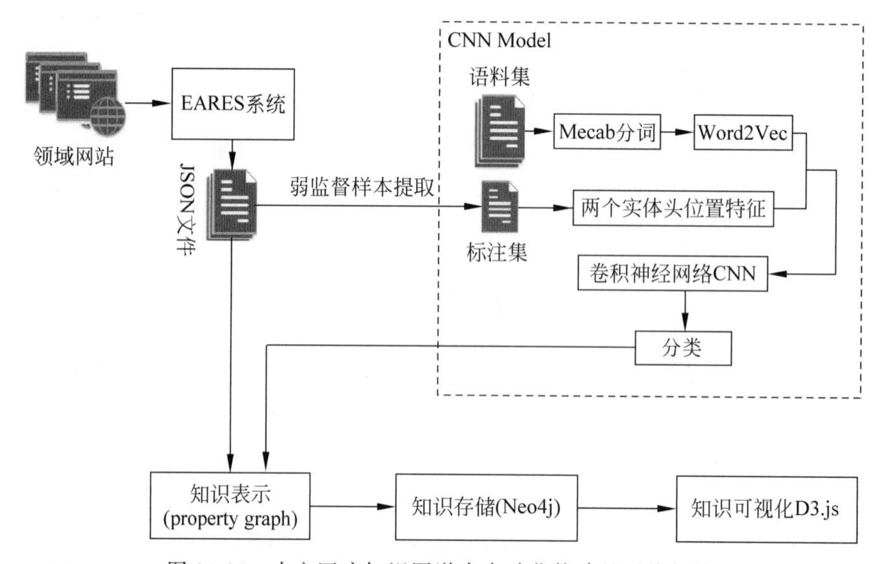

图 14-15　中文医疗知识图谱半自动化构建的系统架构

14.4 甲骨文知识图谱构建

甲骨学的研究必须依赖已经出版的著录和文献，基于著录和文献进行一系列的知识关联分析，如著录与甲骨片的关系、甲骨片与甲骨片的关系、著录与文献的关系、学者与文献的关系、学者及其合作关系、研究机构及其合作关系、著录及文献之间的引用与被引关系。这些都涉及科学知识图谱 MKD 的构建。但是，一方面，目前相关研究均以文献计量为本，侧重分析学科结构及布局、研究领域进展、重点研究方向及热点、主流研究机构和学者及其合作网络等宏观知识群，而在分析领域内部微观知识方面研究较少；另一方面，科学知识图谱 MKD 的分析关系大多是直接或间接关联关系，且存在的语义解释性不佳的问题，无法表达甲骨文知识中深层次的语义关系，如商王世系关系、贞人与商王的关系、方国地理位置关系、祭祀对象关系等。因此，仅采用 MKD 不足以表达甲骨学领域中的微观知识。

根据前述可知，构建甲骨文知识图谱的关键是确定知识实体及实体之间的关系。通过关系连接实体后，根据连接的路径能将相关实体联系起来从而获取知识。KG 在实体连接方面有极大的优势，但是 KG 在直观描述知识的群落分布、关联紧密程度及知识演化方面尚存在不足。而且，目前 KG 的构建大多是在大数据环境下，综合维基百科等百科类数据、网络知识库、搜索日志、开放链接数据、社会网络、众包等资源实现实体抽取和实体链接，并利用本体进行知识映射或知识融合。但是，目前网络上的甲骨学数据及知识描述资源极少，绝大多数甲骨文数据均以不同形式存储在各研究机构，因此针对这类线下数据需要重新考虑知识实体的发现及关系挖掘方法。

综上所述，构建甲骨文知识图谱存在的主要问题有：

(1) MKD 在宏观上展示知识关联和知识群方面具有优势，且能从时间序列上反映知识的演化规律，但在表达微观层面的语义关联方面存在不足；

(2) KG 在微观上展示知识间的语义关联具有优势，但是无法直观描述知识关联的紧密程度、知识的演化和分布群落，在知识表达上"图"有余而"谱"不足；

(3) 甲骨文知识图谱的研究数据和文献非常少，可用的开放链接资源稀缺，利用通用知识图谱或其他领域知识图谱的构建方法无法直接套用，需要考虑专门针对甲骨学的知识图谱构建方法。

因此，本章考虑综合 MKD 和 KG 两者的优势来构建甲骨文知识图谱，并以构建过程中实体的识别及实体间语义关系的挖掘为核心研究内容。

14.4.1 甲骨文知识图谱构建框架

构建甲骨文知识图谱是以现有的甲骨文研究成果为数据源，在完善现有甲骨文本体库的基础上，融合 MKD 和 KG 两类方法构建甲骨文知识图谱，MKD 以甲骨文文献为对象，KG 以甲骨文语料为对象。具体的构建框架如图 14-16 所示。

从图 14-16 可以看出，构建甲骨文知识图谱首先以甲骨文文献为数据源，利用 MKD 显示甲骨学知识关联、知识演化及知识群结构。由于甲骨文的古籍特性，使得甲骨文研究必须充分依赖大量的文献资料，而 MKD 在文献计量方面极具优势。甲骨文研究离不开相关的

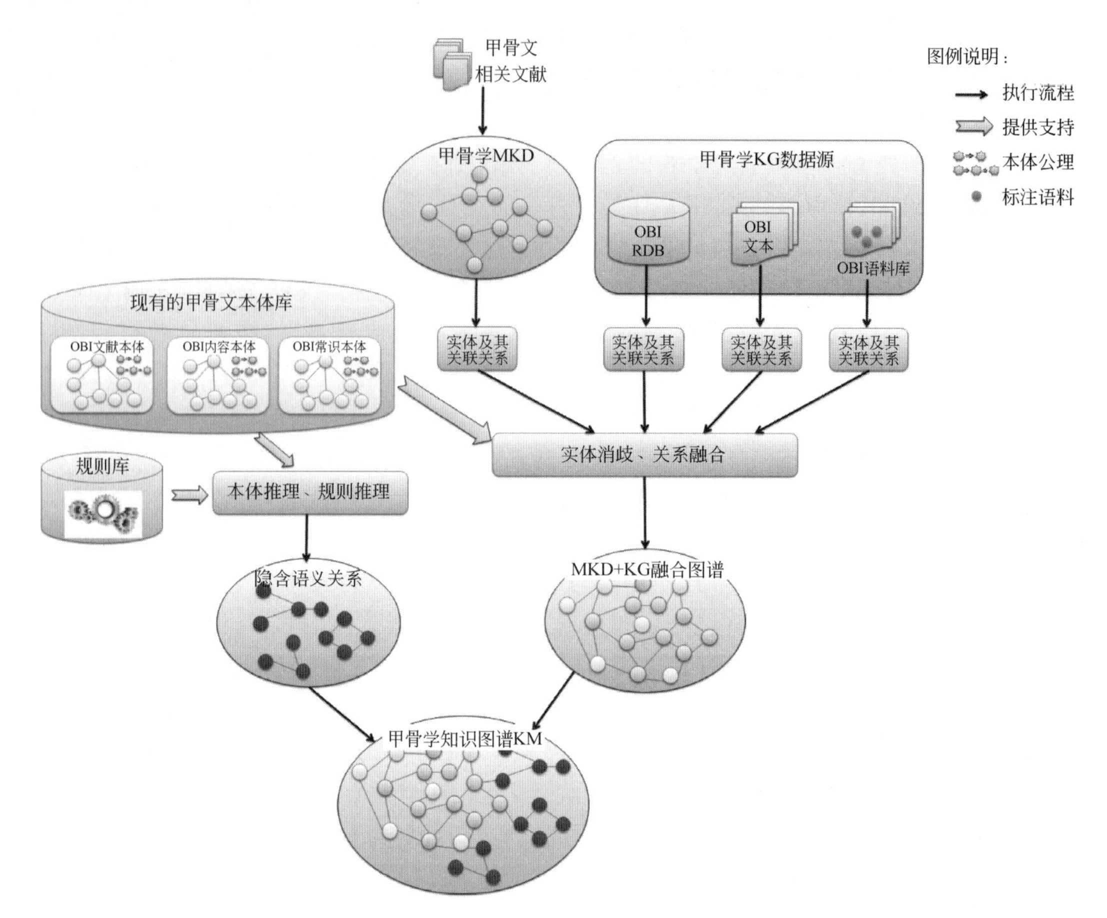

图 14-16　甲骨文知识图谱构建框架

辅助学科,如借助考古学,去解决甲骨出土问题;借助历史学和文献学,去解决甲骨文中的殷商历史问题;借助语言学,去解决甲骨文字的问题。同时,甲骨文研究又促进了相关学科的发展,并延伸到其他学科领域。这些学科的文献资料对甲骨文的研究起到积极作用。MKD 可作为一种新生成的数据源,利用共引、共词、聚类分析等方法从中提取实体(如研究机构、学者、甲骨文中记载的地点、人物、事件等)、属性(如主题、分期等)及其关系(如合作、被引、共现、提供依据、祭祀、继承等)。

根据多源异构数据源中的数据类型采取相应的抽取方案。针对非结构化数据,采用文本挖掘、本体学习等技术实现实体及关系抽取;针对结构化数据,采用 D2R(Database to RDF) 方法将数据转成实体及关系的 RDF 形式;针对半结构化数据,充分利用已标注的数据,采用半监督学习的方法或 Bootstrapping 算法。

通过扩充和完善现有的甲骨文本体库,可为知识图谱提供概念模型和逻辑基础。目前我们已构建了甲骨文文献本体、甲骨文内容本体和甲骨文常识本体 3 个本体。其中甲骨文文献本体是依据甲骨文研究论文及专著建立的资源本体;甲骨文内容本体是描述经甲骨文专家及历史学家考释出来的,反映商代社会人们的家庭关系、生活、农作、天气、战争、狩猎等事件及其相互关系的知识库;甲骨文常识本体描述的是甲骨文基础知识,包括甲骨文发现历史、考古记录、文字特征、语法知识等。

基于本体实现实体消歧和关系融合，利用本体的语义关系和本体推理，可以发现隐含的潜在语义关系。由于甲骨学的领域专业程度高，因此，基于规则的推理必不可少，甲骨文规则的获取需要结合人工书写和规则挖掘两种方式。

14.4.2 甲骨文 MKD 绘制

现有的 MKD 绘制方法较多，如共引分析法、共词分析法、聚类分析法、社会网络分析法，以及融合了其他文献特征的综合分析方法等。在众多方法中，具有知识表达功能的元素只有引文、分类和词(短语)，如基于引文的共引分析和基于主题词的共词分析等。引文指向的是一篇文献，代表一条法则、规律或一个问题，是若干知识单元的集合，所以基于引文的分析是不能反映微观层次的知识关联的。分类一般代表的是一个综合的知识领域，即使是比较详细的分类，对微观知识的反映也是有限的。共词分析方法通过分析在同一个文本主体中的关键词对共同出现的形式，确定文本所代表的学科领域中主题间的关系，从而分析该领域的科学发展。为了明确分析知识之间的关联关系，只有选择知识继承与发展的最小功能单元词作为分析对象。因此，选择共词分析法描述知识之间的联系。

共词分析是通过分析词和词之间的知识关联来实现的。由于词代表领域知识概念，与共引分析方法相比，共词分析更有利于揭示领域知识在微观层面的联系。国外针对共词方法的研究起步较早，近年来，国内学者也逐渐开始从事这方面的研究。早期共词分析方法的研究基础是问题网络的层次结构，例如通过包容指数和临近指数来寻找中心-边缘关系，以期发现目前规模尚小，但是发展潜力较大的领域，并将问题网络展现为包容地图和临近地图。

目前，共词关系的计算方法较多，我们采用 Cosine 函数法作为共词关系计算的方法，这个过程由计算机完成即可。

因此，面向甲骨学的知识图谱 MKD 需要针对甲骨文知识特点寻找合适的分析方法，来揭示知识之间的关联关系。甲骨文 MKD 绘制步骤大体如下：

① 选择具有代表性的数据来源，完成预处理工作；

② 利用知识图谱分析方法进行实验；

③ 对比分析各方法的优劣，选择最合适的方法绘制甲骨文知识图谱 MKD。

通过实验对比，我们选择关键词共现的方式(即关键词共词方法)进行绘制。

以 CNKI 为数据来源，用“甲骨文”作为主题词检索相关文献进行实验。由于文献的标题、关键词和摘要已经能反映出甲骨文知识的大部分内容，因此实验中只取文献的标题、关键词和摘要进行共词分析，从而得到甲骨学 KMD 图谱，而不需要文献全文。利用 CiteSpace 工具，采用余弦函数进行的共词分析片段如图 14-17 所示。

从图 14-17 可以看出，MKD 可以通过关键词共现方式显示知识结构和分布，而且，节点和字体的大小体现了关键词的词频，连线表明了知识之间的关联，线条颜色对应文献发表年份。图中的显示结果存在的最大问题是未考虑语义关系对关键词的优化，如“比较”“字符”“字频”等对表示甲骨文知识的意义不大，应该剔除；相反，有助于表示甲骨文知识的同义词、上位词、下位词等关系则没有体现出来。这也是我们采用本体对甲骨文 MKD 进行扩展和优化的目的。

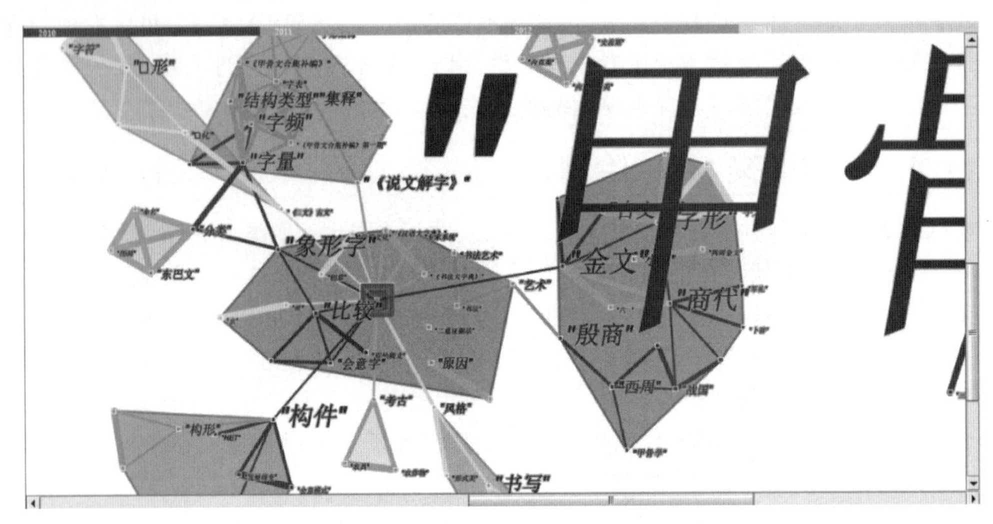

图 14-17 甲骨文关键词共现网络

14.4.3 基于甲骨文 MKD 的实体发现与关系抽取

一旦获取了甲骨文 MKD,可以从 MKD 中获取知识实体和实体关系。现以 CiteSpace 为例详细介绍基于 MKD 的实体发现与关系抽取。

我们利用 CiteSpace 创建甲骨文 MKD,可以获得学者合作网络。以 1950—2019 年 CNKI 的有关甲骨学的文献为数据,获取国内学者以及学者之间的合作网络如图 14-18 所示。

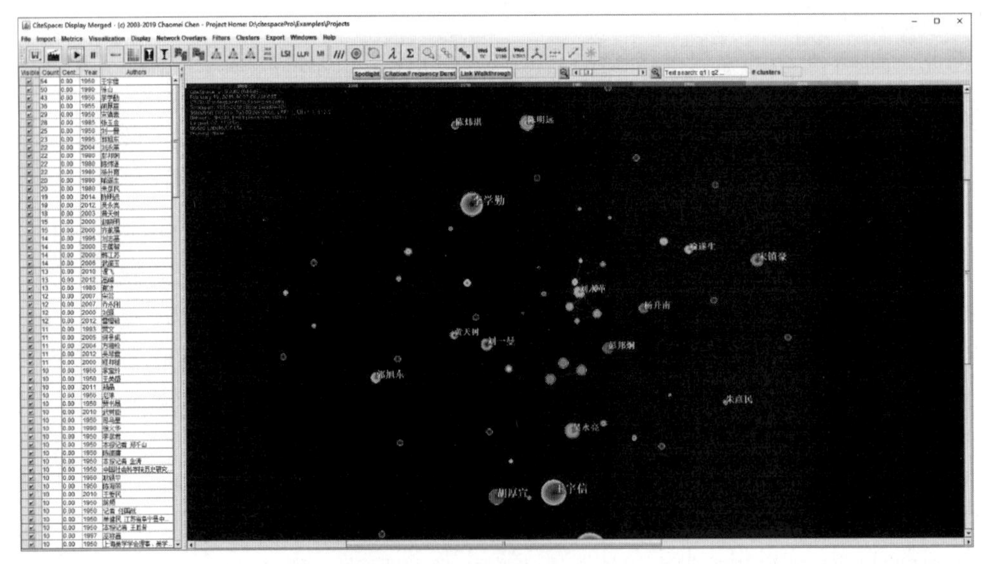

图 14-18 甲骨文学者合作网络图

由图 14-18 可以看出,文献中所列的学者在左侧列表中已经列出,具有合作关系的学者在右侧图示区以连线显示。以"刘永革"为例,可以清晰地看到与其合作的学者情况,如图 14-19 所示。

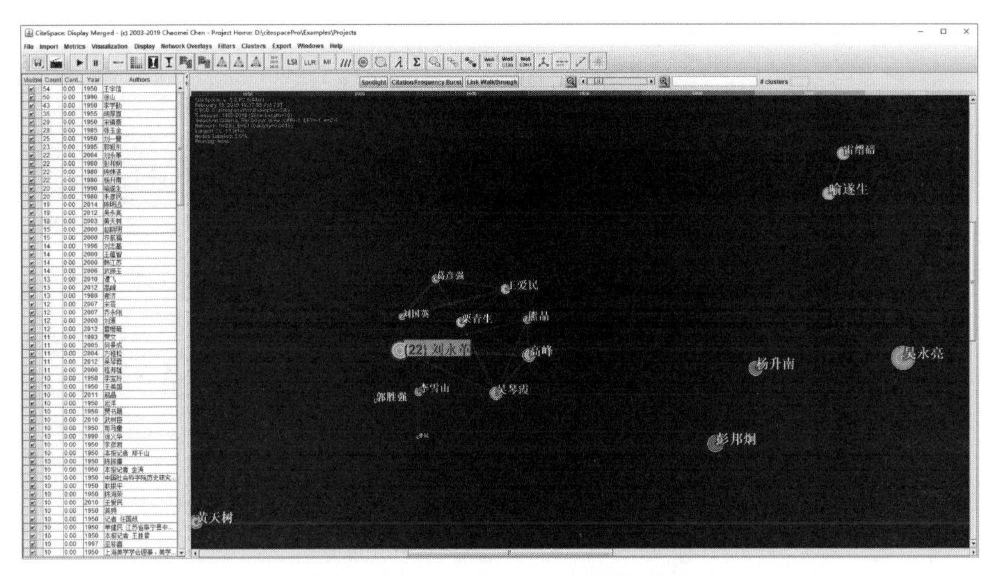

图 14-19 学者“刘永革”合作网络图

利用 CiteSpace 创建甲骨文 MKD,可以获得研究机构合作网络。以 1950—2019 年 CNKI 的有关甲骨学的文献为数据,获取的国内研究机构以及机构的合作网络如图 14-20 所示。

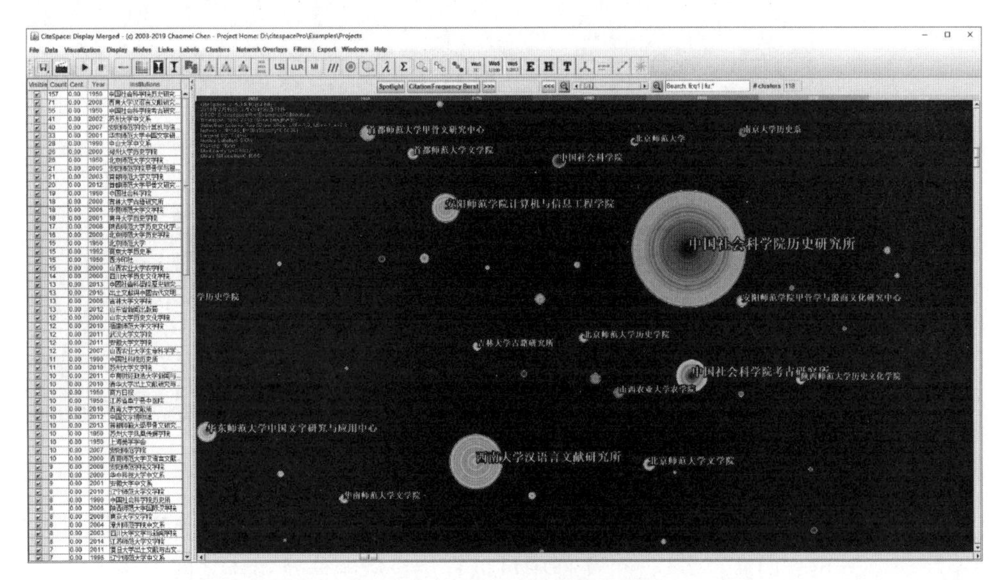

图 14-20 研究机构合作网络图

由图 14-20 可以看出,文献中所列的机构名在左侧列表中已经列出,具有合作关系的研究机构在右侧图示区以连线显示。以“中国社会科学院历史研究所”为例,可以清晰地看到其合作的研究机构,如图 14-21 所示。

利用 CiteSpace 创建甲骨文 MKD,可以获得学者与研究机构的隶属关系图。以 1950—2019 年 CNKI 的有关甲骨学的文献为数据,获取的国内学者及研究机构的隶属关系如图 14-22 所示。

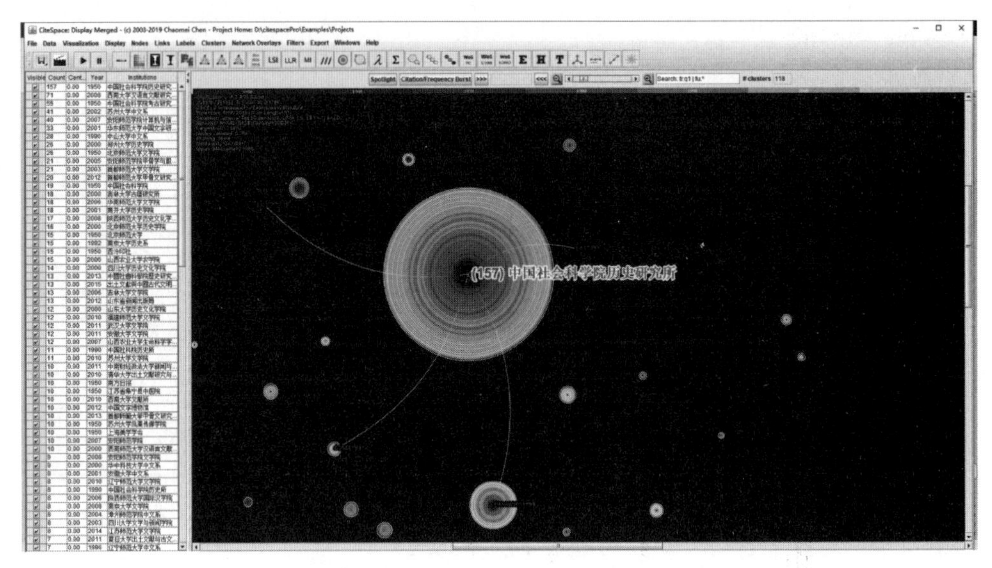

图 14-21 “中国社会科学院历史研究所”机构合作网络图

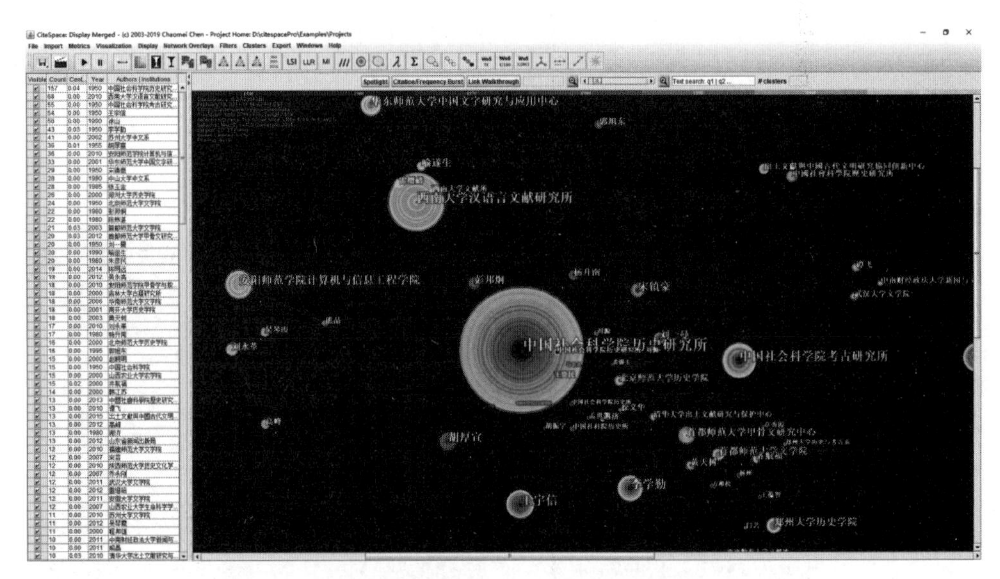

图 14-22 学者与研究机构隶属关系图

如何从 MKD 图中获取实体和实体间的关系呢？利用 CiteSpace 构建的 MKD 图可以得到一个名为 *.graphml 的文件，从这个文件中可以直接获取实体及实体之间的关系。

14.4.4 基于关系数据库的实体发现与关系抽取

在计算甲骨学研究过程中，我们建立了多种类型的数据库，如甲骨文词典数据库、甲骨文著录数据库、甲骨文文献数据库、甲骨语法库等。实际上在构建数据库的时候就已经对关注的对象进行了分析和设计，在分析过程中已经遵循了相应规范，而这些规范是基于对象进行制定的。如先有概念的定义，再有属性的定义，后有实例的添加。所以，数据库中的记录本身就可以看作是一个对象，这也就是 ORM 映射的基本思想。我们采用直接映像的方法，将关系数据库的表结构和数据转化为 RDF 形式，具体操作如图 14-23 所示。

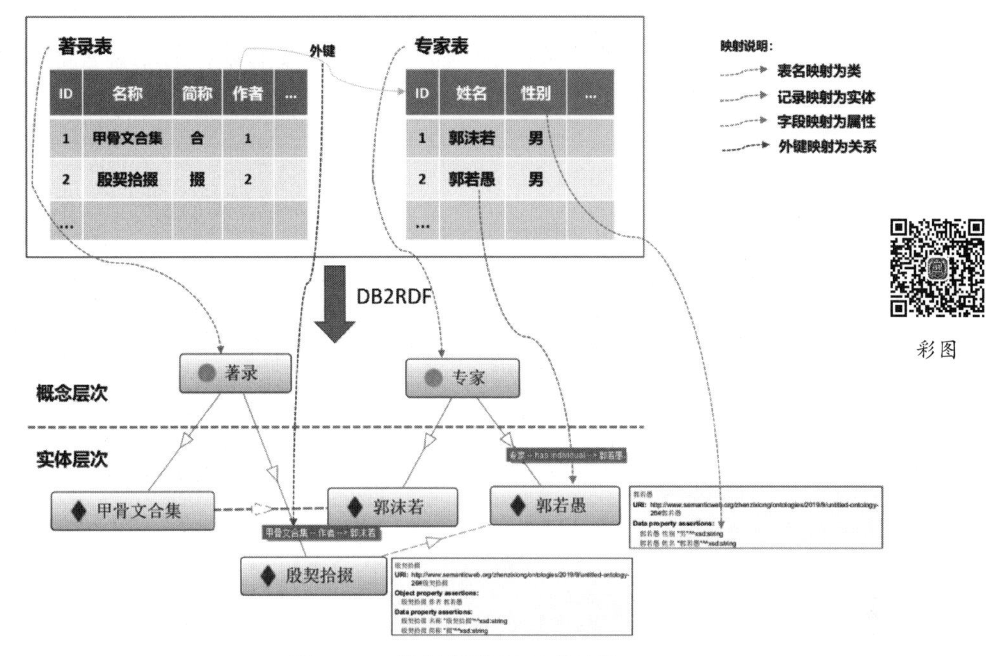

图 14-23　数据库到 RDF 的映射

注：扫描右侧二维码以获取清晰彩图。

现以“甲骨文著录数据库”(如图 14-24 所示)为例进行说明。

barcode	bookName	authors	publish	bookType	price	count	publishDate
1	商周青铜器纹饰	上海博物馆青铜器研究组编	文物出版社	2	3	1	1984-01-01
10	近出殷周金文集录三	刘雨 卢岩	中华书局	1	3	1	2002年
100	甲骨文校釋總集卷五	曹錦炎,沈建華	上海辭書出版社	1	3	1	2006年12月
101	甲骨文校釋總集卷六	曹錦炎,沈建華	上海辭書出版社	1	3	1	2006年12月
102	甲骨文校釋總集卷七	曹錦炎,沈建華	上海辭書出版社	1	3	1	2006年12月
103	甲骨文校釋總集卷八	曹錦炎,沈建華	上海辭書出版社	1	3	1	2006年12月
104	甲骨文校釋總集卷九	曹錦炎,沈建華	上海辭書出版社	1	3	1	2006年12月
105	甲骨文校釋總集卷十	曹錦炎,沈建華	上海辭書出版社	1	3	1	2006年12月
106	甲骨文校釋總集卷十一	曹錦炎,沈建華	上海辭書出版社	1	3	1	2006年12月
107	甲骨文校釋總集卷十二	曹錦炎,沈建華	上海辭書出版社	1	3	1	2006年12月
108	甲骨文校釋總集卷十三	曹錦炎,沈建華	上海辭書出版社	1	3	1	2006年12月
109	甲骨文校釋總集卷十四	曹錦炎,沈建華	上海辭書出版社	1	3	1	2006年12月
11	近出殷周金文集录四	刘雨 卢岩	中华书局	2	3	1	2002年
110	甲骨文校釋總集卷十五	曹錦炎,沈建華	上海辭書出版社	1	3	1	2006年12月
111	甲骨文校釋總集卷十六	曹錦炎,沈建華	上海辭書出版社	1	3	1	2006年12月
111111111111	殷墟甲骨拾遗	宋镇豪,焦智勤,孙亚冰	中国社会科学出版社	1	3	1	2015年1月
112	甲骨文校釋總集卷十七	曹錦炎,沈建華	上海辭書出版社	1	3	1	2006年12月
113	甲骨文校釋總集卷十八	曹錦炎,沈建華	上海辭書出版社	1	3	1	2006年12月
114	甲骨文校釋總集卷十九	曹錦炎,沈建華	上海辭書出版社	1	3	1	2006年12月
115	甲骨文校釋總集卷二十	曹錦炎,沈建華	上海辭書出版社	1	3	1	2006年12月
116	殷墟花園莊東地甲骨校釋	朱歧祥	東海大學中文系語言文字研:	2	3	1	2006年7月
117	昌乐骨刻文	刘凤君	山东画报出版社	1	3	1	2008年12月
118	甲骨卜辞神话资料整理与研:	刘青	云南人民出版社	1	3	1	2008年10月
119	三鉴斋甲骨文论集	陈炜湛	上海古籍出版社	2	3	1	2013年10月
12	朱孔藏堂殷墟文字拓 上	(Null)	线装书局	1	3	1	2009年

IPDATE `t_book` SET `bookName　　第 16 条记录 (共 927 条) 于 1 页

图 14-24　甲骨文著录数据库

从图 14-24 所示的数据库的记录和字段来看，至少可以描述下列关系：<专家，编纂，著录>、<研究机构，编纂，著录>、<出版社，出版，著录>、<专家，合作，专家>等。通过获取数据库记录，可以得到实体和实体之间的关系，而且由于数据库中存储的是结构化数据，因此实体间的关系较为固定，实体数量随着数据库记录可不断扩充。基于甲骨文著录数据库获取的图谱如图 14-25 所示。

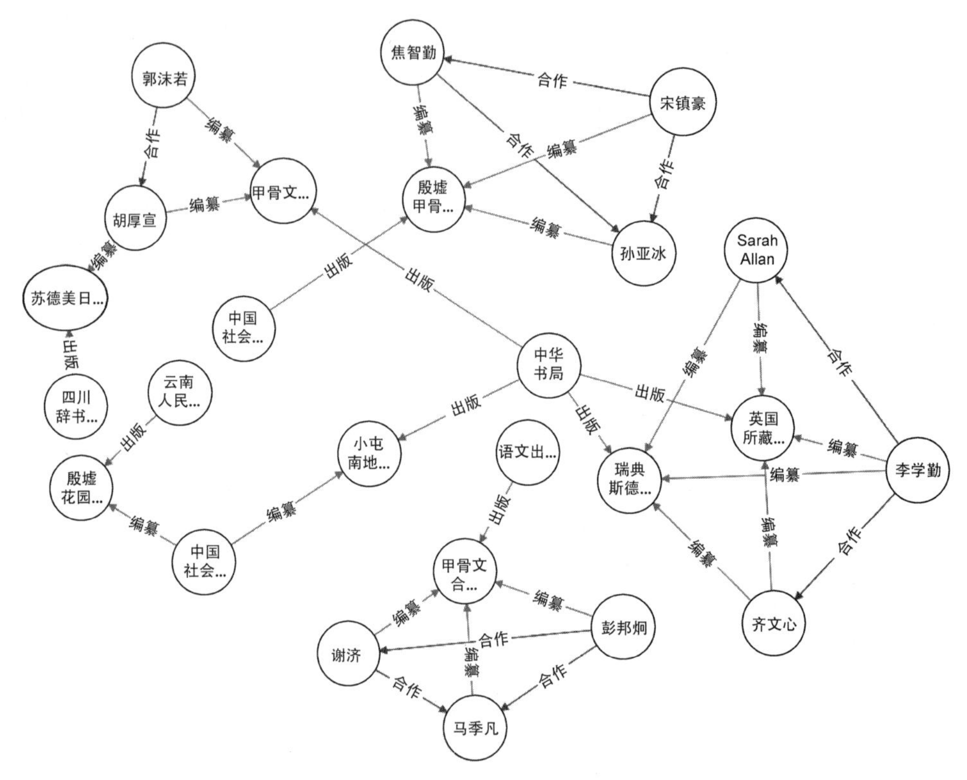

图 14-25 甲骨文著录及出版信息图谱

从图 14-25 可以看出，该图谱完整地展示了著录数据库所描述的关系。

14.4.5 基于本体的实体发现与关系抽取

前述章节已经介绍了甲骨学本体的构建。由于本体描述了概念、属性及其关系，因此在创建本体实例时就已经对其进行了关系建立。构建知识图谱时可以直接从本体中获取实体(即本体概念下的实例)以及实体之间的关系(即通过属性尤其是对象属性建立的关系)。以商王本体为例(见图 14-26)，通过解析本体文件，从该本体中获取知识实体和关系的结果如图 14-27 所示。

利用以上方法可以实现基于已构本体的实体及关系抽取，从而构建知识图谱。一个甲骨文专家知识图谱片段如图 14-28 所示。

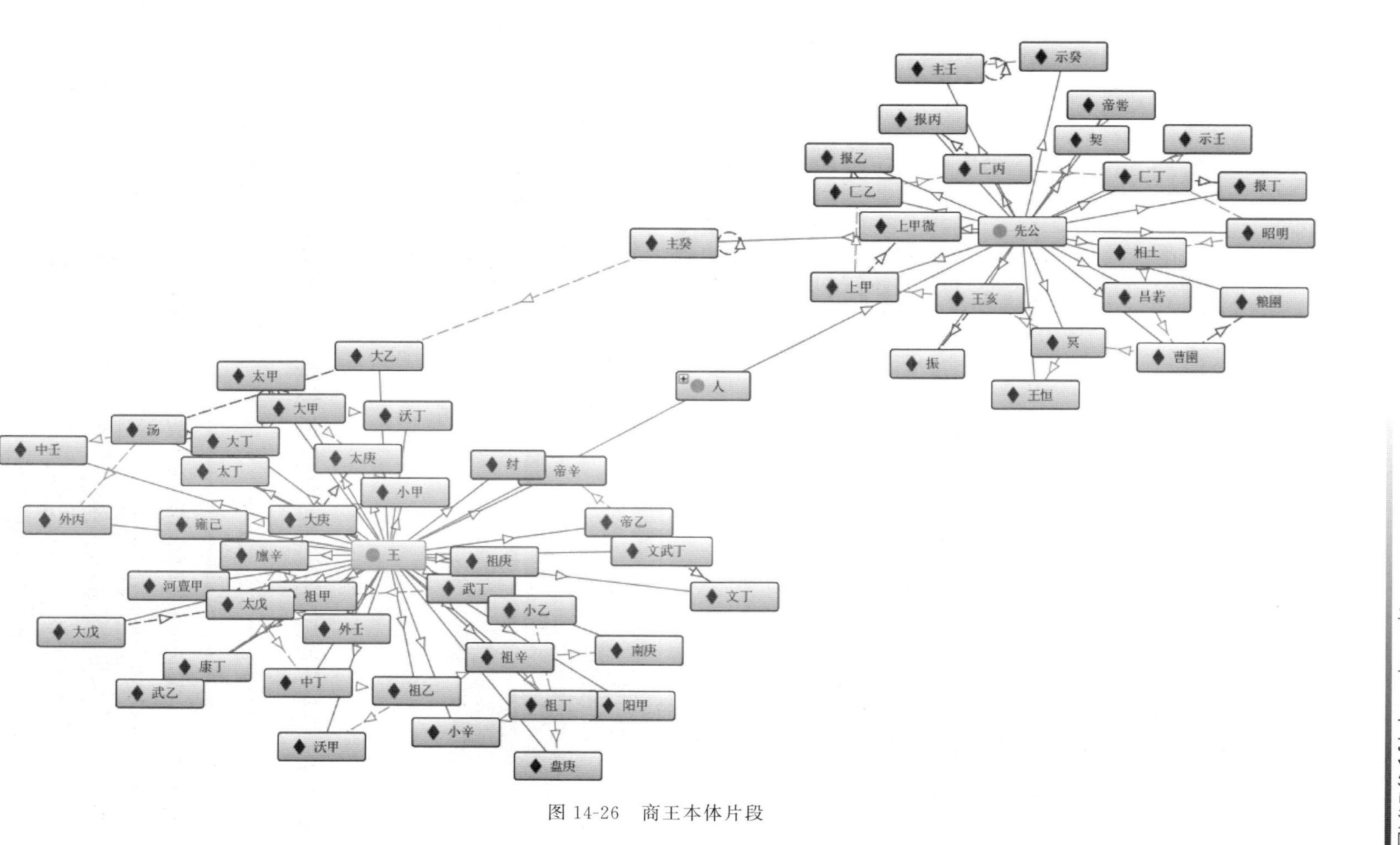

图 14-26　商王本体片段

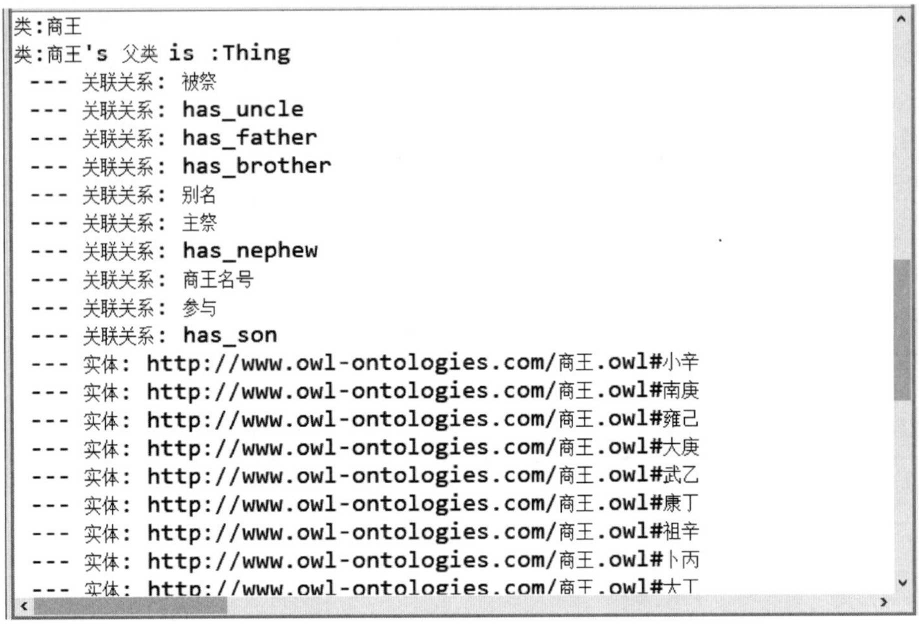

```
类:商王
类:商王's 父类 is :Thing
 --- 关联关系: 被祭
 --- 关联关系: has_uncle
 --- 关联关系: has_father
 --- 关联关系: has_brother
 --- 关联关系: 别名
 --- 关联关系: 主祭
 --- 关联关系: has_nephew
 --- 关联关系: 商王名号
 --- 关联关系: 参与
 --- 关联关系: has_son
 --- 实体: http://www.owl-ontologies.com/商王.owl#小辛
 --- 实体: http://www.owl-ontologies.com/商王.owl#南庚
 --- 实体: http://www.owl-ontologies.com/商王.owl#雍己
 --- 实体: http://www.owl-ontologies.com/商王.owl#大庚
 --- 实体: http://www.owl-ontologies.com/商王.owl#武乙
 --- 实体: http://www.owl-ontologies.com/商王.owl#康丁
 --- 实体: http://www.owl-ontologies.com/商王.owl#祖辛
 --- 实体: http://www.owl-ontologies.com/商王.owl#卜丙
 --- 实体: http://www.owl-ontologies.com/商王.owl#大丁
```

图 14-27　从商王本体中获取实体和关系

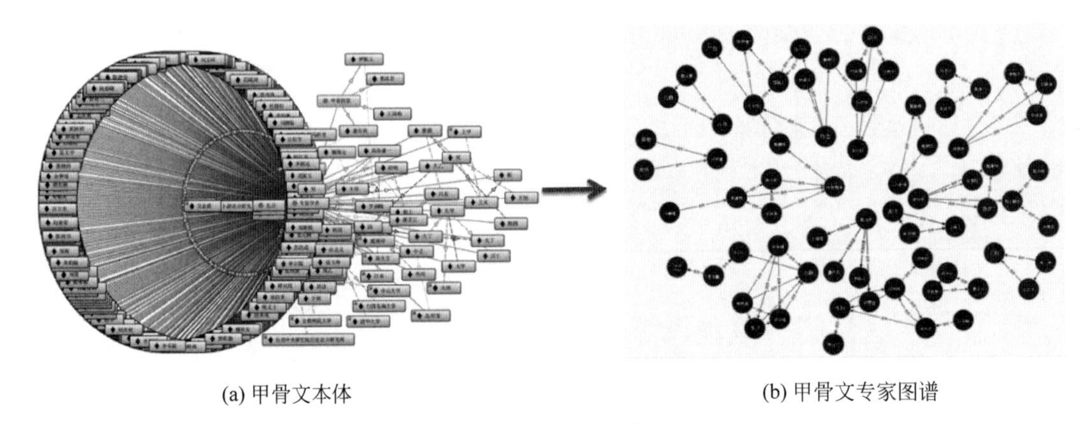

(a) 甲骨文本体　　(b) 甲骨文专家图谱

图 14-28　基于本体的甲骨文专家知识图谱

14.4.6 基于图文资料库的实体发现与关系抽取

甲骨学的研究对象以甲骨文为主,因此分析甲骨文图文资料相关元素之间的关系显得尤为重要。由于目前没有类似的研究可供参考,故本书站在甲骨文图文资料的研究需求角度进行分析,从而实现甲骨文知识图谱的实体发现与关系抽取。

甲骨学研究的基本要求是释读甲骨片,因此甲骨学著录是第一手资料。甲骨片著录的形式一般有甲骨照片、甲骨拓片、甲骨摹本,其中以甲骨拓片为主要形式。而且,同一张甲骨片可能会在不同的著录中收录,其收录编号也不一致。所以,明确某一张拓片出自何种著录至关重要。于是,甲骨片与著录之间的关系可以表示为<甲骨片,收录于,著录>。示例如图 14-29 所示(为展示效果,只选择一部著录中的 30 片甲骨)。

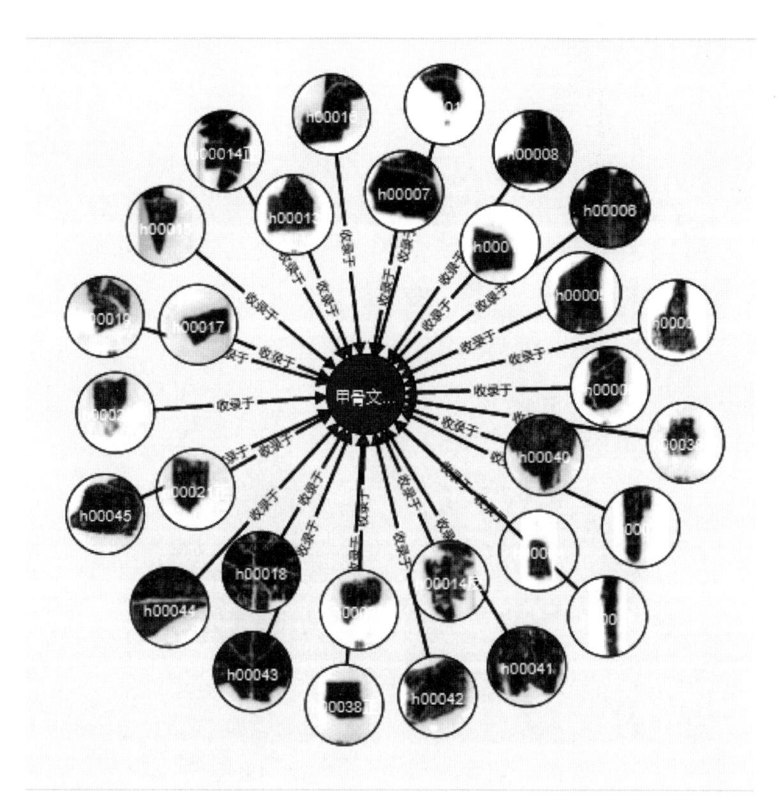

图 14-29　甲骨片与著录的关系

构建甲骨字网络可以为计算甲骨学中的语义挖掘及考释线索找寻提供有益的帮助，因此，需要将甲骨片上的单个甲骨字分离出来。由于目前还没有高效的算法自动实现甲骨片上的甲骨字检测和识别，常用做法就是利用标注软件进行人工定位标注。标注效果如图 14-30 所示。

甲骨字分割之后的结果如图 14-31 所示。

由图 14-31 可以看出，甲骨字与所在甲骨片直接存在关系，两者之间的关系表示为<甲骨字，出现于，甲骨片>。其关系图片段显示见图 14-32。

甲骨文异体字多是一个突出的特点。异体字对甲骨文字识别、考释、分期断代、字库建设、图像检索、数字化出版等需求有较大影响。从众多的异体字中找出一个代表字(作为“字头”)可以方便后续的甲骨学研究。因此甲骨字之间存在着异体字关系，表示为<甲骨字(字头)，异体字，甲骨字>。其关系图片段如图 14-33 所示。

由图 14-32 和图 14-33 可以看出，甲骨字(字头)与甲骨字之间存在异体字关系，而该关系节点的方向指向的甲骨字是截取自某一甲骨片，因此该甲骨字与甲骨片间必然存在“出现于”的关系，两者结合会得到更为丰富的关联关系，关系图如图 14-34 所示。

从图 14-34 可以看出，同一片甲骨上某个甲骨字可能以异体字形式出现多次，这也体现了甲骨文异体字繁多、出现频率高的特点。

彩图

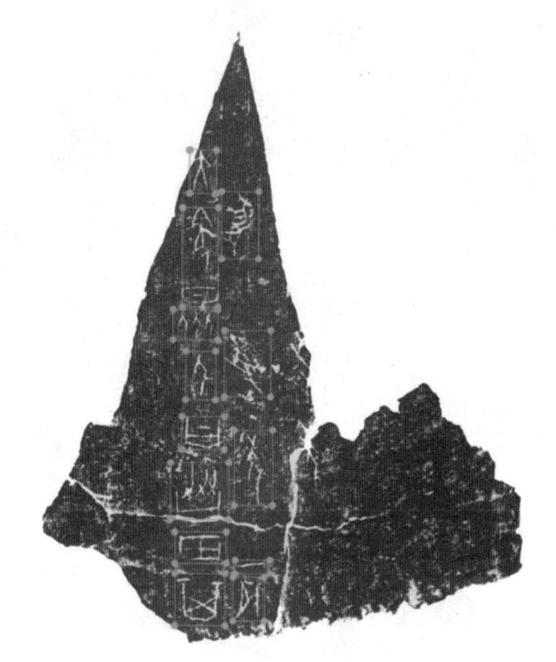

图 14-30　甲骨片上的甲骨字标注

注：扫描左侧二维码以获取清晰彩图。

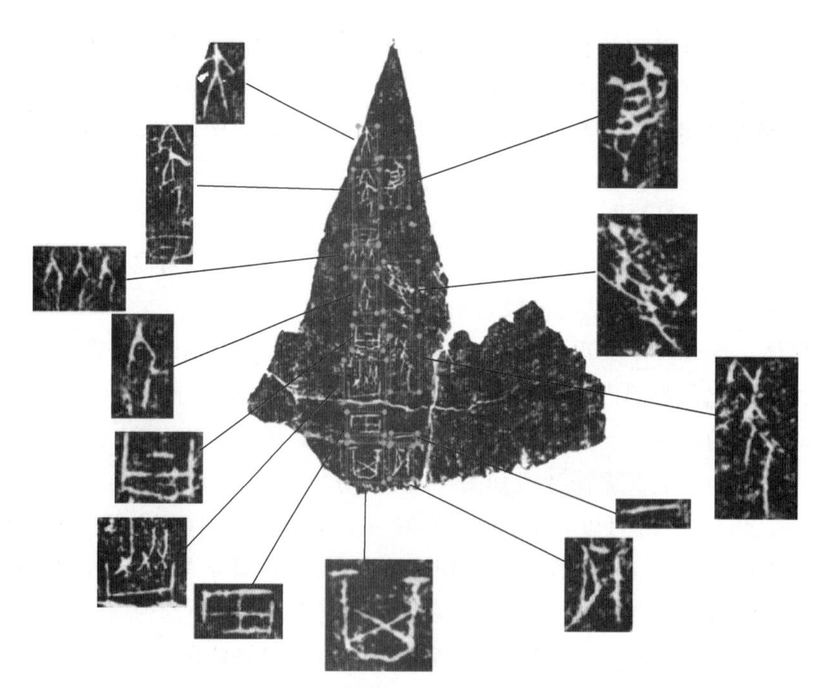

图 14-31　甲骨字图片分割

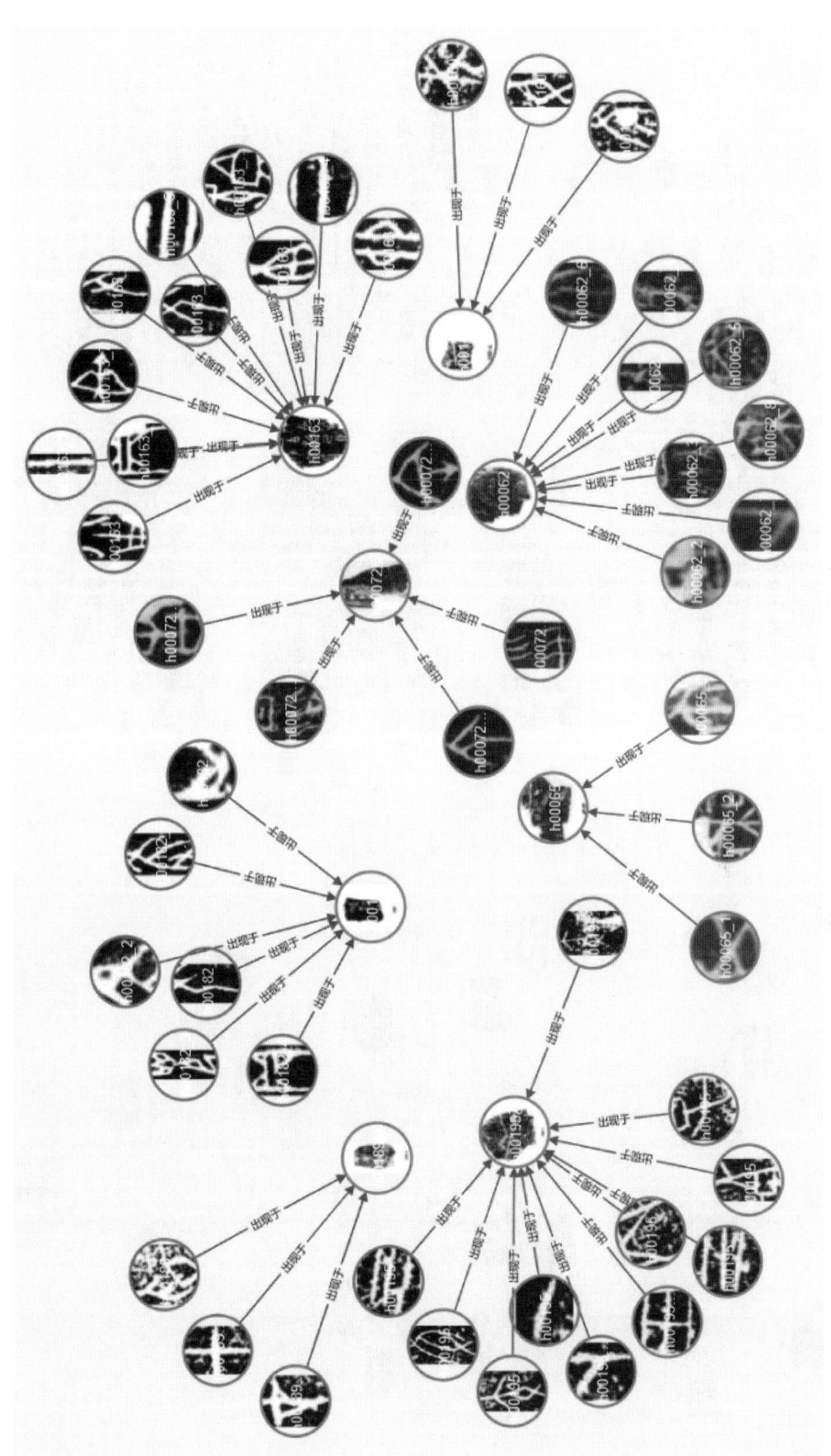

图 14-32 甲骨字与甲骨片关系图

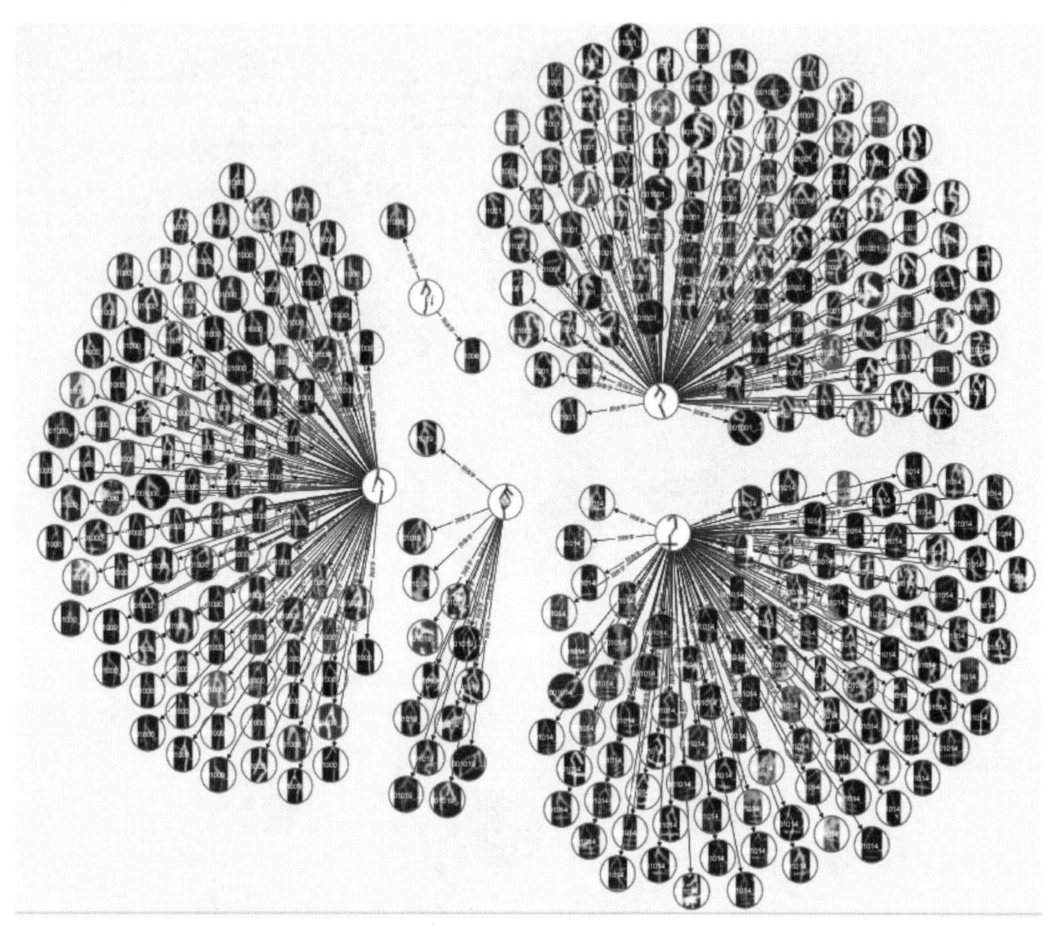

图 14-33　甲骨文异体字关系图片段

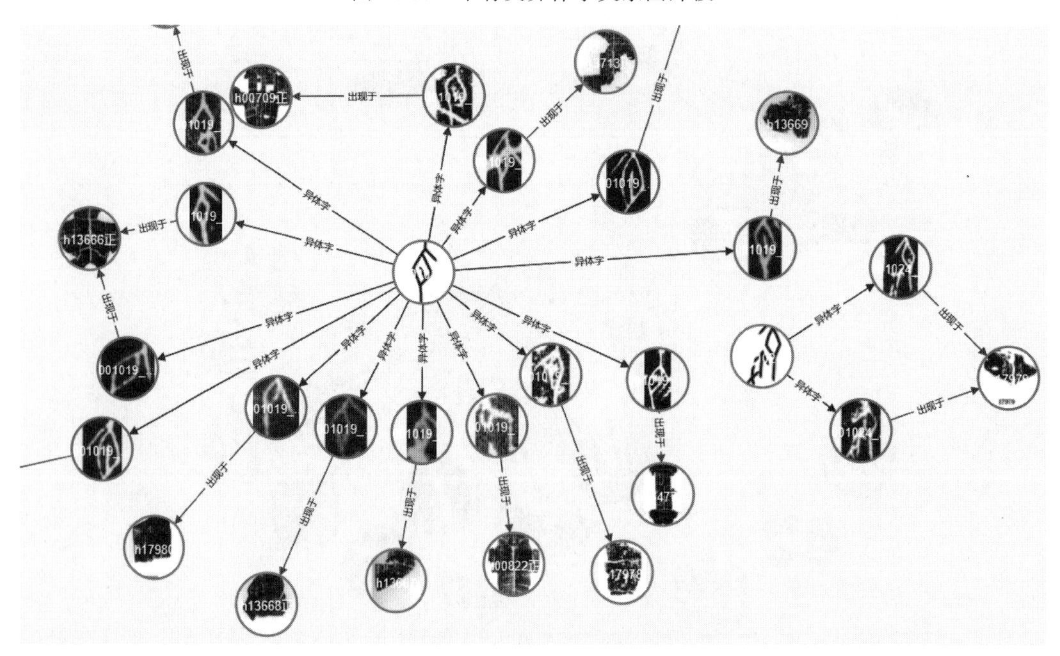

图 14-34　甲骨文异体字及甲骨片关系图

14.5 甲骨文知识图谱融合及可视化

由前述已知，甲骨文知识图谱的构建融合了甲骨文 MKD 和甲骨文 KG 两种图谱的结果，构建的关键是获取实体和实体之间的关系。基于甲骨文 MKD 和甲骨文 KG 分别从异构数据源中获取了大量实体和关系。一方面，将这些实体和关系进行融合时需要考虑实体消歧和关系融合；另一方面，甲骨文 MKD 和甲骨文 KG 具备各自不同的可视化功能，要将两种知识图谱进行合并，需要采用一个统一的可视化方法。

14.5.1 实体消歧

由于实体具有歧义性，因此实体识别的结果很难直接存放到知识图谱中。一方面，同一实体在文本中会有不同的指称，这是指称的多样性(name variation)。另一方面，相同的实体指称在不同的上下文中可以指不同的实体，这是指称的歧义性(name ambiguation)。因此必须对实体识别的结果进行消歧才能得到无歧义的实体信息。实体消歧是信息抽取和集成领域的一项关键技术，旨在解决文本信息中广泛存在的名字歧义问题，在知识图谱构建、信息检索和问答系统等领域具有广泛的应用价值。

实体消歧系统按照不同的分类维度可以有多种分类方法，按照目标实体列表是否给定，实体消歧系统可以分为基于聚类的消歧系统和基于实体链接的消歧系统；按照实体消歧任务的领域不同，实体消歧系统还可以分为结构化文本实体消歧系统和非结构化文本实体消歧系统。在结构化文本命名实体消歧系统中，每一个实体指称项被表示为一个结构化的文本记录，如 List 列表、知识库等；而在非结构化文本实体消歧系统中，每一个实体指称项被表示为一段非结构化文本。由于缺少上下文，结构化文本的命名实体消歧主要依赖于字符串比较和实体关系信息完成消歧；而非结构化文本实体消歧系统有大量上下文辅助消歧，因此主要利用指称项上下文和背景知识完成消歧。

甲骨文知识图谱中的实体消歧对象是用不同方法从不同数据源中获取的实体。当甲骨文著录的作者为境外学者时，通常会有不同的实体名称。如“艾兰”和“Sarah Allan”指的是同一学者，“许进雄”和“Hsu Chin-hsiung”指的是同一学者。当某一甲骨片被收录进不同的著录时，其甲骨片编号根据研究的需要往往是不同的。如《甲骨文合集补编》中第 8 片甲骨与《东京大学东洋文化研究所藏甲骨文字》中第 123 片甲骨是同一片甲骨；《甲骨文合集补编》中第 12 片甲骨与《天理大学附属天理参考馆》中第 76 片甲骨是同一片甲骨。当甲骨文著录是海外出版的，其著录名称一般为外文，在国内发行时需要用中文名称，如 *Oracle Bone Collections in the United States* 与《美国所藏甲骨录》指的是同一本著录。类似的情况还有著录的中文繁体与中文简体版本。在某些情况下，甲骨文异体字也属于实体消歧的范畴，如在甲骨文字库建设、甲骨文输入法设计、甲骨字检索时都有可能需要将各种异体字进行统一。甲骨文异体字分为异写字和异构字两类。异写字又可分为构件层面的异写字和笔画层面的异写字等两类。异构字分为因构件不同造成的异构字、因构形方式不同造成的异构字、因声符形化造成的异构字等三类。本书根据陈婷珠在《甲骨文字形表》已有字的范围内进行的整理，按仅取消、仅增补和错讹三类情况进行处理。

由于甲骨学的专业性很强，目前利用计算机进行自动消歧的效果并不好。绝大部分需要甲骨学专家的帮助。针对有歧义的实体，我们一般采取的方法有：利用链表存储所出现的歧义现象、在数据库中进行对应存储、利用 sameAs 关系进行连接、选择代表字作为字头等。

建设甲骨文字库时对甲骨字的不同异体字记录方式如图 14-35 所示。

字形	外码（文件名）	来源	分类	部首号（前三位）	字头（4-7位）	字头号（4位）
	0762641001	H20610	A1	076	2641	2890
	0762641002	H19755	A2	076	2641	2890
	0762641003	H00586	A7	076	2641	2890
	0762641004	H00674	A7	076	2641	2890
	0762641005	H04037	A7	076	2641	2890
	0762641006	H04276	A7	076	2641	2890

图 14-35　异体字记录方式

14.5.2　关系融合

关系融合的关键在于确定两个实体是否表达同一种关系，是否为包含关系等。甲骨文知识图谱的关系融合主要考虑两种——等价类关系和 subClassOf 关系。关系融合示例如表 14-1 所示。

表 14-1　关系融合示例

关系 1	关系 2	关系融合类别
workFor	employedBy	等价类
comeFrom	originate	等价类
hasBrother	has_brother	等价类
hasSon	hasOffspring	subClassOf

14.5.3　知识图谱可视化

由于构建甲骨文 MKD 采用的是 CiteSpace 工具，构建甲骨文 KG 采用的是 Neo4j 图数据库，两种工具均具备性能优异的可视化功能。但是将两种图谱进行融合时，可视化并不能统一。针对这一问题，我们采用两种方法实现融合图谱的可视化：①利用 D3.js 编程实现；②利用 Neo4j 中文版进行可视化优化。

构建知识图谱的关键是获取实体及实体之间的关系，知识图谱的可视化就是将这些实体和关系以直观、丰富的图形展现出来。一旦获取了甲骨文知识图谱的实体及实体关系后，可以利用 D3 进行可视化展示。D3 能够提供非常丰富的可视化功能，并可以实现动态交互。利用 D3.js 构建的甲骨学专家知识图谱示例如图 14-36 所示。

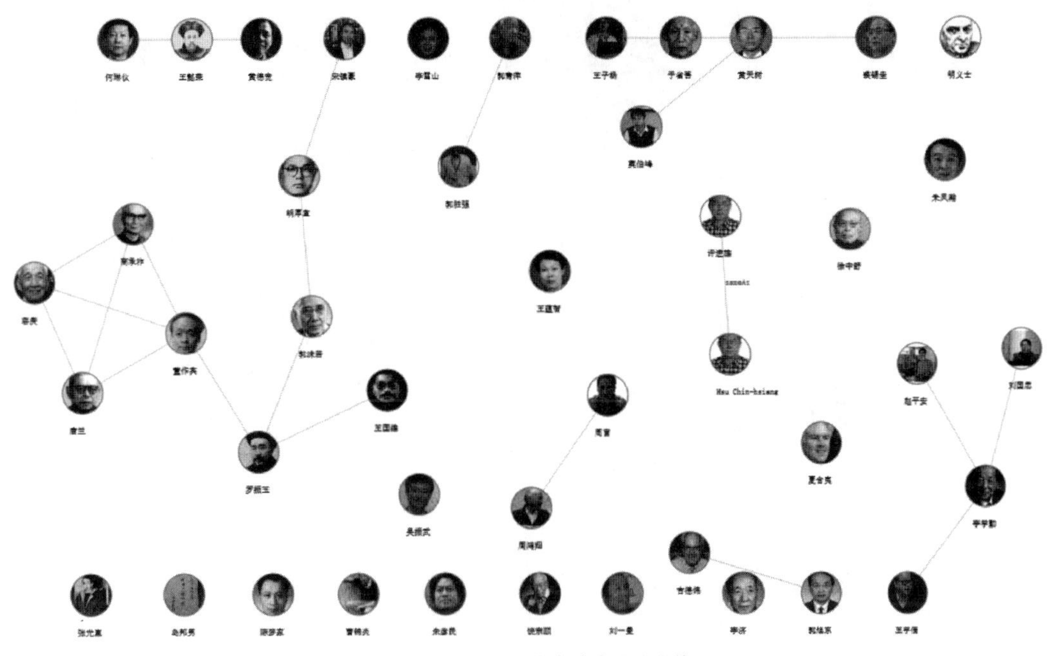

图 14-36 甲骨学专家知识图谱

利用 D3.js 构建的甲骨学融合知识图谱示例片段如图 14-37 所示。

图 14-37 甲骨学融合知识图谱(D3.js)

利用 Neo4j 中文版可以对甲骨学实体及关系进行存储和显示，如图 14-38 所示。该过程是使用微云数聚(北京)有限公司开发的导入精灵 ToNeo4j 工具完成的。

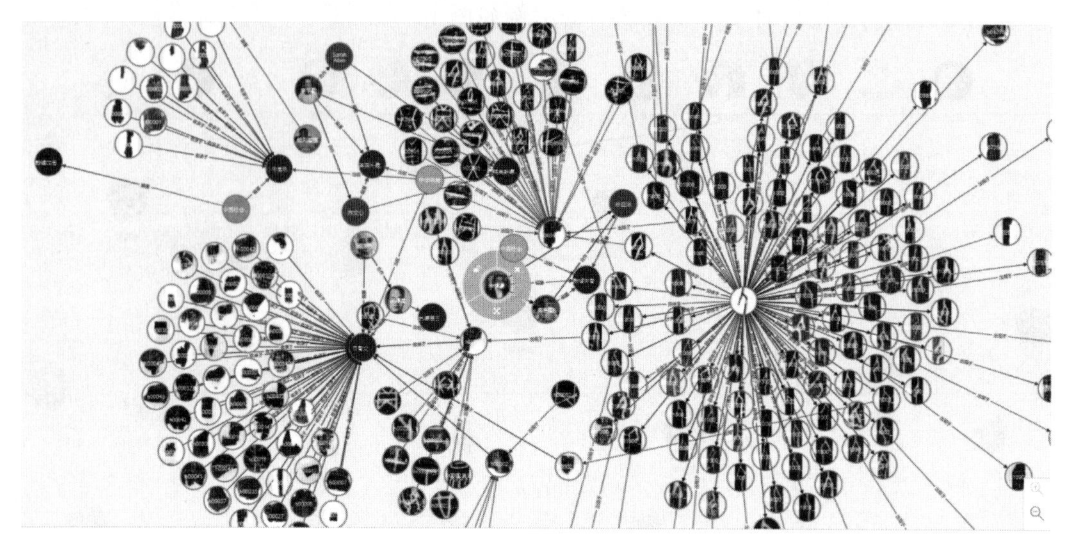

图 14-38 甲骨学融合知识图谱(Neo4j)

从图 14-38 可以看出，甲骨文知识图谱能显示著录、甲骨学专家、出版社、研究机构、甲骨片、甲骨字、异体字等对象及其关系，而且可视化效果更加丰富多彩。

目前，融合后的甲骨文知识图谱规模为——节点 142106 个，关系边 273068 条。后期规模将随着甲骨文基础研究数据的增加而不断地扩充。

14.6 本章小结

本章详细介绍了甲骨文知识图谱的构建方法。由于甲骨文知识图谱是由 MKD 和 KG 两种图谱融合而成的，所以本章分别介绍了甲骨文 MKD 和甲骨文 KG 的构建方法以及知识图谱的可视化实现。虽然目前获得了一定规模的甲骨文知识图谱，但是在构建中还存在着一些问题，如甲骨文 MKD 是基于文献元数据信息构建的，并没有考虑文献全文，因此还有大量的实体和关系并没有抽取出来。另外，因为甲骨学文献中存在着图文混编情况，即无法输入的甲骨字是用图片形式嵌入到文献中，但是目前还无法实现甲骨字的有效图像检索。甲骨学文献还存在大量的手写版本，对这些手写文献尚没有准确率较高的识别方法。

针对甲骨文 KG，目前还仅仅关注甲骨文字有关的知识实体和实体关联，尚未对金文、战国文字、简帛文字等进行有规模的知识图谱构建。另外，考古知识和甲骨文缀合方面的知识也没有系统地加入到当前的知识图谱中。这些问题将在后续的研究中逐一考虑。

习题 14

(1) 请简述利用 KG 进行信息检索的优势。

（2）请简述本体和知识图谱的区别和联系。

（3）MKD 和 KG 是同一事物的不同称谓吗？请解释说明。

（4）请举例说明知识图谱的应用实例。

（5）请简述知识图谱对推进人工智能发展的作用。

（6）甲骨文研究中为什么需要知识图谱？

第15章 甲骨文破译

CHAPTER 15

2016年10月28日，一则发表在《光明日报》上的公告引起众多读者的注意："对破译未释读甲骨文并经专家委员会鉴定通过的研究成果，单字奖励10万元。对存争议甲骨文作出新的释读并经专家委员会鉴定通过的研究成果，单字奖励5万元。"

甲骨文从发现至今已经120年了，尽管对它的研究不断取得进展，但是还有很多问题没有解决，其中一个重要原因是：接近三分之二的甲骨字不被认识，所以破译甲骨文或考释甲骨文一直是甲骨学里面重要的研究课题。

破译甲骨文(或称甲骨文字考释)，就是利用其他古文字材料和传世字书，把过去不认识的甲骨文字释读出来，从而把不易理解的甲骨卜辞讲解清楚。古人造字，绝不是孤立地、一个一个地造，也不是一个人或少数人闭门创造。字与字之间有相互联系。每个字的形音义都有它自己的发展历史。因此考释古文字时，一个字讲清楚了，还要联系一系列相关的字，考察其相互关系。同时还要深入了解古人的生产、生活情况。根据这些信息探索每个字的字源和语源，这样考释古文字，才有根据，也才比较正确。

甲骨文字考释一般包括"字形考订"和"辞例解释"两部分。前者为"考"，后者为"释"，合在一起就是"考释"。甲骨文字考释跟其他门类古文字的考释一样，最基本的方法也是比较法，或谓"字形比较法"。研究者需要把未释读的甲骨文字形体跟已释读的金文、简帛等古文字形体(包括字书收录的大篆、古文、籀文等形体)作比较，根据后者的音、义信息推知这个甲骨文字的音、义内容，达到破译甲骨文字的目的。例如甲骨文中的"日"、"月"、"牛"、"大"等字，3000多年来形体并没有太大变化，熟悉《说文解字》的人通过把它们跟小篆进行比较，完全能够正确释读出来。经过罗振玉、王国维、郭沫若、于省吾、唐兰、李学勤、裘锡圭等几代学人的共同努力，已经释读出甲骨文字1500个左右，余下的不足3000个甲骨文字是没有考释出来的未释字。这些未释字，不少是人名(族名)、地名用字，都是前人留下来的"硬骨头"，释读难度非常大。破译一个甲骨文单字的奖金可达10万元——其中难度可想而知。

在信息时代，随着人工智能技术的进步，采用计算机技术研究甲骨文考释必定是一条新的思路和方法。从计算机信息技术的角度研究甲骨文考释，大概有这样几条思路：①字形分析；②语法分析；③语义计算。

15.1 字形分析

考释甲骨文的基础是字形，特别几千年来字形的演变，通过图形图像技术研究汉字的整字演变、部首演变、笔画演变，为破译甲骨文提供思路和技术。

汉字是记录语言的符号，目的是把信息传达给不同空间和不同时间的人，汉字作为记录语言的符号，最基本的要求就是简单并能准确表达语言的含义，所以从整体来看，汉字演变必然是一个由繁到简的演变过程。

在汉字出现之前，语言已经存在。关于汉字的起源及产生的时间，还难以断定，不过有多种说法，有仓颉造字说（只是一种传说）、结绳记事说（结绳只能辅助记忆，不能表达思想和情感）、起一成文说（源于“道生一，一生二，二生三，三生万物”的道家哲学）、八卦说等等。文字是广大人民群众集体智慧的结晶，在长期的生活和生产过程中，人们不断地观察、思考和创造，经过很多年的积累，逐渐形成共同使用的文字。文字绝不是出于某个“圣人”的灵感。

15.1.1 汉字的发展

甲骨文是截至目前发现的最早的成熟汉字，在汉字的发展中起到非常重要的作用。关于汉字的构造，前人有“六书”之说，唐兰先生则提出“三书”说，即认为汉字结构基本上可以归纳为象形字、会意字、形声字三种结构，象形字是独体字，会意字和形声字是合体字。独体为“文”，合体为“字”，即“文字”。

1. 象形字

汉字起源于图画，但图画不等于文字，象形字只是文字的一部分，不是所有文字都是象形字。象形字是根据事物的形体绘制的图形，是汉字的骨干，其他汉字皆用它组成，形成会意字和形声字，甲骨文之所以是成熟汉字，不但有象形字，还有会意字和形声字。如图 15-1 所示为“人”“目”“虎”“鱼”分别对应的甲骨文。

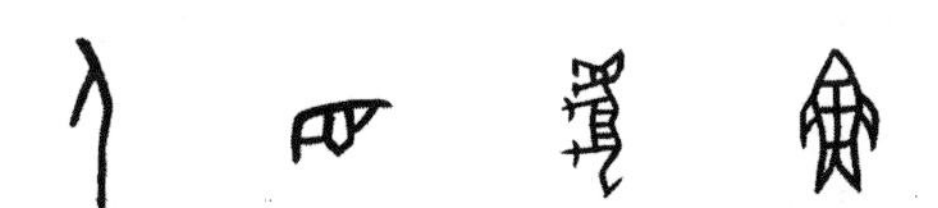

图 15-1 “人”“目”“虎”“鱼”分别对应的甲骨文

2. 会意字

在汉字产生的初级阶段，可能只有象形字，只有名词，但是要表达一句完整概念的语言时，只有名词是远远不够的，表示人与人、人与物、物与物之间的复杂关系时，还需要动词、副词、形容词等各类词汇，但首先需要动词。例如，在日常生活中，很多动作都用手来完成，所以，手的象形符号和另一个表示物的符号组合在一起，就构成一个表示动作的汉字，如图 15-2 所示为“得”“获”“采”分别对应的甲骨文。

凡这一类结构的字，统称为“会意字”，另外还有与“足”有关的动词，如图 15-3 所示为“逐”对应的甲骨文。

图 15-2 “得”“获”“采”分别对应的甲骨文

图 15-3 “逐”对应的甲骨文

猪后面为什么有一只脚呢？因为追逐猪啊，“逐”就是这么来的。鹿后面一只脚，追鹿啊。只不过那时候在作为会意字的时候有具体所指，它早年其实是要具体指明“我追的是一头鹿还是一头猪”。

除了动词，还有采用会意方法创造的其他字，如“日出为旦，日入林为莫，月光入窗牖为明”等。如图 15-4 所示为“旦”“莫”“明”分别对应的甲骨文。

3. 形声字

随着社会的发展，不断出现新生事物，靠象形和会意造的字毕竟有限，类似的情况也发生在埃及、巴比伦等世界上使用过表意文字的古老国家，埃及和巴比伦解决的办法是改变传统的文字体系，如改用拼音文字，走向表音文字的道路，然而，汉字没有改用拼音文字，而是在不破坏其传统字体的基础上，以一种特殊形式走向表音文字，这就是“形声字”。最初的形声字是在同音假借字的基础上发展的，因而必然是以音为主，以义为辅，从而使汉字摆脱了表意的羁绊，转向表音的途径，例如“征”借“正”同音代用。

形声是形符和音符的复合体，其优点明显，一是方便造新字，二是便于识读，所以发展速度很快。甲骨文中，形声字占 20%；金文中，形声字占 80%，形声字逐渐成为汉字的主体。例如：“河”从水，丂声；“唐”从口，庚声；“娥”从女，我声；“姜”从女，羊声等。如图 15-5 所示为“河”“唐”“娥”“姜”分别对应的甲骨文。

图 15-4 “旦”“莫”“明”分别对应的甲骨文

图 15-5 “河”“唐”“娥”“姜”分别对应的甲骨文

15.1.2 汉字演变过程

汉字是世界上使用人数最多的一种文字，也是寿命最长的一种文字之一，已有三千多年的历史。今天所能见到的最古老的文字是商代刻在甲骨上和铸在铜器上的文字，分别叫作甲骨文、金文。商代的字已经是很发达的文字了，最初产生文字的时代必然远在商朝以前，那就是夏代或更早于夏代，距今至少五千年。表 15-1 为汉字演变示例。

表 15-1 汉字演变示例

甲骨文				
金文				
小篆				
隶书	日	月	車	馬
楷书	日	月	車	馬

1. 甲骨文

古代主要用刻的方式，在龟甲、兽骨上留下文字。现在发现最早的甲骨文是商朝盘庚时期的甲骨文，其内容多为“卜辞”，也有少数为“记事辞”。甲骨文大部分是象形字或会意字，形声字只占20%左右。甲骨文象形程度高，且一字多体，笔画不定。这说明中国的文字在殷商时期尚未统一。

2. 金文

古代称青铜为金，故铸刻在青铜器上的文字称为金文，又叫钟鼎文、铭文。金文始见于商代二里岗的青铜器，不过商代二里岗发现的青铜器中有金文的只有少数几件。殷墟出土的青铜器上金文增多；至西周时，青铜器上的金文已经较为普遍。商代金文多为象形字以及由象形字合成的会意字。这些字有的像一幅幅图画，呈团块状，生动逼真，浑厚自然。

3. 大篆

据传为周朝史籀所创，故又称籀文、籀篆、籀书等。史籀是周宣王的史官。大篆这个名称具体指称比较混乱，大篆散见于《说文解字》和后人所收集的各种钟鼎彝器中，其中以据传为周宣王时所作的石鼓文最为著名。一般认为，大篆是古字向小篆过渡的一种汉字字体。

4. 小篆

小篆由春秋战国时期秦系文字的正体演变而成(俗体演变为隶书)。小篆的形体结构简明、规正、协调，笔势匀圆整齐，偏旁也发生一定的变异和合并，图画性已经大大减弱，每个字的结构比较固定。

相传小篆是由战国时期秦国宰相李斯负责整理出来的。如果小篆的确是在短时期内整理出来的，则在秦国国内必然有一个主动推广小篆和主动摒斥包括大篆在内的古字形的改革过程。

5. 六国文字

秦国以外的东方各国所用的文字统称为“六国文字”，不仅限于齐、楚、燕、三晋，而是包括东方各国。六国文字俗写异构现象非常严重，形状不定，难以识别。

公元前221年，秦将王贲攻破齐国首都临淄，齐亡。至此，秦统一六国。秦王嬴政成为中国封建社会历史上第一个皇帝，自称“始皇帝”。秦始皇在政治、经济、社会和文化上实行一系列的巨大改革，以加强和方便他所代表的地主阶级对全国的统治力量。文字改革就是其中之一。公元前221年，秦始皇下令规定以小篆为统一书体在全国推行，并“罢其不与秦文合者”的各种文字。为推行小篆，秦始皇命令李斯、赵高等人编写了《仓颉篇》《爰历篇》《博学篇》等书文，作为标准的文字范本。由于皇帝的高度重视以及皇权巨大的影响，小篆迅速在全国推行开来，而纷繁复杂的“六国文字”也随即退出历史的舞台。

6. 隶楷

隶书是从战国时期秦文字的俗体演变而来，相对于小篆更便于书写。隶书改篆书一味圆转的线条为方折的笔画，顺应了社会对书写方便和规范的需要。

相传，有一位名叫程邈的犯人，在狱中把民间流行的隶书整理出三千个字，传给秦始皇。秦始皇大为赏识，并破格提拔程邈为御史，并准许其字用于皂隶小民之间。此后，隶书不仅仅在秦朝民间广泛流行，政府文件一般也都用隶书书写，但重要的诏书仍用小篆书写，所以隶书在秦代又称“佐书”。一种书体当然不可能是由一个人完成的，程邈可能参与过一些整理工作，所以才有“程邈造隶书”的传说。

隶书的出现是汉字发展史上一个重要的里程碑。隶书以前的汉字是用绘画式的线条书写的，而隶书以后的汉字是用横、竖、撇、点、折等笔画构成的。自隶书出现后，汉字的结构基本上固定了下来，一直到新中国成立，基本上没有太大的变化。

随着秦王朝的覆灭，小篆也就迅速退出历史舞台，隶书成为社会首要书写方式和书法的典范。其后不久，出现了更为规范的楷书字体。汉朝以后，楷书占据正统地位。

7. 简化字和简体字

隶书和楷书走上历史舞台之时，自然而然地消除了小篆形式的各种繁体字和简体字，但是针对隶书和楷书形式的一些汉字，人们又渐渐创造出的新的书写形式，有的写法笔画多，有的写法笔画少。一般笔画少的占多数。这些笔画少的书写形式称为简体字，笔画多的称为繁体字。简体字一般不被官方认可，只流行于民间，因此又叫俗体字。20世纪，我们实行汉字简化运动后，有些简体字或俗体字取代占正统地位的繁体字，成为占正统地位的文字，这些简体字称为简化字。可见，“简化字”和“简体字”是两个相关但不相同的概念。

15.1.3 汉字演变规律研究

很多专家学者都研究过汉字演变的规律，这种规律有助于古文字未释字的破译（或考释、释读），特别是甲骨文。所以研究汉字演变规律非常有意义。

汉字演变的大致规律是：①笔画线条化；②字形符号化；③结构规范化；④字集标准化。

1. 笔画线条化

笔画有一个形成过程。从甲骨文到篆字的古文字阶段，笔画逐渐形成直笔和圆转两种。隶变以后逐渐形成笔画匀称、线条统一的楷体字的笔画系统。

2. 字形符号化

汉字历史上曾经有过“六书”理论，把字形和字义联系起来，以便于分析和理解汉字的读音和意义。这种做法不是把汉字作为符号，而是作为表达意义的图形组合来看待。每个组成部分都有其由来和理据性。通过分析可以找出字形演变的来龙去脉，从而发现有意义的根据。

随着汉字的发展演变，这种理据性逐渐被破坏和丧失。最大的一次字形系统演变是从篆书到隶书的“隶变”。

“隶变”从根本上打破了古代汉字的理据性。近现代汉字（特别是经过了简化的现代汉字）已经彻底打破了楷书所继承的微弱的理据性，就是汉字符号系统彻底地符号化了。

3. 结构规范化

经过长期的发展演变，汉字逐渐由不规范变得整齐规范、大小一致、造型美观。

这种规范是印刷术发明以来，长期历史实践中形成的。中华人民共和国成立后，经过字形的整理，改变了老宋体，确定了现代汉字的结构体系。中文信息处理的汉字点阵字模技术以及相应国家标准的制定和实施，通过电脑激光照排技术的推动，把汉字规范化的结构普及到千家万户、世界各地。

4. 字集标准化

标准化是信息革命带给汉字的新特点。由于计算机中文信息处理技术的应用发展，促进了汉字“形、音、义、用”各方面的标准化。其中最主要的就是字符集的标准化。

比较重要的是《信息处理交换用汉字编码字符集·基本集》。与之相关的还有《现代汉语常用汉字表》《现代汉语通用汉字表》《印刷通用汉字字形表》等。

随着互联网的发展，全世界的文字符号也需要标准化，对应有ISO和Unicode字符集。

15.1.4　基于大数据的汉字演变规律研究

随着考古的进展，不断丰富出土文献，如清华简、上博简等。但人脑的记忆是有限的，面对浩瀚的古文字资料，古文字研究必然走上信息化道路，安阳师范学院甲骨文信息处理教育部重点实验室就是在这样的背景下建立的，成为全国唯一用信息技术研究甲骨文的实验室。

甲骨文研究的重要问题是考释未释字，很多甲骨文专家已经考释出不少甲骨文，并总结一些考释古文字的方法，如唐兰先生在《古文字学导论》中对《怎样去认识古文字》提出五项条目，"对照法"、"推勘法"、"偏旁的分析"和"历史的考证"等。其中"对照法"也叫"因袭比较法"，就是从各个时代字体的因袭关系中进行综合比较，从中找出共同的字原和特点。简单地说，就是利用古今字体的比较，进行古文字考释，运用这种方法释字时必须积累资料，掌握各种字体的基本特征。

"字形"最客观，考释甲骨文必定从字形开始，采用"字形比较法"考释甲骨文字，从共时层面讲，不仅要对每一个甲骨文字形体的笔画特征烂熟于心，还要对同一个甲骨文字的不同异体情形有深入把握，总结出哪些笔画区别字形，哪些笔画不区别字形；同时，还要对甲骨文字的类组差异、异体分工等现象有深入理解，全面梳理甲骨用字情况。从历时层面讲，要对每一个已释字形体的历时演变序列有深入把握，梳理、总结基本构字偏旁的历时演变规律，逐一描写基本构字偏旁在不同时代呈现出来的不同样式，用动态的眼光审视每一个古文字形体。唯有如此，才能透过纷繁复杂的字形变化，看到不同字形之间的"同"，找到前人不能发现的形体联系，从而运用"字形比较法"破译甲骨文字。

随着信息技术的进步，上面说的共时层面和历时层面的研究思路可以"搬"到计算机里，既强调甲骨文同时代异形体的收集整理，又关注不同时代汉字演变的字形收集与整理。

采用计算机技术进行汉字演变规律的研究，主要可以作如下考虑。

一是整字演变，整字演变需要收集整理所有时代的古文字字形，数据要全，还要按时代排序，这方面有各种字书，如《新甲骨文编》《新金文编》《战国古文字典》《楚文字编》等。

二是偏旁演变，在全面掌握古文字字形的基础上，进行偏旁分析，这就要进行古文字拆分，这项工作的工作量巨大，同时还要确定拆分原则——目前可以采用的方法是表意文字描述序列(Ideographic Description Sequences, IDS)，Unicode定义了12种组合字符，如图15-6所示为表意文字描述序列。如图15-7所示为12种组合字符。

碼號	字符	意義	例字	範例
2FF0	⿰	兩個部件由左至右組成	相	⿰木目
2FF1	⿱	兩個部件由上至下組成	志	⿱士心
2FF2	⿲	三個部件由左至右組成	湘	⿲氵木目
2FF3	⿳	三個部件由上至下組成	糞	⿳米田共
2FF4	⿴	兩個部件由外而內組成	回	⿴口口
2FF5	⿵	三面包圍，下方開口	同	⿵冂口
2FF6	⿶	三面包圍，上方開口	凶	⿶凵㐅
2FF7	⿷	三面包圍，右方開口	叵	⿷匚口
2FF8	⿸	兩面包圍，兩個部件由左上至右下組成	病	⿸疒丙
2FF9	⿹	兩面包圍，兩個部件由左下至右上組成	戴	⿹𢦏異
2FFA	⿺	兩面包圍，兩個部件由右上至左下組成	起	⿺走巳
2FFB	⿻	兩個部件重疊	巫	⿻工从

图15-6　表意文字描述序列[①]

注：其表示方式为前序。

① 注：该图来自台湾文献，图中字符采用繁体字，书中其他表/图也有类似情况。

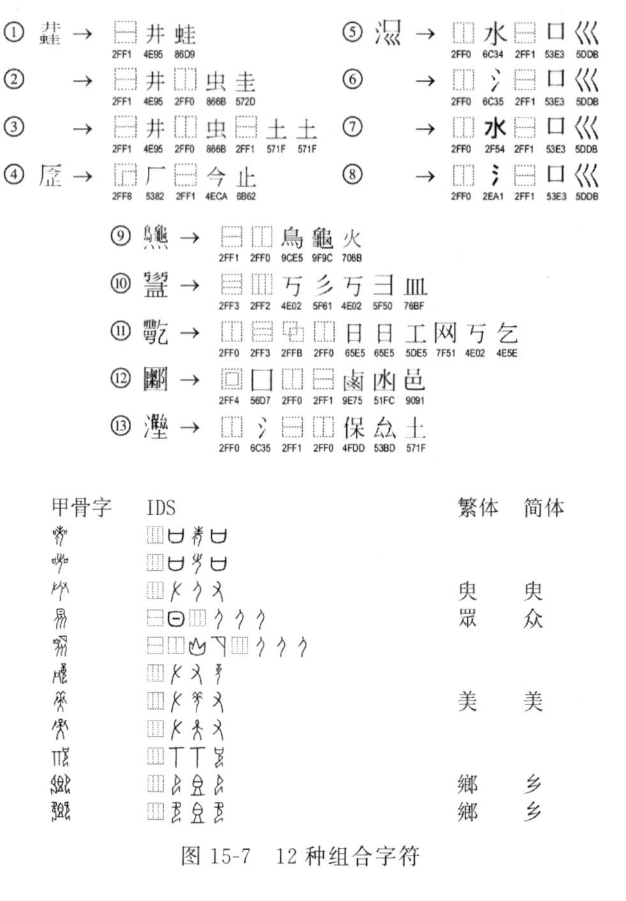

图 15-7　12 种组合字符

对其他古文也进行这样的拆分，就可以对古文字的偏旁进行分析和挖掘。

三是笔画演变，笔画是组成汉字的最基本元素，其演变肯定也有规律，这就需要进一步拆分部首，进而研究笔画的演变规律。

15.2 语法分析

甲骨文语法分析就是用计算机技术分析甲骨卜辞，包括建立甲骨文语料库，进行卜辞结构分析和卜辞词性分析。

词性分析是利用自然语言处理技术，对未释甲骨文进行词性判断。词性是语法属性，研究词性是为了把语言说得更好、更规范，决定一个词属于什么词性的是语法而不是语义。例如："突然"和"忽然"意思很像，但是能说"事情发生得很突然"，不能说"事情发生得很忽然"，说明两者词性不同，"突然"是形容词而"忽然"是副词；"打仗"和"战争"的意思也差不多，但能说"我们不打仗了"，不能说"我们不战争了"，说明"打仗"是动词，"战争"是名词。再比如"的、地、得"的用法和区别，"慈祥的阿姨""慈祥地看着我""跑得快"，"的"一般用于形容词后、名词前，"地"一般用于副词后、动词前，"得"一般用在动词后、补语成分前。

甲骨文是刻在龟甲上的文字，是殷商时期语言的记录，既然是语言，就有语法结构，也有名词、动词、形容词等，所以研究甲骨文的词性，有助于我们对甲骨文字的理解与判断。

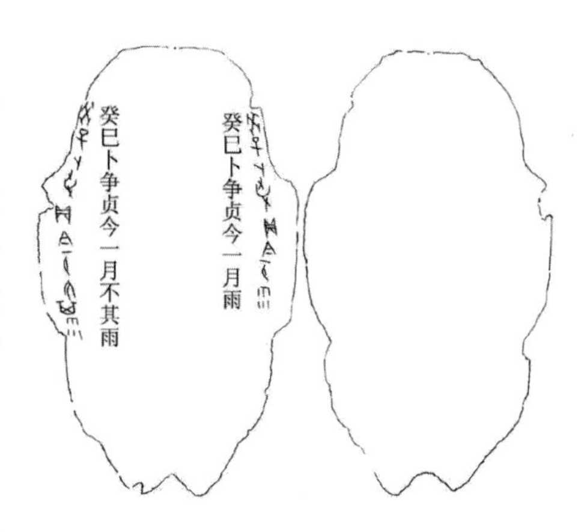

图 15-8　甲骨示例

如图 15-8 的甲骨示例：

癸巳卜 争贞：今一月雨？癸巳卜 争贞：今一月不其雨？

第一句话翻译过来的意思就是："在癸巳这一天占卜，一个叫争的贞人问，接下来的一月份会下雨吗？"下面这句也差不多一样。"在癸巳这一天占卜，一个叫争的贞人问，接下来的一月份不会下雨吗？"

15.2.1　现代汉语分词

建立甲骨文语料库的第一步就是对卜辞进行标注，标注的前提就是分词。现代汉语分词方法有基于字符串匹配的分词、基于理解的分词和基于统计的分词 3 种方法。

（1）基于字符串匹配的分词，也称为机械分词，是比较常用和实用的分词方法，指按照一定的策略将待分析的汉字符串与一个"充分大的"词库中的词条进行匹配，若在词库中找到某个字符串则匹配成功（识别出一个词）。按照扫描方向的不同，串匹配分词可以分为正向匹配和逆向匹配；按照不同长度优先匹配的情况，可以分为最大（最长）匹配和最小（最短）匹配；按照是否与词性标注过程相结合，又可以分为单纯分词法和分词与标注结合法。

（2）基于理解的分词，这是通过让计算机模拟人对句子的理解，达到识别词的效果。其基本思想就是在分词的同时进行句法、语义分析，利用句法信息和语义信息处理歧义现象。通常包括分词子系统、句法语义子系统、总控部分。在总控部分的协调下，分词子系统可以获得有关词、句子等句法和语义信息对分词歧义进行判断，即模拟了人对句子的理解过程。这种分词方法需要使用大量的语言知识和信息。由于汉语语言知识的笼统、复杂性，难以将各种语言信息组织成机器直接读取的形式。目前，基于理解的分词系统还处在试验阶段。

（3）基于统计的分词方法。从形式上看，词是稳定的字的组合，因此，在上下文中，相邻的字同时出现的次数越多，就越有可能构成一个词。因此，字与字相邻共现的频率或概率能够较好地反映成词的可信度。可以对语料中相邻共现的各个字的组合的频度进行统计，计算字与字的互现信息。可以通过定义两个字的互现信息，计算两个汉字的相邻共现概率，互现信息体现了汉字之间结合关系的紧密程度。当紧密程度高于某一个阈值时，便可认为此字组可能构成了一个词。这种方法只需对语料中的字组频度进行统计，不需要切分词典，因而又称为无词典分词法或统计取词方法。但这种方法也有一定的局限性，会经常抽出一些共现频度高，但并不是词的常用字组，例如，"这一""之一""有的""我的""许多的"等，并且对常用词的识别精度差，时空开销大。实际应用的统计分词系统都要使用一部基本的分词词典进行串匹配分词，同时使用统计方法识别一些新的词，即将串频统计和串匹配结合起来，既发挥匹配分词切分速度快、效率高的特点，又利用了无词典分词结合上下文识别生词、自动消除歧义的优点。

15.2.2　卜辞分词

依据甲骨文语法及甲骨文词典对甲骨卜辞进行切分，是建立甲骨文语料库实现计算机辅助甲骨文考释的前提和基础。要使计算机能够读懂并处理甲骨卜辞信息，首先必须解决的关键问题是正确切分甲骨卜辞，根据甲骨文的特点，采用中文分词方法实现对甲骨卜辞的切分。

在甲骨学研究中，发现甲骨卜辞具有下面语法规律特征。

(1) 甲骨刻辞分为占卜刻辞和非占卜刻辞，殷商时代巫文化盛行，占卜涉及生活的方方面面，大到祭祀、战事，小到疾病、梦境，都要进行占卜，因此，占卜刻辞占了甲骨刻辞的很大部分。

(2) 占卜刻辞简称为卜辞，一条完整的卜辞由叙辞、命辞、占辞、验辞四个部分组成。叙辞为记叙占卜的时间和占卜者，命辞为陈述应贞问之事，占辞是根据卜兆而判断凶吉，验辞为记占卜的应验情况，也就是包括"具体时间，谁来占卜，问的是什么问题，问题的结果如何"。

(3) 甲骨卜辞的叙辞，主要记录占卜的时间和贞人。其主要格式为："干支计时名词"(2个字)+"卜"+"贞人名"(1个字)，根据这个特征，可以首先将一条卜辞中的叙辞标记出来，并对其进行正确切分，即使贞人名是一个不认识的甲骨文字，也能正确切分。

(4) 命辞，又称为贞辞，记述占卜所要问的内容。其格式为："贞"+"占卜内容……"，据此，可以将命辞(贞辞)标记出来，对"贞"字进行正确切分。

(5) 占辞，记述商王看了兆纹之后所下的判断预言，其格式为："王占曰"+"占卜判断……"，据此，可以将占辞标记出来，并切分出"王占曰"。

因此，可以根据这些特征，首先对甲骨卜辞进行初切分，然后再分别对贞辞中的占卜内容、占辞中的占卜判定预言及验辞这几个小单位甲骨文字符串分别用机械分词方法进行匹配切分。

15.2.3 甲骨文词库

机械分词的基础是甲骨文词库的建立，甲骨文词语有以下特点：

(1) 如同文言文与白话文的区别一样，在殷商时代，多字词还不丰富，且卜辞都是契刻在骨头上，多字词增加了契刻的难度。在甲骨卜辞中，单字词占有非常大的比例，很多单字词通过一字多用、词性活用或多词一字表达着不同的意义，如"大"，可用作形容词，如"大雨""大风"；也可以用作动词，如"大今三月"，近似于现代的"达"，有"到"的意思；还可以用作副词，如"大令众人"，近似于现代的"大喊大叫""大张旗鼓""大摆筵席"等。这些情况，可以称为"多词一字"现象。也就是说，这些词虽然用同一个字来书写，但它们实际上是不同的词。在甲骨卜辞中，涉及祭祀名称的有135个，除"工典"这个祭祀名称之外，其他134种祭祀名称都是单字词。在甲骨卜辞中，动名词几乎全部都是单字词，可见，在甲骨卜辞中，单字词占有非常大的比例。

(2) 甲骨卜辞中的二元词主要包括表示时间的干支计时法词语，如：甲子、乙丑、甲寅等，前一个字是天干，后一个字是地支，两个字结合形成表示时间的干支计年计日计时法词语，这些时间词语一共60个，也就是俗称的"60花甲子"。甲骨卜辞中的二字词还包括人名，如妇好(武丁时期著名的女将军，武丁的妻子)、子渔等；还有表示先公、先王的人名的词语，如上甲、报乙、报丙、报丁、主壬、示癸、大甲、大乙，大丁，大庚，小甲，小戊，中丁等，从这些词语的构词法也可以看出来，先公先世的名字也是用天干来表示，只是为了区别，在天干前加上了另外一个字，如"上""报""大""小""中"等。表示先公、先世的名字的词语共有45个，其中前7个不满足这样的规则，这7个中有一个为单字词，从先公、王亥开始都满足这样的规律。从这些二元词的组词方式上也可以看出来，在殷商时代，多字词并不丰富。

(3) 在甲骨卜辞中，地名几乎都是单字词，方国名却是二字词，对于方国名都有很明显的标志，如"羌方""土方""商方""子方""龙方"等，这个特征也可以作为切分时的一个特征依据。

（4）对于三字以上的词或近似于惯用语的词语惯用语，如“不我其”“不隹”等，在甲骨卜辞中也存在，无法论定是由字组成还是由词组成，在词典中不把它们作为多字词处理。

15.2.4 计算机切分卜辞

采用 Lucene 工具包实现基于机械分词与特征扫描相结合的甲骨卜辞的切分。Lucene 是 Apache 的一个基于 Java 的开放源代码的搜索软件包，其功能强大，主要包括两块：一是文本内容经切词后索引入库；二是根据查询条件返回结果。我们主要使用其分词的功能。例如，《甲骨文合集》中编号为 6412 的甲骨卜辞：辛/巳/卜/争/贞/今/载/王/共/人/呼/妇/好/伐/土/方/受/有/佑/五/月/；在 CJKAnalyzer 分词模式下，则会将上句切分成：辛巳/巳卜/卜争/争贞/贞今/今载/载王/王共/共人/人呼/呼妇/妇好/好伐/伐土/土方/方受/受有/有佑/佑五/五月/。增加特征扫描后的切分效果为：辛巳/卜/争/贞/今/载/王/共/人/呼/妇好/伐/土方/受/有/佑/五/月/。

15.2.5 甲骨文词性标注

甲骨文卜辞切分后的工作就是词性标注，词性标注的第一步是确定标注集。词类的划分标准一直是语法学的一道难题，在此，我们依据张玉金老师编写的《甲骨文语法学》中词法的分类方法，并结合厦门大学宋词语料库建立的分类标准，从适合计算机处理的角度出发，作了一些改动，把甲骨词语分为 13 大类，构建词性标注集如表 15-2 所示。

表 15-2 甲骨词语词性标注集

n	v	a	r	q	u	m	p	c	e	d	y	o
名词	动词	形容词	代词	量词	助词	数词	介词	连词	叹词	副词	语气词	拟声词

标注系统结合人工标注、机器标注和人工审核，循环作业，快速、高效地建设甲骨刻辞语料库。

（1）人工标注及统计。首先人工标注部分甲骨刻辞，在人工标注的同时，计算机统计人工标注甲骨刻辞所涉及的词语的词性、词频，记录到数据库中甲骨文基础词典相应的词性词频字段中。

（2）机器标注。依据甲骨文基础词典及甲骨刻辞特征库，采用机械分词与特征扫描相结合对甲骨刻辞进行切分。在数据库中与甲骨文基础词典相应的词性词频字段中，以词频最大的词性作为该词的词性进行标注。如果数据库中甲骨文基础词典相应的词性词频字段中值为空，则词性标注“?”，等待人工标注。

（3）人工审核。在建设甲骨刻辞标注语料库初期，使用计算机进行标注只能起到辅助标注的作用，不能完全依赖计算机进行工作，人工审核是必不可少的一个过程，人工审核将修改机器标注不正确的地方。

15.3 语义计算

语义计算是自然语言理解的分支，利用计算机本体技术、复杂网络、知识图谱计算字之间的关联。下面简单分析常见的方法。

15.3.1 基于语料库的上下文辅助考释

至今我们已经认识一千多个甲骨文字，可以读通 40%的甲骨片，在甲骨文语料库的辞例库上，选择一个计算机语言学在古汉语领域运用的方法，例如采用基于“特征结构”的“合一运算”方法进行上下文分析。根据句法标注信息，以及甲骨文辞例的语法规则，对未释文字进行词性的推断；对未释文字，统计出现该字的所有辞例中的上下文信息，进行分类，进而辅助甲骨文专家对未释甲骨文字进行最合理的推测。如图 15-9 所示为甲骨文语境分析系统的分析结果示例。

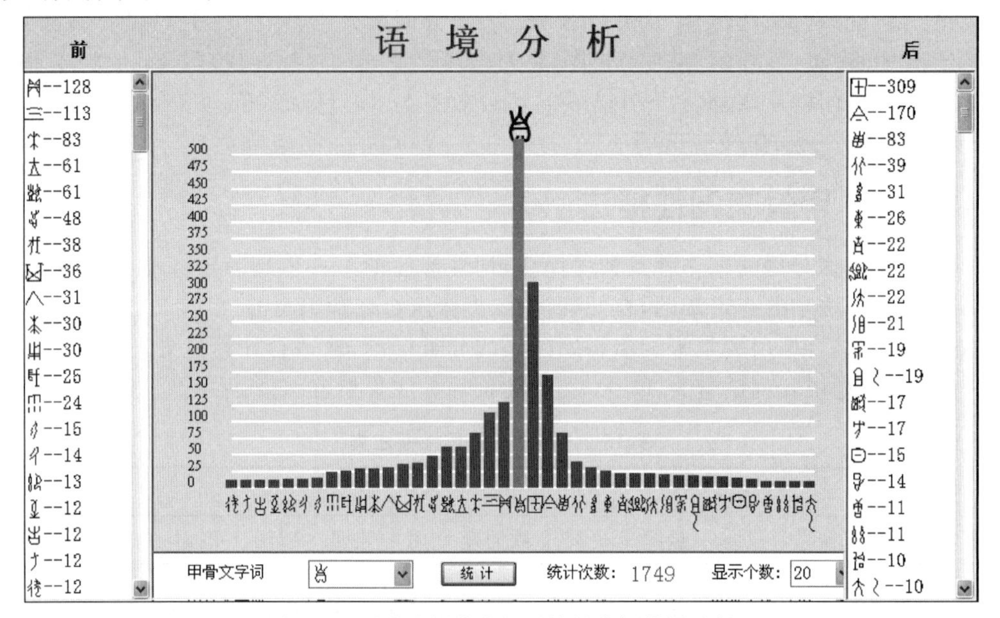

图 15-9 甲骨文语境分析系统的分析结果示例

15.3.2 基于深度学习技术的甲骨文辅助考释

将甲骨文相关数据进行扩充，建立更多数据支撑，利用较为成熟的人工智能技术，尤其是深度学习技术，进行甲骨文辅助考释研究。简单步骤可归纳如下。

1. 构建甲骨文大数据

我们可收集甲骨文相关大数据，包括战国以前的所有图文资料。这在数量上可能超过一些甲骨专家占有的资料。

2. 统一语义表示

金文、简文等文字与甲骨文字形相近，语义关联紧密。因此，我们希望以字形为基础，以先秦语料大数据为依托，融合历代文字构建统一语义空间，丰富甲骨文的语义表示。

首先，以字形为基础，使用自动聚类的方法找到相近的甲骨文以及与之字形相似的金文、简文等文字。

然后，使用甲骨文、金文、简文等先秦语料大数据，使用字类编号替换，获取每个字类的语义表示。与普通的词向量训练方法不同，我们充分利用图像特征信息，结合字类、字例信息，基于大数据中该字类的上下文联合训练统一语义表示。如图 15-10 所示为“夙”字的甲骨文、金文、秦简文字、楚简文字的字形图。

(a) 甲骨文字形图

(b) 金文字形图

(c) 秦简文字　　(d) 楚简文字

图 15-10　"夙"字的甲骨文、金文、秦简文字、楚简文字的字形图

3. 基于深度神经网络的释读模型

将甲骨文的释读转换为分类问题，给定一个待考释的甲骨字字例和所在的甲骨刻辞片段，拟采用基于深度神经网络的分类模型从大规模相关刻辞中获取对考释当前字有参考意义的全局信息，并进一步自动判别该字例对应的现代汉字。图 15-11 为释读模型的网络结构，刻辞中方框内的字形为当前待考甲骨字字例，字例下方的汉字或类别 ID 表示该字例对应的字类，其中已释读的字类用汉字表示，未释读的字类用聚类的类别 ID 表示。

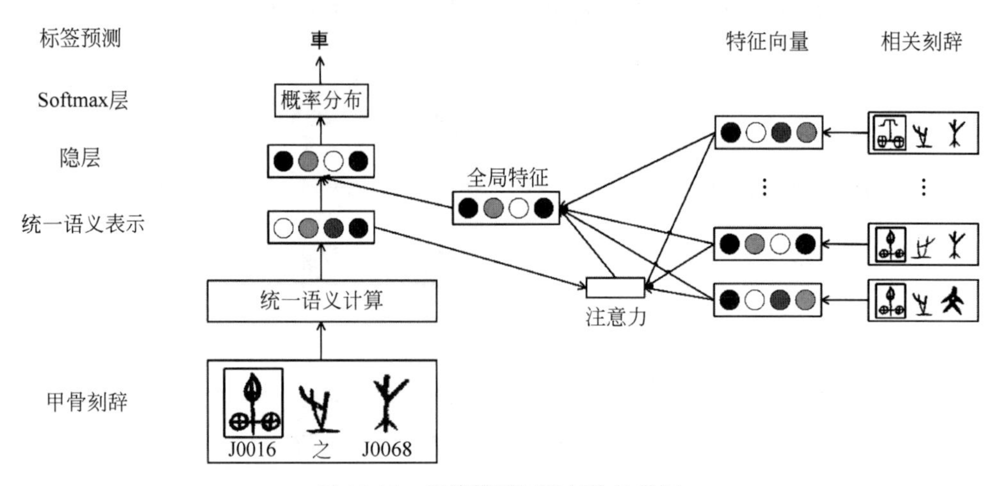

图 15-11　释读模型网络结构示意图

在输入层，可利用步骤 2 提出的统一语义计算方法，根据给定的待考甲骨字字例及其所在甲骨刻辞片段，自动生成当前字例的语义表示，这一过程可以用如下公式表示：

$$r=U(g_i,t_i,g_{1:l},t_{1:l})$$

其中，$U(\cdot)$为步骤 2 提出的统一语义计算模型，g_i 和 t_i 分别为当前待考甲骨字字例的字形和对应的字类，$g_{1:l}$ 和 $t_{1:l}$ 分别为当前待甲骨字字例所在甲骨刻辞中的字形序列和对应的字类序列，已释读甲骨字的字类为对应的汉字，未释读甲骨字的字类为步骤 2 的聚类的类别 ID。

在隐层，通过引入注意力(attention)机制，模型从与当前待考甲骨字字例相关的刻辞和字例中获得全局信息，利用全局特征表示和当前字例的语义表示得到隐层向量表示，即

$$h=f(r,c)$$

$$c=\sum_j a_j\gamma_j$$

$$a_j=\frac{\exp(\gamma_j^{\mathrm{T}}\cdot r)}{\sum_i \exp(\gamma_i^{\mathrm{T}}\cdot r)}$$

其中，h 为隐层表示，$f(\cdot)$为非线性函数，c 为全局特征信息，$\gamma_{1:K}$ 为所有相关字例(及所在刻辞)的特征向量，a_j 为概率分布，用来表示第 j 个相关字例与当前待考甲骨字字例间的相关性。对某一甲骨字字例进行释读时，我们首先利用字类及语义表示，从全部甲骨刻辞中检索出与当前待考甲骨字字例可能有关的相关字例候选列表，分类时可将 a_j 较高的相关字例输出，作为当前释读结论的主要参考证据。

在输出层，可利用 softmax 计算分类概率，并输出当前待考甲骨字字例最可能对应的

现代汉字，即

$$\hat{T}=\underset{T_k}{\operatorname{argmax}}\frac{\exp(R_{T_k}^{\mathrm{T}}\cdot h)}{\sum_i \exp(R_{T_i}^{\mathrm{T}}\cdot h)}$$

其中，$T_{1:K}$ 为所有的类别，包括战国之前出现的所有现代汉字，R_{T_k} 为现代汉字 T_k 对应的特征表示，$\hat{T}$ 为当前待考甲骨字字例最可能对应的现代汉字。模型训练时，融合甲骨文、金文、简文作为训练数据，并引入数字化古籍对现代汉字集合进行扩充和特征表示学习。

15.4 本章小结

本章主要介绍破译甲骨文的主要方法——汉字演变的思路，以及具体的数据准备和加工，希望通过分析汉字演变规律，结合甲骨文的字形分析、语法分析，通过语义计算，尤其是传统语料库技术和深度学习技术的联合攻关实现甲骨文的破译。

习题 15

(1) 为什么要破译甲骨文?
(2) 破译甲骨文有哪几条思路?
(3) 汉字演变的规律如何形式化?
(4) 词性分析的技术有哪些?
(5) 语义计算的技术有哪些?
(6) 对汉字进行 IDS 表示。
(7) 对甲骨文进行 IDS 表示。

参考文献

参考文献

图书资源支持

感谢您一直以来对清华大学出版社图书的支持和爱护。为了配合本书的使用，本书提供配套的资源，有需求的读者请扫描下方的“书圈”微信公众号二维码，在图书专区下载，也可以拨打电话或发送电子邮件咨询。

如果您在使用本书的过程中遇到了什么问题，或者有相关图书出版计划，也请您发邮件告诉我们，以便我们更好地为您服务。

我们的联系方式：

地　　址：北京市海淀区双清路学研大厦 A 座 714

邮　　编：100084

电　　话：010-83470236　010-83470237

资源下载：http://www.tup.com.cn

客服邮箱：tupjsj@vip.163.com

QQ：2301891038（请写明您的单位和姓名）

教学资源 · 教学样书 · 新书信息

人工智能科学与技术
人工智能|电子通信|自动控制

资料下载 · 样书申请

书圈

用微信扫一扫右边的二维码，即可关注清华大学出版社公众号。